优质高等职业院校建设项目化课程教材

金工实训

张双侠　陈建东　主编

中国农业大学出版社
·北京·

内容简介

本教材是根据教育部颁布的金工实习教学基本要求的文件精神，以“学习工艺知识，增强工程实践能力，提高综合素质，培养创新意识和创新能力”为宗旨，结合作者多年的生产实践和金工实习的教学经验编写的。本教材共分九个项目，主要内容有：焊接，钳工，车削加工，铣削加工，刨削、拉削与镗削，磨削加工，铸造，锻压，数控机床等。内容力求精选，讲求实用，图文并茂，便于自学。本教材可作为高等工科院校机械类、近机械类及非机械类专业的工程实训使用，也可供高等职业教育、成人教育等同类专业的工程技术人员和技术工人参考选用。

图书在版编目(CIP)数据

金工实训/张双侠，陈建东主编．—北京：中国农业大学出版社，2016.12
ISBN 978-7-5655-1744-0

Ⅰ.①金…　Ⅱ.①张…　②陈…　Ⅲ.①金属加工-实习　Ⅳ.①TG-45

中国版本图书馆 CIP 数据核字(2016)第 290816 号

书　名　金工实训
作　者　张双侠　陈建东　主编

策划编辑　姚慧敏　　**责任编辑**　洪重光　郑万萍
封面设计　郑　川　　**责任校对**　王晓凤
出版发行　中国农业大学出版社
社　址　北京市海淀区圆明园西路 2 号　　**邮政编码**　100193
电　话　发行部 010-62818525,8625　　读者服务部 010-62732336
编辑部 010-62732617,2618　　出　版　部 010-62733440
网　址　http://www.cau.edu.cn/caup　　**E-mail** cbsszs @ cau.edu.cn
经　销　新华书店
印　刷　涿州市星河印刷有限公司
版　次　2017 年 1 月第 1 版　2017 年 1 月第 1 次印刷
规　格　787×1 092　16 开本　21.75 印张　540 千字
定　价　46.00 元

图书如有质量问题本社发行部负责调换

编 写 人 员

主　编　张双侠　陈建东

副主编　邵　静

参　编　田多林　王　静　杨晓刚

前　言

金工实训在高职院校的实践教学中占有重要地位，对于大学生尤其是工科学生学习工艺知识，认识现代工业生产方式，树立工程意识，培养团队精神有着深远的意义，它担负着全面提高学生的机械工程素质和工程实践能力，培养职业型、技能型和创新型工程技术人员的重要任务。同时也为机械、电气、农机等专业的专业课学习提供前期感性认识和工程实践基础，在培养技能型人才方面所起的作用是其他课程无法取代的。

考虑到金工实训的基础性、综合性、实践性，从大多数学生毫无机械加工知识的实际出发，在金工实训教学中，站在学生的角度，打破传统教材的风格，按照项目分任务进行设计，在内容上兼顾实训与课堂教学，同时进行思想教育，培养热爱劳动、注意安全、遵守纪律和理论联系实际的严谨作风。教材还融入了职业资格证的考题，有助于学生考取职业资格证书。全书内容共九大项目，分别是焊接，钳工，车削加工，铣削加工，刨削、拉削、镗削加工，磨削加工，铸造，锻压，数控机床；共六十一个工作任务。在编写过程中，广泛听取了同类学校的专业教师和企业生产一线的工程技术人员的意见，增强了教材的实用性。

本教材由新疆农业职业技术学院张双侠、陈建东主编，副主编为石河子职业技术学院邵静，参加编写的还有新疆农业职业技术学院田多林、王静、杨晓刚。具体编写分工如下：张双侠编写项目一、二；陈建东编写项目九；邵静编写项目五；田多林编写项目七、八；王静编写项目三；杨晓刚编写项目四、六。全书由张双侠统稿。在本书编写过程中得到了特变电工股份有限公司、新疆机械研究院股份有限公司等企业领导和技术人员的大力支持，在此一并致以诚挚的谢意。

由于编写水平有限，书中可能存在错误和不足，恳请广大读者提出宝贵意见，以便下次修订时改进。

编　者

2016年9月

前言

目　录

项目一　焊　　接

任务一　焊接基础

【相关知识】

焊接是一种永久性的连接方法，广泛应用于机械制造、造船、建筑、石油化工、电力、桥梁、锅炉及压力容器制造等各工业领域。在生产中有时可以用焊接取代铆、锻、铸等加工方法，制造比较复杂的金属结构，不但可以节省工时，提高产品质量，还可以节省大量材料。随着科学技术的发展，焊接工艺的应用范围不断扩大，受到各行各业的极大关注，对国民经济建设有重要的影响。

一、焊接方法分类

焊接是通过加热或加压（或两者并用），采用或不用填充材料，使焊接接头处达到原子结合的一种加工方法。焊接方法目前已发展到了数十种，如图 1-1 所示。

按照焊接过程的特点，可以将焊接方法分为三大类，即熔化焊（被焊接表面熔化）、固相焊（被焊接表面不熔化）和钎焊（被焊接表面之间添加低熔点材料）。利用焊接的方式可以将金属与金属、金属与非金属、非金属与非金属连接在一起。

1. 熔化焊

使被焊接的构件表面局部加热熔化成液体，然后冷却结晶成一体的方法称为熔化焊。熔化焊基本方法可分为气焊（以氧气、乙炔或其他可燃性气体燃烧的火焰为热源）、铝热焊（以铝热剂放热反应热为热源）、电弧焊（以气体导电时产生的热为热源）、电渣焊（以熔渣导电时电阻热为热源）、电子束焊（以高速运动的电子流为热源）、激光焊（以单色电子流为热源）等若干种。

为了防止局部熔化的高温焊缝金属因跟空气接触而造成成分、性能的恶化，熔化焊过程一般都必须采取有效的隔离空气的保护措施，其基本形式是真空、气相和渣相保护三种。因此保护形式常常是区分熔化焊方法的另一个特征，如熔化焊方法中最重要的电弧焊方法就可按保护方法的不同分为埋弧焊、气电焊等很多种。此外，电弧焊方法还可按特征分为熔化极和非熔化极两大类。

2. 固相焊

利用加热、摩擦、扩散等物理作用克服两个连接表面的不平度，除去（挤走）氧化膜及其他污染物使两个连接表面上的原子相互接近到晶格距离，从而在固态条件下实现的连接统

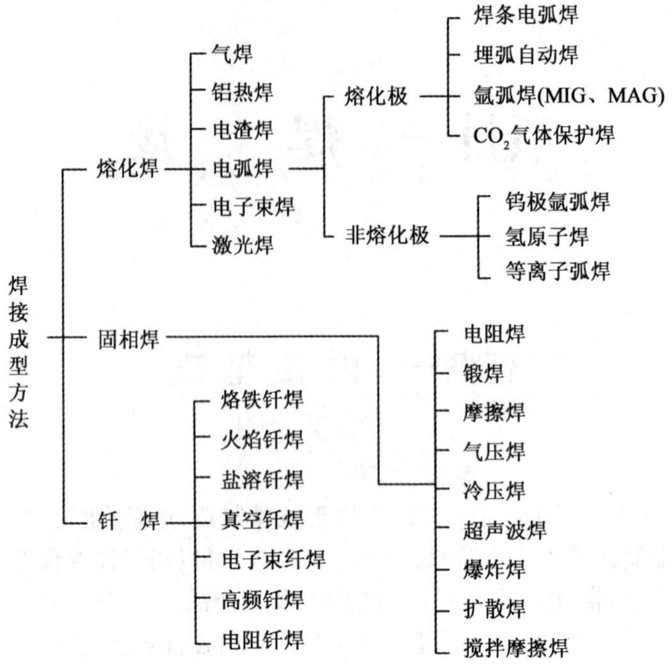

图 1-1　焊接成型方法及分类

称为固相连接。固相焊时通常都必须加压，因此这类加压的焊接方法也称为压焊。为了使固相焊容易实现，大都在加压的同时伴随加热措施，但加热温度都远低于焊件的熔点。因此固相焊一般不需保护措施（扩散焊等除外）。应该注意的是，通常所指的电阻焊可称为压焊（焊接过程有加压），即属于固相焊。但也有些电阻焊（点焊、缝焊）接头形成过程伴随有熔化结晶过程，也可属于熔化焊。

3. 钎焊

利用某些熔点低于被焊接件材料熔点的熔化金属（钎料）作为连接的媒介物在连接界面上的流散浸润作用，然后冷却结晶形成结合面的方法称为钎焊。钎焊过程也必须采取加热（以使钎料熔化，母材不熔化）和保护措施。按热源和保护条件不同，钎焊可分为：火焰钎焊、真空或感应钎焊、电阻钎焊、盐浴钎焊等若干种。

二、焊接过程的基本问题

各类焊接方法都是为适应生产的需要而发展起来的。随着现代科学技术的发展，还将不断地出现新的焊接方法，现有的焊接方法也将取得改进和应用。无论何种焊接方法都存在一些基本问题。

1. 能量输入

对于每种焊接成型方法，最重要的是需供给焊接部位某种形式的能量，如通过加热和加压输入能量。除钎焊外几乎所有的焊接方式都是局部加热，特别是熔化焊，是以集中移动热源的方式加热和熔化金属的。因此焊件的温度分布不均、不稳定，常产生焊接的物理化学冶金过程不平衡，焊接应力变形等。

2.清除表面污染

两个被焊接表面在无氧化物或其他污染的情况下，才能形成满意的焊接接头。虽然在焊接之前进行清理是有益的，但清理往往不够，因为每种焊接成型的特点是使污染表面溶解或消散。这可由焊剂的化学反应、电弧飞溅或机械方式来完成。必须从焊接表面清除的三种污染物质有极薄膜层、吸附的气体和氧化物。

3.组织性能不均匀

在熔化焊接过程中，随着加热过程的进行，在焊接熔池中将伴随着极不平衡的冶金过程。焊接熔池的冶金和结晶过程均不同于炼钢和铸造时的金属冶炼和结晶过程。虽然被焊材料在成分及性能上已满足了产品的设计和使用要求，但由于焊接接头部位的冶金作用，所形成的焊缝的化学性能和组织性能，往往与母材金属有相当明显的差别。在焊缝进行冶金过程的同时焊缝两侧的不同位置也经历着不同的热循环，离焊缝边界越近，其加热的峰值温度越高而且加热速率和冷却速率也越大。因此，在这些区域事实上进行着一个特殊的热处理过程，在整个受热影响的区域引起不均匀的组织变化。这种性能的不均匀性，对整个结构的强度和断裂行为会产生明显的影响。

4.残余应力和残余变形

焊接过程是一个局部加热过程，因此焊件上温度极端不均匀。这一不均匀的温度场使焊接结构存在很大的残余应力和残余变形。

5.焊接缺陷及检测

在焊接过程中，通常会产生诸如裂纹、未焊透、气孔、夹渣等缺陷，而这些缺陷往往是焊接结构产生破坏的根源。因此，对焊接缺陷的形成原因及检测方法的研究是焊接过程的基本问题之一。所有重要的焊接结构在制造及使用过程中，一般都必须进行无损检测，以确定缺陷的性质及形貌。

三、几个常用焊接名词术语

(1)焊接接头。用焊接方法连接的接头(简称接头)。

(2)全位置。熔化焊时，焊件接缝处的空间位置，包括进行平焊、立焊、横焊和仰焊等的焊接位置。

(3)熔宽。焊缝表面宽度。

(4)熔深。焊缝的熔化深度。

(5)熔池。在电弧和其他热源作用下，焊条端与被焊金属局部熔化形成的池状液态金属。

(6)余高。焊缝表面焊趾连线上面焊缝金属的最大高度。

(7)电弧静特性。在电极材料、气体介质和弧长一定的情况下，电弧稳定燃烧时，焊接电流与电弧电压变化的关系，也称为伏-安特性。

(8)电弧动特性。对于一定弧长的电弧，当电弧电流发生连续的快速变化时，电弧电压与电流瞬时值之间的关系。

【工作过程】

一、工作课时

要求本单元理论课时和实训课时为2课时。

二、安全要求

(1)实训时按规定穿戴好工作服、手套、脚盖、防护面罩及气焊眼镜。

(2)注意现场安全标识,未经实训指导人员许可不准擅自动用任何设备、电闸、开关和操作手柄,以免发生安全事故。

(3)工作前应检查线路,如发现线路或电焊手钳存在绝缘损坏时,应立即向实训指导教师报告。未经许可,不得任意闭合电闸,闭闸前必须检查电焊手钳与地线是否会造成“短路”。

(4)绝对禁止将电焊手钳放在工作台上,严禁将焊钳放在焊件上,以防造成短路。

(5)在进行电焊时,绝对禁止一手拿电焊手钳,另一手拿其他工具接触正在进行焊接的工件。

(6)在进行焊接时禁止身体倚靠电焊机或工作台。

(7)没有防护面罩时,不要直视电弧光。

(8)用小锤锤击焊缝去除熔渣时,必须小心防止渣皮进入眼睛。

(9)当焊接正在进行时,绝对禁止调节电流及拉合闸刀,以免烧坏焊机。

(10)启动直流电焊机前,启动手柄必须放在零位上,手柄必须先在中间位置略停一下,等电机的转数慢慢升高后再转到正常工作位置。

(11)发生故障时,不要慌乱,应立即拉断开关切断电源停止实训,保留现场并及时报告指导教师,待查明事故原因后方可再行实训。

(12)焊接过程中禁止调节电流或拉动电闸,以免烧毁焊机。

(13)焊接时,手不能同时接触两个电板,以免发生触电危险。

(14)刚焊接完的焊件温度非常高,只能用手钳夹持,赤手、戴手套均不得拿焊件,以免烫伤。

(15)焊接实训场地在进行焊接实训操作时必须通风换气。实训结束后,待恢复到正常空气条件时,应及时关闭排风系统。

(16)气焊所用氧气瓶、乙炔瓶附近严禁烟火,避免碰撞和剧烈振动。

(17)气焊时,注意不要把火焰喷到身上或橡胶管上。

(18)气焊前要检查回火防止器气路接头是否完好,发生回火时要立即关闭阀门,排除故障。

(19)焊接结束后,应及时切断电源,关闭各气源阀门,清除现场可能存在的残余火种。

(20)热处理实训安全守则。

①操作时要穿好工作服、皮鞋,戴好手套。

②不要随手乱动未冷却的工件。

③车间内一切设备，必须在实训指导教师指导下进行操作，不得自行动用。严禁进入高频设备的高压危险区。

④学生操作时必须注意防电、防热、防火。发生意外事故时要镇静，及时报告实训指导教师，采取措施予以排除。

⑤严禁在车间的深井炉和水池、油池旁逗留。

⑥工作及辅助工具放入盐浴炉时，应先烘烤，消除水分，防止熔盐溅出伤人。

⑦操作校直机时，不能站在校直工件的两头，防止工件被压断时飞出伤人。

⑧观察金相显微组织时，必须精心使用显微镜，防止镜头及调节部分损坏。

⑨进行火化鉴别分析操作时，必须遵守砂轮机安全操作守则。

⑩实训完毕，必须把工具放回原处，不得乱丢乱放。

【习题】

1. 什么是焊接？焊接有什么特点？

2. 什么是焊条电弧焊？其简要的焊接过程怎样？具有什么特点？

任务二　焊接电弧及弧焊电源

【相关知识】

焊接电弧是在气体电离与电极（即母材或焊材）电子发射的共同作用下，产生的一种持续而强烈的气体放电现象。它实际上是由在电场作用下高速、定向移动着的电子流和阳离子流构成的气态导体。焊接电弧的电压与电流参数具有低电压（十几至几十伏）、大电流（几十至几百安）的特征，由此决定了弧焊电源也应具有低电压、大电流参数特征的强电供电设备。

弧焊电弧

1. 焊接电弧的产生

电弧的引燃方法有接触短路引弧法和高频高压引弧法。

(1)接触短路引弧法。将焊条或焊丝与焊件接触短路，利用短路电流加热产生高温；在短路后迅速地将焊条或焊丝拉开，这时在焊条或焊丝端部与焊件表面之间立即产生一个电压，即焊机空载电压，使空气电离产生焊接电弧。接触短路引弧法主要用于焊条电弧焊、熔化极气体保护焊和埋弧自动焊。

(2)高频高压引弧法。利用 2 000～3 000 V 的高电压，直接将两电极间的空气击穿，引燃电弧。钨极氩弧焊时，在钨极和焊件之间留有 2～5 mm 的间隙，然后加上高空载电压将电弧引燃。高频高压引弧法主要用于氩弧焊和等离子弧焊中。

2. 焊接电弧的组成

焊接电弧结构如图 1-2 所示。焊接电弧由阴极区、阳极区和弧柱等部分组成，如图 1-2(a)所示。电弧两端（两电极）之间的电压降，称为电弧电压。电弧电压由三部分组成，阴极区电压降、阳极区电压降、弧柱电压降如图 1-2(b)所示。焊接电弧的静特性如图 1-3 所示。

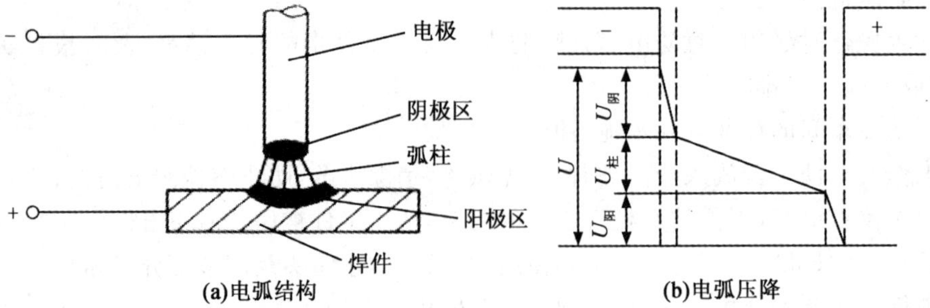

图 1-2 焊接电弧结构

U-电弧的压降,$U_{阳}$-阳极区压降,$U_{柱}$-弧柱压降,$U_{阴}$-阴极区压降,$U=U_{阳}+U_{柱}+U_{阴}$

3. 焊接电弧的极性

弧焊电源分直流弧焊电源与交流弧焊电源。当采用直流弧焊电源时,焊件可与电源输出端正极或负极连接,分别称为正接法和反接法(图 1-4)。

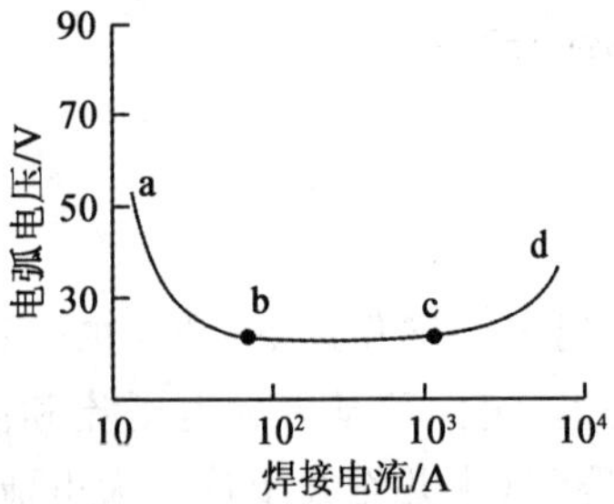

图 1-3 焊接电弧的静特性

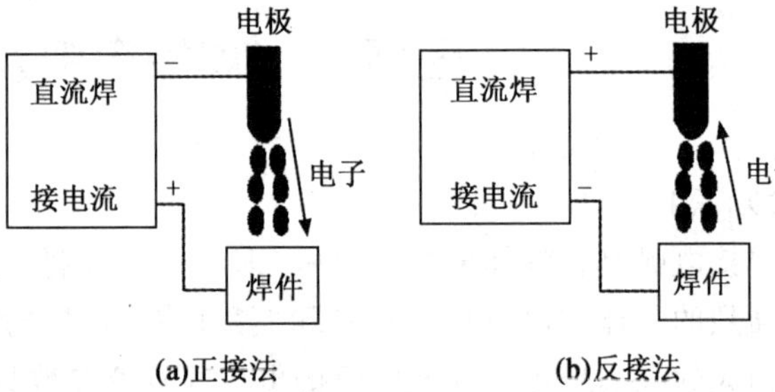

图 1-4 正接和反接

焊条电弧焊时,对于酸性焊条来说,可采用交流电源,也可采用直流电源。采用直流电源时,厚板采用正接法,薄板采用反接法。对于碱性焊条常用直流电源反接。

【工作过程】

一、工作课时

要求本单元理论课时和实训课时为 2 课时。

二、常用弧焊电源及其技术特性

焊接过程中,电弧作为焊接电源的负载,与焊接电源组成了用电和供电系统。不同的焊接方法,不同类别的焊接电源,具有不同的空载电压和电源外特性。

1. 空载电压

当焊机接通电网而输出端没有接负载时,焊接电流为零,此时输出端的电压称为空载电压。

2. 电源外特性

焊接电源输出端电压与输出电流之间的关系称为电源外特性。弧焊电源外特性分为平特性与下降特性两大类。电源的外特性可用曲线表示，称为电源外特性曲线。常见弧焊电源外特性曲线如图 1-5 所示。不同的电弧焊方法应选择不同的外特性电源。

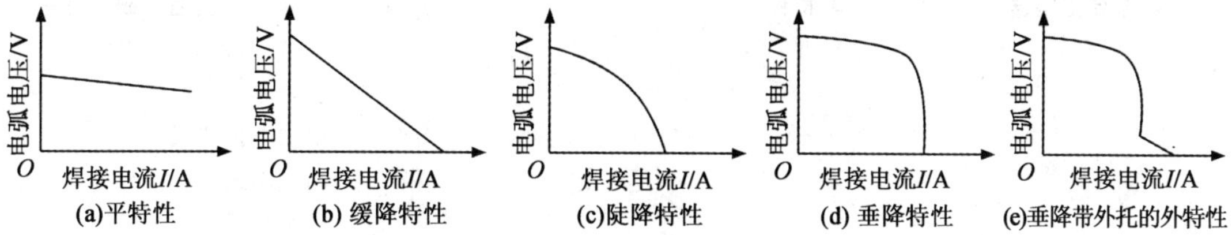

图 1-5　常见弧焊电源外特性

3. 常用弧焊电源

(1)弧焊电源的型号。我国焊机型号按 GB/T 10249—2010《电焊机型号编制方法》规定编制。

例：BX3-300。

B—焊接变压器

X—下降外特性

3—动线圈式

300—额定电流为 300A

常用焊机型号见表 1-1。

表 1-1　常用焊机型号代表符号

第一字位		第二字位		第三字位		第四字位		基本规格（A）
代表字母	大类名称	代表字母	小类名称	代表字母	附注特性	数字序号	系列序号	
A	弧焊发电机	X	下降特性	省略	电动机驱动单纯弧焊	省略	他励差复励式	额定焊接电流
		P	平特性	D	发电机驱动	1	交流发电机整流式	
		D	多特性	Q	汽油机驱动			
				C	柴油机驱动			
				T	拖拉机驱动			
				H	汽车驱动			
Z	弧焊整流器	X	下降特性	省略	一般电源	省略	磁放大器或饱和电抗器式	额定焊接电流
		P	平特性	M	脉冲电源	1	动铁芯式	
		D	多特性	L	高空载电压	3	动线圈式	
				E	交直流电源	4	晶体管式	
						5	晶闸管式	
						6	交换抽头式	
						7	逆变式	

续表 1-1

第一字位		第二字位		第三字位		第四字位		基本规格
代表字母	大类名称	代表字母	小类名称	代表字母	附注特性	数字序号	系列序号	(A)
B	弧焊变压器	X	下降特性			省略	磁放大器或饱和电抗器式	额定焊接电流
		P	平特性			1	动铁芯式	
						2	串联电抗器式	
						3	动线圈式	
						5	晶闸管式	
						6	交换抽头式	
W	TIG 焊机	Z	自动焊	省略	直流	省略	焊车式	额定焊接电流
		S	手工焊	J	交流	1	全位置焊车式	
		D	点焊	E	交直流	2	横臂式	
		Q	其他	M	脉冲	3	机床式	
						4	旋转焊头式	
						5	台式	
						6	焊接机器人	
						7	变位式	
						8	真空充气式	
N	MIG/MA 焊机	Z	自动焊	省略	氩气及混合气体保护焊直流	省略	焊车式	额定焊接电流
		B	半自动焊			1	全位置焊车式	
		D	点焊			2	横臂式	
		U	堆焊	M	氩气及混合气体保护焊脉冲	3	机床式	
		G	切焊			4	旋转焊头式	
				C	二氧化碳保护焊	5	台式	
						6	焊接机器人	
						7	变位式	

(2)弧焊电源的类型。焊接电源是为电弧提供电能的设备,按其输出电流种类有交流电源与直流电源,交流电源即弧焊变压器,直流电源包括弧焊发电机和弧焊整流器。

常见弧焊变压器型号有:BX3-300,BX3-500,BX6-160,BX1-330,BX2-550,BX2-1000 等。

常见弧焊发电机型号有:AX1-500,AX-320,AX4-300 等。

常见弧焊整流器按其输出外特性不同,有下降特性(ZX 系列)、平特性(ZP 系列)、多特性(ZD 系列)三种。

【习题】

什么是焊接参数?如何来选择焊条直径、焊接电流、焊接速度?

任务三　焊条电弧焊(手工电弧焊)

【相关知识】

焊条电弧焊简称手弧焊,它是利用焊条与焊件之间产生的电弧热将焊件与焊条熔化,冷却凝固后获得牢固的焊接接头的一种手工焊接方法。焊条电弧焊的基本原理如图 1-6 所示。

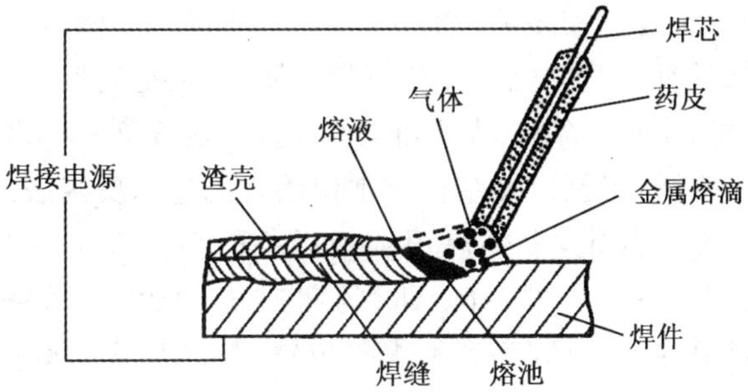

图 1-6　焊条电弧焊的基本原理

一、电焊条组成

1. 焊芯

焊条是由焊芯和药皮组成的,如图 1-7 所示。焊芯是具有一定直径和长度的焊接专用金属丝。焊接时焊芯的作用:一是作为电极导电而产生电弧;二是熔化后作为填充金属,与熔化的母材一起形成焊缝. 由于焊芯的化学成分将直接影响焊缝质量,所以焊芯都是专门冶炼的金属丝,其碳硅含量较低,硫磷含量极少。我国目前常用的碳素结构钢焊芯的牌号有 H08,H08A,H08MnA。其含义为:“H”表示焊条,平均含碳量为 0.08%,“Mn”(含锰量)为 1%左右,“A”代表高级优质。焊条的规格以焊芯的直径来表示,常用的有 ϕ2.5 mm,ϕ3.2 mm 和 ϕ4 mm。

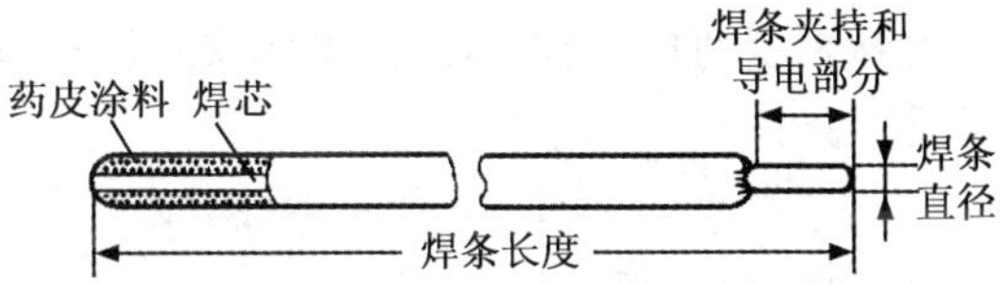

图 1-7　电焊条

2. 药皮

焊芯的外面涂层称为药皮。药皮由各种矿物质(大理石、萤石等)、有机物(纤维素、淀粉等)、铁合金(锰铁、硅铁等)等碾成粉末,用水玻璃黏结而成。药皮的主要作用是:

(1)使电弧容易引燃并稳定燃烧以改善焊接工艺性能;

(2)产生大量气体,形成熔渣以保护熔池金属不被氧化;

(3)添加合金元素以保证和提高焊缝金属力学性能。

二、焊条分类及用途

焊条按用途的不同可分为结构钢焊条、耐热钢焊条、不锈钢焊条、铸铁焊条、铜及铜合金焊条、铝和铝合金焊条等，其中结构钢焊条应用最广。由于焊条药皮类型的不同，适用的电源类型也不同。有些焊条交、直流电源都可以使用，如酸性焊条；有些焊条只能使用直流电源，如牌号最后一个数字是“7”的碱性焊条。焊条的药皮种类很多，按其熔渣化学性质的不同，可将焊条分为酸性和碱性两大类。

(1)酸性焊条。药皮中含有较多酸性氧化物(SiO_2，TiO_2)的焊条称为酸性焊条。酸性焊条的工艺性好，焊接时电弧稳定，易脱渣，但氧化性强，焊缝力学性能和抗裂性较差，所以只适用于交、直流电源焊接一般结构的焊件。

(2)碱性焊条。药皮中含有较多碱性氧化物(CaO)的焊条，称为碱性焊条。碱性焊条脱硫、磷能力强，焊缝金属具有良好的抗裂性和力学性能，特别是韧性高，但焊接时电弧稳定性差，对油、铁锈、水分敏感，易产生气孔，故焊前须烘干(温度 350～400℃，保温 1～2 h)，并彻底清除焊件上的油污和铁锈，焊接重要结构时常使用直流电源反接法。

GB/T 5117—2012 标准规定，手弧焊用碳钢焊条的型号以字母“E”加上数字组成，即 E＊＊＊＊，其中“E”是英语单词“电”(electric)的字头，这里表示电焊条，前两位数字表示熔敷金属抗拉强度的最小值，第三位数字表示焊接位置，“0”“1”表示焊条适于全位置(平、横、立、仰)焊接，第三位和第四位数字组合时，表示药皮类型及焊接电源种类. 例 E5015，E 代表焊条，50 代表熔敷金属的抗拉强度；1 代表适用于全位置焊接，15 代表药皮类型为低氢钠型(碱性)，焊接电源为直流反接。焊接行业中标准规定结构钢焊条牌号的表示方法是：汉语拼音字首加三位数字. 例：J422(“J422”的国标写法是“E4303”)，J 表示结构钢焊条(“结”字汉语拼音的字首)，中间的两位数字“42”为焊缝金属的抗拉强度(420 MPa)，最后一位数字“2”表示为钛钙型药皮(酸性)，焊接电源交直流均适用。最后一位数字如果是“6”或“7”时，表示为碱性焊条。

【工作过程】

一、工作课时

要求本单元理论课时和实训课时为 2 课时。

二、手弧焊工艺

1. 焊接接头形式

根据工件厚度和工作条件的不同，需采用不同的焊接接头形式，常采用的有对接、搭接、角接和 T 形接，如图 1-8 所示。

对接接头是应用最多的接头形式。当被焊工件较薄($\delta<6$ mm)时，在工件接口处只要留有一定空隙就能保证焊透。当工件厚度 $\delta\geqslant 6$ mm 时，为了保证能焊透，按板厚的不同，需要在接头处开出一定形状的坡口，对接接头常见坡口如图 1-9 所示。V 形坡口加工方便；X 形坡口，由于两面对称焊接应力和变形小，当工件厚度相同时，较 V 形坡口节省焊条；U 形坡口，容易焊透，工件变形小，用于锅炉、高压容器等重要厚壁构件的焊接。X、U 形坡口加工比较费工时。

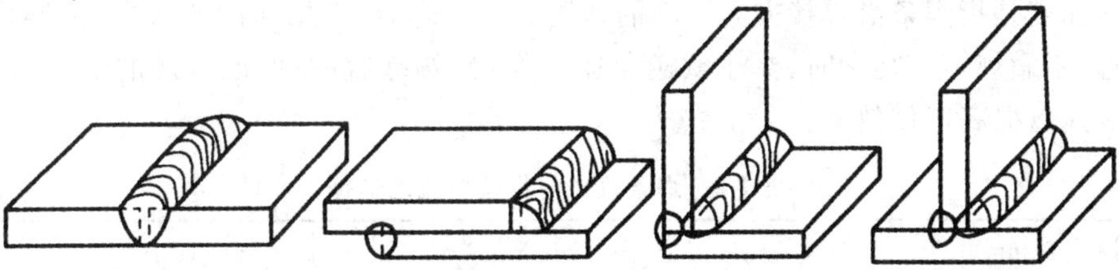

(a)对接　(b)搭接　(c)角接　(d)T形接

图 1-8　焊接接头形式

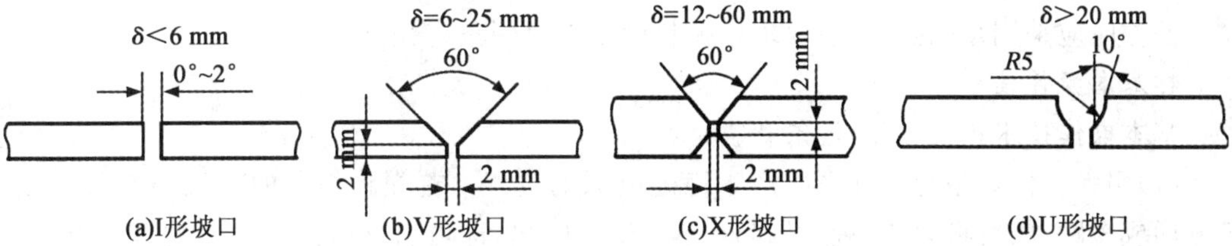

(a)I形坡口　(b)V形坡口　(c)X形坡口　(d)U形坡口

图 1-9　对接接头的坡口

2. 焊缝的空间位置

按焊缝在空间位置的不同，可分为平焊、立焊、横焊和仰焊，如图 1-10 所示。平焊是将工件放在水平位置或在与水平面倾斜角度不大的位置上进行焊接，平焊操作方便，劳动强度小，易保证焊缝质量；立焊是在工件立面或倾斜面纵向上的焊接；横焊是在工件立面或倾斜面上横向的焊接；仰焊是焊条位于工件的下方，焊工仰视工件进行焊接。立焊和仰焊由于熔池中液体金属有滴落的趋势，操作难度大，生产效率低，质量不易保证，所以应尽量采用平焊。

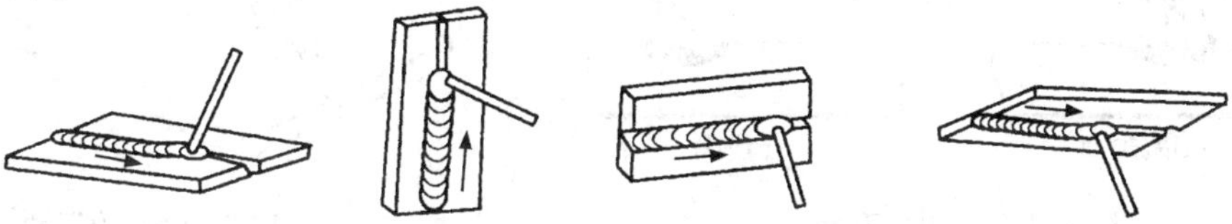

(a)平焊　(b)立焊　(c)横焊　(d)仰焊

图 1-10　焊缝的空间位置

3. 焊接规范

所谓焊接规范，就是在焊接的过程中，影响焊缝形状、尺寸等焊接质量的基本特征(参数)的综合选择，主要包括焊条直径、焊接电流、焊接速度和电弧长度等。

焊条直径的选择主要取决于被焊工件的厚度，厚度大的应选用较粗的焊条。低碳钢平焊时焊条直径与焊接电流可按表 1-2 选取。焊接电流也可根据焊条直径选取。低碳钢平焊时焊接电流和焊条直径的关系为：

$$I=(30\sim60)d$$

式中，I—焊接电流/A；d—焊条直径/mm。上式求得的焊接电流只是一个大概的数值，实际操作时还要根据工件的厚度、焊条种类、气候条件等因素，通过试焊来调整焊接电流的大小。

焊接速度是指焊条沿焊接方向移动的速度。手弧焊时，焊接速度的快慢，由操作者凭经验来掌握，不做规定。初学时，要注意避免速度太快；熟练后，在保证焊透的情况下，应尽可能增加焊速以提高工作效率。

表 1-2　焊条直径与焊接电流的选择

焊件厚度 δ/mm	2	3	4～5	6～12	>12
焊条直径 d/mm	2	3.2	3.2～4	4～5	5～6
焊接电流 I/A	55～60	100～130	160～210	200～270	270～300

操作时应采用短电弧，一般要求电弧长度不超过焊条直径。

4. 基本操作技术

基本操作技术包括引弧、运条和收尾。

(1)引弧。使焊条与工件之间产生稳定电弧的过程。首先将焊条的末端与工件的表面接触形成短路，然后将焊条迅速提起 2～4 mm 的距离，即可引燃电弧。引弧的方法有敲击、划擦两种，如图 1-11 所示。

(2)运条。焊接时，焊条应有三个基本运动，如图 1-12 所示，即焊条向下均匀的送进，以保证弧长的不变；焊条沿焊接方向逐渐向前移动；焊条做横向摆动，以获得适当的焊缝宽度。同时要保证焊条与工件形成一定的角度。

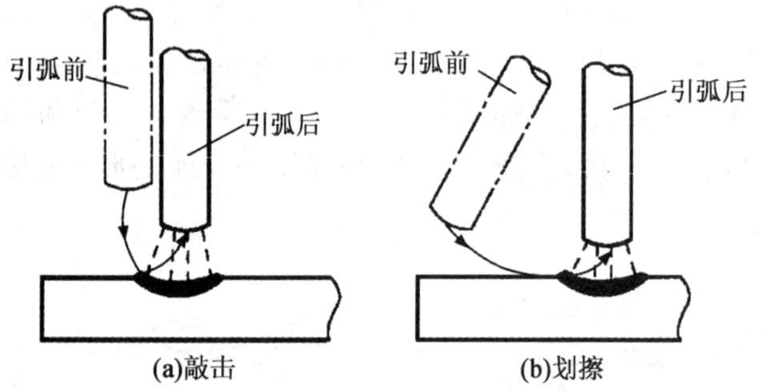

图 1-11　引弧方法

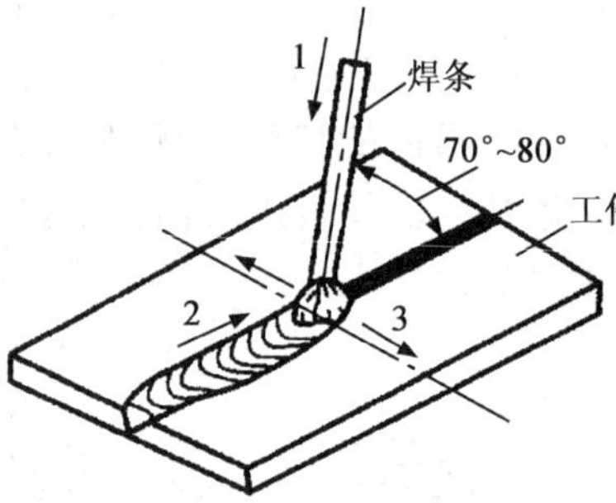

图 1-12　焊条的运动

1-向下送进；2-沿焊接方向移动；3-横向摆动

(3)收尾。当焊缝要收尾时，为了避免出现弧坑，焊条应停止前进，朝一个方向旋转，自下而上慢慢拉断电弧，以保证收尾的成型良好。必要时也可采用反复引弧收尾或回焊收尾动作。

【习题】

1. 电焊条的组成怎样？有何作用？什么是酸性焊条和碱性焊条，各有何特点？
2. 为什么待焊接接头处要制出坡口？有哪些形式的坡口？
3. 焊条电弧焊如何引弧？有哪几种方法？需注意什么？
4. 焊条的操作(运条)是由哪些运动合成的？各有什么含义？
5. 焊条电弧焊操作的注意事项有哪些？

任务四　气焊与气割

【相关知识】

一、气焊

1. 气焊及其特点

气焊是利用可燃气体和氧气混合燃烧所产生的火焰来加热工件与熔化焊丝进行的焊接，如图 1-13 所示。

气焊通常选用的可燃气体是乙炔(C_2H_2)，氧气(O_2)是气焊中的助燃气体。乙炔和氧气在焊炬中混合后从焊嘴喷出燃烧，将焊件与焊丝熔化形成熔池，冷却凝固后形成焊缝。气焊时气体燃烧产生大量气体(CO_2、CO、H_2)笼罩熔池起到保护作用。气焊使用不带药皮的焊丝作为填充金属。

气焊设备简单，操作灵活方便，不需要电源，但气焊温度低(最高约为 3150℃)且热量较分散，工件变形大，主要用于厚度为 0.5～3 mm 的钢板、低熔点金属和需要预热、缓冷的工具钢的焊接以及铸铁焊补等。

2. 气焊设备及器材

气焊所用的设备及管路系统连接，如图 1-14 所示。它是由氧气瓶、乙炔瓶、减压器和回火防止器、氧气软管、乙炔软管及焊炬组成。

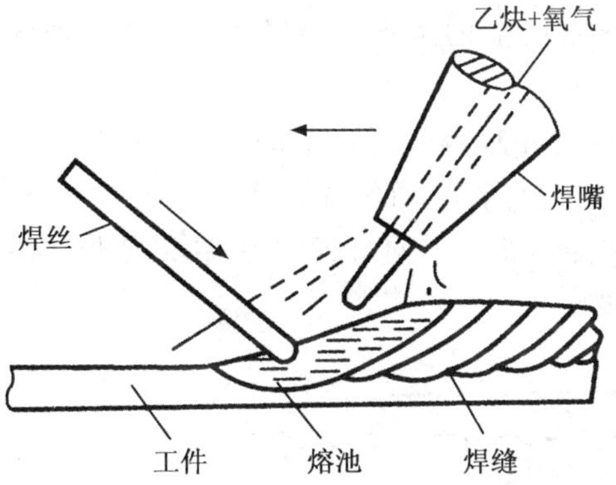

图 1-13　气焊

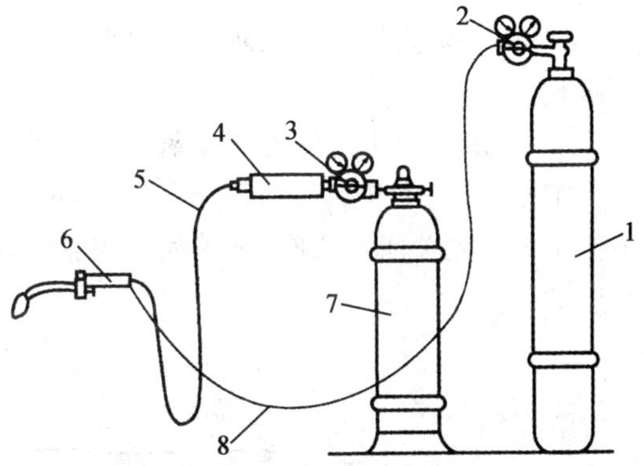

图 1-14　气焊设备及其连接

1-氧气瓶；2-氧气减压器；3-乙炔减压器；4-回火防止器；5-乙炔软管；6-焊炬；7-乙炔瓶；8-氧气软管

(1)氧气瓶。氧气瓶是运输和贮存氧气的钢瓶。容积为 40 L，贮氧最大压力为 14.7 MPa(150 kgf/cm^2)外表涂成天蓝色，并有黑色“氧气”字样。

(2)乙炔瓶。乙炔瓶是贮存溶解乙炔的钢瓶。如图 1-15 所示，瓶内装有浸满丙酮的多孔填充物，丙酮对乙炔有良好的溶解能力，可以使乙炔稳定而安全地贮存在钢瓶中。在乙炔瓶阀下面的填充中心部分放着石棉绳，作用是帮助乙炔从填料中分解出来。乙炔瓶限压1.52 MPa，容积为40 L，乙炔瓶表面涂成白色，并有红色“乙炔”字样。

(3)减压器。减压器是将高压气体降为低压气体，并保持焊接过程中压力基本稳定的装置。如图1-16所示，工作时，先缓慢打开氧气瓶或乙炔瓶阀门，然后旋转减压器调压手柄，待压力达到所需要时为止。停止工作时，先松开调压手柄，再关闭氧气瓶或乙炔瓶阀门。

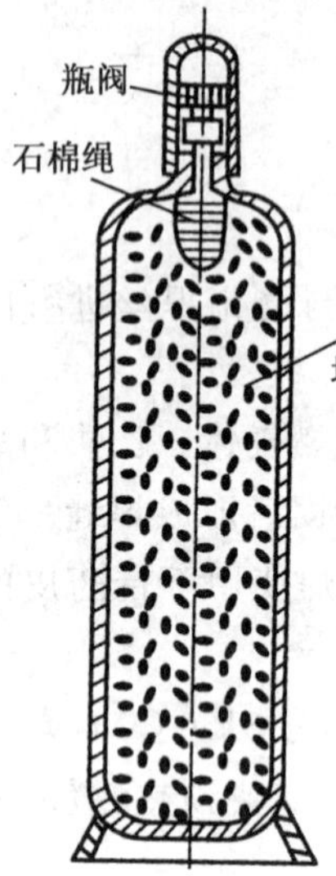

图1-15 乙炔瓶

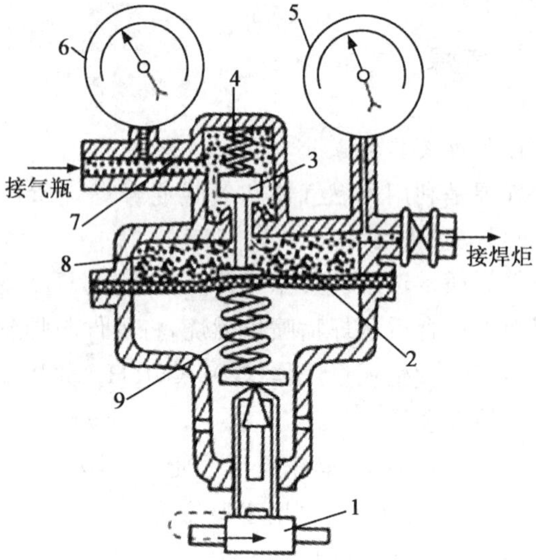

图1-16 减压器

1-调压手柄；2-薄膜 3-活门；4-弹簧 5-低压表；
6-高压表；7-高压室；8-低压室；9-调压弹簧

(4)回火防止器。回火防止器是装在燃烧气体系统上的防止向燃气管路或气源回烧的保险装置。

(5)焊炬。焊炬是使乙炔和氧气按一定比例混合并获得气焊火焰的工具，如图1-17所示。工作时，先略开氧气阀后开乙炔阀，两种气体在混合管中均匀混合后从焊嘴喷出点燃，工作结束应先关闭乙炔阀，再关氧气阀。焊炬大多配有5个不同口径的焊嘴，以便焊接不同厚度的焊件。

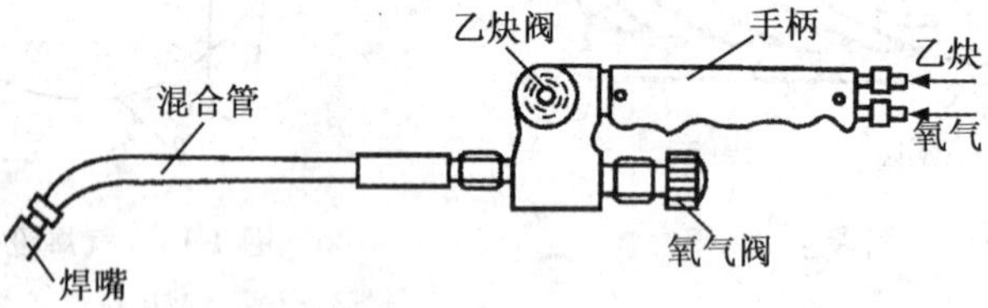

图1-17 焊炬

3. 气体火焰

气焊时通过氧气阀和乙炔阀可以改变氧气和乙炔的比例而得到三种不同的火焰：中性焰、碳化焰和氧化焰，如图1-18所示。

(1)中性焰。氧气与乙炔的混合比值为1～1.2时燃烧形成的火焰，称为中性焰(又称为

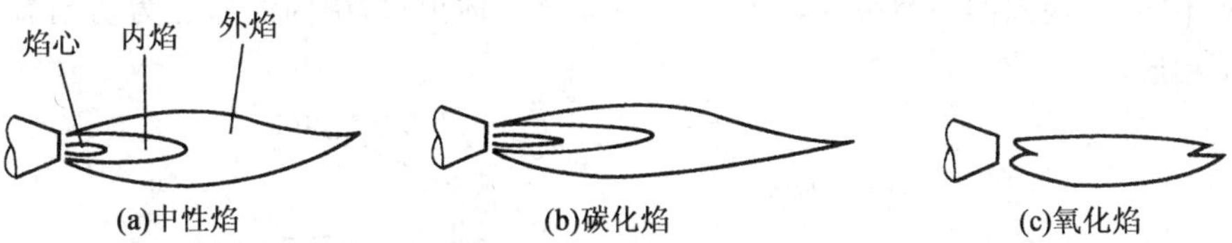

图 1-18　气焊火焰

正常焰)。它由焰心、内焰和外焰组成。内焰温度最高可达 3 000～3 200℃,焊接时应使熔池和焊丝末端处于此高温区。中性焰适合焊接碳钢和有色金属,是应用最广泛的火焰。

(2)碳化焰。氧气与乙炔的混合比值小于 1.0 时燃烧形成的火焰,称为碳化焰(又称为乙炔焰)。碳化焰的火焰比中性焰长,最高温度 2 700～3 000℃。由于氧气少、燃烧不完全,火焰中含有游离碳,具有较强的还原作用和碳化作用。适合焊接高碳钢、铸铁和硬质合金等。

(3)氧化焰。氧气与乙炔的混合比值大于 1.2 时燃烧形成的火焰,称为氧化焰。氧化焰较短,最高温度可达 3 100～3 300℃。由于火焰中含有过量的氧,故对熔池有氧化作用,使用范围很窄,仅用于焊接黄铜和锡青铜。焊接这两种材料时,火焰的氧化作用会使熔池上生成一层氧化物膜,以防止锌、锡在高温时蒸发。

4. 焊丝与焊剂

(1)焊丝。气焊的焊丝在焊接时作为焊接填充的金属与熔化的母材一起形成焊缝。因此,焊丝的质量对焊件的性能有很大影响。焊接时常根据焊件的材料选择相应的焊丝。

(2)焊剂。焊剂的作用是保护金属熔池,清除焊接过程中的熔渣,增加液态金属的流动性。焊接低碳钢时,由于中性焰本身具有保护作用,可以不用焊剂。我国气焊焊剂的牌号有 CJ101(用于焊接不锈钢、耐热钢),CJ201(用于焊接铸铁),CJ301(用于焊接铜及铜合金)。焊剂的主要成分有硼酸(H_3BO_3),硼砂($Na_2B_4O_7$),碳酸钠(Na_2CO_3)等。

二、气割

1. 气割及其过程

气割是利用高温使金属在纯氧中燃烧而将工件分离的加工方法。气割时,先用氧-乙炔焰将金属边缘预热到燃点,然后打开切割氧阀门使高温金属燃烧。金属燃烧所产生的氧化物熔渣被高压氧吹走,形成切口,如图 1-19 所示。金属燃烧时,释放出大量热能,预热了待切割金属,所以气割过程是预热—燃烧—吹渣形成切口不断重复进行的过程。

2. 气割设备及器材

气割的设备及器材与气焊基本相同,所不同的是气割需要采用割炬,如图 1-20 所示。割炬与焊炬相比,多了高压氧气管和一个切割氧气阀门。割嘴的结构与焊

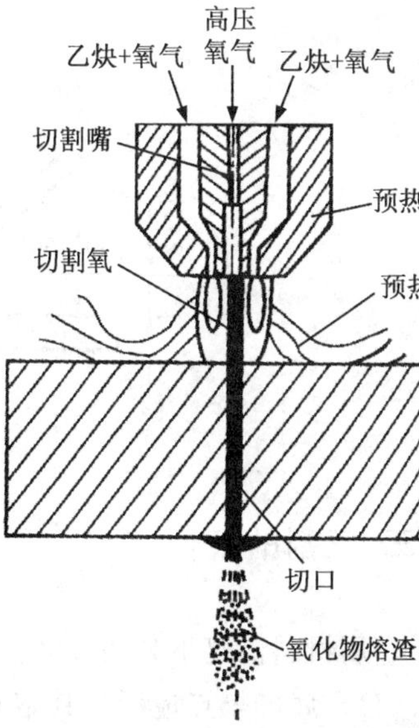

图 1-19　气割

嘴的结构不同，其周围的一圈是预热用氧-乙炔混合气体出口，中间的通道为切割氧的出口，两者互不相通。

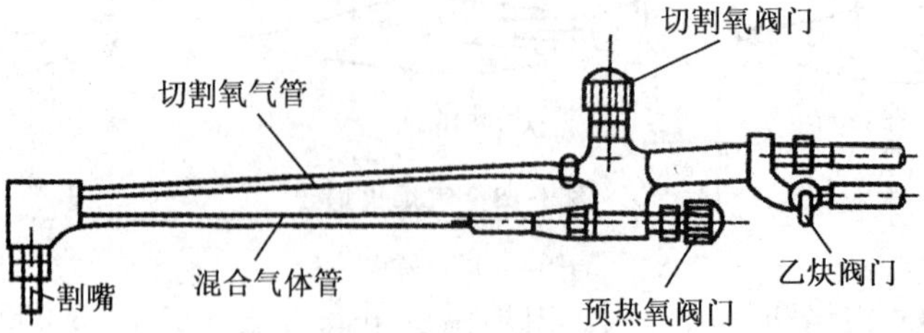

图 1-20　割炬

【工作过程】

一、工作课时

要求本单元理论课时和实训课时为 2 课时。

二、气焊操作技术

(1)点火、调节及灭火。点火时先微开氧气阀，再开乙炔阀，用明火点燃火焰。这时的火焰为碳化焰，然后逐渐开大氧气阀，调节到所需的火焰状态。灭火时应先关闭乙炔阀再关闭氧气阀，减少烟尘或以免发生回火。

(2)焊接过程。平焊时，一般是右手持焊炬，左手拿焊丝，两手相互配合，沿焊缝向左(或向右)焊接。开始焊时为了尽快加热工件形成熔池，焊炬倾角要大些(80°～90°)，正常焊接时焊炬倾角一般应保持 40°～50°之间，如图 1-21 所示。焊接结束时，为了更好地填满尾部焊坑，避免烧穿工件，焊炬倾角应适当减小(可降至 20°)。

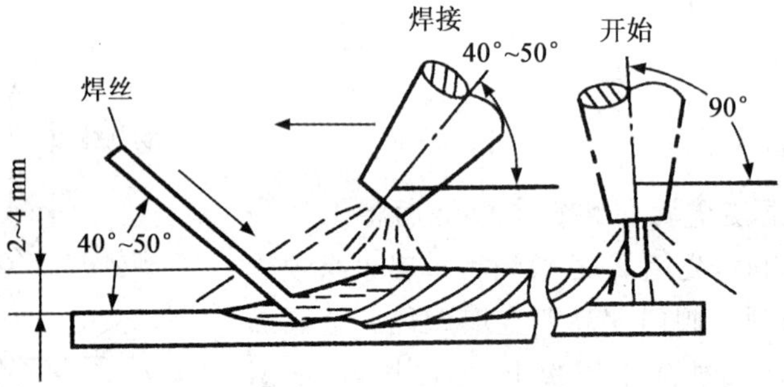

图 1-21　焊炬焊丝倾角

三、气割的条件

金属材料满足下列条件才能采用氧气切割：

(1)金属的燃点应低于其熔点，否则在切割前金属已熔化，不能形成整齐的切口而使切口凹凸不平。钢的熔点随含碳量的增加而降低，当含碳量大于或等于 0.7%时，钢的熔点接近于燃点，故高碳钢和铸铁难以进行气割。

(2)燃烧生成的金属氧化物的熔点应低于金属本身的熔点，且金属氧化物的流动性好，以便氧化物能及时熔化并被吹掉。铝的熔点(660℃)低于其氧化物 Al_2O_3 的熔点(2 050℃)，铬的熔点(1 550℃)低于其氧化物 Cr_2O_3 的熔点(1 990℃)，故铝合金和不锈钢不具备气割条件。

(3)金属燃烧时能放出足够的热量，而且本身的导热性低，从而保证了下层金属有足够的时间预热温度，有利于切割过程不间断地进行。铜及铜合金燃烧时释放的热量较小，且导热性好，因而不能进行气割。

综上所述，能满足气割条件的金属材料有低碳钢、中碳钢和部分普通低合金钢，因为这些材料在工业上应用最多，所以气割也被广泛地应用于工业生产。

【习题】

1. 什么是气焊？原理如何？特点和应用如何？

2. 什么是气焊的回火？回火防止器作用如何？如何防止回火？

3. 气割原理怎样？有何特点？气割对材质条件有何要求？常用在什么金属材料上？工艺如何？

任务五　数控火焰切割

【相关知识】

一、数控系统的简介和组成

1. 数控技术的简介

数控技术就是数字程序控制技术，利用现代化的数字计算技术实现对工业设备的控制。数控技术解决了人工不能控制的复杂零件加工，提高了设备的精确度，尤其是精密仪器的制造。同时，数控技术实现了成批量生产，改善了工人的工作环境，提高了安全系数。数控技术在机械制造业的应用是人类 20 世纪最重大的技术进步。数控技术也是人类进入现代化制造业的标志，这些最终得益于计算机以及控制技术的进步。数控技术在现在的发展主要分为两个部分，一个是在控制技术上，也就是微控制器部分，从最早的单板机，现在更多使用可编程逻辑控制器(PLC)更适合工业生产，当然数字信号处理(DSP)和 ARM 的使用使控制技术更加先进，在实时性和精确度上都大有改进。另一方面就被控制设备而言，现在激光技术已经可以使用，这使得切割技术和切割能力大为改进。

2. 数控技术的组成

(1)硬件系统。数控系统的硬件部分是工作的基础部分，它首先基于工业计算机(PC)，在 PC 的控制主板上留有许多扩展槽，可以插入选用的控制模块，插入模块即可组成控制中心。在这里我们以可编程多轴运动控制器(PMAC)为例说明，工控机的主板上的中央处理器(CPU)和 PMAC 组成双微控制器系统。这两个 CPU 各有自己的工作，PMAC 主要是完成对机床的控制，包括机械轴的运动、面板控制和信息的采集以及模数转化。控制机部分则要完成对整个系统的管理，包括各个部分的协调以及控制部分的输入。对于 PMAC 部分还必须有相应的输入输出接口，以及伺服驱动单元、伺服电机、编码器等，对于工控机还要有足够的存储空间，另外控制部分对电源的要求很高，电力部分以及备用电源也是必不可少的。

(2)软件组成。现在的数控系统大多数都是前后台的结构，对于软件部分也相应地分为前台和后台程序。前台部分多为 PMAC 的实时控制软件程序，包括补模块、伺服驱动模块、PLC 监控模块、加工程序解释模块、数据采集及数字化加工模块等，当然这部分很灵活，根据实际的需要可以添加其他的部分。后台程序主要是为了管理服务，主要实现控制程序的初始化，参数输入以及系统管理、CPU 间的通信等。对于数控系统的组成这里只是大体地简单介绍，主要是因为它的组成受实际情况的限制，有些系统实际上非常简单，而一些大型的控制系统都有自己的特殊部分。

3. 数控切割机的特点

数控切割机之所以能够取代普通的切割机床得益于它在软硬件的优势，下面我们介绍一下数控切割机几点优势。

(1)可编程，软操作。数控机床利用现在的微机控制技术，可以根据加工对象的改变实时改变程序，或者根据加工目的的不同改变程序。硬件本身并不需要进行大的改动，普通的机床可能在改变对象时需要对硬件的某些部分进行改变，甚至进行大的改动。

(2)高精确度，误差小。普通的机床工作依靠人工的经验和目测，但是一些零件的误差可能是 0.01 mm，人是很难目测的，即便是千分尺也可能有 0.000 1 的误差。另外普通机床本身的机械部件精确度也不高，加工的零部件就更难要求高的精确度。数控机床的精确度是由微控制器控制的，并由高灵敏度的传感器检测，极大地提高了精确度，减小了误差。

(3)高效率，成批量。数控机床的功率一般都比较大，刚性也好，传动机构都是无级变速，极大缩短了单个零件的加工时间。微控制器的工步都是毫秒级，指令的实现时间极短，现在的微控制器的频率越来越高，速度也将更快。在程序和功率的支持下，数控机床更容易实现大批量的生产，这也是现代工业的要求。

4. 数控切割机在产品中的具体应用

火焰和等离子数控切割机是目前比较常用的一类切割机，由于它们本身具备手工和自动化工作两种工作方式，在实际的生产中有极大的优势，既可用于小型的生产加工，也可用于大型设备的加工。下面我们给出一个具体的例子，首先是制图，利用计算机辅助设计(CAD)对对象制图，然后对 CAD 制图进行技术处理，对制图的处理一定要仔细，这是加工前的第一步，而且对数据的处理也要科学合理，对数据的精确度要有足够的重视。把“dwg”的文件转换成“dxf”的文件，为进一步的处理做好准备。其次，设计工步，进行编程，生成机器码，对控制器进行烧写程序，当然通常这些都由机器完成；对数控系统初始化、试运行，以及对管理系统的输入输出检查。最后，进行数值计算。由于是自动编程，即图形交互式编程，大部分的节点、基点坐标数值都由计算机算出，只需在问答式的对话框中设好穿孔点位置、引入引出线(长度和角度)即可，根据图形界面提示，在输出代码前进行相应割嘴补偿。最后，拷盘，复查，试制。在实际的产品中一些步骤也可以删减，因为一些重复的工作可能降低效率，尤其是相似产品的大批量生产。

二、数控火焰切割原理

氧-乙炔切割的原理其实就是利用氧气和炽热的金属发生氧化反应而产生的热量将金属熔化吹走，因而其进行金属切割时有一定的局限性，如果氧化反应产生的热量不够，难以熔化金属的话，那么切割便会失败。这就决定了氧-乙炔火焰切割只能切割低碳钢这样的金属材料，如果对高碳钢和铸铁进行切割时，虽然也能勉强进行，但切口质量会受到影响而变差。常见的火焰切割机类型见图 1-22，图 1-23 和图 1-24。

图 1-22　数控龙门式火焰切割机

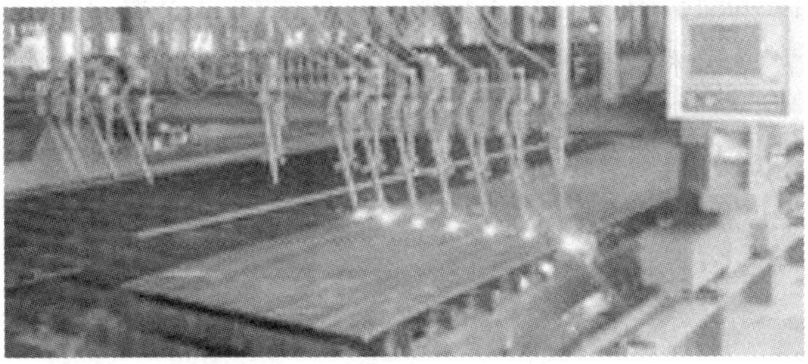

图 1-23　数控火焰切割机

图 1-24　大型数控龙门式火焰切割机

三、数控切割机在我国各地的发展情况分析

众所周知数控切割机因为它的机械性能操作简单、价格经济、加工精度稳定等方面的优势，在金属材料加工日益要求普及和批量化的今天发展迅速，但各地区的发展情况不一样。

从地域来说，发展较快的地区有：环渤海地区、长三角地区、珠三角地区、华北地区。其中环渤海地区的东北数控切割机床产业一直是国家重点支持的项目，并且发展速度较快；长三角地区的上海、江苏、杭州等地区切割机行业的发展，已经慢慢形成了包含研究开发、设计、制作，是一种比较完善的装备制作产业链；珠三角地区的广州切割机行业发展非常迅速，可以称作领头羊了；而华北地区的山西、河北等省，切割机行业发展势头相当强劲。

从经济发展水平与地理位置来说，我国分为三大经济地带的是东部、中部和西部。而这三大经济地带的数控切割机行业发展情况也不一样。东部地区是最早开始发展数控切割机行业的，因其靠近沿海的特殊地理位置和国家政策支持的优势，目前形成环渤海地区、长三角地区、珠三角地区三大切割机产业集聚地；中部地区的发展速度很快，紧跟着东部地区；随着国家西部大开发战略的实施，西部地区的切割机也紧跟其后。发展速度非常之快，其最重要的原因是市场广阔、国家政策的支持、东部和中部地区的带动。

未来，东部沿海地区的综合实力将进一步增强，而中西部地区因其在轨道交通、卫星和数控机床等细分领域上有更大的突破，有望成为中国数控切割机制造产业增长最快的区域。

综上可看出各地区切割机发展速度不一样，呈现出产业集聚、区域发展强化和产业布局进一步扩散这三大趋势。未来数控切割机产业格局也会产生巨大的变化，前景可观。

【工作过程】

一、工作课时

要求本单元理论课时和实训课时为 2 课时。

二、数控火焰切割实例

某机械厂 20 世纪 90 年代初引进一台 HCG-CNC-3000 型的数控切割机（图 1-25），主要应用于零件的切割落料工作，以保证零件的尺寸和外观质量，提高生产效率。经过数年实践，在制订数控切割工艺与数控编程上，累积了一定的经验，现总结如下。

1. 从数控切割机本身工艺特点出发，制订切割工艺

HCG-CNC-3000 数控切割机采用门式结构，轨距 3 000 mm，双边同步驱动。有三把割炬，一把为等离子割炬，两把为火炬单割炬。主要工作参数为：

切割厚度：6～200 mm（火焰切割普碳钢）；1～100 mm（等离子切割不锈钢）。

有效切割长度：10 000 mm。

有效切割宽度：2 800 mm。

精确度：纵向导向精度±0.2 mm；横向精度±0.2 mm；矩形对角线误差＜0.5 mm。

图 1-25　HCG-CNC-3000 型数控切割机

切割速度：0～6 000 mm/min。

结合数控切割机本身的工艺特点，制订正确合理的切割工艺，保证切割质量，提高生产效率。

割嘴的选择：根据使用的燃气种类、割炬类型、切割工件厚度，按 JB/T 7947—1999《等压式焊炬、割炬》，JB/T 6970—1993《射吸式割炬》，JB/T 7950—2014《火焰割嘴》选择适合割嘴。

切割速度的选定：根据工件厚度，选择预热时间及切割速度。板厚越大，所需穿孔时间、切割预热时间越长，所用的切割速度应该越慢。

穿孔点位置的确定：这里所讲的穿孔点是指火焰在钢板上切割需要引割一段距离，以防止穿孔损害零件表面。

穿孔点位置确定的原则：

①防止由于热变形引起的零件移位，影响零件的尺寸精度。

②多个零件套料切割时，综合考虑各个零件的引割位置，防止工件之间由于热应力造成的互相影响，减少空走时间，提高效率。

③切割板厚大于 60 mm 的零件时，从板的边缘引割，省去穿孔，降低割嘴损耗，节省手工穿孔时间。

切割方向的选择，主要需考虑热变形造成的影响。由于数控切割机严格按照 X,Y 坐标中的封闭曲线图形来切割，因此切割方向只有顺时针和逆时针两种。

切割过程中，密切注意切割机运行状况，一旦发生故障，充分运用中断退出、断点返回等功能，保证切割工艺的顺利执行。

2. 利用 CCAP 编程套料软件改善切割工艺

随机有 CCAP 编程套料软件，通过人机对话简便的 CAD 绘图方式为复杂的零件进行编程，并对相同材质、相等板厚的多个不同零件在同一钢板上进行套料。

CCAP 系统的以下几个常用功能有助于改善和完备切割工艺。

移动：通过该命令可以任意改变钢板上的零件的位置、角度，经过套料使钢板利用率达到最高。

穿孔、排序和换向：通过交互套料模块中的穿孔、排序和换向功能，可以任意确定和改变穿孔点位置、引入弧长度、零件切割方向和各零件之间的切割顺序关系，从而使切割工艺更加合理。

连割:借助该功能可减少穿孔时间,尤其适用于中厚板切割,只需一次穿孔就可连续切割。

借边:对相同零件或不同零件的同形等长边进行借边套料。经过排序、穿孔、换向、连割等程序后使用借边程序,可以少割或不割一条或数条曲线边,减轻零件热变形,减少切割和空程时间,提高切割质量和效率。

总之,合理应用CCAP编程套料系统不仅可以切割非常复杂的零件,更能进一步完善切割工艺。

3. 数控切割机的操作、维护对于切割工艺有着特殊意义

(1)数控切割机技术含量较高,对操作人员要求也较高。操作者需具备计算机基础知识,有一定切割工艺常识,并经专门培训后方可上岗操作。

(2)CCAP编程人员,要求具有计算机知识、机械制图知识,并具备一定工艺能力,也要经受相关培训。

(3)数控切割机是精密加工设备,要经常维护保养,否则产生运行不良,速度不稳,甚至死机等状况,会严重影响切割工艺的顺利执行。尤其在不良工况下,有时数控系统会频繁发生故障或微机死机,造成异常中断,这时断续切割就面临着烦琐的复割点对位。有时对位不准,容易引起零件的超差甚至报废。

因此要根据实际工况确定不同的切割工艺。切割机运行状况正常时,可以进行大批量、多工件的批量切割,把多个零件在一张大钢板上进行套料,整体切割;而当切割机运行状况不稳定时,就要分批分次切割,可以把一张已套好多个零件的大钢板分为几个小部分,然后逐次切割。

三、数控切割编程工艺分析与技巧

在金属结构件制造中,许多构(零)件形状比较复杂或不规则,数控切割机床的出现使得这些零件的加工成为可能。切割程序是数控切割机的指挥中枢,编程人员在电脑上进行绘图、套料、编程,生成数控切割指令,然后输入切割机,机器接受"命令"去实现人的"意图"。因此编程技术的优劣直接影响切割的质量和效率,好的程序可以做到:同样板材尺寸切的零件更多;相同切割任务切得更快;同样切割设备切得更好;同样切割方法切得更省。概括来说就是四个字"多、快、好、省"。

目前工厂里使用的套料软件多分为三大模块:①Fast CAM:CAD优化处理;②Fast NEST设置切割路径、套料生成程序;③Fast PLOT模拟切割、校验。本文将对编程过程经常遇到的一些工艺性问题进行分析,并针对问题找出相应的解决办法,探索几点对于数控切割质量、效率有所提高的技巧。

1. 合理选择引入点(打火点)

引入点是数控切割机在钢板上穿孔切割的起始点,由于切割过程中首先规定了切割的方向(顺、逆时针),在切割过程中会出现因引入点设置不当,工作台面无法完全承托零件,造成移位、跑偏、落空等现象,直接影响切割质量和零件合格率。因此在选择引入点时,应遵循工件未切割边在切割过程中尽可能地与大板相连,减少因零件自身重量和热变形产生的位移而导致的切割不精确。

2. 共边与连续切割

共边切割与连续切割不仅可以提高钢材的利用率、节省钢材，而且可以减少穿孔次数，节省预热穿孔时间，提高切割效率。连续切割功能可以替代桥接功能，使相邻的几个零件做到连续切割，避免了预热穿孔，从而有效节省割嘴、预热氧，提高切割效率，节省耗材。

3. 切割顺序的选择

切割顺序是指对钢板上若干大小嵌套的套排零件依次进行切割的顺序，根据零件的形状，分析其切割时的变形特点，确定合理的切割顺序可使零件受热均匀，零件内部受力相互牵制，这就减少了变形。切割顺序一般应遵守以下原则：先内后外，先小后大，先圆后方，交叉跳跃，先繁后简等。假如后割内轮廓、小零件，会造成定位不可靠，产生移位，导致零件精度降低。

4. 切割方向的影响

正确的切割方向应该保证最后一条割边才与母板大板部分脱离，如果过早地与母板大板脱离，则零件周边的余料角框刚性无法抵抗切割过程中出现的热变形，造成切割件在切割过程中产生位移而变形，这也会导致切割精度降低。

5. 平滑过渡切割

在切割直角零件时，尖锐过渡的方式容易产生过烧的现象，实质是切割进行到拐角尖时有一个速度下跌甚至停顿而引起的。这种情形致使切割零件尺寸超差，机床寿命也受影响。避免的方法是编程时将角部更改为一个微小圆弧，使其变为平滑过渡形式，可较好地提高切割质量，且对保护机床也有很大好处。

6. 热变形与跑偏控制

在火焰切割过程中，由于板材的热胀冷缩、零件受热不均匀、零件形状特异和打火点设置不当等原因，极易造成零件热变形和跑偏现象，从而影响切割精度和零件合格率。

(1)对于板材的热胀尺寸偏移，按照切割枪嘴线能量和长度尺寸补偿的策略，可在枪嘴较为集中影响的尺寸增加 0.5～1 mm 补偿量，具体数值掌握需结合对应设备并经长期实践获得。

(2)对于零件受热不均匀的情形，如在小范围单个小零件周边或大零件集中切割处，除采取尺寸补偿的办法外还可采用分散切割的方式。就是让切割不要过于集中，不要一次性全部切割完毕，可在切割一部分形状后转移到另外位置切割，而后再返回到原处切割，既保证该处温度不至于过高而导致零件热变形，也可让板材受热趋于均匀不易发生跑偏现象，但其缺点是切割时空程增加。

7. 排版、布局合理

当多种类、多数量零件需在同一张板料上切割时，编程就需考虑合理排版、布局的问题，需统筹考虑板材尺寸和各个零件的外形尺寸，可采用多种零件混编和单个零件集中切割相结合的策略，应遵守以下原则：先排大零件后插小零件，按照板材大小先将大零件依次排列好，然后在大零件连接的余料处逐个插入小零件，这种模式可有效提高材料的利用率。

综上所述，编程的优劣对数控切割起着关键性的作用。实践中只有将丰富的切割经验和优化工艺融入程序中，针对不同零件采用对应的编程方法，在编程过程中对实际零件的材质、形状和用途等特征加以分析，制订最佳方案，才能控制零件变形，提高切割的精度和效率，使数控切割机的功能得到充分的发挥，真正做到“多、快、好、省”。

【质量检测】

提高切割质量主要有以下方法：

1.保证数控机床本身的定位精度

在正常使用中，如果工件尺寸误差迅速变大，具体误差量可通过在割枪上装上划针，运行标准程序进行划线检查。解决方案为重点检查机床机械精度和电子精度，比如机床导轨的直线度、平行度和水平度，切割平台的水平度，还要检查伺服驱动系统等，找出误差增大原因进行解决，机床本身精度是比较容易保证的。

2.选择合适的电流和喷嘴

首先应该保证有稳定的电压和电流。切割电流是最重要的工艺参数，其决定了切割的速度和宽度，即切割能力。在确定的电源条件下，选择适当的电流，主要是根据材料的厚度选择电流大小，在实际生产中希望用最大的电流，以达到高的切割能力，但电流过大会对切割质量造成不利影响，主要是对切口变宽的影响。切口宽度是评价切割机质量的重要参数，电流过大会使切口变宽，造成材料和能耗浪费，同时会增大工件的热变形量。对喷嘴也会产生不良影响，使喷嘴热负荷增大，喷嘴更易损伤，从而造成电弧不稳，切割质量也随之下降，因此要根据切割厚度正确选择大小合适的电流和相应的喷嘴。

3.选择合适的切割速度

切割的材料不同，熔点不同，导热系数不同，熔化后的表面张力不同，工件厚度不同，受到以上这些因素的影响，切割速度也不相同。合适的切割速度可以改善切口质量，使切口平整，并略微变窄。切割速度如果过快会导致熔化金属不能立即吹除，会使切口表面质量下降，切割面坡度增大，出现挂渣现象，甚至切割不完全。切割速度过低的话，会使切口两侧过多金属熔化并积聚在切口底部，凝固形成难以清理的挂渣，同时切口也会变宽，甚至导致电弧熄灭。针对不同的材料，最佳的切割速度可根据设备说明和工件的实际情况来确定，也可以通过多次试验来选择合适的切割速度。

4.工作气体压力与切割速度的匹配

在喷嘴孔径一定的情况下，工作气体压力就决定了气体流量，过大的气压会带走更多的切割火焰能量，导致切割能力下降；过小的气压使切割火焰的挺直度下降，导致切割能力下降，同时容易挂渣。工作气压和切割速度都会对切割能力产生影响，两者共同起作用，所以要使两者很好地匹配，具体气压值的确定可参考设备说明，再结合试验选择合适的气压。

【习题】

1.对于数控切割各部分维护保养“四项要求”的具体内容是什么？

2.设备操作“五项纪律”的内容是什么？

3.试述数控切割的操作规程。

4.你认为在操作数控切割机过程中应注意的事项是什么？

5.完成中级数控火焰切割下料工实操试题A：

(1)用电脑按图纸输入，并编程输入切割机。

(2)材料Q235A，板厚12 mm边角料。

(3)操作时间60 min。

(4)如图 1-26 所示，将阴影部分割下。

(5)切割完成后考件不准做任何清理，直接交给监考人员。

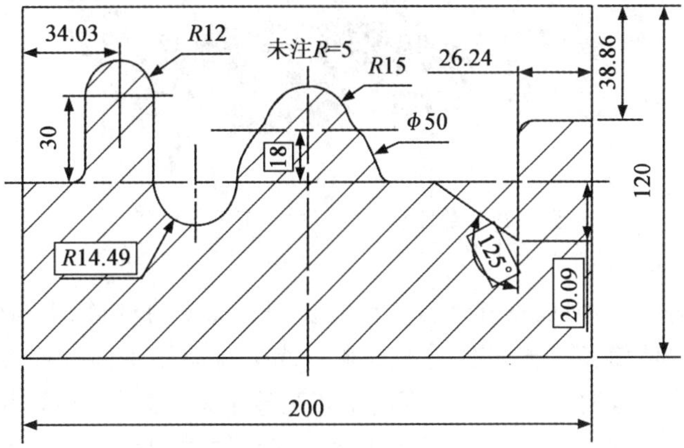

图 1-26　切割图纸(单位：mm)

任务六　数控等离子切割

【相关知识】

等离子弧切割是利用高温等离子电弧的热量使工件切口处的金属局部熔化(和蒸发)，并借助高速等离子的动量排除熔融金属以形成切口的一种加工方法。

数控等离子切割自 20 世纪 50 年代中期在美国研制成功以来，得到迅速发展。随着计算机及数字控制技术的迅速发展，数控切割也得以蓬勃发展，并逐渐改善加工精度。常见的数控等离子切割机如图 1-27，图 1-28 和图 1-29 所示。

图 1-27　数控龙门式等离子切割机

图 1-28　大型数控龙门式等离子切割机

1. 数控等离子切割技术

在工业生产中，金属热切割一般有气割、等离子切割、激光切割等。其中等离子切割与气割相比，其切割范围更广、效率更高。而精细等离子切割技术在材料的切割表面质量方面

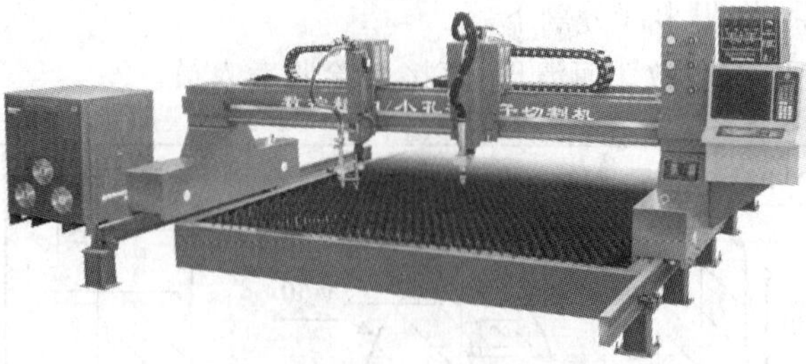

图 1-29　数控小孔龙门式等离子切割机

已接近了激光切割的质量，但成本却远低于激光切割。在节约材料、提高劳动生产率等方面显示出巨大优势。这促使等离子切割技术从手工或半自动逐步向数控方向发展，并成为数控切割技术发展的主要方向之一。数控等离子切割技术是集数控技术、等离子切割技术、逆变电源技术等于一体的高新技术，它的发展建立在计算机控制、等离子弧特性研究、电力电子等学科共同进步的基础之上。我国的数控切割技术起步于 20 世纪 80 年代，而数控等离子切割技术起步更晚。但近年来，国内一些高校、科研单位、制造厂商对数控等离子切割技术进行了研究，并逐步开发生产了各种规格的数控等离子切割设备，缩小了与国外先进技术的差距。

2. 等离子切割种类介绍

(1)普通等离子弧切割。根据所使用的主要工作气体，主要分为氩等离子弧切割、氧等离子弧切割和空气等离子弧切割等几类。切割电流一般在 100 A 以下，切割厚度小于 30 mm。

(2)再约束等离子弧切割。根据等离子弧的再约束方式，主要分为水再压缩等离子弧切割、磁场再约束等离子弧切割等。由于等离子弧受到再次压缩，其电流密度、切割弧的能量进一步集中，从而提高了切割速度和加工质量。

(3)精细等离子弧切割。等离子弧电流密度很高，通常是普通等离子弧电流密度的数倍，由于引进了诸如旋转磁场等技术，其电弧的稳定性也得以提高，因此，其切割精度相当高。国外的精细等离子切割表面质量已达激光切割的下限，而其成本只有激光切割的三分之一。

3. 空气等离子切割机的工作原理

由电控系统和喷嘴组成，电控系统产生电弧再由压缩空气压缩后在喷嘴喷出，有点像二氧焊的性质，压缩后的电弧有上万摄氏度的高温。从而可以切割铜、不锈钢、铝等有色金属，并且切口窄。电弧就是电离的空气，压缩后的电弧温度是很高的，用压缩空气把电弧从一个小孔里吹出来。

随着温度的升高，一般物质依次表现为固体、液体和气体。它们统称物质的三态。当气体温度进一步升高时，其中许多，甚至全部分子或原子将由于激烈的相互碰撞而离解为电子和正离子。这时物质将进入一种新的状态，即主要由电子和正离子(或是带正电的核)组成的状态。这种状态的物质叫等离子体，它可以称为物质的第四态。

4. 国内数控等离子切割的现状

我国工厂的板材下料中应用最为普遍的是火焰切割和等离子切割，所用的设备包括手工下料、仿形机下料、半自动切割机下料及数控切割机下料等。与其他切割方式比较而言，手工下料随意性大、灵活方便，并且不需要专用配套下料设备。但手工切割下料的缺点也是显而易见的，其割缝质量差、尺寸误差大、材料浪费大、后道加工工序的工作量大，同时劳动条件恶劣。用仿形机下料，虽可大大提高下料工件的质量，但必须预先加工与工件相适应的靠模，不适于单件、小批量和大工件下料。半自动切割机虽然降低了工人劳动强度，但其功能简单，只适合一种形状的切割。上述 3 种切割方式，相对于数控切割来说由于设备成本较低、操作简单，所以在我国的中小企业甚至在一些大型企业中仍在广泛使用。

随着国内经济形势的蓬勃发展以及"以焊代铸"趋势的加速，数控切割的优势正在逐渐为人们所认识。数控切割不仅使板材利用率大幅度提高，产品质量得到改进，而且改善了工人的劳动环境，劳动效率进一步提高。目前，我国金属加工行业使用的数控切割机是以火焰和普通等离子切割机为主，但纯火焰切割，已不能适应现代生产的需要，而目前市场需求的数控切割机多为数控等离子切割机，该类切割机可满足不同材料、不同厚度的金属板材的下料以及金属零件的加工的需要，因此需求量将会越来越大。但与国外的差距仍极为明显，主要表现为：发达国家金属加工行业 90%为数控切割机下料，仅 10%为手工下料；而我国数控切割机下料仅占下料总量的 10%，其中数控等离子切割下料所占比例更小。究其原因，较高的设备成本、复杂的维护和操作制约了数控切割在我国的进一步普及。因此国内数控切割机生产厂家引进了国外控制系统技术，经过二次开发后运用到了切割领域中，设计出了适合我国国情的数控切割机。某些厂家开发生产的专用数控切割设备，在技术上已经达到或超过了国外同类产品。

我国数控切割机每年市场需求量在 400～500 台之间，产品主要以数控等离子切割机为主。相较而言，仿形切割机每年销售几千台，半自动切割机每年销售达上万台。由此可见，我国数控切割市场，尤其是数控等离子切割市场的发展潜力是巨大的。

5. 等离子切割电源

原先在我国应用较多的高漏抗变压器加二次侧整流式的切割机电源已逐渐被逆变式等离子切割电源所代替。国产等离子电源大多用于手工切割和配在小车切割机上，近年来由于性能有所改进，逆变式等离子切割电源采用先进的 IGBT 逆变技术。具有体积小、重量轻、噪声低、功耗小以及携带方便等优点。此外，操作简单、切割速度快、切口窄而光洁、工件变形小；设有过压、欠压、过流、过热等自动保护功能，使用安全，可靠性高。将逐渐取代传统氧乙炔切割。

6. 数控技术的现状与发展

计算机技术的飞速发展推动了数控技术的更新换代，而这也日益完善了数控等离子切割的高精、高速、高效功能。代表世界先进水平的欧洲、美国、日本的数控系统生产商利用工控机丰富的软硬件资源开发的新一代数控系统具有开放式体系结构，即数控系统的开发可以在统一的运行平台上，面向最终用户，通过改变、增加或剪裁结构对象（数控功能），形成系列化，并可方便地将用户的特殊应用和技术诀窍集成到控制系统中，快速实现不同品种、不同档次产品的开发开放式体系结构，使数控系统有更好的通用性、柔性、适应性、扩展性，并向智能化、网络化方向发展。

目前，开放系统具体有 2 种基本结构：

(1)计算机数控(CNC)＋工控机主板。将一块工控机主板插入传统的 CNC 机器中，工控板主要用作实时控制，CNC 主要用作以坐标轴运动为主的实时控制。

(2)工控机＋运动控制板

将运动控制板插入工控机的标准插槽中作实时控制用，而工控机主要作非实时控制。

我国生产的数控等离子切割机的数控系统多是在引进国外数控技术的基础上，加以自主开发而成，并逐步形成了更能适应国内用户的数控系统。总体来说，在数控系统方面具备了国外同类系统的基本功能，但与国外先进的数控系统相比，在错误记录、网络化生产、全自动生产等方面还存在较大差距。

7. 数控等离子切割系统的抗干扰措施

切割电源具有强烈的电磁干扰，这就要求计算机控制系统必须具有很高的抗干扰能力，既能抵抗等离子引弧时的高频干扰，也能抵抗工作时大电流等离子弧的干扰，还能抵抗工作现场的其他干扰源。经过抗干扰设计，改善了数控等离子切割系统的可靠性，其故障率也降低。

8. 国内外数控等离子切割现状与发展趋势

国外数控切割机的生产厂家主要集中在德国、美国和日本。从机械结构上看，其发展经历了十字架型(轻型)、门型(小型)、龙门型(大型)3 个阶段，相应的型号种类繁多。能够代表数控等离子切割技术最高水平的厂家主要集中在德国，如德国伊萨(ESAB)公司的精细等离子切割机的切割精度已达激光切割下限。目前，国外已有厂家在龙门式切割机上安装一个专用切割机械手，开发出五轴控制系统的龙门式专用切割工具，该系统可以在空间切割出各种轨迹，利用特殊的跟踪探头，在切割过程中控制切割运行轨迹。相比之下，国内虽然十字架型、门型、龙门型都有所生产，但广度不够，生产厂家产品型号较为单一，尚无龙门式专用型材切割机产品。

近几年来，由于对切割质量、劳动环境等的要求越来越高，国外的大型水下等离子切割法、精细等离子切割法等先进等离子切割技术得到较快发展，其相应产品在我国的市场需求量也逐年上升。在我国的等离子切割设备生产行业中，由于缺乏等离子切割理论研究与生产实践相转换的机制，因此新技术运用不广、新产品开发速度不快，制约了等离子切割技术的进一步发展和运用。

可以预见，我国的数控切割机的市场需求仍将以数控等离子切割机为主。与此同时，国外广泛应用的大型水下等离子切割、精细等离子切割等先进切割设备在我国的市场需求量呈逐年上升趋势。

从国外数控等离子切割行业发展的趋势来看，智能化精密切割将成为切割行业今后发展的方向。我国钢产量早已达亿吨级，再加上制造业的蓬勃发展，这必将促进国内数控等离子切割技术的良性发展。总体来说，我国数控等离子切割在基本功能上已达到国外同类产品水平，但要完全达到或超过国外水平还有很长的路要走。国内各企业、科研单位应加大科研力度，重视企业间的横向合作，形成优势互补，并在以下方面争取进一步提高：

(1)应加强等离子理论研究与生产的相关转换；

(2)应进一步提高等离子电源稳定性；

(3)积极开发适合我国国情、经济可靠的数控等离子切割设备；

(4)人机对话界面友好，适合切割下料工人操作；

(5)提高网络互联功能。

【工作过程】

一、工作课时

要求本单元理论课时和实训课时为 2 课时。

二、数控等离子切割机

在机械制造等工业生产中,作为首道工序的钢板切割,其工艺水平及切割质量的高低对后续生产工序有着重要的影响。常见的钢板切割方式主要有:火焰切割、等离子切割和激光切割等。等离子切割是以压缩空气(或惰性气体)为工作气体,以高温高速的等离子弧为热源,将被切割的金属局部熔化并用高速气流将已熔化的金属吹走形成狭窄的割缝,从而达到切割目标的切割方式。其有可切割厚度大、割缝窄、切口垂直度好、不挂渣、速度快等优点,是三种切割方式中性价比最高的切割方式,是现代金属切割技术发展的趋势之一,广泛为各种机械制造行业采用。

1. 系统组成与控制原理

(1)等离子切割机机械部分。采用龙门架式机械结构,其 X,Y 方向均采用齿轮、齿条驱动,兼顾精度和成本,主要完成切割图形的运动;Z 方向采用精密直线导轨驱动,主要完成等离子切割枪头与钢板间距离的调整。

(2)等离子切割机控制。完整的等离子切割工艺主要包括:切割前的喷粉划线、切割过程中割枪的割炬调节、切割图形加工等运动。

喷粉划线是在切割前,通过喷粉划线枪,在切割工件表面标记工艺线、图形和件号,在未切割工件的前期可以及时调整所绘图形,预知切割图形是否存在误差。实现喷粉划线需要控制锌粉枪的开关及调节 Z 轴高度。

割炬调节是在切割过程中,需保持离子割枪的割嘴电极与板材之间的弧压值,以实现割嘴高度的恒定。弧压检测电路实时探测割嘴电极与待切钢板之间的弧压值 DC,并通过控制伺服电机驱动割炬自动升降以确保弧压值的恒定而保证割嘴与待切钢板的距离恒定不变。

切割图形加工是依据输入的零件代码(G code),控制 X 与 Y 方向的电机驱动,实现需要图形的切割。

(3)等离子切割机控制系统方案。基于 TRIO MC206 的等离子切割机控制系统由三部分组成:工控机(IPC)+上位机软件,TRIO MC206 多轴运动控制部分,PLC 控制及驱动部分。各部分专职完成不同的任务,通过各轴的伺服电机联动,实现精准的图形切割。

2. 控制软件的设计

采用 IPC 机和液晶触摸屏来完成控制系统的人机交互功能,用户获得良好的人机环境。控制软件集成了各轴的运动控制、点火流程、限位报警信号、钢板测量和加工以及文件的保存备份等操作。

综合考虑到上位机软件运行速率和软件开发的延续性,本系统采用 Visual Studio 2010

作为开发环境，采用 Visual C＋＋作为开发语言。上位机软件主要由：零件代码（G code）输入模块、系统设置模块、切割状态显示模块、底层通信模块四个部分组成，实现切割信息输入、切割过程监控及底层驱动部分的控制。

在 MC206 中，采用 TRIO BASIC 语言进行程序的编写，主要实现两方面工作：①依据上位机软件传递的图形运动指令，完成相应的插补功能，驱动 X（包括 X_1 和 X_2），Y 两方向的电机运转，使整个机械系统平稳、快速的运动；②和下层 PLC 通信，并将相关数据传递给上位机软件。

PLC 控制部分采用三菱 FX/2N 系列 PLC，主要是接受 MC206 传递的控制指令，实现割枪与钢板间高度的自动调节，控制等离子电源开闭，保护切割机限位开关等功能。

三、数控等离子切割机操作要领

对于大型数控等离子切割机等机床设备的操作使用，从大的层面来说需要注意的问题并非太复杂，考虑到目前国内数控自动化技术的日益完善，针对控制系统及操作步骤也在逐步简化，这在很大程度上将进一步简化企业及操作者对于数控等离子切割机等机床设备的上手难度。

但从实际应用来说，细节操作以及相关执行步骤的标准化仍然是数控等离子切割机等机床设备的难点，这对于很多已经购买并使用过数控等离子切割机等机床设备的企业及操作者是深有感触的，很直观的表现就是，同样的数控切割机设备放在不同的使用者手中，所加工出来的材料质量会存在很大的区别，究其原因，还在于对细节的把握不够。

武汉金嘉数控将着重为大家详细讲解一下数控等离子切割机的细节操作与执行标准，不足之处，欢迎广大用户及同行指正。

1.主题内容与适用范围

本标准规定了水压缩空气等离子切割的技术操作要求和作业程序，本标准只适于水压缩空气、等离子切割工序操作。

2.引用标准

JB/T 5000.2—2007 火焰切割质量要求；

YB/JQ 101.10 钢铁企业机修制造通用技术条件：焊接结构件。

3.操作前的准备

(1)数控等离子切割机的操作人员，必须了解切割机的构造原理，熟悉其机械传动系统、电气系统、气路系统、水路系统，熟悉各种开关、旋钮的功能，了解切割机的主要技术数据。其主要技术性能如表 1-3 所示。

表 1-3　切割厚度表

mm

材　质	不锈钢	碳素钢	铝	铜	铸铁
极限切割厚度	50	50	40	38	27

(2)装好切割电极，检查阴极是否有漏水现象。

(3)选好喷嘴，装好切割炬并调好电极的内缩量(一般以阴极杆上的电极头顶到喷嘴，后退2～3圈为宜)。

(4)接通电、气、水路，检查气压、水压应在0.4 MPa(4个大气压)。

(5)切割小车和要切割的工件要放在切割平台的适当位置。

(6)调节好切割炬位置和喷嘴到工件的距离(一般6～8 mm)。

(7)切割炬的阴极排水管必须在割矩前进方向的后侧，让泄水柱在距弧柱20～30 mm处，直接冲刷切口。

(8)扳动控制电源开关，启动"试高频"开关，从喷嘴端部看电极和喷嘴内孔壁之间火花，若电极周围2/3以上有火花，表示电极对中良好，然后关闭高频。

4.切割操作

(1)依次按下电源开关、空压机开关、水泵开关。

(2)按下切割电源开关，打开过滤减压阀底部的叶柄，放一部分气，减压力，按下启弧开关，割炬喷出弧后，关闭减压阀的叶柄，至引出电弧指示灯亮。

(3)待电弧穿透工件，再启动切割小车，其速度以穿透工件为准，注意穿过工件的电弧尾部焰流与工件平面夹角不超过35°。

5.切割结束

数控等离子切割机切割完毕，先关闭启弧开关，再依次关闭切割小车开关，切割水、气及总电源。

【质量检测】

一、数控等离子切割的特点及质量评定

用数控等离子切割机可以切割各种形状复杂的工件，并具有切割速度快、效率高、切割面质量好、切割尺寸精确、工件热变形小等优点。切割的零件不需机械加工就可直接进行焊接和应用。但数控等离子切割机是用等离子弧进行切割，它与氧气切割相比，仍有一定的缺陷，主要体现在切割面的倾斜度较大，光洁度没有氧气切割的好。

评定数控等离子切割质量好坏的主要依据是：切割面的倾斜度、切缝的割纹深度、挂渣多少等。一个优质的切割面其倾斜度应在30°以下，割纹深度应在0.15 mm以下，且挂渣少，容易清除。

在电压、电流稳定的条件下，影响切割质量的因素除了电极、喷嘴本身质量以外，主要还有两个方面的原因：一是割嘴高度与稳定；二是切割速度与工作气压的匹配。

割嘴离钢板的高度当采用弧压调高器来控制时，因其动态定位精度可达±0.013 mm。所以能保证割嘴与钢板的高度保持不变，故切割面的倾斜度小而均匀，且光洁度好。当用手工来调节割嘴离钢板的高度时，被切钢板要尽量放平，以减少割炬的调节次数，保证割炬切割过程中的稳定。本文采用手工调节方式，将割嘴离钢板的高度控制在6～8 mm，通过一系列的切割试验，阐述了切割速度、工作气压与切割质量的关系。

二、等离子切割机消耗件的保养方法

1.保证等离子正确的气压和流动

等离子体正确的气压和流动对消耗件的使用寿命非常重要。如果气压太高,电极的寿命就会大大减少;气压太低,喷嘴的寿命就会受到影响。设置时参照等离子切割机的使用说明书。

2.采用合理的切距

切距即切割喷嘴与工件表面的距离,这个距离尽量保持恒定,一般为 3～8 mm,太远了不但耗电量太大,切割穿透能力会下降,而且相对比较消耗电极,使电极使用寿命下降;太近了则喷嘴的使用寿命会成倍的下降,甚至装上去即被烧掉;当穿孔时,尽量采用正常切距的2倍距离或采用等离子弧所能传递的最大高度。

3.穿孔厚度和切割厚度应在机器系统的允许范围内

等离子切割机不能在超过工作厚度的钢板上穿孔,通常的穿孔厚度为正常切割厚度的1/2。尽量在等离子切割机额定的正常切割厚度范围内切割,尽量不要在极限切割厚度上切割,国产切割机的正常切割厚度一般是生产标注的最大切割厚度的 60%,尽量在这个厚度范围内切割,就能最好地保护割嘴。

4.喷嘴不要过载使用

让喷嘴过载(即超过喷嘴的工作电流),将使喷嘴很快损坏。电流强度应为喷嘴的工作电流的 95%为宜。例如:100A 的喷嘴的电流强度应设定为 95A。

5.保持等离子气体的干燥和洁净

等离子系统需要干燥和洁净的等离子气体才能正常工作。脏污的气体通常是气体压缩系统的问题,它会缩短消耗件的使用寿命,造成非正常损坏。测试气体质量的方法是将割炬设在测试状态,在其下方放一面镜子,消耗割炬内的气体,如果在镜子上出现水气和雾状物,则需要查明原因。

三、故障分析与解决办法

1.打开等离子切割机主机“电源开关”后,电源指示灯不亮的原因分析和解决办法

(1)“电源指示灯”坏:更换指示灯;

(2)2A 保险丝坏:更换保险丝;

(3)无输入三相 380 V 电压:检查电源是否出问题;

(4)输入电源缺相:使用万用表检查三相电源;

(5)电源开关坏:更换开关即可;

(6)控制板或主机坏:检修。

2.接通输入电源后,等离子切割机风扇不转,但电源指示灯亮的原因分析和解决办法

(1)输入三相电源缺相:使用万用表检查三相电源;

(2)风扇叶被异物卡住:异物清除即可;

(3)风扇电源插头松动:重新插好即可;

(4)风扇引线断：检修；

(5)风扇损坏：检修或更换。

3.接通输入电源后，电源指示灯亮，风扇正常，但开启“试气”开关后无气流喷出的原因分析和解决办法

(1)无输入压缩空气：检修气源及供气管道；

(2)空气过滤减压阀失灵，压力表指示值为0，“气压不足”指示灯亮：调整减压阀压力或更换减压阀；

(3)“试气”开关损坏：更换开关；

(4)主机内电磁阀坏：检修或更换；

(5)供气管道漏气或断路：检修。

4.开启主机面板上的“试气”开关，有气流喷出，按动割炬开关，机器无任何反应的原因分析和解决办法

(1)等离子割炬开关坏或连接线断：检修或更换；

(2)等离子切割机面板上“切割”开关坏：检修或更换；

(3)切割机主机控制板坏：检修或更换；

(4)切割机因温度等原因处于保护状态：等待温度正常；

(5)水路工作不正常，引起水压过低保护：检查水路和水压阀；

(6)主机控变或相关线路、元件损坏：检修。

5.接触式可以切割，但非接触式不能切割，试验非转移弧无火花喷出喷嘴的原因分析和解决办法

(1)15A熔断器熔芯断路：更换即可；

(2)减压阀上气压过高：调节压力；

(3)割炬中有零件损坏：检查并更换；

(4)割炬受潮，压缩空气中水分过高：烘干，加滤水装置；

(5)引弧线断路：更换即可；

(6)割炬损坏：更换即可。

6.按动等离子割炬开关，喷嘴中有气流，但“高挡”和“低挡”均不能切割的原因分析和解决办法

(1)输入电源缺相：检修；

(2)空气压力不足0.45 MPa：调节减压阀压力；

(3)输入空气流量过小：保证0.3 m^3/min；

(4)切割地线与工件接触不良：重新夹紧或更换；

(5)割炬中电极喷嘴或其他零件损坏：更换新配件；

(6)切割方法不正确：将喷嘴、工件放正确；

(7)等离子切割机割炬电缆断裂：更换或重新连接好；

(8)主机中“火花放电器”间距过大或短路：间距保证0.5 mm左右；

(9)主机中部分元件(如压力控制器等)损坏：检修或更换；

(10)主机中控制板损坏：检修或更换；

(11)等离子切割机割炬损坏:更换。

7.高、低挡只有一挡能工作的原因分析与解决办法

(1)切厚选择开关坏或导线断:更换;

(2)交流接触器有一只损坏:检查并更换;

(3)整流主变坏或相关导线断路:更换或维修。

8.等离子切割机工作时等离子弧不稳定的原因分析与解决办法

(1)气压过低或过高:调整;

(2)割炬中电极或喷嘴烧损:更换;

(3)输入交流电压过低:调整输入电压;

(4)切割地线与工件接触不良:重新夹紧或更换;

(5)切割移动速度过慢:调整切割速度;

(6)火花放电器不能自动断弧:正常放电 0.5 s,检修;

(7)主机中相关元件工作不正常:检修。

9.切口过宽,切割质量欠佳的原因分析和解决办法

(1)切割速度过慢:调整速度;

(2)电极喷嘴已烧损:更换;

(3)切割材质和切厚与选择开关挡位不符:选择正确挡位;

(4)喷嘴型号不正确:更换正确型号的喷嘴。

10.等离子切割机割炬烧坏的原因分析

(1)金属压帽未压紧;

(2)割炬导电连接处松动、漏水;

(3)割炬接头处绝缘不良;

(4)割炬上陶瓷保护套已损坏,但未更换;

(5)压缩空气中水分过多;

(6)分列式切割机并机切割时割炬搞错;

(7)电极烧损后未及时更换;

(8)水冷割炬工作时水路不正常,接口漏水。

任务七　数控水刀切割

【相关知识】

水切割,又称水刀,即高压水射流切割技术,是一种利用高压水流切割的机器。在电脑的控制下能任意雕琢工件,而且受材料质地影响小。因为成本低、易操作、良品率又高,水切割正成为工业切割技术方面的主流切割方式。

水切割作为一种新技术、新产品,由于其为机械类产品,没有电子类产品的技术神秘感和科技感那么浓厚,一直不被媒体重视,直到 2011 年,由于水射流专家纪新刚创造性地另辟蹊径,将水切割做得小型化、安全化,使水切割改变了不能在安全领域使用的局面。

一、水切割工作原理

其基本原理是既简单又复杂。水射流从加压泵开始，通过高压管，然后从切割喷头射出来。非常简单的解释，却是经过了十分复杂的设计，才能产生 60 000 PSI(1 PSI＝6.895 kPa)的压力。在设计过程中，有一处小小的渗漏都会持久地侵蚀部件导致损坏。所以生产商和工程师们会小心地处理高压材料的加工工艺，利用特殊的科技组合这种机器。使用者只需要知道基本的操作知识即可。

水切割机于 1982 年应用在工业上，最早出现在 1970 年，在工业上主要是应用于汽车、航空、玻璃行业，从这些切割中不断地提高精确度。磨料切割机的压力可达到 55 000 PSI，这种高压水通过一个细小的喷嘴以 762 m/s 的速度射出，这种速度是声速的 2.5 倍。

把石榴砂混入这种高速度的水射流中，通过在混合管中混合，然后以 305 m/s 的速度直接从砂管中射出至被加工的材料，这种切割过程其实是一种磨碾切割的过程，这种力量和动作都是由水产生的。

二、水切割发展历程

Norman Franz 博士一直被公认为是水刀之父。他是研究超高压(UHP)水刀切割工具的第一人。超高压的定义是高于 30 000 PSI。Franz 博士是一名林业工程师，他想寻找一种把大树干切割成木材的新方法。1950 年，Franz 第一次把很重的重物放到水柱上，迫使水通过一个很小的喷嘴。他获得了短暂的高压射流(多次超过了现用压力)，并能够切割木头和其他材料。他后来的研究涉及更为连续的水流，但他发现获得连续高压非常困难。同时，零件的寿命也以分钟计算，而不是今天的数周或数月。

Franz 博士从没制造出一种量产的木材切割器，而今天木材切割却是超高压技术最不重要的应用之一。但 Franz 博士证明了高速会聚水流具有极大的切割能量，这种能量的应用远远超出了 Franz 博士的梦想。1979 年，Mohamed Hashish 博士在福禄研究室工作，开始研究增加水刀切割能量的方法，以便切割金属和其他硬质材料。Hashish 博士被公认为加砂水刀之父，他发明了在普通水刀中添加砂料的方法。他使用石榴石(砂纸上常用的一种材料)作为砂料。凭借这种方法，水刀(含有砂料)能够切割几乎任何材料。1980 年，加砂水刀第一次被用于切割金属、玻璃和混凝土。1983 年，世界上第一套商业化的加砂水刀切割系统问世，被用于切割汽车玻璃。该技术的第一批用户是航空航天工程技术人员，他们发现水刀是切割军用飞机所用的不锈钢、钛和高强度轻型合成材料以及碳纤维复合材料的理想工具(已用于民用飞机)。从那以后，加砂水刀被许多其他工业采纳，例如加工厂、石料、瓷砖、玻璃、喷气发动机、建筑、核工业、船厂等等。水切割技术发展历程如表 1-4 所示。

20 世纪末，水切割技术被引入我国，经历了近 5 年的市场应用及设备的改良，主要应用于建筑陶瓷、石材、金属加工、汽车工业、航空航天、军工、石油化工等行业并得到良好的发展。

21 世纪初期，针对水切割技术在市场应用中出现的相关问题以及技术单一性，便携式水切割技术应运而生。

表 1-4　水切割技术发展历程

序号	时期	国家/人物	历程	发展成果
“水刀之父”——Norman Franz 博士				
1	1936 年	美国和苏联工程师	将水进行增压，形成高压水射流	利用高能水进行采煤、采矿
2	1950 年	Norman Franz 博士	Franz 将重物置于水柱之上，迫使水从很小的喷嘴流出，获得了短暂水射流可切割木头及其他材料	证明了高速会聚水流有较大的切割能量
3	1956 年	苏联	水切割压力达到 200 MPa	利用水可切割岩石
“加砂水刀之父”——Mohamed Hashish 博士				
4	1979 年	Mohamed Hashish 博士	于福禄研究室，研究增加水刀切割能量的方法，即在水刀中添加砂料	水刀中添加砂料后几乎可以切割任何物体
5	1980 年	Mohamed Hashish 博士	加砂水刀第一次被用于切割金属、玻璃和混凝土	可切割金属、玻璃等材料
6	1983 年	美国	世界第一套商业化的加砂水刀切割系统问世	被应用于汽车玻璃的切割
————水切割技术的提出开始了一场新型切割技术的革命————				
7	1996 年	南京大地水刀	第一台国产水刀研发成功	运行压力约为 220 MPa
8	2003 年	南京大地水刀	第一台机器人水刀研发成功	数控机器人用于水切割领域
9	至今	中、美、德、意、俄等	攻破了超高压水切割技术，最高压力可达到 550 MPa	超高压水切割技术得到广泛应用
————各国水切割技术的研发已经趋近成熟，水切割技术的应用范围进一步扩展————				

便携式水切割技术属于低压水射流技术，即利用较低压力(25～50 MPa)即可实现金属及其他材料的切割作业。该技术的出现具有较强的实际应用意义。便携式水切割技术的诞生为水切割技术的发展掀开了历史性的一页，是水切割技术领域的又一新突破，标志着水切割技术进入了便携式水切割技术研究阶段。

便携式水切割技术借鉴水切割技术的基本原理，抛开传统水切割技术的后混式切割原理而进行了技术的改革创新。该技术初期主要应用于弹药等危险品的销毁处理工作，随着便携式水切割技术的不断完善，其应用领域也进一步扩大，主要应用于排爆、石油化工、煤矿井下作业、工程施工、船舶制造等相关行业领域。便携式水切割技术发展如表 1-5 所示。

便携式水切割系统是一种新型水切割设备，其具有体积小、重量轻、运输方便、切割效率高等特点，利用较低水压即可对钢板、陶瓷、大理石、水泥制品等进行切割。因此便携式水切割系统具有广大的市场应用前景，可满足客户对切割能力及作业环境的不同要求。在过去的市场实践应用中，便携式水切割系统表现出优越的使用效果。其主要应用于航弹销毁、石化管道切割、危险品处理、易燃易爆品切割作业。应用效果明显，切割过程中轻松消除所存在的安全隐患，成为了航弹销毁、石化管道切割、油罐切割、油轮开孔之首选。

表 1-5 便携式水切割技术发展

序号	时期	发展历程	成果
1	21世纪初	中低压水射流技术研究进入初步阶段	打破了对水切割技术的传统认识
2	2003年	中低压水射流技术开始了实验室的研究阶段	研发出了便携式水切割技术的基本原理
3	2005年	中低压水射流技术开始了实验室的试验阶段	对10 mm钢板进行了实验性切割并取得成功
4	2009年	申请便携式水切割技术专利注册并予以通过	产品雏形已形成，可实现切割功能
5	2009年	便携式水切割系统设备基本原理成熟，产品形成	中低压水射流切割技术进入到了实际应用阶段
6	2009年	第一台便携式水切割系统设备问世	标志着中低压水射流技术进入商业化推广阶段
7	至今	便携式水切割系统已进入商业化发展阶段	被用于警用排爆、石油化工领域

三、水切割优势

(1)通用性强，几乎所有材料都能切割。

(2)水刀是冷态切割，切割时不产生热效应、不变形、无挂渣、无烧蚀，不会改变材料的物理化学性质。

(3)割缝小，加上冷却切割的特性，可以提高材料利用率。

(4)切割介质只有水和天然磨料，切割过程中不产生其他物质，是清洁环保的切割工艺。

(5)切割后，切割面整齐平滑，不会在切割过程中使被切割物体有任何损伤，可以实现许多切割工具无法实现的切割作业。

常见水切割机如图1-30至图1-33所示。

图 1-30 大型数控水切割机床

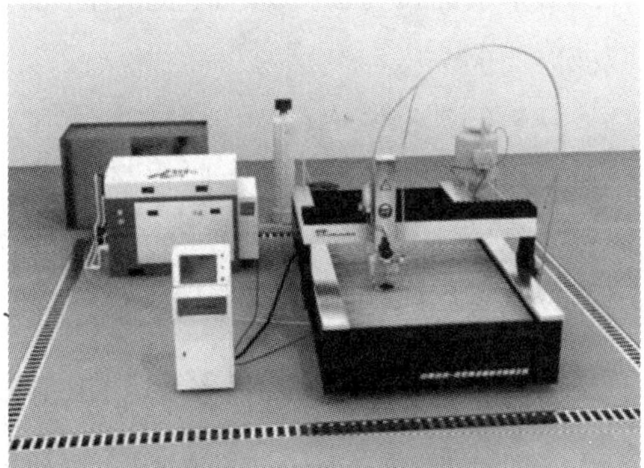

图 1-31 便携数控水切割机

图 1-32　大型龙门数控水切割机

图 1-33　大型悬臂式数控水切割机

【工作过程】

一、工作课时

要求本单元理论课时和实训课时为 2 课时。

二、数控水刀切割

数控水刀切割是利用超高压水射流进行冷态切割的设备，主要由高压泵、数控加工平台和喷射切割头组成。

一套数控水刀切割机(简称“水刀”)由三大部分构成：超高压水射流发生器(高压泵)、数控加工平台、喷射切割头。

1. 超高压水射流发生器(高压泵)

作为水刀的动力源，常见的是液压马达驱动增压器产生超高压水射流的技术方案。将普通自来水的压力提升到几十至几百兆帕(1 MPa≈10 bar)，通过束流喷嘴射出，具有极高的动能。

2. 数控加工平台

数控水刀主要以切割平面板材为主。切割平台选用滚动直线导轨和滚珠丝杠作为传动，在数控程序和控制电机的精密控制下精确进行 X 轴和 Y 轴单独运动或两轴联动，带动切割头实现直线和任意曲线切割。

3. 喷射切割头

高压泵只有通过束流喷嘴才能实现切割功能。喷嘴孔径大小，决定了压力高低和流量大小。同时，喷嘴还具有聚能作用。喷射切割头有两种基本形式：一种是完成纯水切割的，一种是完成含磨料切割的。含磨料切割的切割头，是在纯水切割头的基础上，加上磨料混合腔和硬质喷管构成的。

三、水切割应用范围

水刀的应用范围很广泛，从金属材料到非金属材料，从天然材料到人工材料，从食品到生活用品，基本上都能切割，有“万能切割机”之誉。主要应用领域有：

(1)陶瓷、石材等建筑材料加工；

(2)玻璃制品加工，如家电产品中玻璃部件切割、建筑装潢、工艺玻璃；

(3)机械行业的金属板材切割下料；

(4)广告行业的标牌、艺术图案切割。

四、水切割分类

(1)以加砂情况来分：水切割分为无砂切割和加砂切割两种方式。

(2)以设备来分：分为大型水切割和小型水切割。

(3)以压力来分：分为高压型和低压型，一般以 100 MPa 为界限。100 MPa 以上为高压型，100 MPa 以下为低压型。而 200 MPa 以上为超高压型。

(4)以技术原理来分：分为前混式和后混式。

(5)以安全切割来分：分为安全切割类和非安全切割类，区别主要在水压上面，100 MPa 以下低压型水切割可应用于特种行业(如：危化、石油、煤矿、危险物处理等方面)。经过大量实验人们发现，当水压超过一定阈值时，即使纯水也会把某些敏感性化学品引爆，而含砂水切割由于水中含有磨料砂，砂子的势能、冲击力和物体碰撞，产生的能量也会引起特殊化学品的不稳定性，经过大量实验和论证，最后得出其阈值在 237.6 MPa 左右。故在水切割行业，200 MPa 以上的水切割主要应用在机械加工行业。

五、故障分析

1. 高压、低压皆无但换向正常

(1)检查自来水供水是否断水或水压过低；

(2)检查水泵是否正常；

(3)检查宝石喷嘴是否正常(水束明显发散)；

(4)检查挡板后窥孔有无漏油、漏水(有漏水，表明高压腔动密封损坏；有漏油，表明油缸挡板上动密封损坏。)；

(5)检查进水单向阀是否失效(进水管回水明显)；

(6)检查出水单向阀是否失效(单向阀处手感明显发热)；

(7)检查高压柱塞杆是否断裂(拆除进、出水管和出水单向阀，往高压缸内插入一根细钢丝，探到柱塞杆，开启电机油泵，观察钢丝是否顶出。不顶出或移动距离小，则表明柱塞杆已断裂)。

2. 高压、低压皆无且换向时间过长或不换向

(1)如不换向且油压很高，用手推一下换向阀的任一端电磁阀阀杆；

(2)调整霍尔开关位置(将霍尔开关向油缸方向轻微移动)；
(3)检查换向霍尔开关是否正常；
(4)检查换向阀电气部分是否正常；
(5)确认是否调整过油泵流量(太小)；
(6)确认是否调整过溢流阀流量(太大)；
(7)检查换向阀阀芯是否堵塞或磨损；
(8)检查油缸中活塞密封是否损坏。

六、数控水刀切割特点

(1)数控成型各种复杂图案；
(2)属冷切割、不产生热变形或热效应；
(3)环保无污染、不产生有毒气体及粉尘；
(4)可加工各种高硬度的材料(如:玻璃、陶瓷、不锈钢等)，或比较柔软的材料(如:皮革、橡胶、纸尿布等)；
(5)是一些复合材料，易碎瓷材料复杂加工的唯一手段；
(6)切口光滑、无熔渣，无须二次加工；
(7)可一次完成钻孔、切割、成型工作；
(8)生产成本低；
(9)自动化程度高；
(10)24 h连续工作。

【质量检测】

1.切割材料

超高压水刀可切割各种厚、坚硬的材料:如不锈钢、铝、铜、钢铁、大理石、合金金属、玻璃、塑料、陶瓷、瓷砖及各种可看得到的材料。

2.切割精度

其切割工件的精度介于0.1～0.25 mm。工件的精度决定于机器的精度、切割工件的大小及厚度。

3.切隙宽度

需视切割工作材质大小厚薄与所使用的喷嘴而定。一般而言，加砂切割的切口为1.0～1.2 mm。随着砂刀管的直径扩口，其切口也就愈大。

4.切割斜边

所运转之切割速度决定其斜边品质。大部分好的切割品质的单侧斜边为0.1 mm左右。

5.适用范围

一般而言，以复杂图案、厚、难切、易碎与怕热的材料，最适合使用水刀切割为加工设备。

任务八　气体保护焊

【相关知识】

气体保护焊在焊接分类中归属熔化焊。它不同于焊条电弧焊，焊条电弧焊的金属熔池保护靠焊条药皮熔化时产生的渣和气，气体保护焊的熔池则由气体来保护。因为气体保护焊的焊缝没有熔渣覆盖，质量好，焊接成本低，所以是值得推广使用的焊接手段。常用的气体保护焊有 CO_2 气体保护焊和氩弧焊（TIG 非熔化极，MIG 熔化极）两种。

一、CO_2 气体保护焊

CO_2 气体保护焊（以下简称 CO_2 焊）是以 CO_2 气体保护焊接区和金属熔池不受空气侵入，依靠焊丝与工件之间产生的电弧来熔化金属的一种熔化极气体保护电弧焊。CO_2 焊有自动和半自动两种方式。常用的是半自动焊，即焊丝由送丝机构自动送给，并保持弧长，由操作人手持焊枪进行焊接。

1. CO_2 焊的工作原理

焊丝由送丝机构通过软管经导电嘴送出，而 CO_2 气体从喷嘴内以一定流量喷出，这样当焊丝与工件接触引燃电弧后，连续给送的焊丝末端和熔池 CO_2 气体保护，防止空气对液态金属的有害作用，从而获得高质量的焊缝。CO_2 焊的焊接装置如图 1-34 所示。一般情况下无须接干燥器，为了使电弧稳定，飞溅少，CO_2 焊采用直流反接。

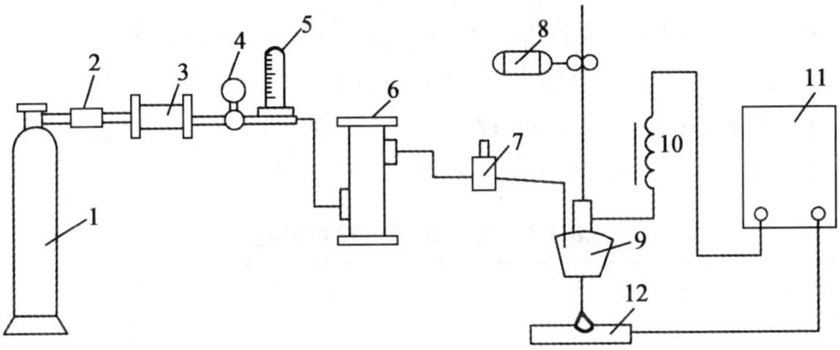

图 1-34　CO_2 气体保护焊设备示意图

1-CO_2 气瓶；2-预热器；3-高压干燥器；4-气体减压阀；5-气体流量计；6-低压干燥器；7-气阀；8-送丝机构；9-焊枪；10-可调电感；11-焊接电源；12-工件

2. CO_2 焊的特点

（1）成本低。CO_2 气体价格比较便宜，而且电能消耗小。焊接成本为自动埋弧焊的 40%，手工电弧焊的 38%～42%。

（2）质量好。CO_2 焊电弧加热集中，焊接速度快，所以焊缝的热影响区和工件变形比埋弧焊和手弧焊都小。CO_2 焊的焊缝含氢量低，产生裂纹的倾向也小，因此特别适合薄板焊接。

(3)生产效率高。由于焊丝进给自动化，焊接电流密度大，且熔敷率高（手弧焊为 60%，CO_2焊是 90%）因此提高了生产效率。另外因无焊渣，多层焊时，节省了手弧焊时的清渣时间。

(4)抗锈能力强。CO_2焊采用的是高锰高硅的合金焊丝。因为焊丝中有较多的锰、硅脱氧元素，所以有较强的还原和抗铁锈能力，焊缝不易产生气孔。适用于焊接低碳钢以及其他合金钢。

(5)焊接性能好。因为 CO_2焊没有熔渣，是明弧焊接，操作者能清楚地看到焊接过程，同时它具有手工电弧焊的灵活性，适合全位置焊接。

(6)焊缝的抗裂性及力学性能强。因为 CO_2气体在焊接电弧的高温作用下，会被分解成 CO 和 O_2，其反应式为 $2CO_2=2CO+O_2$。生成的 CO 和 O_2 对金属具有氧化作用，而熔化焊中主要是防止空气中的氧进入金属熔池，要解决这个问题，就是进行 CO_2焊时须用高锰(Mn)高硅(Si)的合金钢丝，因为 Mn 和 Si 是很好的脱氧元素，它们既能有效地解决氧化的危害，又可以保证焊缝中合金元素不至于丢失，另外因 CO_2焊的氧化作用也使得金属中的有害物质硫(S)和磷(P)一同被烧损，使焊缝的抗裂性增强了，力学性能提高了，这也是 CO_2焊的优越性之一。

(7)CO_2焊飞溅较多，成型稍差，抗风能力弱，设备较复杂。

3. CO_2焊接工艺

和手工电弧焊相同的是，CO_2 焊要获得高质量的焊缝，也要选择合适的焊接规范。CO_2焊的焊接规范包括焊接电压的设定、焊接电流的选择、干伸长度的多少、焊接速度的快慢，还有正负极的接法。与手弧焊不同的是，手弧焊没有焊接电压的选择，因为它的焊接电压在设备的设计时已确定，所以手弧焊只需调整焊接电流，而 CO_2焊的焊接电流、焊接电压都要调整。CO_2焊的焊丝给送是自动的，焊接电流的大小决定了焊丝的熔化速度，焊接电压的高低决定了送丝速度，这两者只有配合好，才能保证焊接的顺利进行。

(1)焊接电流的选择。CO_2焊的焊接电流大小与焊丝直径密切相关。CO_2焊用焊丝，手弧焊用焊条，手弧焊的焊条最细的是 1.6 mm，而 1.6 mm 的焊丝已是 CO_2焊最粗的焊丝，实际 CO_2焊最好选用 1.0 mm 的焊丝。常用的 CO_2焊丝的材料有：H08Mn2SiA、H04Mn2SiTiA 等。焊丝直径与焊接电流的关系，见表 1-6。

表 1-6　焊丝直径与焊接电流

焊丝直径(d)/mm	焊接电流(I)/A
1.0	90～250
1.2	120～350

(2)焊接电压的确定。根据被焊工件的厚度选择焊接电流、然后按表 1-7 计算出焊接电压（先试焊再微调）。

表 1-7　焊接电流与焊接电压

焊接电流(I)/A	焊接电压(U)/V
<300	$0.04I+16\pm1.5$
>300	$0.04I+20\pm2$

(3)干伸长度。干伸长度是指焊丝由导电嘴到工件间的距离。保持焊丝干伸长度不变是保证焊接过程稳定的重要因素。干伸长度、焊接电流与焊丝直径的关系见表1-8。干伸长度在CO_2焊规范中是最重要的。

表1-8　干伸长度、焊接电流与焊丝直径

焊接电流(I)/A	干伸长度(L)/mm
<300	(10～15)d
>300	(10～15)d+5

(4)焊接速度。在焊接电压和焊接电流一定的情况下，半自动CO_2焊的速度为300～600 mm/min，最好是350 mm/min。

(5)极性。反极性特点是电弧稳定，焊接过程平稳，飞溅小；正极性特点是熔深较浅，余高较大，成型差，焊丝熔化快(约为反极性的1.6倍)，只在堆焊时使用，所以，一般CO_2焊均采用直流反接。

二、氩弧焊

氩弧焊是氩气保护焊的简称。氩气是惰性气体，在高温下不和金属起化学反应，也不溶于金属，可以使电弧区的熔池、焊缝和电极不受空气的有害影响，是一种理想的保护气体。氩气的电离势高，引弧较困难，但一旦引燃就很稳定。

氩弧焊分为钨极氩弧焊(非熔化极TIG)和熔化极氩弧焊(MIG)两种，如图1-35所示。

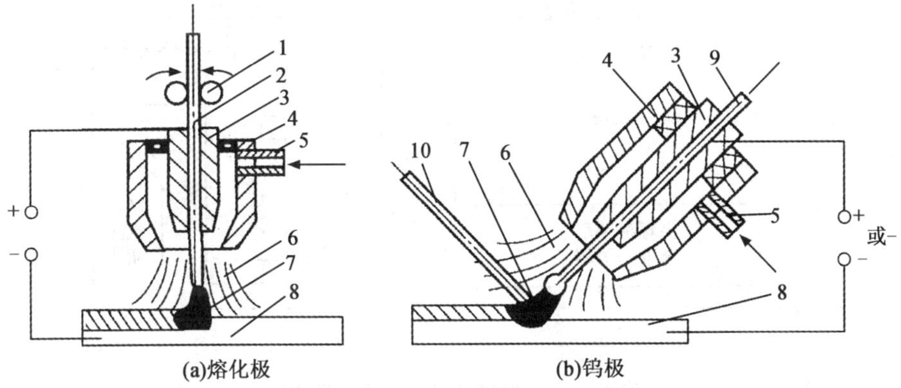

图1-35　氩弧焊示意图

1-送丝轮；2-焊丝；3-导电嘴；4-喷嘴；5-进气管；6-氩气流；7-电弧；8-工件；9-钨极；10-填充金属丝

1. 钨极氩弧焊(TIG)工作原理

钨极在氩气的保护下与工件之间产生电弧实施焊接。

钨极氩弧焊的电极常用的有钍钨极和铈钨极两种。因为纯钨极发射电子的能力较差，长时间焊接会出现钨极熔化现象，但在钨极中加入一定量的氧化钍(2%)或一定量的氧化铈(2%)就可以大大提高电子发射的能力，焊接时电极不熔化，只起导电和与工件产生电弧的作用,钍钨极和铈钨极的标志颜色不同,钍钨极为红色,铈钨极为灰色。钨(W)是金属中熔点最高的金属(3 410℃)。

2. 氩弧焊的特点

(1)氩气是惰性气体,不与金属起化学反应,焊接过程被焊金属和焊丝中合金不易烧损。另外,氩气不溶于金属,故氩气不会形成气孔,所以氩弧焊可以焊接出漂亮、美观、优质的焊缝。

(2)理论上氩弧焊可以在所有的工业金属中使用。

(3)由于电弧受氩气流的压缩和冷却作用,电弧集中热影区小,在焊接薄板时比气焊变形小。

(4)焊缝中无熔渣、无飞溅,因为是明弧焊接,所以操作者可以清楚地看到焊接过程。

(5)钨极氩弧焊适于各种形状的全位置焊接。

(6)易于实现机械化、半机械化,焊接生产效率较高。

(7)抗风干扰能力差,且氩气价格较贵,故焊接成本较高。

钨极氩弧焊因钨极本身的尺寸限制,决定了焊接电流不能很大,所以适合在 $\delta<4$ mm 的薄板上焊接。熔化极氩弧焊电弧在焊丝和工件之间产生,焊丝不断送进并熔化过渡到熔池,焊丝作为电极,不但与工件产生电弧,而且起到填充金属的作用,这样就可以使焊接电流大大增加。所以 MIG 适用于厚板的焊接。如图 1-36 所示,显示了 TIG 设备的连接系统。在焊接电流 200 A 以下时可以使用空冷焊炬,如 200 A 以上时则加接水路系统,使用水冷焊炬。

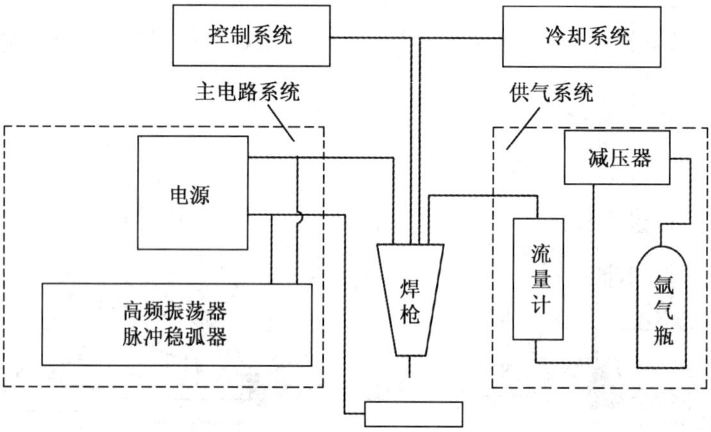

图 1-36 手工钨极氩弧焊设备系统图

3. 钨极氩弧焊(TIG)对电源的要求

(1)电源必须具有陡降的外特性。TIG 焊时由于电流密度小,电弧受压缩小,所以电弧静特性一般为水平且微微上升,采用陡降外特性电源才能使电弧稳定燃烧。另一方面采用 TIG 焊接薄板时难免引起弧长变化,从而引起电流的变化。若弧长变化时电流值波动大,将影响焊接质量,所以采用陡降外特性电源,防止弧长变化时电流变化过大。TIG 焊时难免钨极和工件短路,采用陡降外特性电源可防止短路电流过大引起电源过载。基于上述三点,TIG 须采用陡降外特性电源。电弧静特性是指在弧长一定时电弧两端电流与电压的关系。

坐标中电源陡降外特性曲线和电弧静特性曲线有两个交点，电弧稳定燃烧就在两交点之间。这一点和手弧焊是相同的。

（2）须有高频振荡器（高频发生器）。TIG 引弧时电极不与工件接触，为此需要几千伏的高压高频。此高频的作用是使工件与钨极之间产生火花放电，也就是疏导焊接电流使其畅通。氩弧焊的高频振荡器其输出电压为 2 000～3 000 V，频率为 150～260 kHz。

【工作过程】

一、工作课时

要求本单元理论课时和实训课时为 2 课时。

二、CO_2焊操作技术

因 CO_2焊（半自动）焊丝由送丝机构自动完成，操作者只需要平稳控制焊枪按键即可，所以操作比手弧焊简单。如果右手持枪，则沿焊缝由右向左方向进行效果比较好。现在 CO_2焊所用气体并非单一的。工作实践证明用混合气（CO_2＋Ar）焊接的保护效果优于单一的 CO_2气体保护效果，用混合气体（25％ CO_2＋75％ Ar）的焊接称为 MAG，现在用 MAG 的范围正在不断扩大。

三、钨极氩弧焊（TIG）工艺

（1）氩气（Ar）的选择。氩气是一种惰性气体，无色无味，质量是空气的 1.4 倍。氩气是制取氧气的副产品。焊接要求氩气纯度高达 9.9％。

（2）电极的选择。非熔化极的氩弧焊对电极的要求，一是耐高温，二是有较高的电子发射能力。纯钨（W）耐高温，但电子发射能力不够强，所以应采用加钍（Th）或加铈（Ce）的钨极。钨极的直径为 0.5～4.8 mm 不等。钨极的直径决定了通过电流的大小，如 1.0 mm 的钨极允许通过的电流为 15～80 A（交、直流电源）。直径 2.4 mm 的钨极允许通过的电流交流为 140～235 A，直流为 150～250 A。在电流允许的情况下应选择细直径的钨极以提高电流的密度。

（3）钨极端部形状。钨极端部形状是一个重要参数，使用直流电源钨极前端应磨成锥角（30°～90°），交流磨成圆角。绝大多数情况下，TIG 应使用直流电源正接，交流只限在铝合金、镁合金上使用。

（4）钨极伸出长度。钨极从焊炬喷嘴中伸出，一般为 5～6 mm，角焊时为 7～8 mm。焊接时，在不影响加入焊丝的情况下，钨极与工件的距离，尽量短一些，一般是工件厚度的 1～1.5 倍（3 mm 左右），最大不能超过 6 mm。

（5）气体流量。当焊接电流在 100 A 以下时，气体流量为 6～7 L/min，200 A 以下时气体流量 8～9 L/min。

（6）滞后停气。熄弧后，继续送出保护气体。焊接电流 100 A 左右时送出保护气体时间为 7 s,防止钨极和焊缝表面氧化,滞后停气可在焊机上调整。

【习题】

气体保护焊有何优越性?氩弧焊和二氧化碳气体保护焊各适用于焊接何种金属材料?

任务九　其他焊接方法

【相关知识】

随着科学技术的不断发展,在焊接领域中,传统常用的焊接手段已不能满足生产需要,为了提高焊接质量和生产效率,改善劳动条件,未来的焊接工艺,一方面要研制新的焊接方法、焊接设备和焊接材料,以进一步提高焊接质量和安全可靠性,如改进现有电弧、等离子弧、电子束、激光等焊接能源;运用电子技术和控制技术,改善电弧的工艺性能,研制可靠轻巧的电弧跟踪方法。另一方面要提高焊接机械化和自动化水平,如焊机实现程序控制、数字控制,研制从准备工序、焊接到质量监控全程自动化的专用焊机;在自动焊接生产线上,推广数控的焊接机械手和焊接机械人,可以提高焊接生产水平,改善焊接工作条件。下面对其他焊接手段进行简单介绍。

一、埋弧自动焊

埋弧自动焊,也称焊剂层下自动焊。它因电弧埋在焊剂下,看不到弧光而得名。埋弧自动焊机由焊接电源、焊车和控制箱三部分组成。焊接电源可配交流或整流弧焊电源。焊接时,自动焊机将光焊丝自动送到电弧区,并保持一定弧长,电弧在颗粒状焊剂下燃烧,如图1-37 所示。焊车带着焊丝自动均匀前移,或焊机头不动而工件做匀速运动,熔池金属被电弧气体排挤向后堆积成焊缝。电弧周围的颗粒状焊剂被熔化成熔渣,部分焊剂蒸发,生成气体将电弧周围的气体排开,使熔化金属与空气隔离,既防止熔化金属飞溅,又可减少热量损失,未熔化的焊剂可以回收再利用。

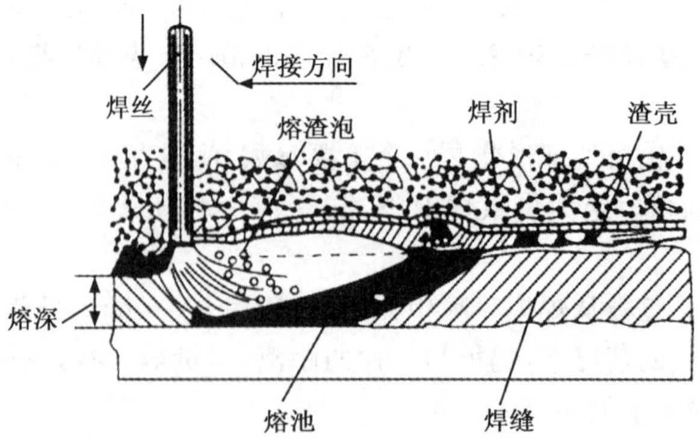

图 1-37　埋弧自动焊的纵截面图

二、电渣焊

电渣焊是一种利用电流通过液态熔渣时所产生的电阻热作为热源的一种熔化焊，是在垂直位置实施(即立焊)的一种焊接手段。电渣焊时，在焊件的装备间隙和成型装置所构成的空间里，存有液态渣池，焊丝连续向渣池送进。当焊接电流流过焊丝和渣池时，渣池中产生电阻热，使渣池具有 1 600～2 000℃的高温，高温的渣池不断地使送进的焊丝和接近的焊边熔化，熔化的液态金属，沉积在渣池下部，成为液态金属熔池，随着焊丝的进入和熔化，使液态金属熔池和渣池不断升高，液态金属随之冷却，凝固成为焊缝。焊接过程，焊机带动成型装置送丝机构和导电嘴，不断上升，直到焊完整条焊缝。出丝极电渣焊和板极电渣焊两种焊接形式示意图，如图 1-38 和图 1-39 所示。

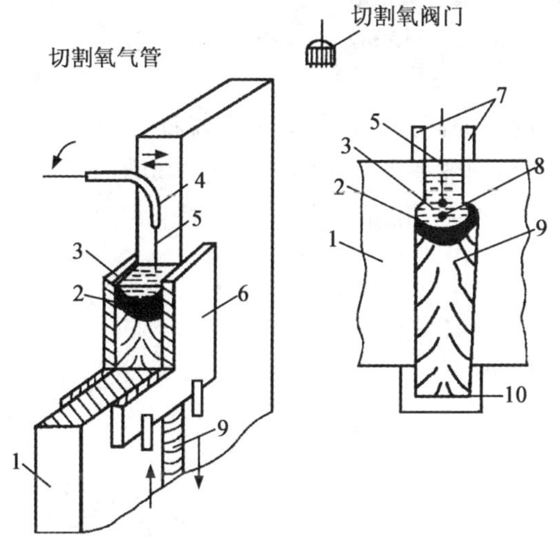

图 1-38　丝极电渣焊过程示意图

1-工件；2-金属熔池；3-渣池；4-导丝管；5-焊丝；6-强制成型装置；7-引出板；8-金属熔滴；9-焊缝；10-引弧板

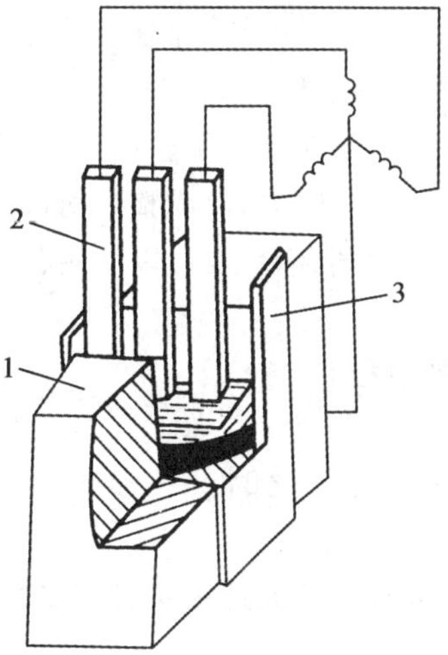

图 1-39　板极电渣焊示意图

1-工件；2-板极；3-强制成型装置

三、等离子弧焊接和切割

一般电弧焊所产生的电弧，没有受到外界约束称之为自由电弧，电弧区内的气体，尚未完全电离，能量也未高度集中。如果利用某种装置使自由电弧的弧柱受到压缩，弧柱中的气体能够完全电离(压缩效应)，由此产生等离子弧。

等离子弧发生器装置如图 1-40 所示，使电弧受到机械压缩、热压缩和电磁收缩三个效应。弧柱能量高度集中，能量密度 100 000～1 000 000 W/cm^2，温度可达 20 000～50 000 K(一般自由状态的钨极氩弧最高温度 10 000～20 000 K，能量密度在 10 000 W/cm^2 以下)，因此它能迅速熔化金属材料，用来焊接和切割。等离子弧焊接分为大电流等离子弧焊和微束等离子弧焊两类。前者可焊厚度大于 2.5 mm 的材料，后者可焊 0.025～1 mm 的金属箔材和薄板。等离子弧焊日益广泛地用在航空航天等尖端科技所用的铜合金、钛合金、钼、钴等金属的焊接。如钛合金导弹金属壳体，波纹管及膜盒、微型继电器、飞机上的薄壁容器等。

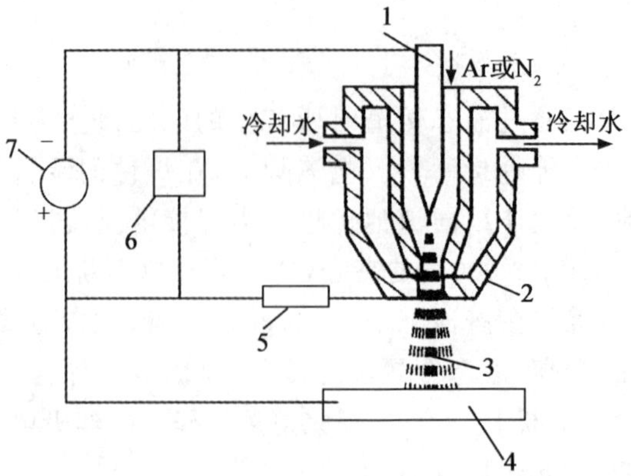

图 1-40　等离子弧发生器装置原理图

1-钨极；2-喷嘴；3-等离子弧；4-工件；5-电阻；6-高频振荡器；7-直流电源

等离子弧还可用于切割。它是利用能量密度高的高温高速的等离子流将切割金属局部熔化并随之吹去，形成整齐切口。它不仅比氧气切割效率高 1～3 倍，还可以切割不锈钢、有色金属及其合金，也可以切割花岗岩石、碳化硅、耐火砖、混凝土等非金属材料。

【工作过程】

一、工作课时

要求本单元理论课时和实训课时为 2 课时。

二、埋弧焊的特点

(1)埋弧焊电流比手弧焊大 6～8 倍。焊丝自动送给，没有飞溅，生产效率提高 5～10 倍。且埋弧焊熔深大可以不开或少开坡口，焊丝利用率高，降低了焊接成本。

(2)埋弧焊焊剂保护效果好，焊接质量高，对操作者技术要求低。

(3)改善了劳动条件，没有弧光，没有飞溅，烟雾很少，劳动强度较轻。

(4)埋弧焊适应性差，只可以进行平焊，通常焊直缝或环缝，不能焊空间位置和不规则的焊缝。

(5)设备复杂，调整准备工作量较大。埋弧焊适合成批的长直焊缝和较大直径的环缝平焊，广泛用于大型容器和大型钢结构焊接生产。如图 1-41 所示为埋弧

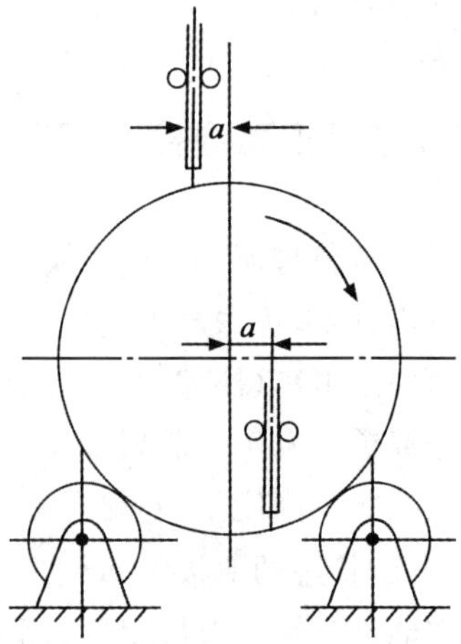

图 1-41　埋弧焊环缝自动焊示意图

焊环缝自动焊示意图。

三、电渣

电渣焊的最大特点是一次能焊接很厚的工件(40～450 mm,最厚可达 2 m)不用开坡口,只在两板间留有一定间隙(25～35 mm),因其焊缝截面呈矩形,几乎没有角变形。电渣焊曾在万吨水压机的立柱和横梁的焊接上大显身手。目前,电渣焊在重型机器制造、造船、厚壁高压容器中广泛应用,在锻-焊、铸-焊、轧-焊等厚壁复合结构的制造上也有应用。

【习题】

1. 埋弧焊与焊条电弧焊有何异同?埋弧焊有什么特点?应用在什么场合?主要包括什么设备?

2. 钎焊和熔焊相比有何特点?钎料和钎剂的作用是什么?

3. 等离子弧如何产生?等离子弧切割有何优点?

任务十　平板平位单面焊双面成型

【相关知识】

一、试件尺寸及要求

(1)材料:Q235 钢板。

(2)尺寸:300 mm×200 mm×12 mm。

(3)坡口尺寸:60° V 形坡口,钝边 1 mm。

(4)焊接位置:平焊。

(5)焊接要求:单面焊双面成型。

(6)焊接材料:E4303。

(7)焊机:ZX7-250ST。

二、试件装配

(1)清除坡口面及两侧 20 mm 范围内的油、锈、水分及其他污物,至露出金属光泽。

(2)装配:

①装配间隙:始端为 3 mm,终端为 4 mm。

②定位焊:采用与焊接相同的 E4303 焊条进行定位焊,在焊件反面两端点焊,焊点长度为 10～15 mm。

③预置反变形量 3°～4°。

④错边量≤1.4 mm。

三、焊接工艺参数(表 1-9)

表 1-9 焊接工艺参数

焊接层次	焊条直径/mm	焊接电流/A
打底焊(1)	2.5	65～75
填充焊(2,3)	3.2	90～100
盖面焊(4)	3.2	100～110

【工作过程】

一、工作课时

要求本单元理论课时和实训课时为 2 课时。

二、操作要点及注意事项

1. 打底焊

应保证得到良好的背面成型。单面焊双面成型的打底焊，操作方法有连弧法与断弧法两种。连弧法的特点是焊接时，电弧燃烧不间断，生产效率高，焊接熔池保护得好，产生的缺陷少，但它对装配质量要求高，参数选择要求严，故其操作难度较大，易产生烧穿和未焊透等缺陷。断弧法(又分为两点击穿法和一点击穿法两种手法)特点是依靠电弧时燃时灭的时间长短来控制熔池的温度，因此，焊接工艺参数的选择范围较宽，易掌握，但生产效率低，焊接质量不如连弧法易保证，且易出现气孔、冷缩孔等缺陷。这里介绍的是断弧焊一点击穿法。置试板大装配间隙于右侧，在试板左端定位焊缝处引弧，并用长弧稍作停留进行预热，然后压低电弧两钝边兼作横向摆动。当钝边熔化的铁水与焊条金属熔滴连在一起，并听到“噗噗”声响时，便形成第一个熔池，灭弧。它的运条动作特点是：每次接弧时，焊条中心应对准熔池的 2/3 左右处，电弧同时熔化两侧钝边。当听到“噗噗”声后，果断灭弧，使每个熔池覆盖前一个熔池的 2/3 左右。

操作时必须注意：当接弧位置选在熔池后端，接弧后再把电弧拉至熔池前端灭弧，则易造成焊缝夹渣。此外，在封底焊时，还易产生缩孔。解决办法是提高灭弧频率，由正常 50～60 次/min，提高到 80 次/min 左右。更换焊条时的接头方法：在换焊条收弧前，在熔池前做一个熔孔，然后回焊 10 mm 左右，再收弧，以使熔池缓慢冷却。迅速更换焊条，在弧坑后部 20 mm 左右处起弧，用长弧对焊缝预热，在弧坑后 10 mm 左右处压低电弧，用连续手法运条到弧坑根部，并将焊条往熔孔中压下，听到“噗噗”击穿声后，停顿 2 s 左右灭弧，即可按断弧封底法进行正常操作。

2. 填充焊

试焊前先将前一道焊缝熔渣、飞溅清除干净，修正焊缝的过高处与凹槽。进行填充焊时，应选用较大的电流，并采用如图1-42所示的焊条倾角，焊条的运条方法可采用月牙形或锯齿形，摆动幅度应逐层加大，并在两侧稍作停留。在焊接第四层填充层时，应控制整个坡口内的焊缝比坡口边缘低0.5～1.5 mm，最好略呈凹形，以便使盖面时能看清坡口和不使焊缝高度超高。

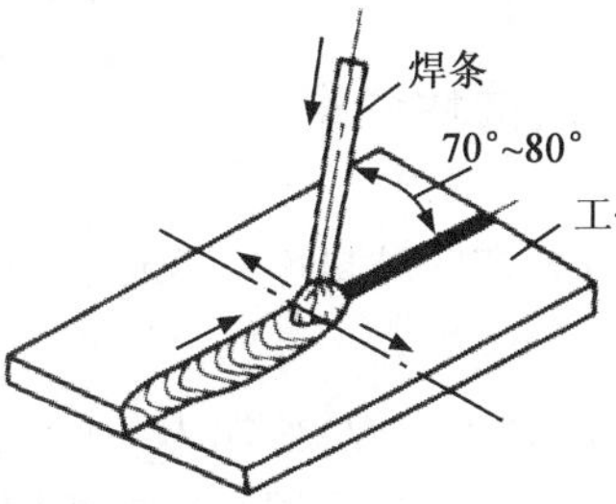

图1-42　焊条倾角示意

3. 盖面焊

所使用的焊接电流应稍小一点，要使熔池形状和大小保持均匀一致，焊条与焊接方向夹角应保持75°左右，焊条摆动到坡口边缘时应稍作停顿，以免产生咬边。盖面层的接头方法：换焊条收弧时应对熔池稍添熔滴铁水迅速更换焊条，并在弧坑前约10 mm处引弧，然后将电弧退至弧坑的2/3处，填满弧坑后就可正常进行焊接。接头时应注意：若接头位置偏后，则使接头部位焊缝过高；若偏前，则造成焊道脱节。盖面层的收弧可采用3～4次断弧引弧收尾，以填满弧坑，使焊缝平滑为准。

【质量检测】

(1)焊接完成的焊缝应及时进行100%外观检查。外观检查有肉眼观察和采用5倍放大镜检查两种。发现存在超标缺陷，应按照规定及时进行返修，返修工艺与正式焊接工艺相同。

(2)需要进行无损检测的焊缝，应在焊接完成24 h后进行，且外观检查合格，无损检测的方法和比例及合格标准，应遵照设计和有关标准、规范要求。

(3)无损检测发现有超标缺陷后，应及时通知施工部门进行返修，返修后的焊缝应进行复检，返修一般不得超过2次。

任务十一　平板立位单面焊双面成型

【相关知识】

一、试件尺寸及要求

(1)材料：Q235钢板。

(2)尺寸：300 mm×200 mm×12 mm。

(3)坡口尺寸：60° V形坡口，钝边1 mm。

(4)焊接位置：立焊。

(5)焊接要求：单面焊双面成型。

(6)焊接材料：E4303。

(7)焊机：ZX7-250ST。

二、试件装配

(1)清除坡口面及两侧 20 mm 范围内的油、锈、水分及其他污物,至露出金属光泽。

(2)装配:

①装配间隙:始端为 3 mm,终端为 4 mm。

②定位焊:采用与焊接相同的 ϕ2.5 mm E4303 焊条进行定位焊,在焊件反面两端点焊,焊点长度为 15 mm 左右,并将试板与焊缝坡口垂直固定于焊接架上。

③预置反变形量 4°~5°。

④错边量≤1 mm。

三、焊接工艺参数(表 1-10)

表 1-10　焊接工艺参数

焊接层次	焊条直径/mm	焊接电流/A
打底焊(1)	2.5	65~75
填充焊(2、3)	3.2	90~100
盖面焊(4)	3.2	100~110

【工作过程】

一、工作课时

要求本单元理论课时和实训课时为 2 课时。

二、操作要点及注意事项

1. 打底焊

应保证得到良好的背面成型。

(1)引弧与焊接。在下部定位焊缝上面 10~20 mm 处引弧,并迅速向下拉至定位焊缝上,预热 1~2 s 后,开始摆动并向上运动,到下部定位焊缝上端时,稍加大焊条角度,并向前送焊条压低电弧,当听到击穿声形成熔孔后,作锯齿形横向摆动,连续向上焊接,施焊时,电弧在两侧稍作停留,以达焊缝与母材熔合良好。为使背面熔合良好,电弧应短,运条速度要均匀,间距不宜过大,应使电弧的 1/3 对着坡口间隙,2/3 覆盖于熔池上,形成熔孔。熔池呈水平的椭圆形较好,这时的焊条末端离试件底平面 1.5~2 mm,约有一半的电弧在间隙后面燃烧。焊接过程中电弧应尽可能短,以防止气孔。更换焊条时,电弧应向左下或右下方回拉 10~15 mm,并将电弧迅速拉长至熄灭,以避免出现弧坑缩孔,并形成斜坡以利于接头。

(2)接头。接头不当时易产生凹坑、凸起、焊瘤等缺陷。接头方法有热接法和冷接法。

采用热接法时更换焊条要迅速，在熔池还在红热状态下，以比正常焊条角度大 10°，在熔池上方约 10 mm 一侧坡口面上引弧，引燃电弧后拉回原弧坑进行预热，然后稍作横向摆动向上施焊，并逐渐压低电弧，待填满弧坑移至熔孔时，将焊条向试件背压送，并稍作停留，当听到击穿声形成新熔孔后，即可向上按正常方法施焊。采用冷焊法需将收弧处焊缝修磨成斜坡，再按热焊法操作。打底层焊道正面应平整，避免两侧产生沟槽。

2. 填充焊

分两层两道进行施焊。填充焊前应清除熔渣与飞溅，将凹凸不平处修磨平整。施焊时的焊条下倾角度比打底焊时小 10°～15°，以防熔化金属下淌，另外焊条的摆动幅度应随着坡口的增宽而稍加大。整个填充焊缝应低于母材表面 1～1.5 mm，并使其表面平整或呈凹形，以利于盖面层施焊。

3. 盖面焊

盖面焊的关键是要保证焊缝表面成型尺寸和熔合情况，防止咬边和熔合不良。施焊时的焊条角度、运条方法均同填充层，但摆动幅度应宽，在两侧应将电弧进一步压低，并稍作停留，摆动的中间速度应稍快，以防止焊瘤。

【质量检测】

(1)焊缝 100%外观检验合格。采用 5 倍放大镜观察没有发现裂纹，经测量焊缝的两侧增宽量均小于 2.0 mm，背面余高 1.0～1.5 mm，正面焊缝余高 1.5～2.0 mm，没有发现咬边、气孔、夹渣、未熔合等缺陷。

(2)试板经 X 射线检测后达到Ⅱ级合格标准。

项目二 钳 工

任务一 钳工基础

【相关知识】

一、钳工的基本知识

钳工是手持工具对金属进行加工的方法。钳工工作主要以手工方法，利用各种工具和常用设备对金属进行加工。

随着工业的发展，在比较大的企业里，对钳工还有比较细的分工。钳工的专业分工为装配钳工，修理钳工，模具钳工，划线钳工，工具、夹具钳工；无论是哪一种钳工，要想完成好本职工作，首先应该掌握钳工的基本操作。钳工的基本操作为划线、锉削、錾削、锯削、钻孔、扩孔、锪孔、铰孔、攻螺纹、套螺纹、刮削、研磨和装配。

1. 钳工的加工特点

(1)加工灵活、方便，能够加工形状复杂、质量要求较高的零件。

(2)工具简单，制造刃磨方便，材料来源充足，成本低。

(3)劳动强度大，生产率低，对个人技术水平要求较高。

2. 钳工的加工范围

(1)加工前的准备工作。如清理毛坯，在工件上划线等。

(2)加工精密零件。如锉样板、刮削或研磨机器量具的配合表面等。

(3)零件装配成机器时互相配合零件的调整，整台机器的组装、试车、调试等。

(4)机器设备的保养维护。

二、钳工的常用设备

1. 钳台

钳台即钳工工作台，也称钳桌，它是钳工操作的专用案子。钳工工作台常用硬质木材或钢材制成，台面高度 800～900 mm，上面安装防护网及台虎钳，如图 2-1 所示。

图 2-1 钳工工作台

2. 台虎钳

台虎钳装在钳台上，用来夹持工件，其规格以钳口的宽度来表示，常用的有 100 mm(4 in)，125 mm(5 in)和 150 mm(6 in)等。常见台虎钳类型如图 2-2，图 2-3 所示。

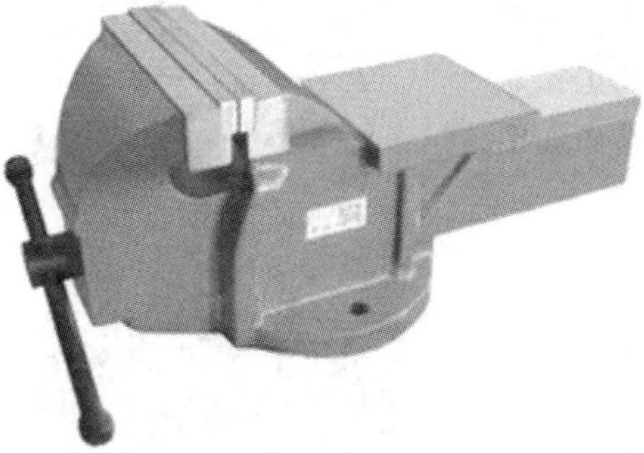

图 2-2　固定台虎钳

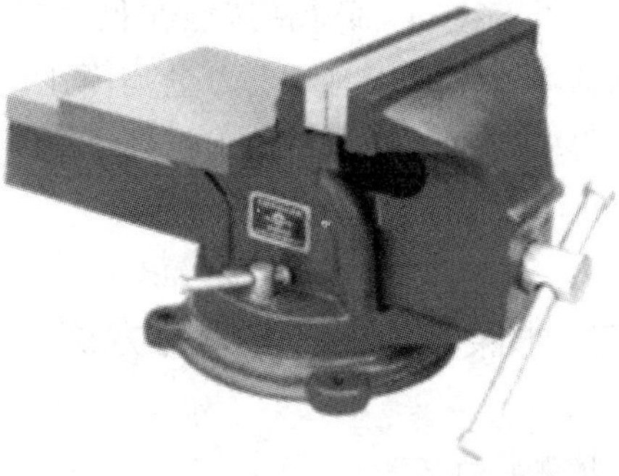

图 2-3　回转式台虎钳

图 2-4　Z512 台式钻床

3. 砂轮机

砂轮机是刃磨钻头、錾子、刮刀及各种刀具的专用设备。砂轮机主要由砂轮、电动机和机体组成。

4. 钻床

钻床是一种常用的孔加工机床。钻床上可装夹钻头、扩孔钻、锪钻、铰刀、镗刀、丝锥等刀具，用来进行钻孔、扩孔、锪孔、铰孔、镗孔以及攻螺纹等工作。

根据钻床结构和适用范围不同，可将其分为台式钻床(简称台钻)、立式钻床(简称立钻)和摇臂钻床三种。

(1)台式钻床。台式钻床是一种可放在台子上或专用的架子上使用的小型钻床，其最大钻孔直径一般在 12 mm 以下。台式钻床主轴转速很高，常用三角皮带传动，由多级皮带轮来变换转速。Z512 台式钻床如图 2-4 所示。

(2)立式钻床。立式钻床最大钻孔直径有 25 mm，35 mm，40 mm 和 50 mm 等几种，一般用来加工中型工件。立式钻床一般具有自动进给功能。由于它的功率及结构强度较高，因此加工时允许采用较大的切削用量。常见立式钻如图 2-5 所示。

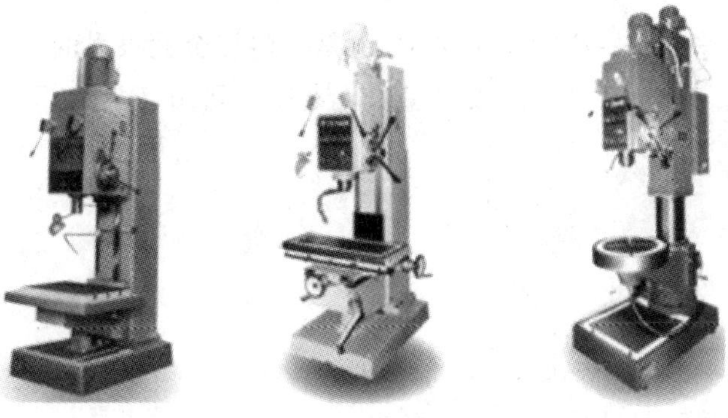

图 2-5　立式钻

(3)摇臂钻床。摇臂钻床的主轴变速箱能在摇臂上做较大范围的移动，摇臂能绕立柱中心做 360°回转，并可沿立柱上下移动，摇臂钻床能在很大范围内工作。摇臂钻床的主轴转速范围和走刀量范围比较宽，因此工作时可获得较高的生产率和加工精度。Z3040 摇臂钻床如图 2-6 所示。

图 2-6　Z3040 摇臂钻床

三、本课程的任务与学习方法

1. 课程的任务

“钳工加工技术与实训”是一门机械、机电类专业的理论实践一体化课程，是培养学生全面掌握初、中级钳工所必需的工艺理论知识和基本技能方法的专业课。其内容包括錾削、锉削、锯割、钻孔、锪孔、铰孔、攻丝、套丝、锉配、刮削、研磨、校正、弯曲、铆接、黏接等。它的任务是使学生全面掌握中级钳工所需要的工艺知识和操作技能，具备编制中等复杂程度零件的钳工加工工艺并独立完成其加工的能力。

通过本课程的学习，学生应达到以下教学目标：

(1)了解钳工在工业生产中的地位和作用；

(2)掌握钳工基本知识和钳工工艺理论；

(3)掌握常用钳工工具、量具、设备的使用方法；

(4)掌握中等复杂零件钳工加工工艺的编制；

(5)培养吃苦耐劳精神，养成安全操作、文明生产的职业习惯；

(6)工艺理论和操作技能达到中、高级水平。

2. 课程的学习方法

学习本课程应注意以下几点：

(1)由于本课程的实践性较强，学习时应坚持理论联系实际的原则，注意与实训教学相结合。实训过程中，应认真观察并积极思考，积累感性认识，进而获得心知技能和操作技能，并能使二者协调统一。

(2)与其他工艺学课程一样，“钳工技术”也是一门综合性很强的工艺学课程，与其他相关课程相互渗透，联系密切。因此，要注意打好基础，利用已学知识，手脑并用地学好本课程。

【工作过程】

一、工作课时

要求本单元理论课时和实训课时为 4 课时。

二. 钳工常用设备与工具

1. 台虎钳(图 2-7)的使用与维护

(1)安装在钳台上时,必须使固定钳身的钳口工作面处于钳台边缘之外,以便在夹紧长条工件时使工件的下端不受钳台边缘的阻碍。台虎钳安装在钳台上,其高度恰好对齐人的手肘。

(2)台虎钳必须牢固地固定在钳台上,夹紧螺钉要扳紧。

(3)在夹紧工件时必须靠手的力量来扳动手柄,决不可用锤击或随意套上管子来扳手柄,以免对丝杠、螺母或钳身造成损坏。

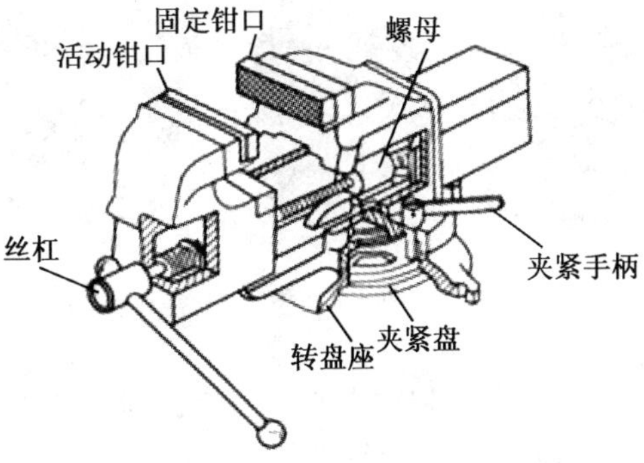

图 2-7 台虎钳

(4)强力作业时,应尽量使力量朝向固定钳身,否则将额外增加丝杠和螺母的受力。不要在活动钳身的光滑平面上进行敲击工作,以免降低其与固定钳身的配合性能。

(5)台虎钳各滑动配合表面上要经常加油润滑并保持清洁,以防止生锈、松动现象,否则会影响工作。

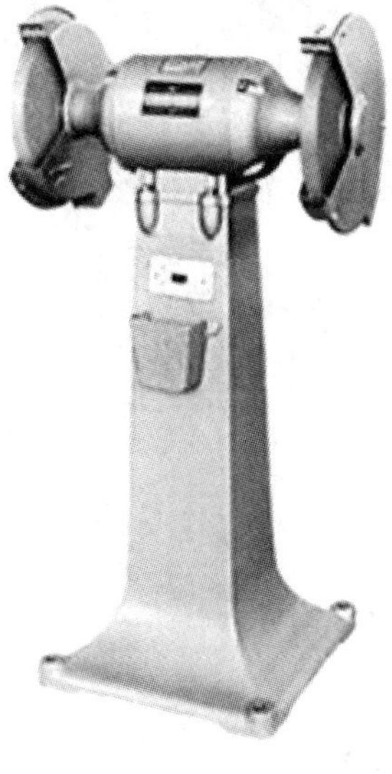

图 2-8 砂轮机

2. 砂轮机(图 2-8)工作的注意事项

(1)砂轮的旋转方向应正确,使磨屑向下方飞离砂轮。

(2)启动后,待砂轮旋转正常后再进行磨削。

(3)磨削时要防止刀具或工件对砂轮产生剧烈的撞击或施加过大的压力。砂轮表面跳动严重时,应及时用修整器修理。

(4)砂轮机的搁架与砂轮间的距离一般应保持在 3 mm 以内,否则容易造成磨削件被轧入而导致砂轮破碎的事故。

(5)操作者尽量不要站在砂轮对面,而应站在砂轮侧面或斜侧位置,与砂轮平面形成一定的角度。

3. 钻床附件的使用

(1)钻夹头。钻夹头(图 2-9)用来装夹直径不大于 13 mm 的直柄钻头。

(2)钻头套。钻头套(图 2-10)用来装夹锥柄钻头,根据钻头锥柄莫氏锥度的号数选用相应的钻头套。一般立式钻床主轴的锥孔为 3 号或 4 号莫氏锥度,摇臂钻床主轴的锥孔为 5 号或 6 号莫氏锥度。

钻头套共有五种规格:

1 号钻头套:内锥孔为 1 号莫氏锥度,外圆锥为 2 号莫氏锥度;

2 号钻头套:内锥孔为 2 号莫氏锥度,外圆锥为 3 号莫氏锥度;

3 号钻头套:内锥孔为 3 号莫氏锥度,外圆锥为 4 号莫氏锥度;

4 号钻头套:内锥孔为 4 号莫氏锥度,外圆锥为 5 号莫氏锥度;

5 号钻头套:内锥孔为 5 号莫氏锥度,外圆锥为 6 号莫氏锥度。

图 2-9　钻夹头

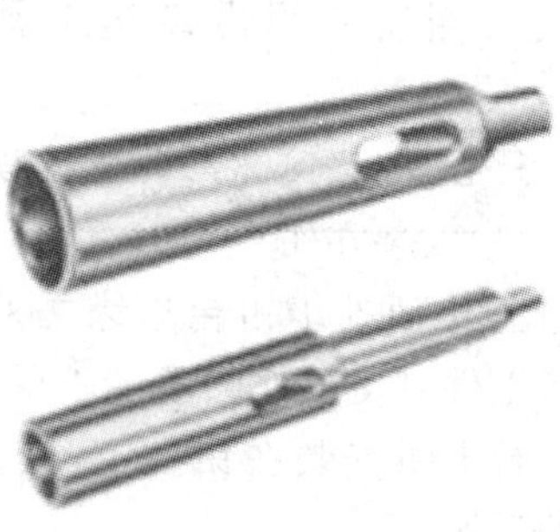

图 2-10　钻头套

(3)钻头套和钻头的安装与拆卸。钻头的安装见图 2-11;用楔铁将钻头从钻床主轴锥孔中拆下,如图 2-12 所示。

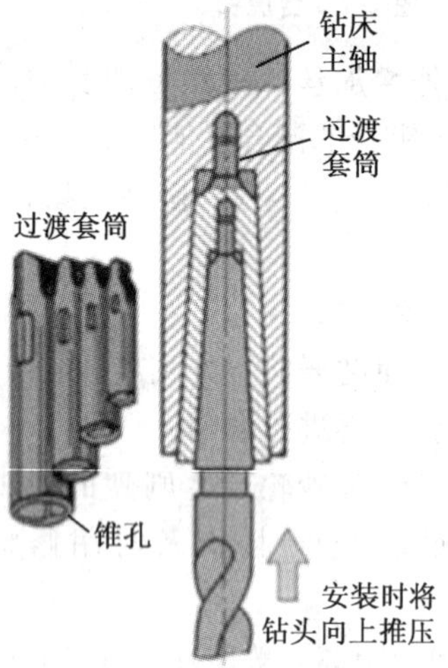

图 2-11　钻头的安装

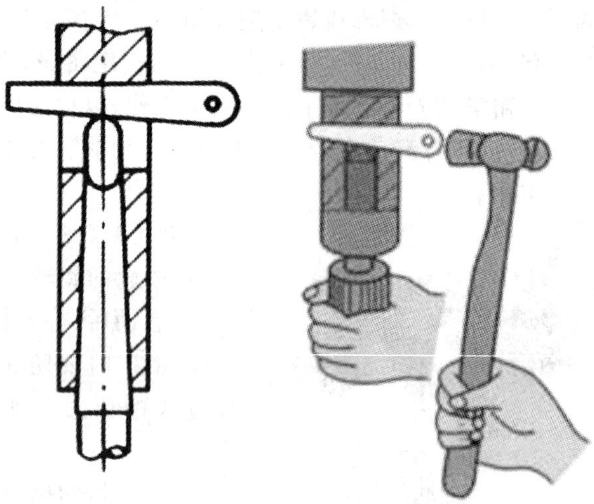

图 2-12　钻头的拆卸

(4)快换钻夹头。如图 2-13 所示。

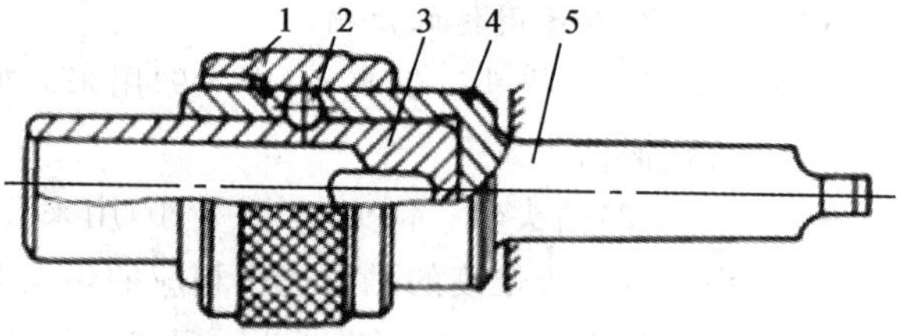

图 2-13　快换钻夹头

1-滑套;2-钢珠;3-可换套; 4-弹簧环;5-夹头体

(5)自动退卸装置(图 2-14)。主轴锥孔退卸快换钻夹头或钻夹头和钻头套,一般都用楔铁敲打的方法,对钻床主轴和钻头扁尾都会造成损坏。

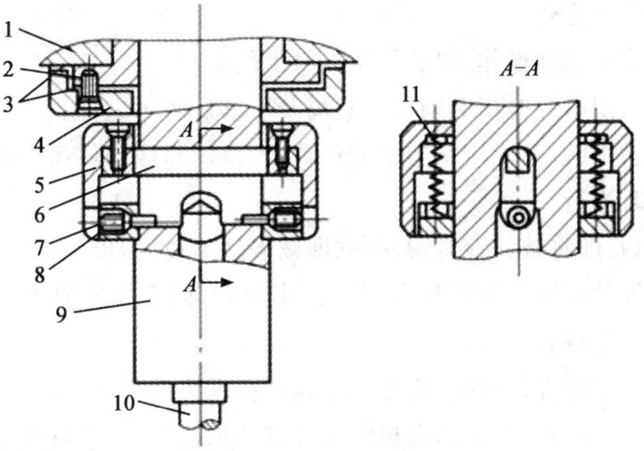

图 2-14　自动退卸装置

1-钻床主轴箱；2-导向套；3-橡胶垫；4-垫圈；5-外套；6-横销；
7-螺钉销；8-挡圈；9-钻床主轴；10-钻头；11-弹簧

三、钳工实训安全操作规程

（1）实训时要穿戴好工作服和防护帽；工作服必须系好袖口、衣襟下摆，拉好拉链或扣好衣服纽扣；防护帽要正确佩戴，长发同学必须将长发盘入防护帽内，不得散在防护帽外面。不准戴手套操作。要穿正规的绝缘鞋，系好鞋带。

（2）未经实训指导人员许可不准擅自动用任何设备、电闸、开关和操作手柄，以免发生安全事故。操作各种钳工工具时要严格按照操作规范。

（3）实训中如有异常现象或发生安全事故应立即拉下电闸或关闭电源开关，停止实习，保留现场并及时报告指导人员，待查明事故原因后方可再行实训。

（4）不可使用没有手柄或手柄松动的工具（如锉刀、手锤等）。如发现手柄松动时，必须加以紧固。

（5）工件必须夹持在虎钳上，必须有足够的夹持部分。对薄板件或小零件加工时，必须对零件进行紧固，不准直接用手拿工件加工。要注意防止装工件的虎钳滑下来砸伤脚。

（6）在切削加工过程中，工件上或刀具上的切屑应用刷子清除。不能直接用手去除切屑或用嘴去吹切屑。不准使用棉纱擦刀具。

（7）装拆零件、部件时，要扶好、托稳或夹牢，用力要均匀适当，以免零件受损或跌落伤人。锤击零件时，受击面应垫硬木、紫铜块或尼龙棒料。

（8）在进行锯割时，工件在快要断裂时必须减轻用力，放慢速度。

（9）量具、刀具和其他工具应放在工作台上适当位置，不得叠放一堆。使用完毕应加以整理后放回指定位置。

（10）量具用毕要擦干净，为防止生锈要涂上油。禁止用钢尺当起子使用。量具、刀具和其他工具，不准叠放一堆，用毕收拾好放回工作台的抽屉里。

（11）保持工作场地整洁、有序。

(12)钻床操作应注意：

①不准戴手套或拿棉纱操作，以免发生人身事故。

②启动电源或关闭电源时都必须在刀具离开工件后才可进行。

③松开或夹紧钻头时，只能用钻帽上的钥匙，不得用其他物体敲打钻帽上的齿轮。装夹钻头要在钻床静止时进行。

④在钻孔时，当孔即将被钻穿时，必须立即减慢进给速度，以免折断刀具。

⑤未经实训指导教师同意不得任意变更钻床速度，调整速度时必须停车然后再用手小心移动皮带轮变速箱手柄。

⑥禁止用手握住工件进行钻孔，应把工件紧固在虎钳或用压板固定在工作台上。

⑦钻孔如发现中心不对，不能用强拉钻床的方法来校正，以免发生意外事故。

【质量检测】

(1)用台虎钳夹紧工件前，是否检查台虎钳的紧固性。

(2)根据工件表面粗糙度要求，是否选择不同锉齿的锉刀进行锉削，细锉不可用作粗锉。

(3)是否正确地掌握量具、刃具的使用方法与维护方法，保证量具、刃具的精度与测量的准确性。

(4)锯割时，是否根据工件的硬度、尺寸和外形选择锯齿的粗细。

(5)攻螺纹或套螺纹时，是否根据不同材质的工件，合理地选用润滑油。

(6)刃磨平面刮刀时，在刮刀顶端两侧是否有少许圆角，以避免刮研对工件表面造成划伤。

(7)对孔进行研磨时，是否检查研磨前孔的尺寸精度、形状误差、表面粗糙度，是否根据检查结果选择合适的研磨棒。

(8)錾削工件时是否戴上防护眼镜。

任务二　常用量具与工器具

【相关知识】

量具是用来测量被加工零件是否符合零件图要求的工具。为了保证零件的加工质量，加工前毛坯要进行检查，加工过程中和加工完毕后也都要对工件进行检测。检测所用量具的种类很多，下面介绍几种常用量具。

一、钢直尺

钢直尺是不可卷的钢质板状量具，钢直尺又称钢板尺等，如图 2-15 所示。钢直尺的长度规格有 150 mm、300 mm、500 mm、1 000 mm 四种，常用的是 150 mm 和 300 mm 两种。应根据零件形状灵活掌握钢直尺的使用方法，如图 2-16 所示。

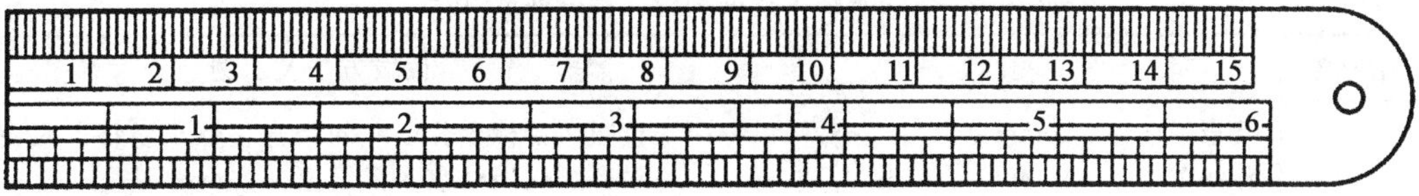

图 2-15　钢直尺

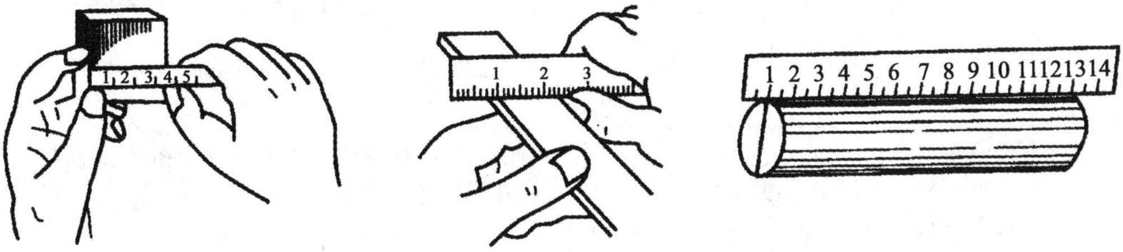

图 2-16　钢直尺的使用

二、游标卡尺

游标卡尺是一种结构简单、测量精度较高的量具。游标卡尺使用方便，可以直接测量出零件的内径、外径、长度和深度的尺寸值，在生产中广泛应用。

1. 游标卡尺的刻线原理与读数方法

游标卡尺的结构如图 2-17 所示，主要由尺身和游标组成。游标卡尺的测量精度有 0.1 mm，0.05 mm，0.02 mm 三种，常用的是精度为 0.02 mm 的游标卡尺。其测量范围有 0～125 mm，0～200 mm，0～300 mm，0～500 mm 等几种。其刻线原理与读数方法见表 2-1。用游标卡尺测量尺寸的操作如图 2-18 所示。

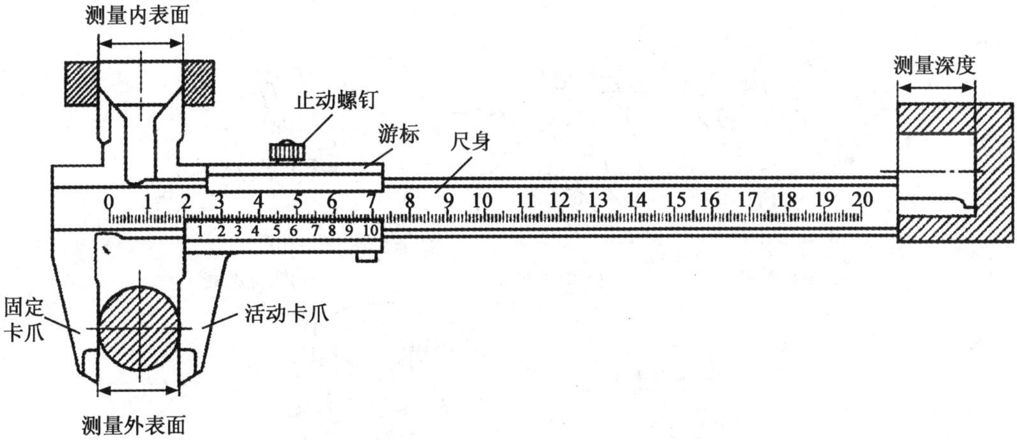

图 2-17　游标卡尺

表 2-1　游标卡尺的刻线原理与读数方法

精度值	刻线原理	读数方法及示例
0.1 mm	尺身 1 格＝1.0 mm 游标 1 格＝0.9 mm，共 10 格 尺身、游标每格之差＝1 mm－0.9 mm＝0.1 mm 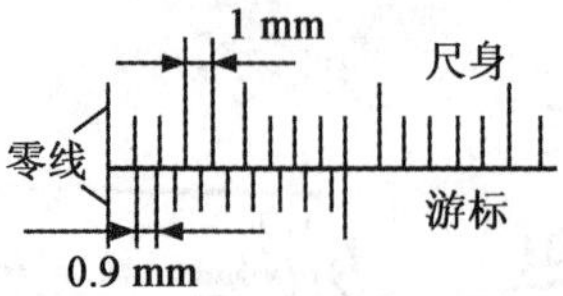 	读数＝游标零位以左的尺身整数＋游标与尺身对齐刻度线格数×精度值 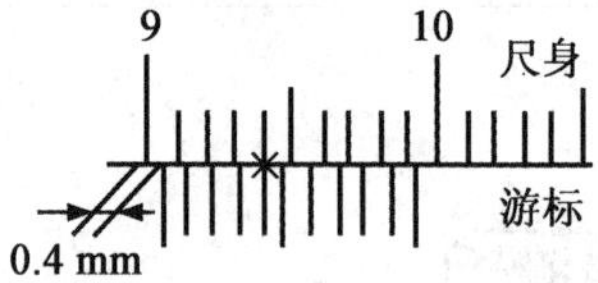 读数＝90.0 mm＋4×0.1 mm＝90.4 mm
0.05 mm	尺身 1 格＝1.0 mm 游标 1 格＝0.95 mm，共 20 格 尺身、游标每格之差＝1 mm－0.95 mm＝0.05 mm 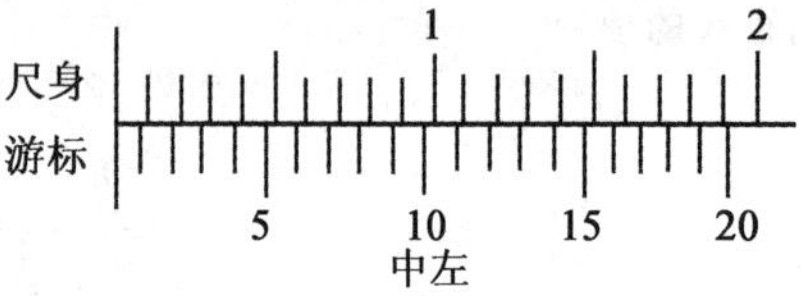 	读数＝游标零位以左的尺身整数＋游标与尺身对齐刻度线格数×精度值 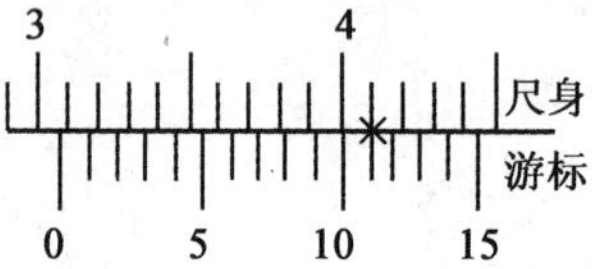 读数＝30.00 mm＋11×0.05 mm＝30.55 mm
0.02 mm	尺身 1 格＝1.0 mm 游标 1 格＝0.98 mm，共 50 格 尺身、游标每格之差＝1 mm－0.98 mm＝0.02 mm 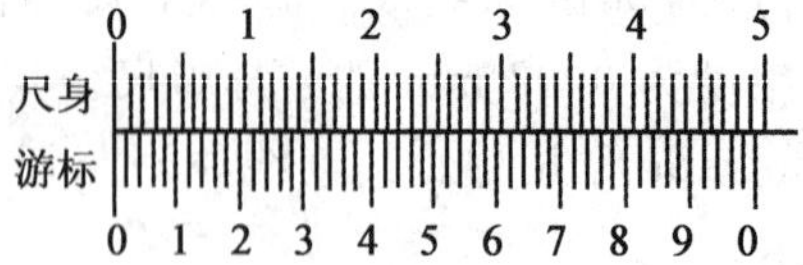 	读数＝游标零位以左的尺身整数＋游标与尺身对齐刻度线格数×精度值 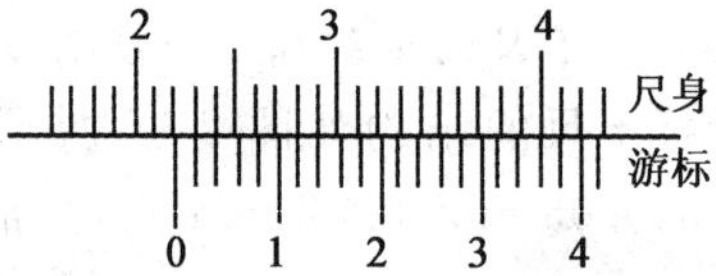 读数＝22.00 mm＋9×0.02 mm＝22.18 mm

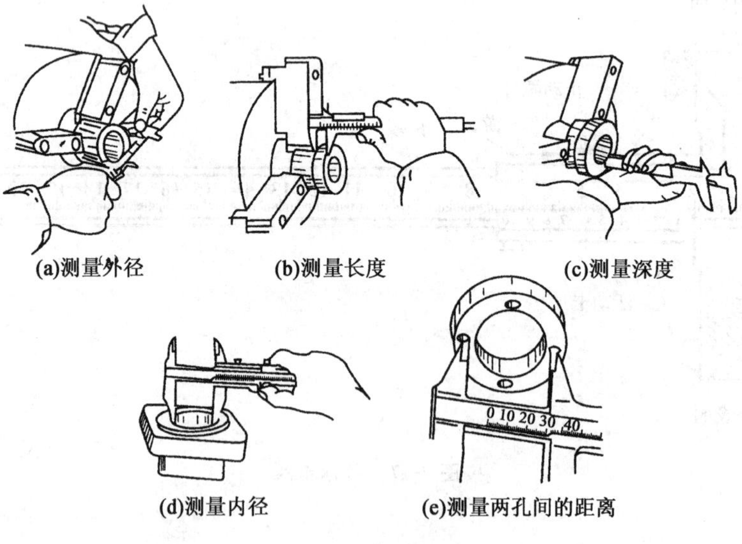

图 2-18　游标卡尺的使用方法

2.使用游标卡尺的注意事项

(1)为避免损伤量爪的测量面,未经加工的毛坯面不要用游标卡尺测量。

(2)使用前将尺擦净。量爪闭合时,尺身、游标零刻度线应重合。

(3)测量时游标卡尺应放正,不可歪斜。

(4)测量时用力应适当,读数时应避免视线误差。

其他游标量具还有专门用来测量深度尺寸的游标深度尺和测量高度尺寸的游标高度尺,如图 2-19 所示。游标高度尺除测量零件的高度尺寸外,还可以用来精密划线。

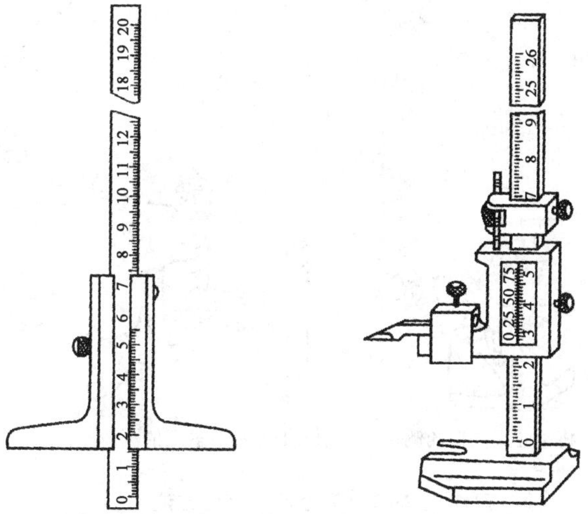

(a)游标深度尺　　(b)游标高度尺

图 2-19　测高度、深度的游标卡尺

三、千分尺

千分尺是精密量具,其精度比游标卡尺高,常用的千分尺测量精度为 0.01 mm,对于加工精度要求较高的零件要用千分尺来测量。千分尺种类很多,有外径千分尺、内径千分尺及深度千分尺等,生产中外径千分尺应用最多。

下面简单介绍外径千分尺的使用方法和读数方法。

1.使用方法

外径千分尺测量范围有 0～25 mm、25～50 mm、50～75 mm、75～100 mm 等,如图 2-20 所示是 0～25 mm 的外径千分尺。尺架左端的砧座 1、测微螺杆 2 与微分筒 4 是连在一起的,转动微分筒时,测微螺杆即沿其轴向移动。测微螺杆的螺距为 0.5 mm,固定套筒 3 上轴向中线上下相错 0.5 mm,各有一排刻线,每格为 1 mm。微分筒锥面边缘沿圆周有 50 等分的刻度线,当测微螺杆端面与砧座接触时,微分筒上零线与固定套筒中线对准,同时微分筒边缘也应与固定套筒零线重合。

2.读数方法

测量时,先从固定套筒上读出毫米数,若 0.5 mm 刻线也露出微分筒边缘,加 0.5 mm;从微分筒上读出小于 0.5 mm 的小数,二者加在一起即得测量数值。如图 2-21 所示,读数为

8.5 mm＋0.01 mm×27＝8.77 mm。如图 2-22 所示为千分尺的使用方法。

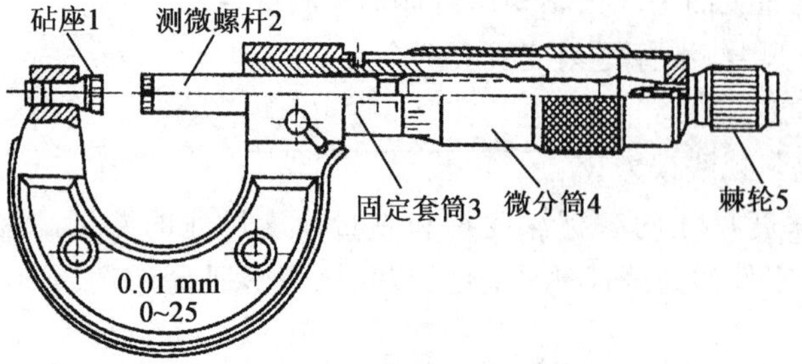

图 2-20　外径千分尺

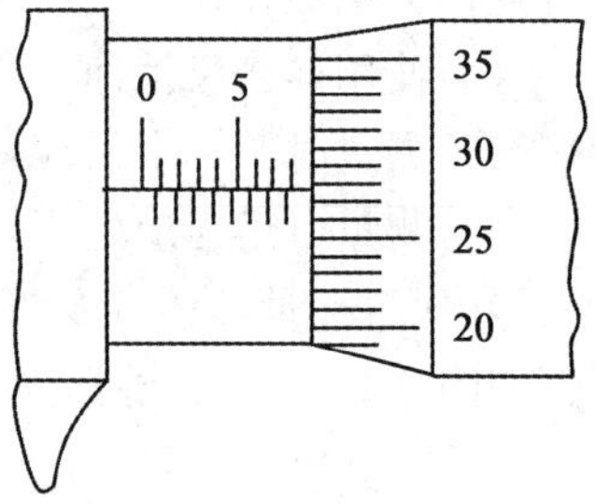

图 2-21　千分尺读示例

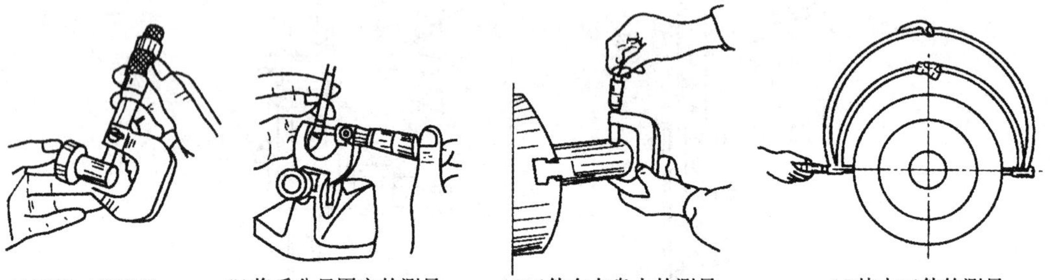

(a)手持工件测量　(b)将千分尺固定的测量　(c)工件在卡盘上的测量　(d)特大工件的测量

图 2-22　千分尺的使用方法

四、百分表

百分表是一种测量精度较高的机械式量表，是只能测出相对数值不能测出绝对值的比较量具。百分表主要用于检测零件的形状和位置误差(如圆度、圆柱度、同轴度、平行度、垂直度、圆跳动等)，也常用于工件装夹时的校正。

百分表的结构如图 2-23 所示，当测量头向上或向下移动 1 mm 时，通过测量杆的齿条和几个齿轮带动大指针转一周，小指针转一格。刻度盘圆周上有 100 等分刻度线，其每格的读数值为 0.01 mm，小指针每格读数值为 1 mm。测量时大、小指针所示计数变化值之和即为尺寸变化量。小指针处的刻度范围就是百分表的测量范围。刻度盘可以转动，供测量时调整大指针校零之用，百分表使用时应装在专用的百分表架上，如图 2-24 所示。

1. 百分表使用方法

(1)测量前检查测量杆活动是否灵活，检查表盘和指针有无摇动现象；

(2)测量时，测量杆应垂直于被测零件表面或圆柱的轴线，被测零件表面应光滑；

(3)测量完毕，应将百分表擦拭干净，使测量杆处于自由状态，放入盒内。

2. 百分表计数方法

百分表测量的数值由整毫米数和小数两部分组成。整毫米数是小指针转过的刻度数。小数是大指针转过刻度数乘以 0.01 mm。

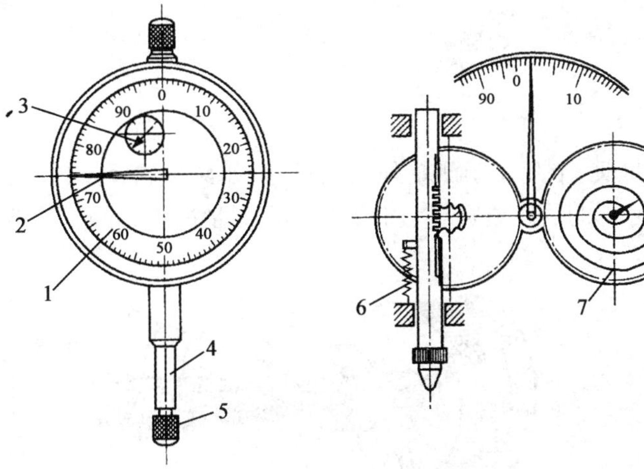

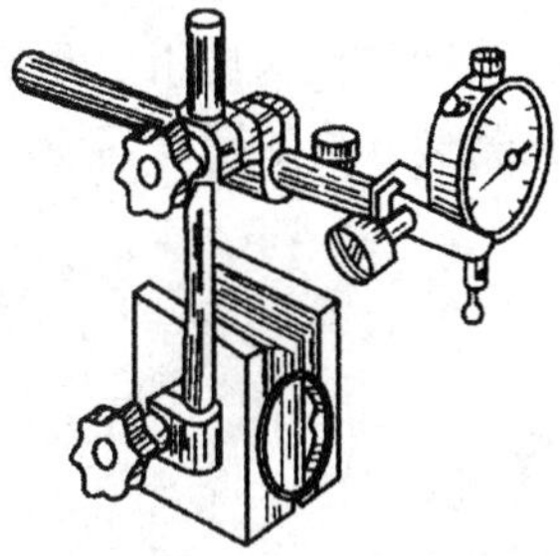

图 2-23　百分表图

1-表盘；2-大指针；3-小指针；4-测量杆；5-测量头；6-弹簧；7-游丝

图 2-24　百分表架

五、卡钳

卡钳是一种间接量具，使用时需与钢直尺或者其他刻线量具配合。卡钳有外卡钳和内卡钳之分，外卡钳测量外表面，内卡钳测量内表面，如图 2-25 所示。

要正确使用卡钳，过松、过紧或测偏均会造成较大测量误差。卡钳的使用方法及尺寸的确定如图 2-26 所示。

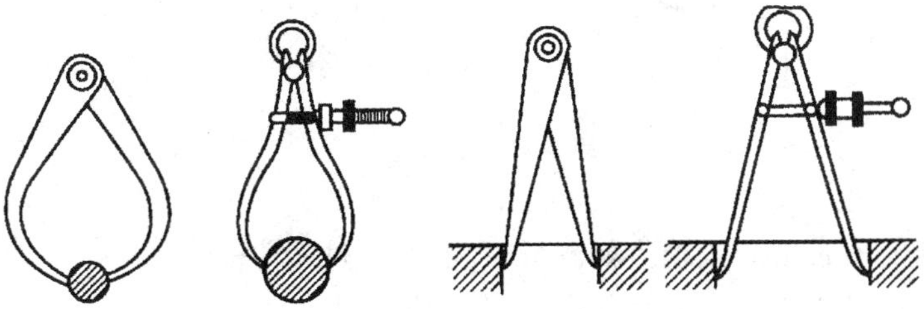

图 2-25　卡钳

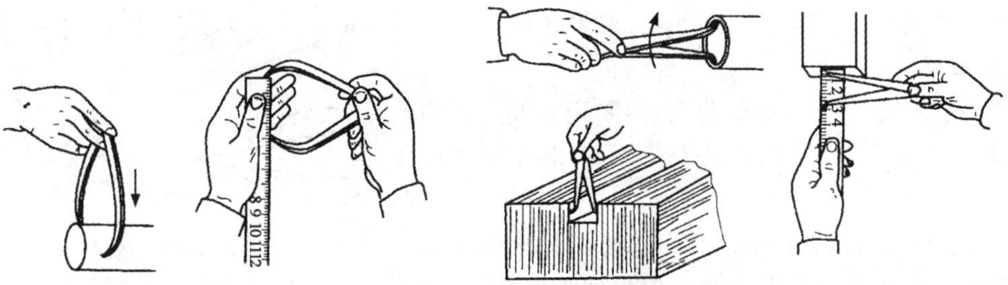

(a)用外卡钳测量的方法　　(b)用内卡钳测量的方法

图 2-26　卡钳的使用方法

六、其他量具简介

1. 卡规与塞规

卡规与塞规是成批生产时使用的量具，卡规用于测量外表面尺寸，如测量轴径、工件的宽度、厚度等；塞规用于测量内表面尺寸，如孔径、槽宽等。卡规和塞规测量准确、方便，其结构及测量方法如图 2-27 所示。

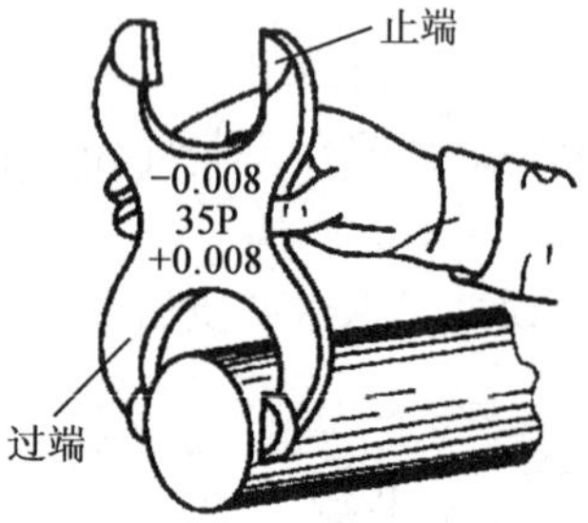

(a)卡规

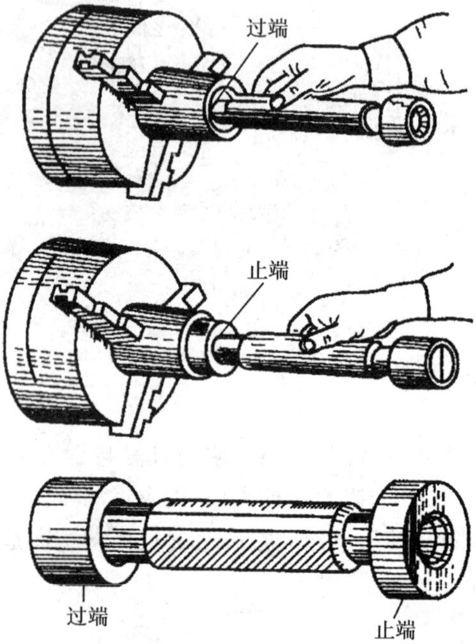

(b)塞规

图 2-27　卡规与塞规

卡规与塞规都有过端和止端。如测量时，能通过过端，不能通过止端，则工件在公差范围内，工件合格。卡规的过端尺寸等于工件的最大极限尺寸，而止端尺寸等于工件的最小极限尺寸。塞规的过端尺寸等于工件的最小极限尺寸，而止端尺寸等于工件的最大极限尺寸。

2. 塞尺

塞尺是一组厚度不等的薄钢片，是用其厚度来测量间隙大小的薄片量尺，如图 2-28 所示。钢片的厚度印在每片钢片上，范围为 0.01～1 mm。使用时根据被测间隙的大小选择厚度接近的钢片或选择几片钢片插入被测间隙。插入被测间隙钢片的厚度即为被测间隙值。

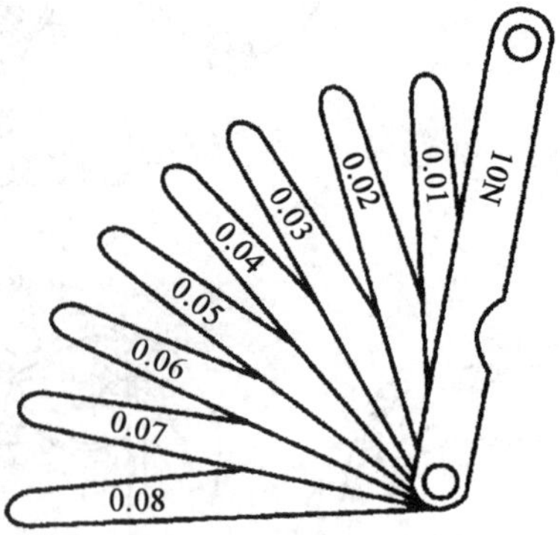

图 2-28　塞尺

测量时，必须将塞尺和被测工件擦净，插入塞尺不能用力过大，以免钢片折弯。组合成某一厚度时选用的钢片数尽量少。

3. 直角尺

直角尺两尺边的内侧和外侧均为准确的 90°，是用来检查工件垂直度的非刻线量尺或画线时用的导向工具。

直角尺有如图 2-29(a)所示的整体式与组合式两种。测量零件时角尺宽边与基准面贴合，以窄边靠向被测平面，可根据光隙判断误差，也可用塞尺检查缝隙大小，以确定垂直度误差，如图 2-29(b)所示。

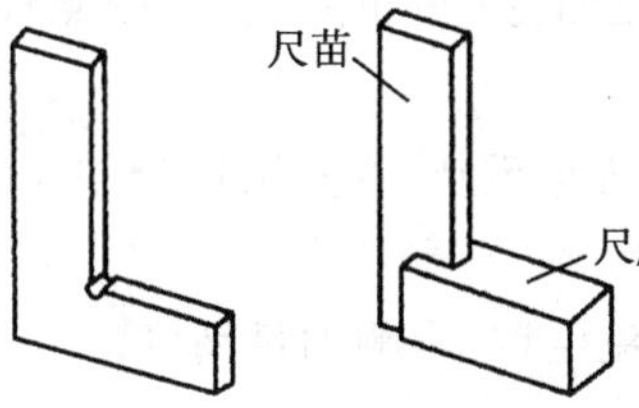

(a)直角尺

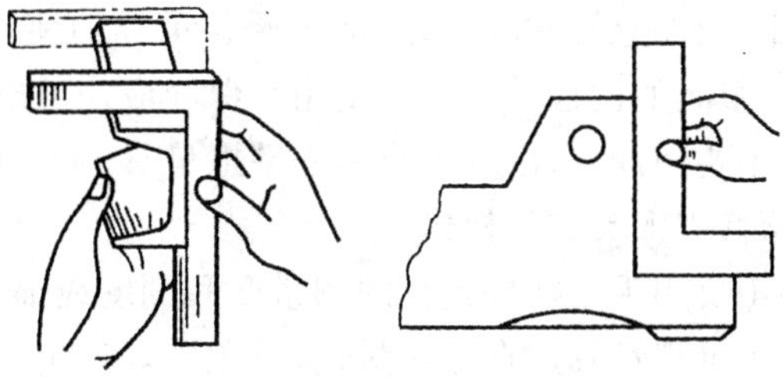

(b)直角尺的使用

图 2-29　直角尺及其应用

【工作过程】

一、工作课时

要求本单元理论课时和实训课时为 6 课时。

二、钳工常用工具使用规则

1. 手电钻

手电钻使用时应注意以下事项：

(1)电钻使用前，须先空转 1 min 左右，检查传动部分运转是否正常。如有异常，应先排除故障，运转正常后再使用。

(2)钻头必须锋利，钻孔时用力不应过猛。当孔将要钻穿时，应相应减轻压力，以防发生事故。

2. 模具电磨

使用模具电磨时应注意以下事项：

(1)在安装软轴或更换磨头时，务必保证拔掉电源插头。

(2)软轴与机身的夹头以及软轴与磨头的夹头，务必要用小扳手锁紧。

(3)当电磨接通电源时，电源开关必须在断开的状态。

(4)使用前须先开机空转 2～3 min，检查旋转声音是否正常，如有异常的振动或噪声，应立即进行调整检修，排除故障后再使用。

(5)新装砂轮必须进行修整后再使用。

(6)所用砂轮的外径不能超过磨头标牌上规定的尺寸。

(7)使用时，砂轮和工件的接触压力不宜过大，既不能用砂轮猛压工件，也不能用砂轮撞击工件，以防砂轮爆裂而造成事故。使用工具时，应戴防护眼镜。

(8)使用切割片加工时，务必保证人员偏离切割片的切线方向，以防止切割片飞片伤人。

三、钳工常用量具使用规则

量具在使用前必须对量具本身精度进行检查，如发现零位不准，应交计量人员校正。使用过程中，应注意轻拿轻放，严格按照各量具的使用方法进行操作和测量，并按照计量规定按期进行量具的周检。量具的使用与保养应注意以下事项：

(1)不要用油石、砂纸等硬物去刮擦量具的测量面和刻度部分，若使用过程中发生故障，应及时交修理人员进行检修。

(2)不要用手去抓摸量具的测量面和刻度线部分，以免生锈，影响测量精度。

(3)不可将量具放在磁场附近，以免量具产生磁化。

(4)严禁将量具当作其他工具使用。精密量具不可测量温度过高的工件。

(5)量具用完后立即仔细擦净上油，有工具盒的要放进原工具盒中。

(6)各种精密量具暂时不用应及时交回工具室保管。

(7)量具在使用过程中，不要和工具、刀具放在一起，以免碰坏。

(8)粗糙毛坯和生锈工件不可用精密量具进行测量，如非测量不可，可将被测部位清理干净，去除锈蚀后再进行测量。一切量具严防受潮、生锈，均应放在通风干燥的地方。

【质量检测】

(1)测尺寸时，是否避免尺体歪斜，以影响测量数值的准确度。

(2)是否把尺寸固定后进行测量，以免损坏量爪。

(3)测量孔径时注意量爪在孔的直径上的位置是否正确。

任务三　划　　线

【相关知识】

一、划线的作用及种类

以图纸尺寸为依据，利用划线工具在毛坯件或半成品上划出待加工部位的轮廓线或作为基准的点、线的一种操作方法称为划线。划线的精度要求一般为0.25～0.5 mm。

1.划线的作用

(1)确定加工面的位置与合理分配加工余量，给下道工序划定加工的尺寸界限。

(2)检查毛坯或半成品的质量，补救或处理不合格的毛坯，及时发现不合格工件，避免造成后续加工工时和人力的浪费。

2.划线的种类

(1)平面划线。即在工件的一个平面上划线，能明确表示加工界限，它与平面作图法类似。

(2)立体划线。立体划线是平面划线的复合，即在工件的几个相互成不同角度的表面(通常是互相垂直的表面)上划线，简言之：在长、宽、高三个面上划线。

划线的量具主要有钢尺、直角尺、游标卡尺、游标高度尺及百分表、百分尺等。

二、划线的工具及其用法

1. 划线平板

划线平板是划线的基准工具，一般由铸铁制成。其上平面是划线的基准平面，如图 2-30 所示。平板的上表面要求平直且光洁；平板安放要牢固，保持水平；严禁敲打、碰撞；用后要擦净；长期不用则要涂油防锈。

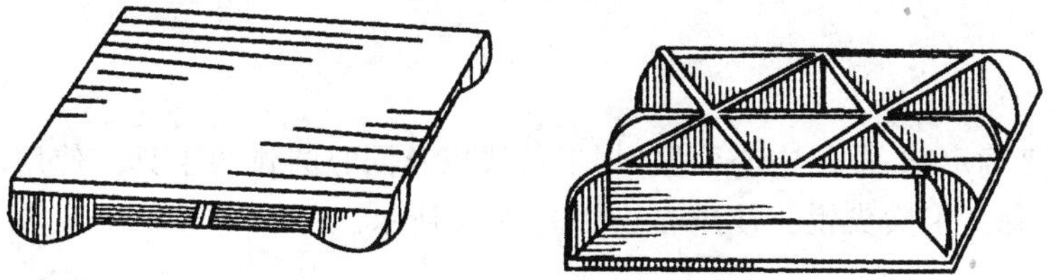

图 2-30　划线平板

2. 划针

划针是划线的基本工具，通常由高速钢或钢丝制成。如图 2-31 所示为划针的使用方法，划针应在工件表面贴着导向工具(如钢板尺、角尺、样板尺等)划线。

3. 划规

划规是用于划圆弧、截取尺寸、等分线段或角度的工具。

(1)划规的操作方法(图 2-32)。划规的顶端在手心上，手向下的压力作用在圆心的划规腿上，拇指和食指夹住划线的划规腿，转动划规。

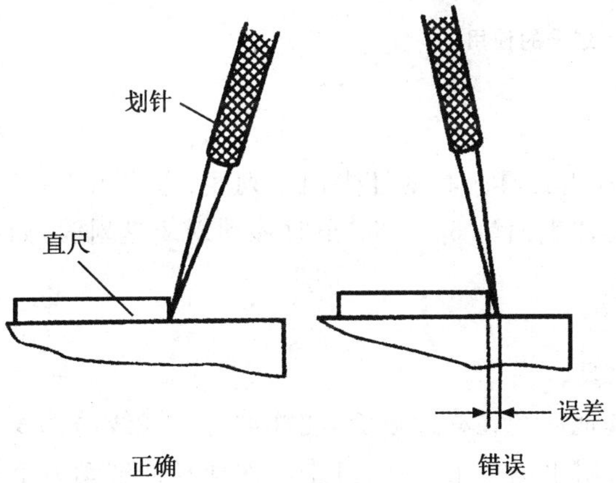

图 2-31　划针的用法

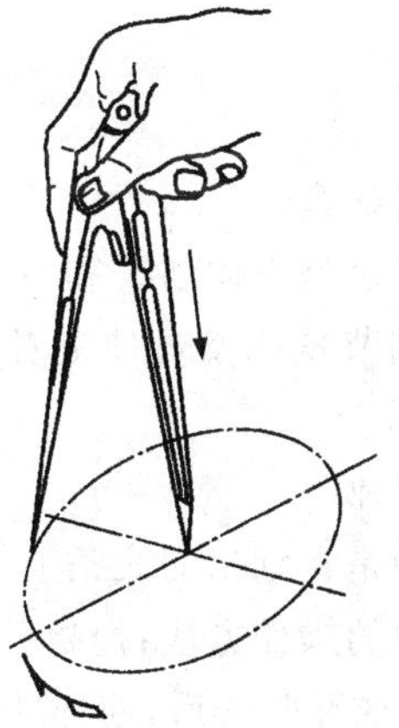

图 2-32　划规的操作方法

(2)划规腿的开度调整方法(图 2-33)。调整划规腿的开度时，可用双手开合。微调时，可在木块上轻轻磕动划规腿的尖部使其合拢，如图 2-33(a)所示；轻轻磕动划规的顶端使其微开，如图 2-33(b)所示。

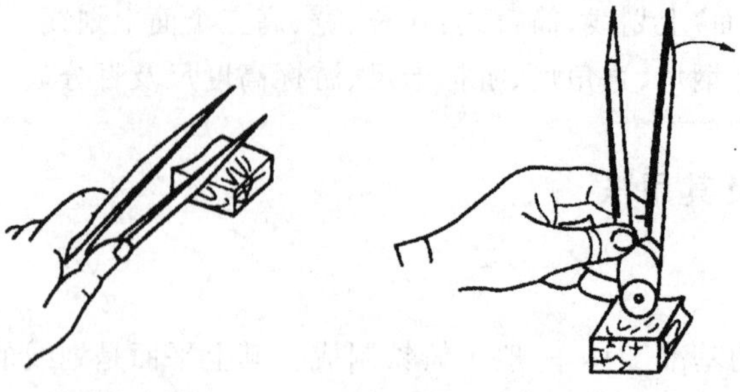

(a)微合方法　　(b)微开方法

图 2-33　划规腿的开度调整方法

4. 划卡

划卡是用来确定轴、孔的中心位置，划平行线以及同心圆弧的工具。使用时注意保持开合的松紧适当，保持卡尖尖锐。使用方法如图 2-34 所示。

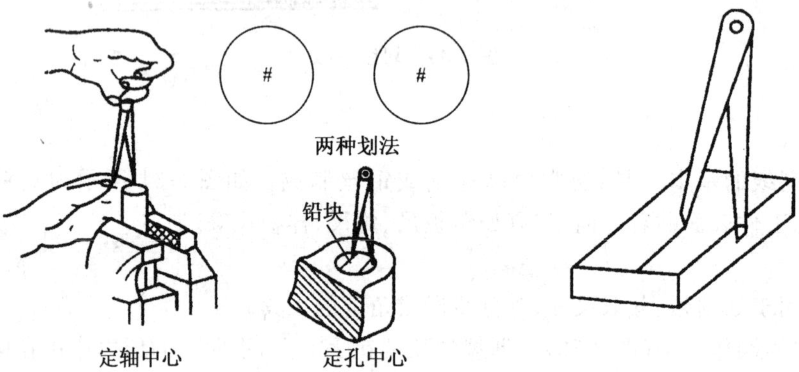

(a)用划卡定中心　　(b)用划卡划直线

图 2-34　划卡的使用

5. 划线盘

划线盘是立体划线和校正工件位置的常用工具。其划针尖用于划线，弯钩用于找正。工作中调节紧固螺母使划针水平，划针与工件表面呈 30°～60°角时移动划线盘划线，如图 2-35 所示。

6. 样冲

样冲是在划出的线条上打出样冲眼的工具。

样冲的操作方法：拇指握住样冲前面，其他四指在样冲后面，使样冲与冲眼线的垂线呈 30°角，对准冲眼线后，使样冲垂直冲线，然后用手锤打击样冲，打击一次使样冲转动一个角度，一般转动 2～3 次即可，如图 2-36 所示。

7. 游标高度尺

游标高度尺是用于精密划线和测量尺寸的工具，如图 2-37 所示。

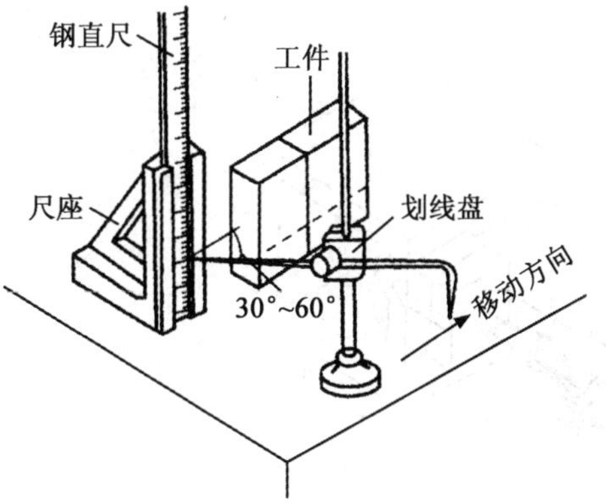

图 2-35　划线盘及其使用

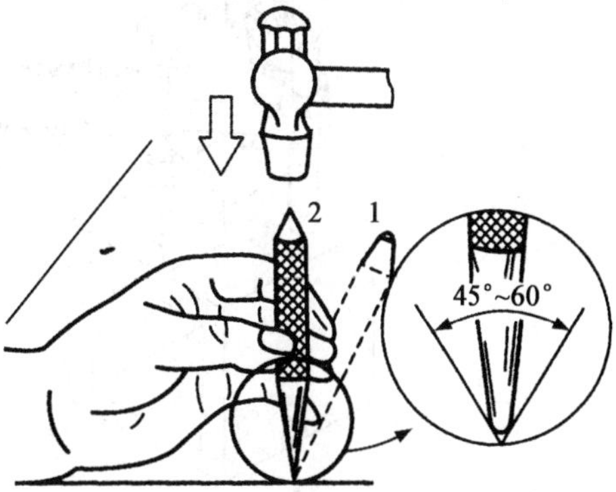

图 2-36　样冲及其使用方法

1-对准位置；2-冲眼

游标高度尺的用法：使用前，先把游标高度尺的尺座底面擦干净放在平台上，将测量爪接触到平台面，然后检查副尺和主尺 0 的刻线是否重合，如不重合，应调整重合后方可使用。使用时，将尺调整到划线尺寸后，用手握住游标高度尺的尺座，并使游标高度尺的划线爪与被划线工件的表面的划线方向呈 45°角左右进行划线。

8. 千斤顶

在划线工作中，千斤顶是在平板上支撑工件用的工具，如图 2-38 所示。

千斤顶可调节高度，以找正工件。常用 3 个千斤顶支撑工件，要求工件保持平衡，支撑点间距尽可能大。

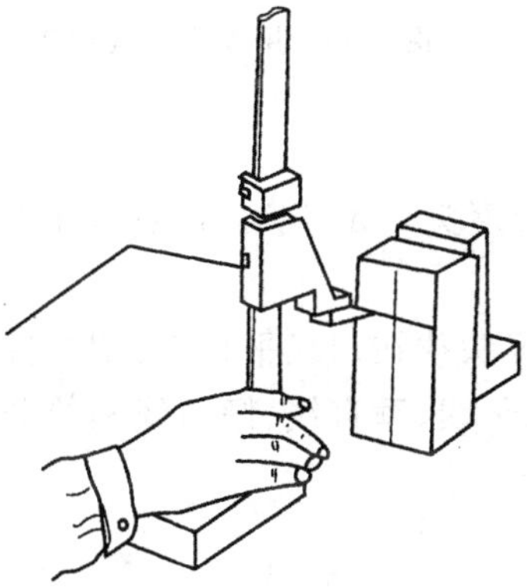

图 2-37　用游标高度尺划线

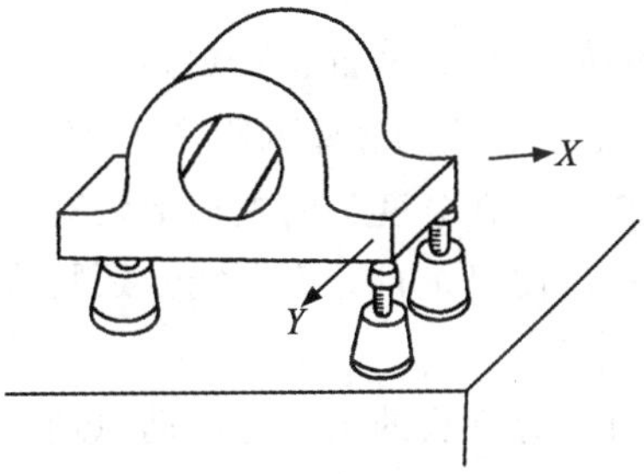

图 2-38　千斤顶支撑工件

9. 方箱

方箱是铸铁制成的空心立方体，各相邻的两个面均互相垂直。方箱用于夹持、支撑尺寸较小而加工面较多的工件。通过翻转方箱，便可在工件的表面上划出互相垂直的线条，如图 2-39 所示。

10. V 形铁

V 形铁是用于支撑轴类零件，使工件轴线与平板平行的工具，如图 2-40 所示。较长的工件可放在相同的两个 V 形铁上。

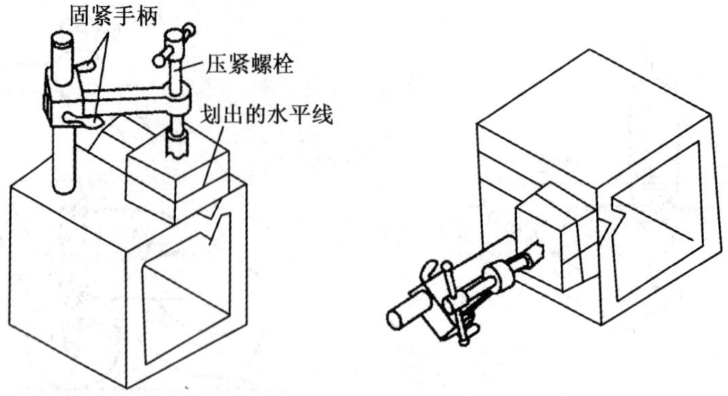

图 2-39　用方箱夹持工件

11. 量具

量具主要有钢尺、直角尺、游标卡尺、游标高度尺及百分表、百分尺等。

12. 分度头

万能分度头最为常用，是一种较准确的等分角度的工具，是铣床上等分圆周用的附件，钳工在划线中也常用它对工件进行分度和划线。

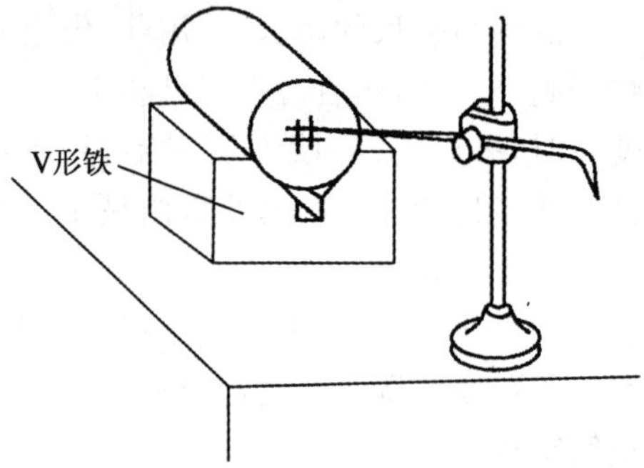

图 2-40　用 V 形铁支撑工件

(1)分类。直接分度头、万能分度头和光学分度头。

(2)规格。以分度头主轴中心线到底座的距离表示。

例如：FW125，FW200，FW250 型，代号中“F”代表分度头，“W”代表万能型，125 表示以分度头主轴中心线到底座的距离为 125 mm。

(3)作用。在分度头的主轴上装有三爪卡盘，把分度头放在划线平板上，配合使用划线盘或量高尺，便可进行分度划线。还可在工件上划出水平线、垂直线、倾斜线和等分线或不等分线。

(4)万能分度头的结构与传动原理。如图 2-41 所示。

(5)分度的方法。分度的方法有简单分度、差动分度、直接和间接分度等多种。由于蜗轮蜗杆的传动比是 1/40，若工件在圆周上的等分数目 Z 已知，则工件每转过一个等分，分度头主轴转过 $1/Z$ 圈。

因此，工件转过每一个等分时，分度头手柄应转过的圈数用下式确定：

$$n = 40/Z$$

式中，n—在工件转过每一等分时，分度头手柄应转过的圈数；Z—工件等分数。

【例 1】要在工件的某圆周上划出均匀分布的 10 个孔，试求出每划完一个孔的位置后，手柄转过的圈数。

解：根据公式 $n=40/Z$，则 $n=40/10=4$ 圈。

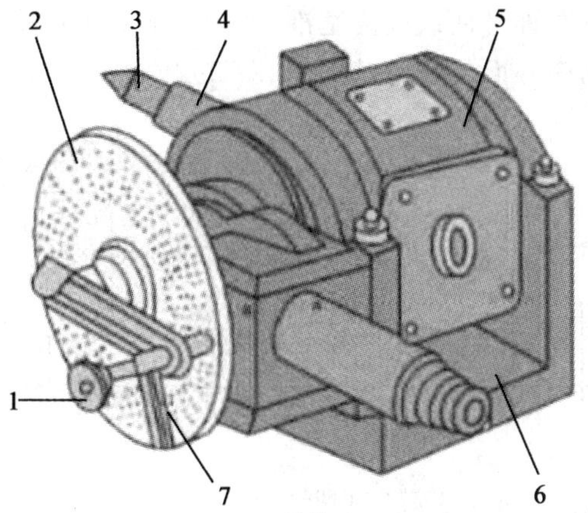

(a)结构

1-分度手柄；2-分度盘；3-顶尖；4-主轴；5-转动体；6-底座；7-扇形夹

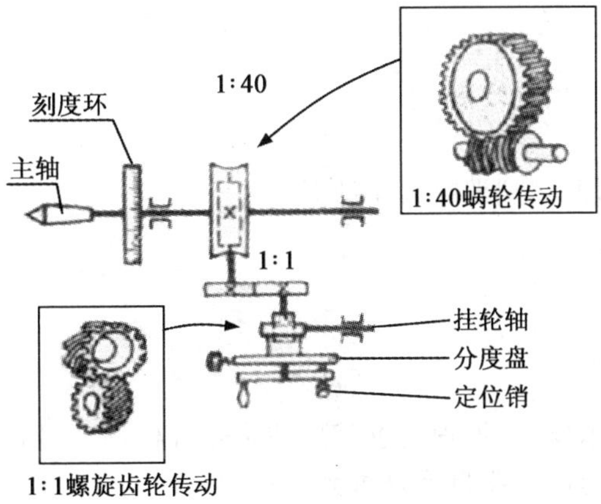

(b)传动原理

图 2-41　万能分度头的结构与传动原理

即每划完一个孔的位置后，手柄应转过 4 圈再划另一个孔，依此类推。

【例 2】在一圆盘端面上划六边形，求先划一条线后，手柄应转几圈后再划第二条线？

解：已知 $Z=6$，则 $n=40/Z=40/6=6\frac{2}{3}$

若将 2/3 分子、分母同时扩大 10 倍，即$\frac{2\times10}{3\times10}=20/30$，则分度手柄在分度盘中有 30 个孔的孔圈上转过 6 圈后，再转过 20 个孔即可。

三、划线基准及其选择方法

划线中用于确定零件各部分尺寸、几何形状及相对位置的依据称为划线基准。

划线基准的选择应掌握以下几个原则：

(1)划线基准应与设计基准一致。

(2)以两个互相垂直的平面或线为基准，如图 2-42(a)所示。

(3)以一个平面与一对称平面或线为基准,如图 2-42(b)所示。

(4)以两互相垂直的中心面或线为基准,如图 2-42(c)所示。

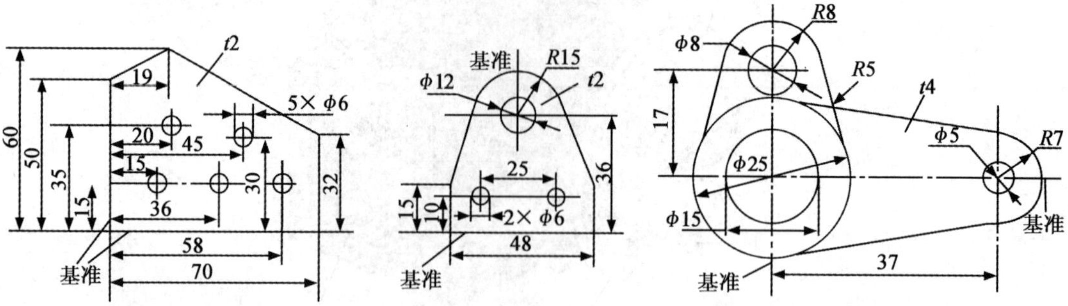

(a) 两个互相垂直平面或线为基准　(b)一个平面与一对称平面或线为基准　(c)两互相垂直的中心面或线为基准

图 2-42　划线基准的选择

【工作过程】

一、工作课时

要求本单元理论课时和实训课时为 4 课时。

二、划线步骤

1. 准备工作

(1)熟悉图纸各项技术要求,清理检查毛坯件是否合格,确定划线基准。

(2)检验、检查划线工具、划线量具是否完好齐备。

(3)在工件的划线表面上涂涂料。

(4)在工件的空心孔中装入中心塞块,以备划孔中心线。

2. 划线

(1)划出基准线。

(2)划出水平线、垂直线、斜线、圆弧线、圆及它们的检查线。

(3)检查划线尺寸,查找错划、漏划的线。

(4)打出样冲眼。

三、划线实例

1. 平面划线实例(图 2-43)

2. 立体划线实例(图 2-44)

3. 划线步骤

(1)做好划线前的准备工作。

(2)将圆钢放在 V 形铁的槽内,用划线盘划出两端面的中心基准线。

(3)以中心线为基准划出 24 mm 加工线,如图 2-45 所示。

(4)将工件旋转 90°,使中心基准线处于垂直平板位置,用直角尺找正,如图 2-46 所示。

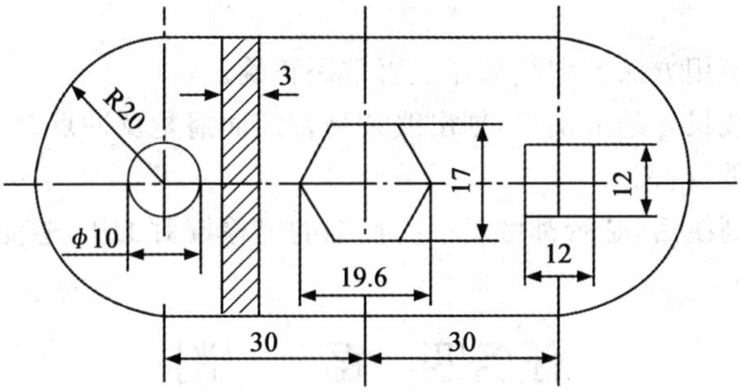

图 2-43　平面划线实例(单位:mm)

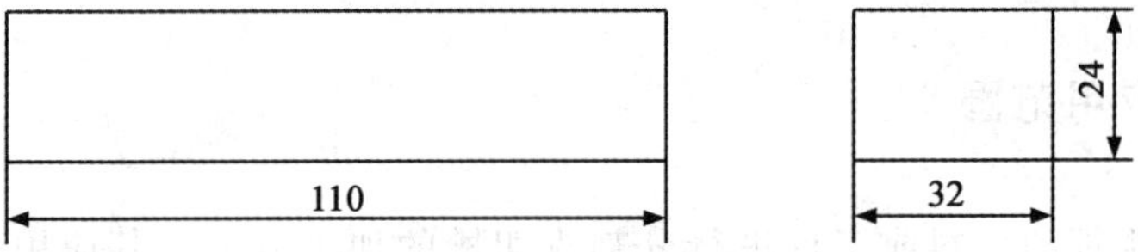

图 2-44　零件图(单位:mm)

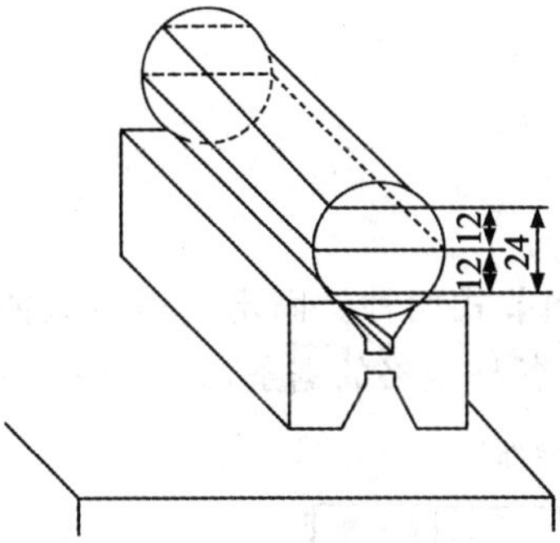

图 2-45　划 24 mm 加工线(单位:mm)

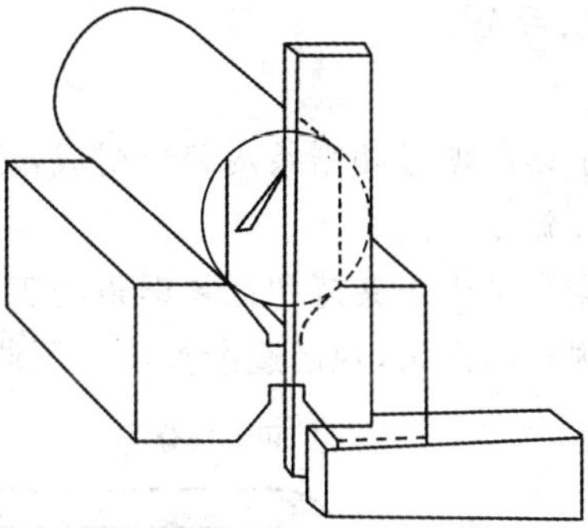

图 2-46　用直角尺找正

(5)用步骤(2)和(3)的方法划出 32 mm 的加工线,如图 2-47 所示。

(6)使圆柱体垂直放置在平板上,划出 110 mm 加工线,如图 2-48 所示。

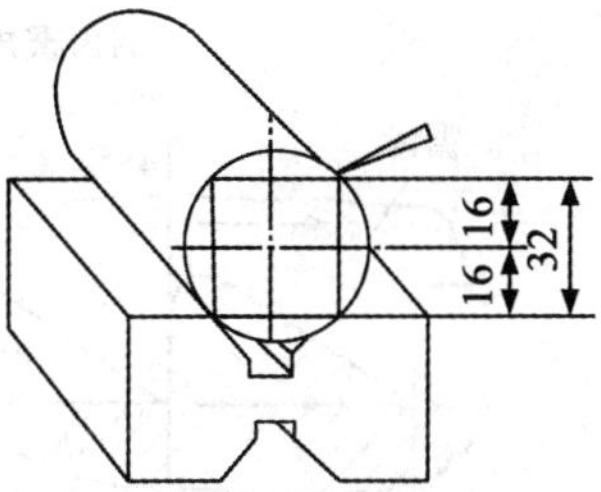

图 2-47　划 32 mm 加工线(单位:mm)

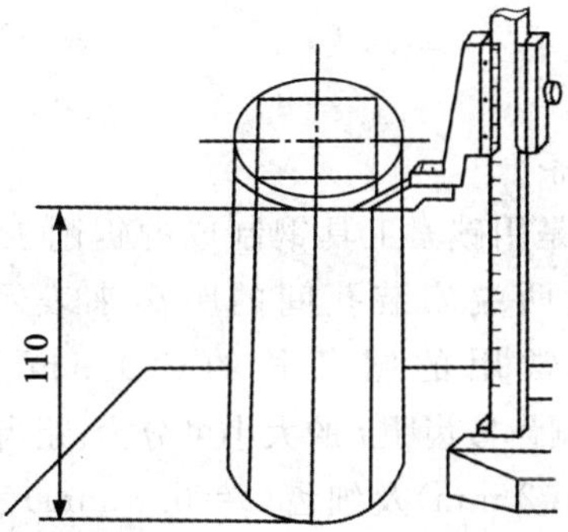

图 2-48　划 110 mm 加工线(单位:mm)

【质量检测】

(1)划线工具的使用方法及划线动作是否掌握正确。

(2)是否保证划线尺寸的准确性,划出线条是否细而清楚及冲点是否准确。

(3)工具是否合理放置。

(4)任何工件在划线后,是否都做了一次仔细的复检校对工作,避免差错。

任务四 锯 削

【相关知识】

一、锯削的应用范围

锯削是指用手锯把材料或工件进行分割或切槽的加工方法。其应用范围:分割各种材料及半成品;锯掉工件上多余部分;在工件上锯槽。

二、手锯

手锯由锯弓和锯条两部分组成,是锯削使用的工具。

1. 锯弓

锯弓是用来夹持和拉紧锯条的工具,有固定式和可调节式两种。固定式锯弓只能夹持一种规格的锯条,现已逐渐淘汰。可调节式锯弓可以安装各种规格的锯条,如图 2-49 所示。

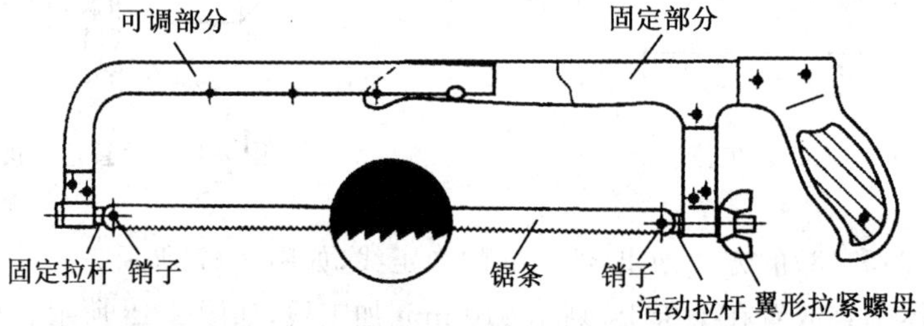

图 2-49 可调节式锯弓

2. 锯条

锯条是用碳素工具钢制成的锯削工具。锯条的规格以锯条两端安装孔间的距离来表示(长度 150～400 mm),常用的锯条长约 300 mm,宽 12 mm,厚 0.8 mm。锯齿按齿距 t 的大小可分为:粗齿($t=1.6$ mm)、中齿($t=1.2$ mm)及细齿($t=0.8$ mm)三种,锯齿的形状如图 2-50 所示。锯条一边有交叉或波浪排列的锯齿,锯齿的前角为 0°,后角为 40°,楔角为 50°。根据工件

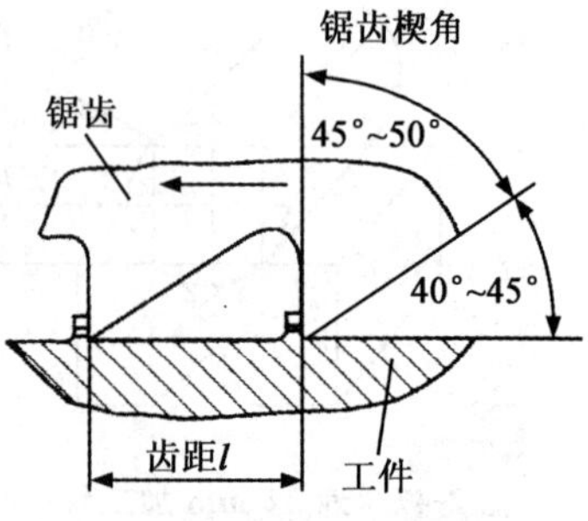

图 2-50 锯齿形状

的材料选择锯条的锯齿，见表 2-2。

表 2-2　锯齿的选择

锯齿	工件材料
粗	软钢、铝、紫铜、人造胶质材料
中	中等硬性钢、硬性轻合金、黄铜、厚壁管子
细	板材、薄壁管子

三、锯削的操作要点

1. 锯条的安装

手锯是在向前推进时起切削作用，因此安装锯条时，应将锯齿尖端朝前，锯条在锯弓上松紧适中。

2. 工件的安装

一般情况下，工件的锯割部位夹持在台虎钳的左侧，使锯割线与钳口侧面平行，距钳口侧面约为 20 mm，工件装夹要牢固。

3. 起锯方法

将锯条放在锯割线的前端，左手拇指靠住锯条，如图 2-51 所示。锯条与工件的角度应以 15°为宜，如图 2-52 所示，角度过小，锯条容易滑脱，而破坏工件表面；角度过大，容易崩掉锯齿。锯条应与工件接触 3～4 个齿，推锯的行程要短，压力要小，频率要快，当锯割深度达 2～3 mm 时，左手可以离开锯条，进行正常锯割。

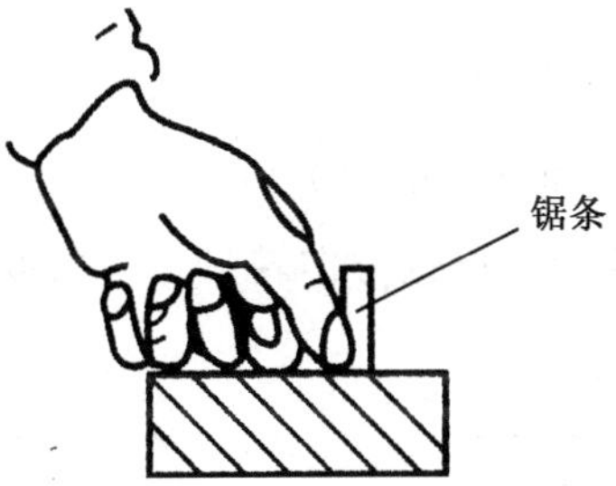

图 2-51　拇指靠住锯条

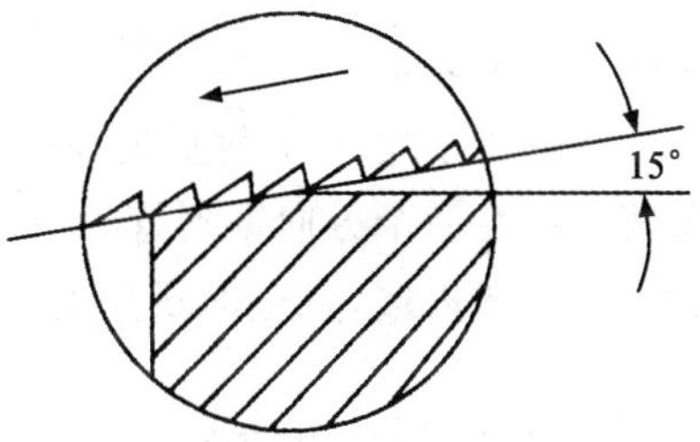

图 2-52　起锯角度

4. 推锯方法

(1)直线式锯割法。两手操作手锯做直线推进和回程动作。应用于锯缝底面要求平直的工件和薄壁工件的锯割，如图 2-53 所示。

(2)摆动式锯割法。两手操作手锯推进时身体略向前倾，右手下压左手上提，回程时右手上提左手扶锯跟进，这种操作方法能减少切削刃的接触长度，如图 2-54 所示。

5. 推锯的压力与频率

锯削的推力和压力主要由右手控制，左手所加压力不要太大，主要是扶正锯弓起导向作

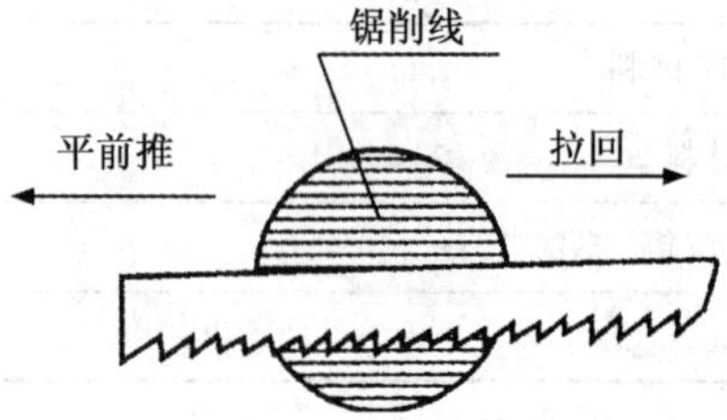

图 2-53　直线式锯割

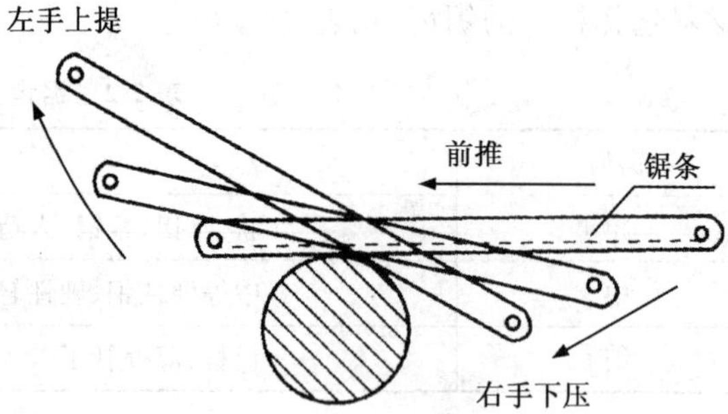

图 2-54　摆动式锯割

用。推锯时有切削作用，回程时无切削作用，不要加压力。当工件将要锯断时压力要小。

锯削时的运动频率是决定锯割效率的一个主要因素。频率过高，容易产生切削热量，使锯条退火；频率过低影响锯割效率。一般锯割频率为 30～40 次/min，锯软材料时频率应高，锯硬材料时频率应低。

【工作过程】

一、工作课时

要求本单元理论课时和实训课时为 6 课时。

二、锯割操作实例

1. 管子的锯割方法

将划好线的管子用 V 形衬垫夹在钳口上，既夹牢又可防止管子变形，如图 2-55 所示。

锯薄管时应在一个方向锯到管子内壁处，然后把管子向推锯方向转过一定角度，连接原锯缝再锯到管子的内壁，直至锯断为止，如图 2-56 所示。

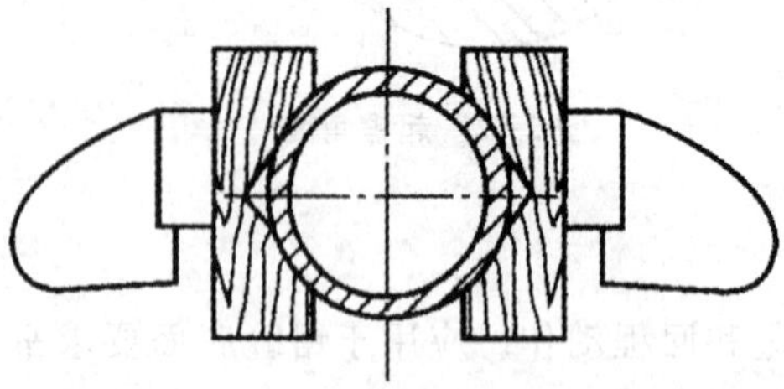

图 2-55　管子的夹持方法

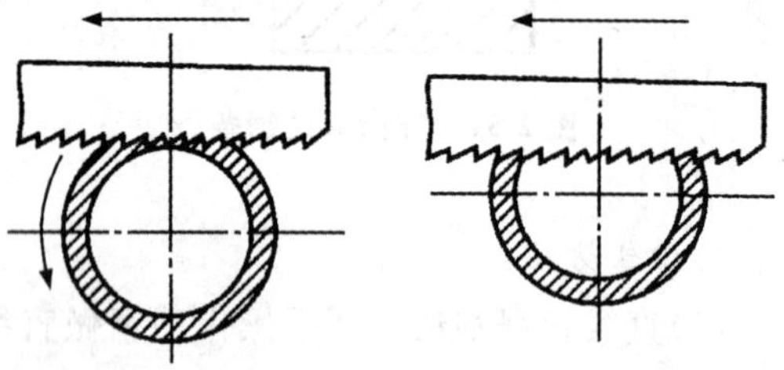

图 2-56　管子的锯割方法

2. 薄板的锯割方法

3 mm 以下的薄板在锯割时容易出现颤动、卡锯齿和不好夹持等问题，可采用以下锯割方法：

(1)用木板夹持锯割,可解决薄板颤动和卡锯齿,如图 2-57 所示。

(2)较大的薄板可用两块角铁配合夹在台虎钳上,手锯做横向斜推,增加锯条在工件上的切削齿数以解决崩齿问题,如图 2-58 所示。

(3)把薄板用钉子控制在木板上,再用台虎钳夹持木板进行锯割,如图 2-59 所示。

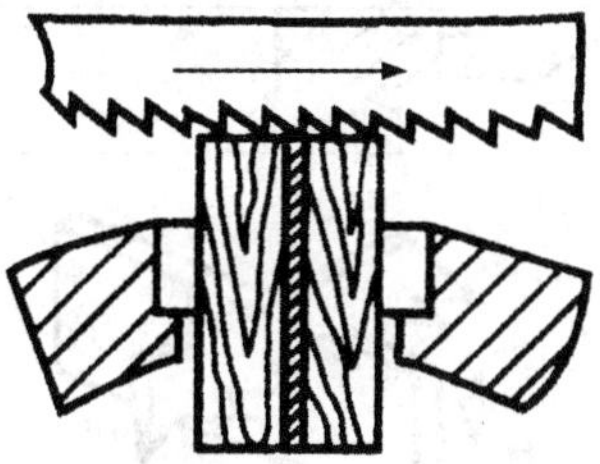

图 2-57　木板夹持

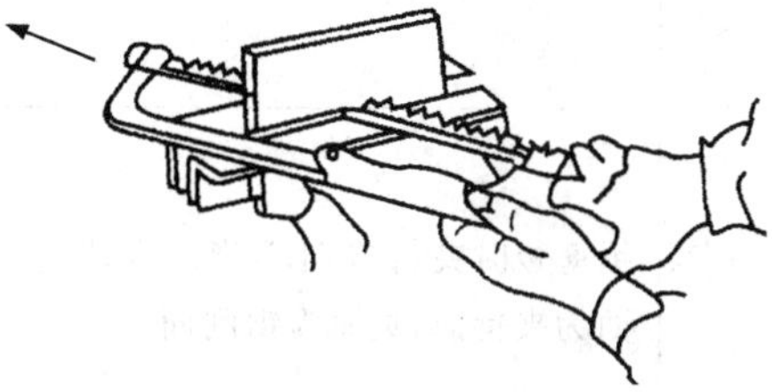

图 2-58　角铁夹持

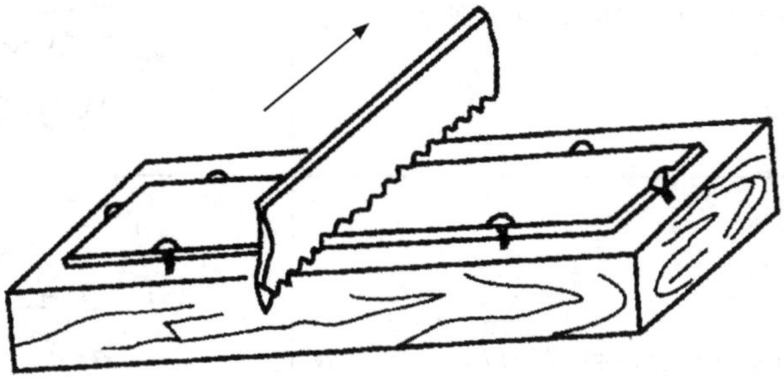

图 2-59　薄板钉在木板上

3. 深缝的锯割方法

当锯缝的深度超过锯弓的高度时,应把锯条转过 90°角后再锯。工件应逐渐改变装夹位置,使锯割部位处于钳口附近,以防颤动,损坏锯条,如图 2-60 所示。

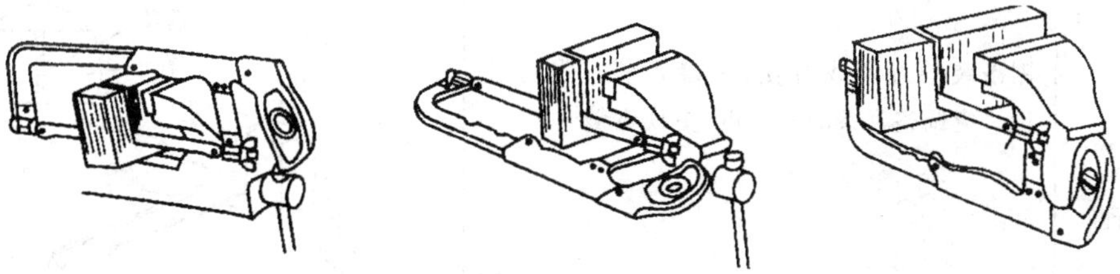

图 2-60　锯深缝方法

三、锯割时常见的缺陷及分析

锯割时常见的缺陷及分析,见表 2-3。

表 2-3 锯割时常见的缺陷及分析

废品形式	原因及处理方法	图示
锯齿崩裂	起锯角过大，操作中用力过猛。应减小推力、压力	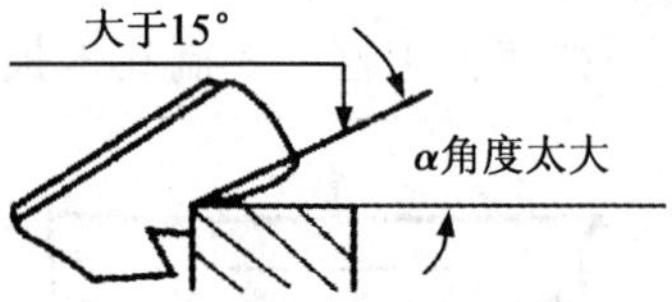
	锯薄板时夹持方向不当。应调整工件的窄面为夹持面，宽面为锯削面	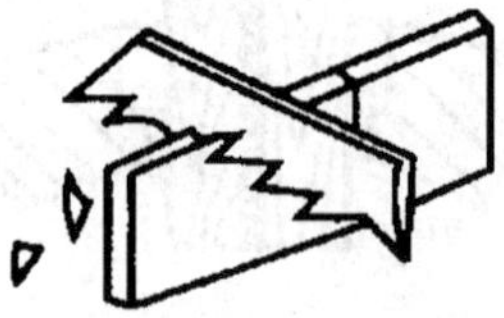
	锯弓掌握不稳，左右摆动，应掌握锯削操作要领	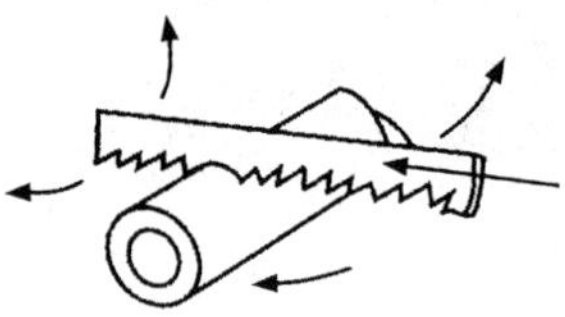
	锯条有崩齿没有及时修理。应在砂轮上磨掉断齿	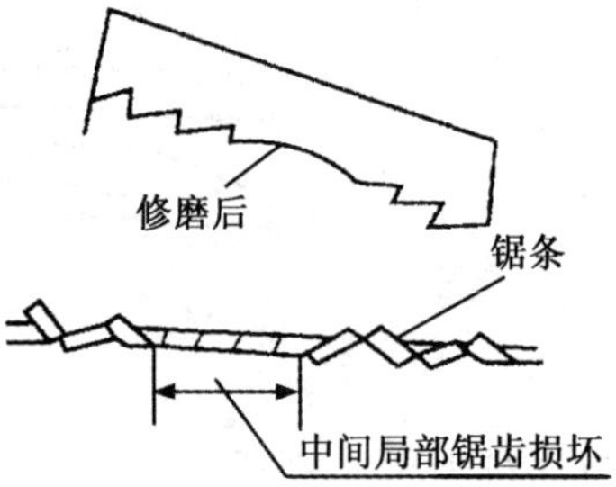
锯条折断	锯条装的过紧或过松；锯缝歪斜。强行校正。应调整锯条的松紧度、更换锯缝	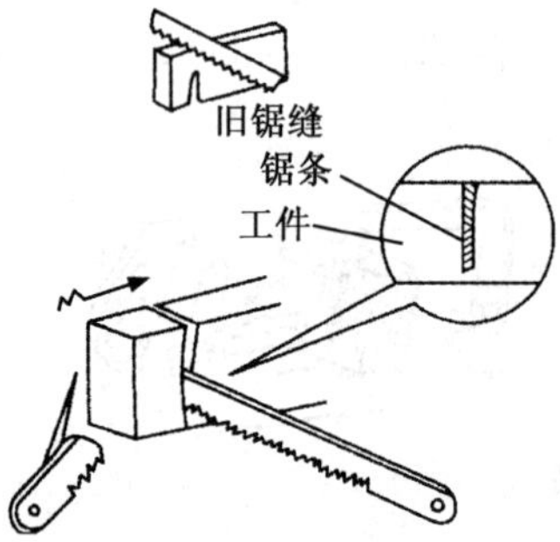
	锯削时压力过大，频率过高。应及时调整对工件所施加的压力，降低锯削频率	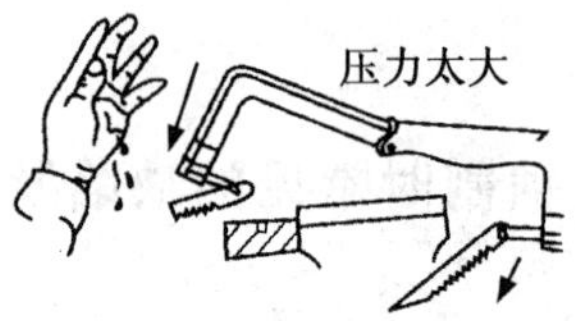

续表 2-3

废品形式	原因及处理方法	图示
锯条折断	工件松动。应夹持工件并夹牢	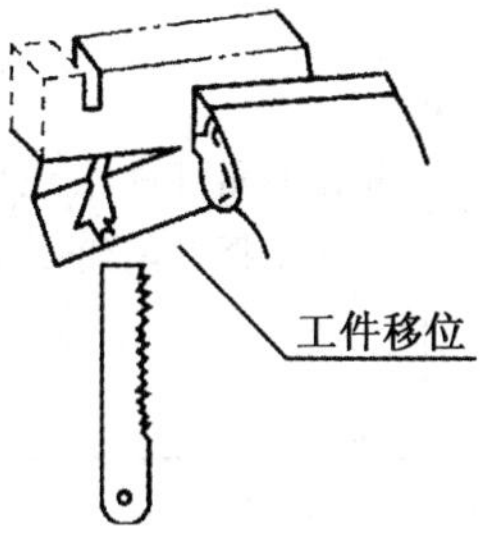
	由于更换新锯条卡在旧锯缝中。应用旧锯条修宽旧锯缝	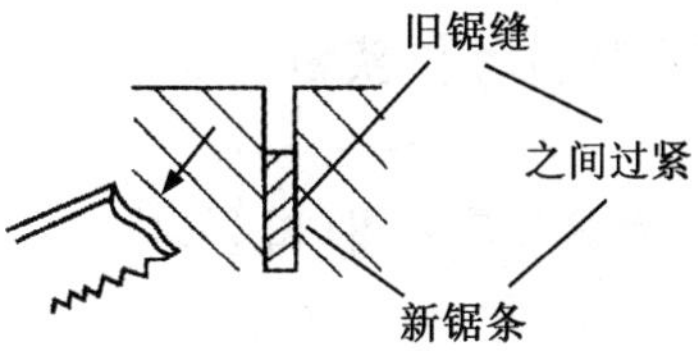
	薄板工件夹持方法不当，工件抖动。应将工件用木板夹持住	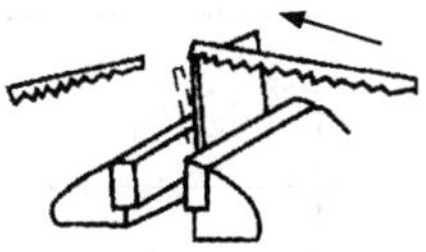
	推锯时角度左右变化较大，导向不正。应保持直线的往返运动	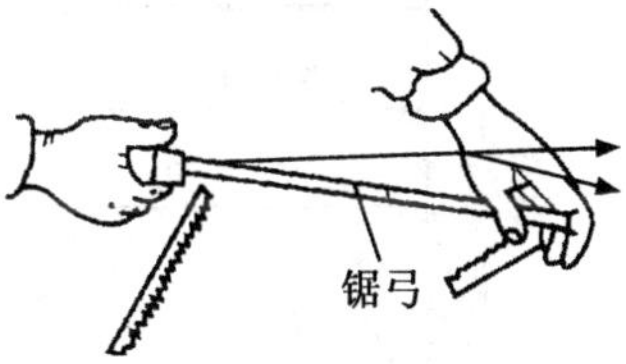
锯齿过早磨损	材料过硬、锯齿选用不当、锯削频率过高，未加冷却液。应根据材料合理选用锯齿、加冷却液、降低锯削频率	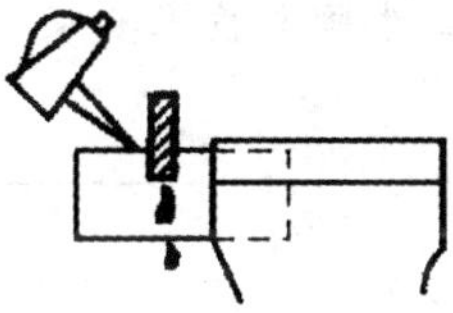
锯缝歪斜	锯条装扭、工件夹斜、压力过大。应调整锯条、检查夹正工件、减轻压力	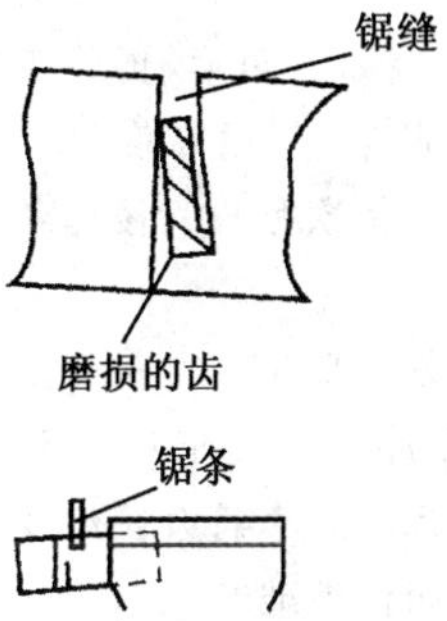

续表 2-3

废品形式	原因及处理方法	图示
工件表面锯坏	起锯时角度太小或深度不够造成滑锯。应正确掌握锯削角度和起锯深度	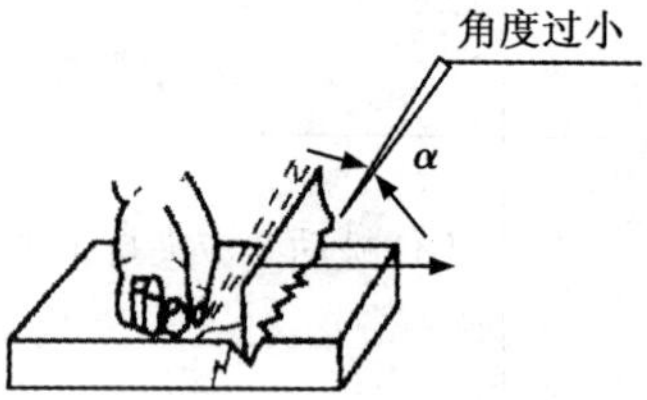

四、锯削考核实例

1. 考核件零件图(图 2-61)

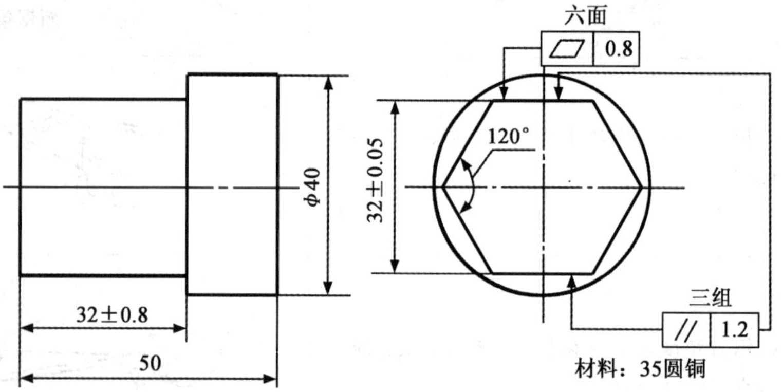

图 2-61　考核件零件图(单位:mm)

2. 加工步骤与技术要求(表 2-4)

表 2-4　加工步骤与技术要求

加工步骤	参考图	技术要求
1. 划线 (1)先划好端面六角形,再将工件放在 V 形架上,用高度尺与 90°角尺配合依次划出六棱体各边加工线 (2)将工件划出高 32 mm 的锯削线,并打样冲眼。要求线条清晰,并检查尺寸是否符合图纸要求,线条是否清晰准确	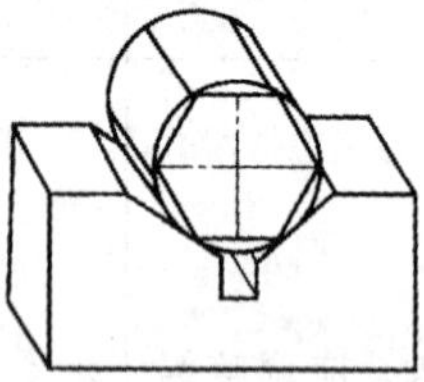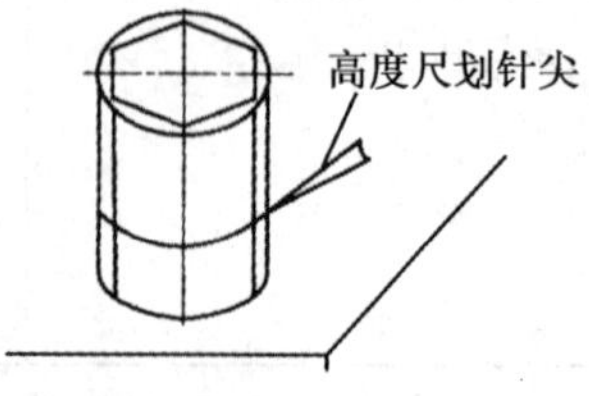	线条清晰,并检查尺寸是否符合图纸要求,线条是否清晰准确

续表 2-4

加工步骤	参考图	技术要求
2. 夹持 用V形架或木板夹持工件防止损毁六棱体线		防止损毁六棱体线
3. 锯割 (1)将六角面均锯至 32 mm 深度 (2)将工件调转径向锯割将薄片锯掉 (3)自检工件各部分尺寸和角度	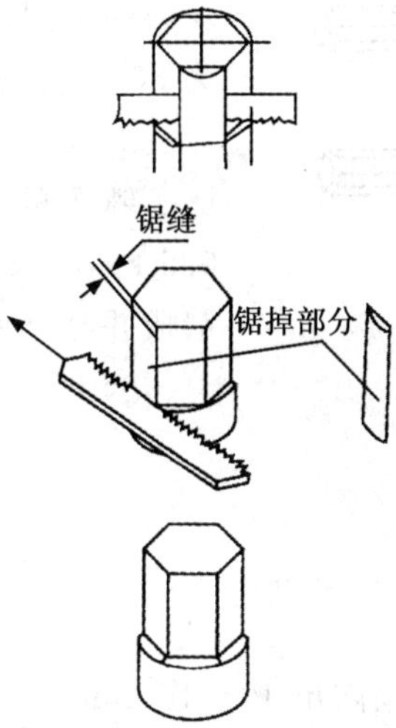	要保证六角面的平行度，不得锯伤六方的面，将锯掉的部分保留 六方的面与其底面保证垂直，各锯面无明显凹痕，棱角直线度不大于 1 mm

【质量检测】

(1)工件是否两面划线。

(2)注意工件和锯条安装是否正确，并要注意起锯方法和起锯角度的正确与否。

(3)是否适时注意锯缝的平直，及时校正。

(4)锯削完毕，注意将锯弓上张紧螺母适当放松，但不要拆下锯条，防止锯弓的零件失散，并将其妥善放好。

任务五　錾　　削

【相关知识】

一、錾削的作用

錾削是用锤子击打錾子对金属工件进行加工的方法。錾削可以加工平面、沟槽，并可进行切断及对铸、锻件的清理等。主要用在不便于机械加工的场合。

二、錾削工具

1. 錾子

如图 2-62 所示，按使用场合不同錾子可分为平錾、槽錾、油槽錾，应根据被錾削面的形

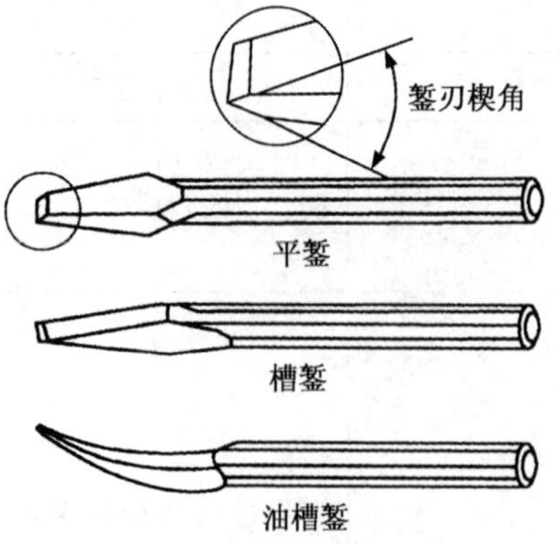

图 2-62　錾子的种类

状、大小、宽度选用錾子。平錾用于錾削平面和切断金属，刃宽一般为 10～15 mm；槽錾用于錾削沟槽，刃宽约 5 mm；油槽錾刃宽且成圆弧形。錾子全长 125～150 mm，多用碳素工具钢锻成，刃部经淬火和回火处理。錾刃楔角应根据加工材料的不同而异，錾削铸铁时为 70°左右；錾削钢为 60°左右；錾削铜、铝小于或等于 50°。

2. 锤子

锤子的大小用质量来表示，常用的锤子为 0.5 kg，全长约为 300 mm，锤头多用碳素工具钢锻成并经淬火和回火处理。

三、錾削操作方法

1. 錾子的握法

采用正握法，如图 2-63 所示。

(1)手心向下，握住錾柄，錾顶露出 10～15 mm。

(2)食指和拇指自然伸开合拢，其余三指握住錾身。

2. 手锤的握法

采用活握法，如图 2-64 所示。

(1)五指握住锤柄，露出 15～20 mm，大拇指始终压在食指上方。

(2)挥起时，拇指和食指卡住锤柄，小指、无名指和中指依次自然松动，压着锤柄。

(3)捶击时，三指随锤捶击逐渐收拢，握紧锤柄。

活握法优点：捶击有力，减轻手臂的疲劳。

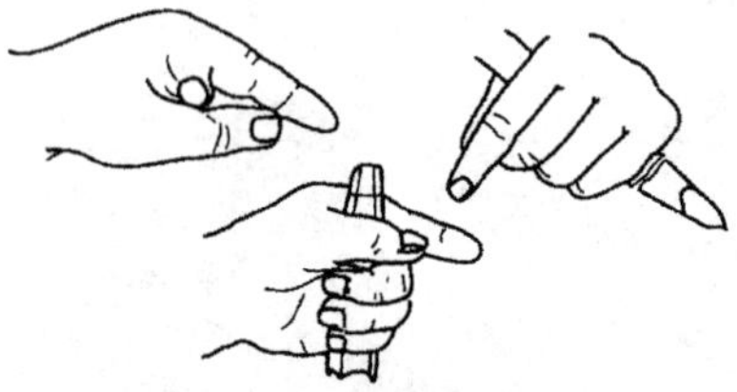
图 2-63　錾子的握法

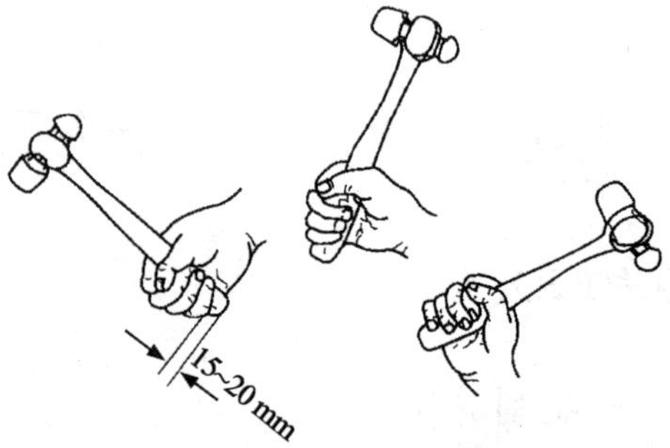

图 2-64　手锤的握法

3. 錾削的姿势

錾削时，操作者的步位和姿势应便于用力，操作者身体的重心偏于右腿，挥锤要自然，眼睛应正视錾刃而不是看錾子的头部，錾削时的步位和正确姿势，如图 2-65 所示。

4. 挥锤方法(臂挥)

臂挥是腕、肘、臂的联合动作。掌握了臂挥，其他两种方法就易于掌握了。

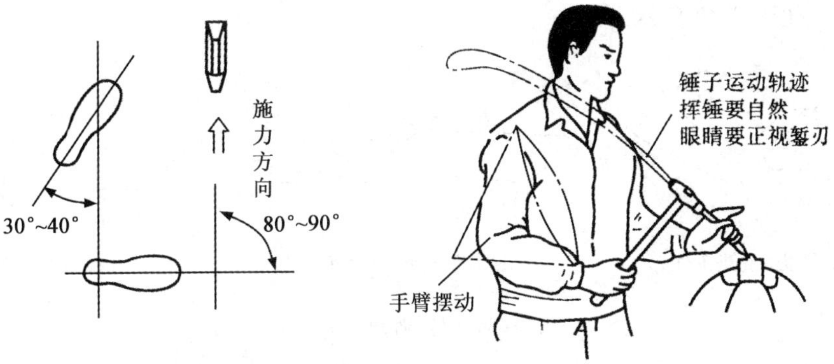

图 2-65 錾削时的步位和姿势

(1)起锤。腕部先起锤，然后小臂带动大臂，手尽量向后上方扬，大臂与肩基本平直，同时放松手腕，三指微松使锤头低于腕部。起锤时速度要慢些，在臂上稍停瞬间。

(2)捶击。目视錾刃，臂、肘、腕依次动作，捶击时速度要快，要运用好腕力。

锤行走的轨迹为长弧形，按顺时针方向绕行，如图 2-66 所示。挥锤时身体要配合手臂的挥锤动作，起锤时身体重心偏于前脚上，捶击时身体重心后移。

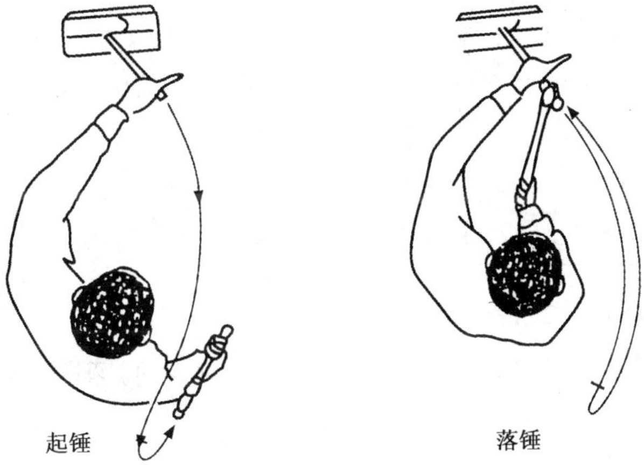

图 2-66 起锤、落锤轨迹

(3)落锤点。准确的击中錾顶，使其捶击力通过錾子的轴线。

(4)捶击频率。每分钟 50～60 次为宜。

5. 錾削角度

(1)后角 α 是影响錾削工作效率和质量的基本因素。一般 α 角取 4°～8°，如图 2-67 所示。

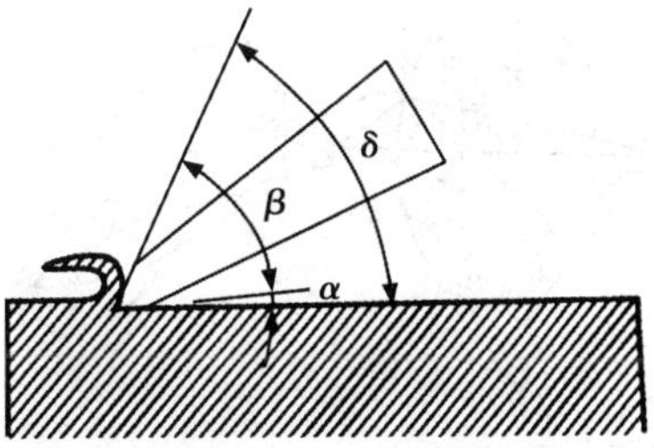

图 2-67 后角 α 角度

(2)錾削过程中要保持合理的后角，应做到：

① $\delta=\beta+\alpha$

式中，δ—切削角；β—楔角；α—后角。

②手握錾子要做到稳而不僵，发现 α 角不合理

应及时调整，如图 2-68 所示。

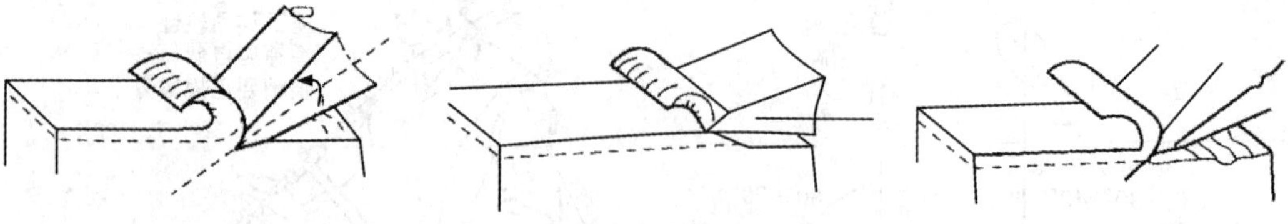

(a)后角过大扎进工件　(b)后角过小，从表面滑脱　(c)后角变化超出范围

图 2-68　錾削时角度的变化

③每次的錾削量要在 0.2～2 mm 之间。每次錾削层的厚薄是由后角 α 的大小确定的，錾削层越厚 α 角应小些，錾削层越薄 α 角应大些，如图 2-69 所示。

④錾削时应握稳錾子使后角 α 不变，捶击錾子的力不可忽大忽小，捶击力要通过錾子的轴线，楔角的刃磨角度要与工件的材质吻合。

6. 錾子的刃磨

(1)刃磨要求，如图 2-70 所示。

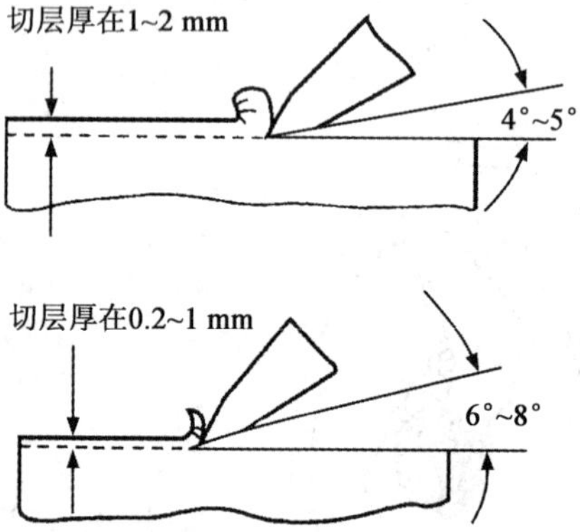

图 2-69　錾削量与后角的关系

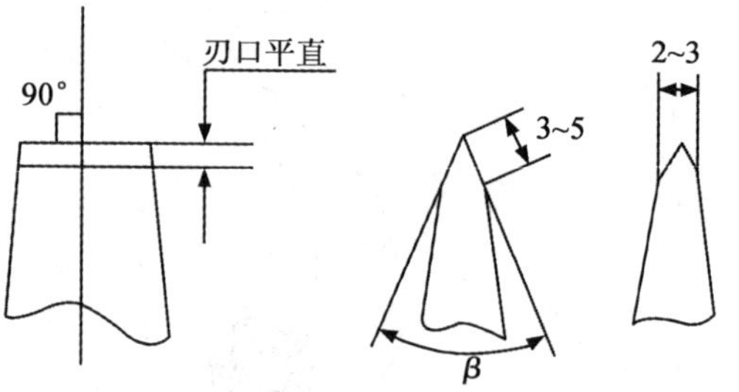

图 2-70　刃磨要求(单位：mm)

①切削刃与錾子中心线垂直。

②两刃面宽 3～5 mm 并对称，刃口平直。

③楔角的大小符合材质要求。一般情况下，錾削硬钢等硬性材料楔角为 60°～70°；錾削一般钢料及中等硬度材料楔角为 50°～60°；錾削铜或铝软材料楔角为 30°～50°。

④搁架的位置与砂轮片间的距离要小些，一般不大于 3 mm。

(2)刃磨方法。

①切削刃高于砂轮中心，其 φ 角为 15°～20°。錾子在砂轮全宽上做左右平稳移动，并控制錾子的方向、位置，如图 2-71 所示。

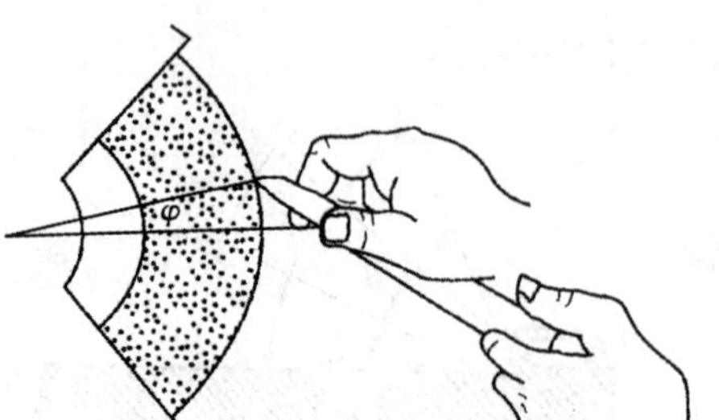

图 2-71　錾子刃磨角度

②刃磨时在錾子上的压力适中，并注意冷却。

【工作过程】

一、工作课时

要求本单元理论课时和实训课时为 8 课时。

二、錾削操作实例

1. 錾削平面

(1)起錾方法。

①斜角起錾。适应于较宽平面的錾削。起錾时，先在工件的边缘尖角处将錾子后角放成负角，錾出一个小斜面，如图 2-72 所示，然后按正常的錾削角度逐步向中间錾削。

②正面起錾。适用于较窄的平面錾削。起錾时，将錾子握平或使錾头稍向下倾以便錾刃切入工件，如图 2-73 所示。

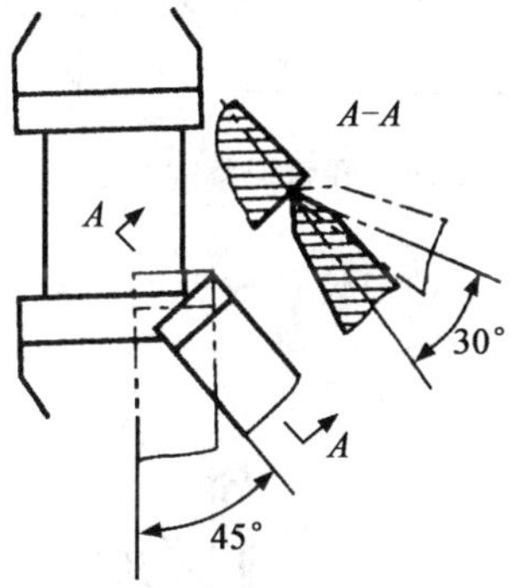

图 2-72　斜角起錾方法

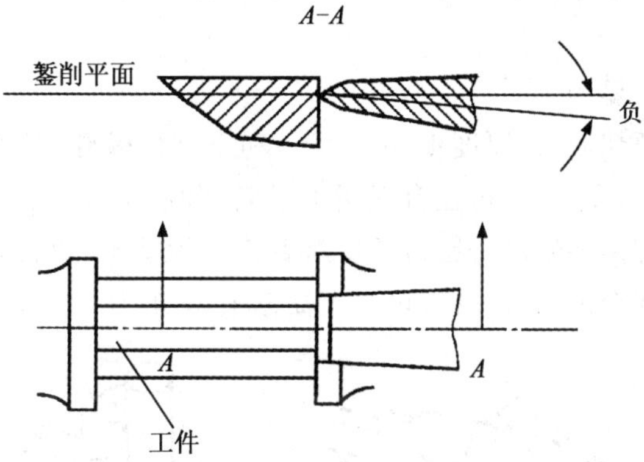

图 2-73　正面起錾方法

(2)錾削平面的要领。錾削时的后角 α 要控制在 4°～8°之间，每次錾三四次后，应使錾子沿已錾削表面退回一小段距离，以随时观察平面錾削情况，同时有利于手臂肌肉的放松。錾削时，应根据加工余量的大小分层錾削，为提高精度，錾削最后一层的加工量要小些，而且要注意看清加工线的位置。在保证足够强度的前提下錾子的楔角尽量刃磨得小一些。

(3)靠近工件尽头时的錾法。当錾削到靠近工件尽头时，应掉转工件从另一端錾掉剩余部分，以免工件棱角损坏。脆性材料尤为注意，如图 2-74 所示。

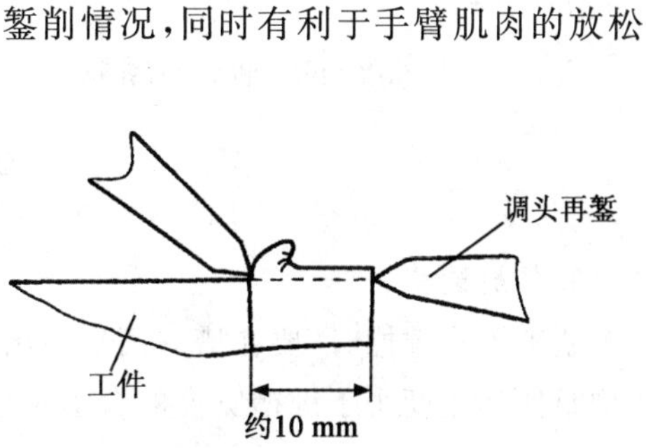

图 2-74　靠近工件尽头的錾削方法

(4)錾平面步骤。錾平面时，如平面宽度小于錾刃宽度可直接錾削。如宽度大于錾刃宽度应先用槽錾开槽，槽间的宽度约为平錾錾刃宽度的 3/4，然后再用平錾錾平。为了易于錾削，平錾錾刃应与前进方向呈 45°角，如图 2-75 所示。

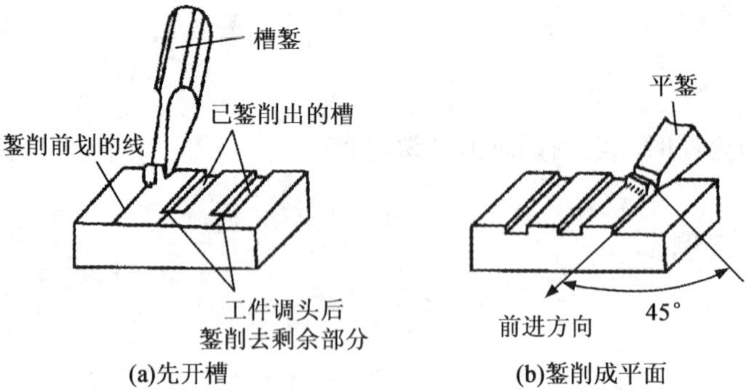

图 2-75 錾平面步骤

如采用圆弧形錾削方法，錾削时錾子沿着錾削平面左右平稳移动，錾刃走向为圆弧，减小刃口与加工部位的接触面积，以提高錾削效率，如图 2-76 所示。

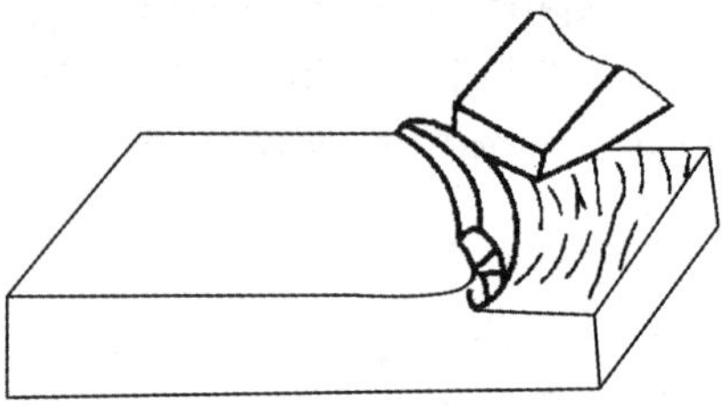

图 2-76 圆弧形錾削方法

2. 錾切

錾切薄板（厚度 4 mm 以下）和小直径棒料（直径在 13 mm 以下）可在台虎钳上进行，如图 2-77(a)所示。即用平錾沿着钳口并斜对着板料约呈 45°角自右向左錾削。对于较长或大型板料，如果不能在台虎钳上进行，可以在铁砧上錾切，如图 2-77(b)所示。

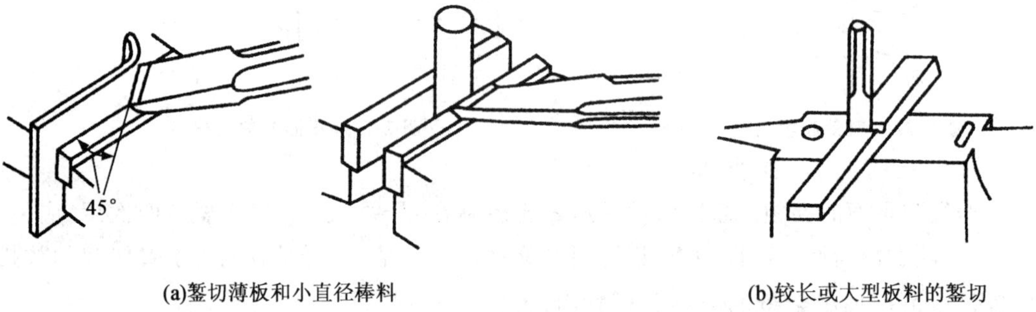

图 2-77 錾切

3. 錾削键槽

錾削闭式键槽时，要在槽的两端钻出与槽宽尺寸相等的底孔，孔的深度与槽深相等。刃磨槽錾使其宽度小于键槽宽度的合适尺寸，然后再进行加工。如图 2-78 所示。

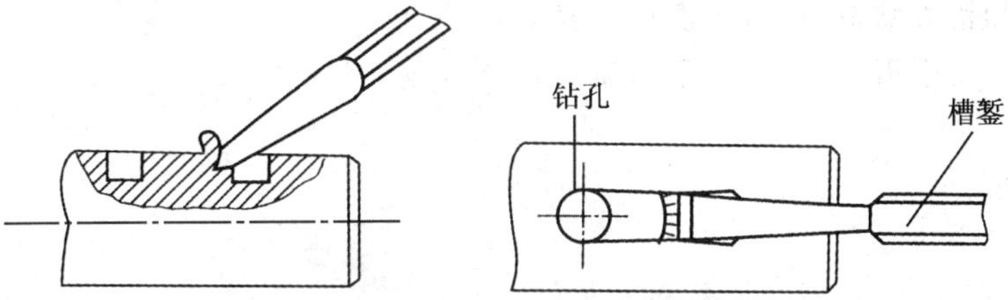

图 2-78 錾削键槽

三、錾削考核实例

錾削练习件零件图，如图 2-79 所示。

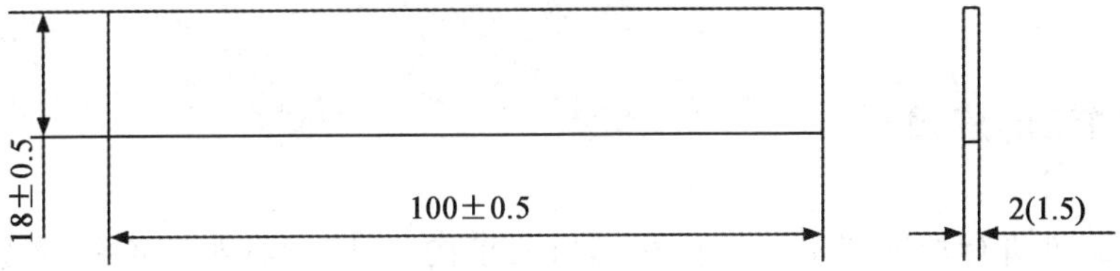

图 2-79 錾削练习件零件图(单位:mm)

该练习要求：

(1)刃磨平錾。

(2)用平錾在台虎钳上錾切工件，做到錾痕平整，尺寸准确。

【质量检测】

(1)检查手锤木柄松动或损坏时，是否装牢或更换。

(2)检查錾子头部有明显的毛刺时，是否及时磨去。

(3)是否正确使用台虎钳，工件是否夹紧在钳口中央。

(4)是否自然地将錾子握正、握稳，是否倾斜角始终保持在 35°左右。眼睛的视线是否对着工件的錾削部位。

(5)左手握錾子时前臂是否平行于钳口。

【习题】

一、填空题

1. 錾削工作范围主要是去除毛坯的凸缘、(　　)、(　　)、錾削平面及(　　)等。

2. 錾子切削部分由(　　)刀面、(　　)刀面和两面交线(　　)组成。

3. 选择錾子楔角时，在保证足够(　　)的前提下，尽量取(　　)数值。根据工件材料(　　)不同，选取(　　)的楔角数值。

4. 錾削时形成的切削角度有(　　)、后角和(　　)，三角之和为 90°。

5. 錾削铜和铝等软材料，錾子楔角一般取(　　)。

6. 油槽錾的切削刃(　　)，并呈圆弧形。

二、问答题

1. 錾削平面、油槽、直槽和板料的方法是什么？

2. 作出錾前时形成的刀具角度示意图，并用文字或符号表示角度的名称。

任务六　锉　　削

【相关知识】

一、锉削加工的应用

用锉刀对工件进行切削加工使工件达到所要求的尺寸、形状和表面粗糙度的操作方法称为锉削。锉削多用于锯削和錾削之后的各种普通表面和复杂表面的加工，加工精度可达IT8－IT7，表面粗糙度可达 R_a 为 0.8 μm。锉削是钳工最基本的操作方法。其加工范围如图 2-80 所示。

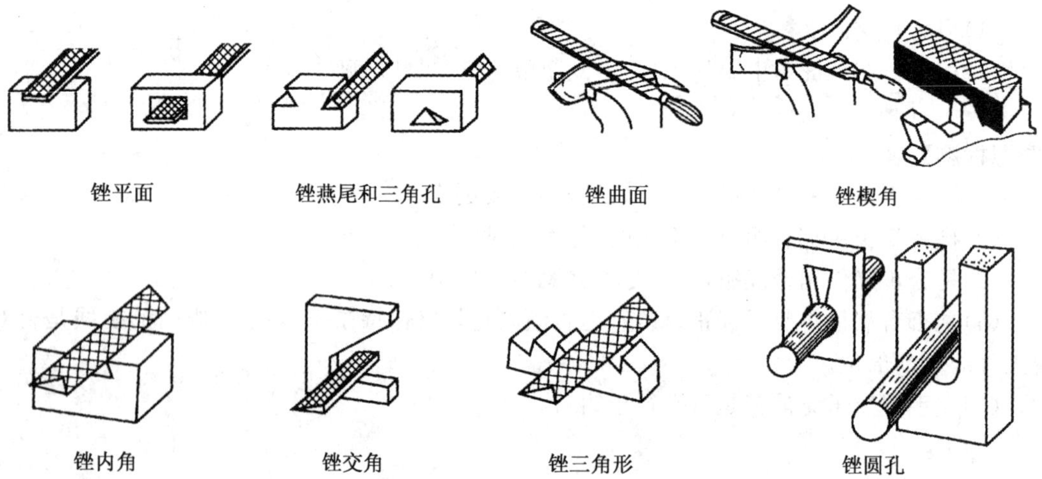

图 2-80　锉削加工范围

二、锉刀及选用原则

1. 锉刀

锉刀常用碳素工具钢 T12 制成，并经热处理淬硬到 HRC 62～67。

2. 锉刀的结构

锉刀是由锉刀面、锉刀尖、锉刀舌、锉刀尾、木柄等部分组成，如图 2-81 所示。

锉刀的大小用其工作部分长度来表示。分为 100 mm，150 mm，200 mm，250 mm，300 mm，350 mm，400 mm 七种。

锉刀的粗细是以每 10 mm 长的锉面上的锉齿齿数来划分的。粗锉刀为 4～12 齿，齿间大，不容易堵塞，适于粗加工或锉铜、铅等软材料；细锉刀为 13～24 齿，适于锉钢和铸铁等；光锉刀为 30～40 齿，又称为油光锉，只用于修光表面。

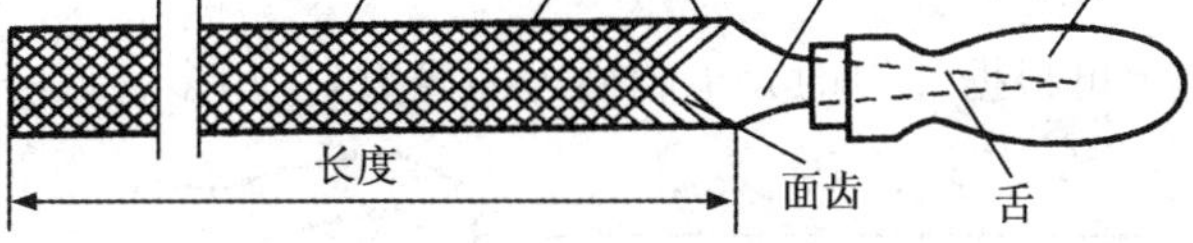

图 2-81　锉刀的结构

3. 锉刀的种类

按用途分为普通锉刀、特种锉刀、整形锉刀。普通锉刀又可分为：齐头平锉、半圆锉、方锉、三角锉和圆锉，如图 2-82 所示。

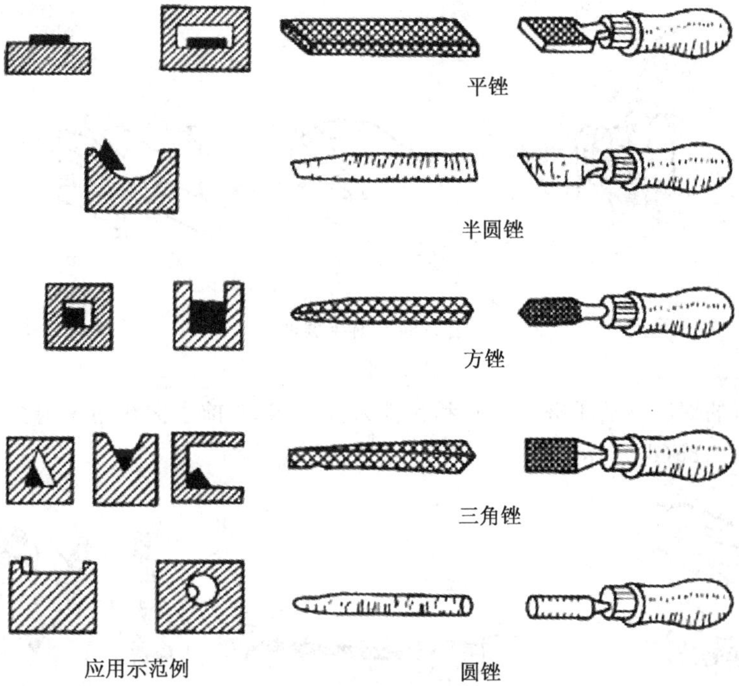

图 2-82　钳工锉刀的种类

4. 锉刀的选用原则

(1)按加工表面的形状决定选择锉刀的种类。

(2)按加工余量的大小、精度等级和表面粗糙度的要求决定选择锉刀的齿纹号。

(3)按加工锉削面积的大小，决定选择锉刀的长度规格。

三、锉削方法

1. 锉刀的握法

(1)大锉刀的握法。

①后手握法。用手心后部肌肉抵住锉刀柄端头，拇指放在锉刀柄的上面，其余四指自然弯曲握住锉刀柄，如图 2-83 所示。

②前手握法。前手可根据锉刀的大小和用力的轻重，采用多种握姿，如图 2-84 所示。

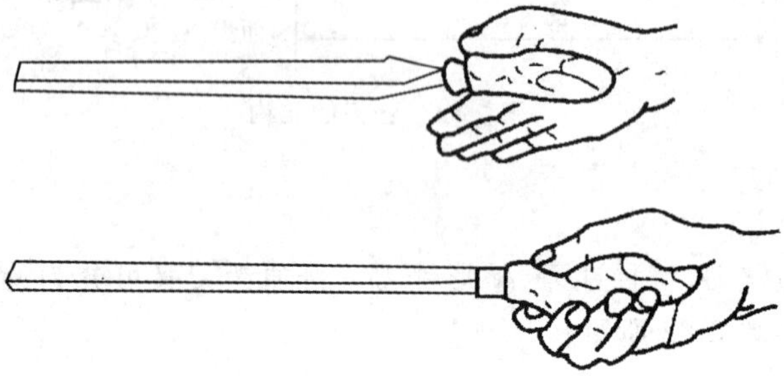

图 2-83　后手握法

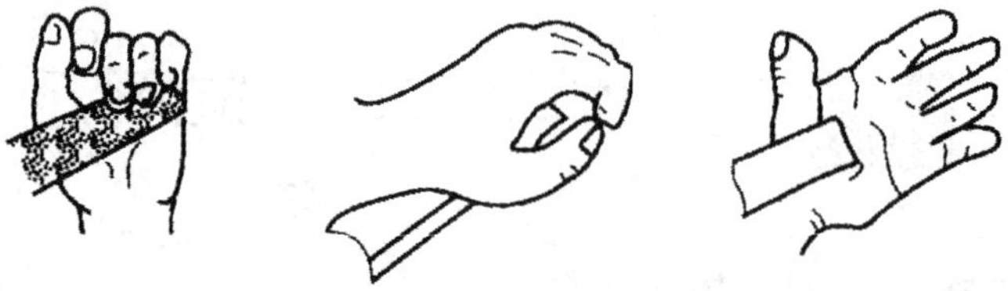

图 2-84　前手握法

(2)中锉刀的握法。后手握法大致和大锉刀握法相同，前手握法用大拇指和食指捏住锉刀的前端，如图 2-85(d)所示。

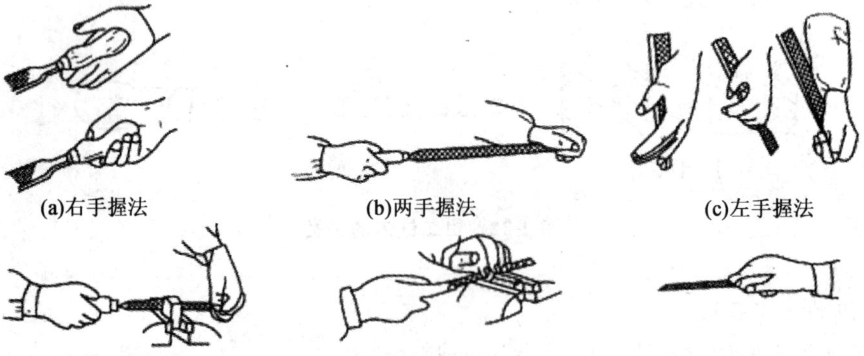

(a)右手握法　(b)两手握法　(c)左手握法

(d)中锉刀的握法　(e)小锉刀的握法　(f)更小锉刀的握法

图 2-85　各种锉刀的握法

2. 锉削姿势与要领

(1)立正站在台虎钳中心线左侧,面对台虎钳。

(2)身体与台虎钳的距离以右手端平锉刀能搭放在工件上来确定。

(3)迈出左脚,双脚均转一定角度。

(4)右手端平锉刀,使锉刀与右手的小臂约成直线,身体与台虎钳呈 45°角。

(5)左腿弯曲,右腿伸直,重心落在左脚上,两脚站稳。

(6)开始锉削,身体前倾 10°角左右,左肘弯曲,右肘稍向后;当锉刀推进 1/3 时,身体前倾 15°角左右,左腿再稍弯曲;当锉刀推到 2/3 时,身体倾到 18°角左右。锉刀继续推进,身体和左腿在推锉的反作用力下随锉刀推进的同时,两手握住锉刀略抬起随身体恢复开始锉削位置,完成一个锉削动作,如图 2-86 所示。

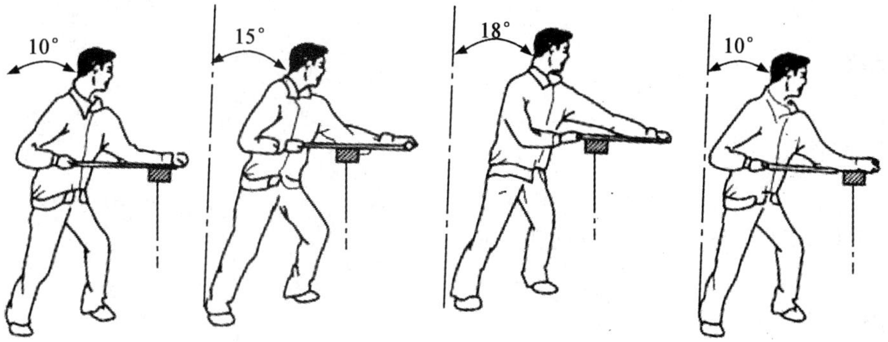

图 2-86 锉削时的操作要领

3. 锉削力的运用

(1)锉刀向前推进时,始终要保持两手压力对工件的工作中心的力矩相等,使锉刀保持平直运动。后手压力逐渐增大,前手压力逐渐减小,直到推至中间时两手压力相等。再向前推进,后手压力又逐渐增大,前手压力又逐渐减少。

(2)锉削所施加的压力以推锉时发出一种“唰唰”响声,手上有一种韧性感觉为适宜。

(3)锉削时锉刀的运动频率以每分钟 40～60 次为适宜。

(4)如果力的运用不当,锉削平面前后则偏低,中间凸起,平面变成曲面。

(5)经过较长一段实践,逐步掌握要领,并注意调整好身体(或台虎钳)的高度。

四、锉削时常见的缺陷分析

1. 工件表面夹伤或变形

(1)虎钳未装软钳口,应在钳口与工件间垫上铜皮或铝片。

(2)夹紧力过大。

2. 工件平面度超差

(1)选用锉刀不当。

(2)锉削时双手推力及压力在运动中未能协调。

(3)未及时检查平面度。

(4)工件装夹不正确。

3. 工件尺寸偏小超差

(1)划线不正确。

(2)未及时测量或测量不准确。

4. 工件表面粗糙度达不到要求

(1)锉刀齿纹选用不当。

(2)锉纹中间嵌有锉屑未及时清除。

(3)粗、精锉削加工余量选用不当。

(4)直角边锉削时未能选用光边锉刀。

【工作过程】

一、工作课时

要求本单元理论课时和实训课时为 8 课时。

二、锉削注意事项

(1)锉刀必须装柄使用,以免刺伤手腕。松动的锉刀柄应装紧后使用。

(2)不准用嘴吹锉屑,也不要用手清除锉屑。锉刀堵塞后,应用钢丝刷顺着锉纹方向刷去锉屑。

(3)对铸件上的硬皮或黏砂、锻件上的飞边或毛刺等,应先用砂轮磨去,然后锉削。

(4)锉削时不准用手摸锉过的表面,因手上有油污,再锉时容易打滑。

(5)锉刀不能作撬棒或锤子用,防止锉刀折断伤人。

(6)放置锉刀时,不要使其露出台面,以防锉刀掉落伤脚;也不能把锉刀与锉刀叠放或锉刀与量具叠放。

三、锉削操作实例

锉削平面的步骤和方法是:首先采用交叉锉法,如图 2-87(b)所示,由于开始时粗加工余量较大,采用交叉锉法效率高,同时利用锉痕可以掌握加工情况。锉削进行到余量较小时,采用顺向锉法,如图 2-87(a)所示,顺向锉法便于获得平直、锉痕较小的表面。若工件表面狭长或加工面前端有凸台,不能用顺向锉时,可以用推锉法,如图 2-87(c)所示加工。待表面基本锉平后,用油光锉以推锉或顺向锉法修光。

锉削出的平面是否平直可用直角尺、直尺或刀口尺进行检查,相邻平面是否垂直可用直角尺检查,如图 2-88 所示。

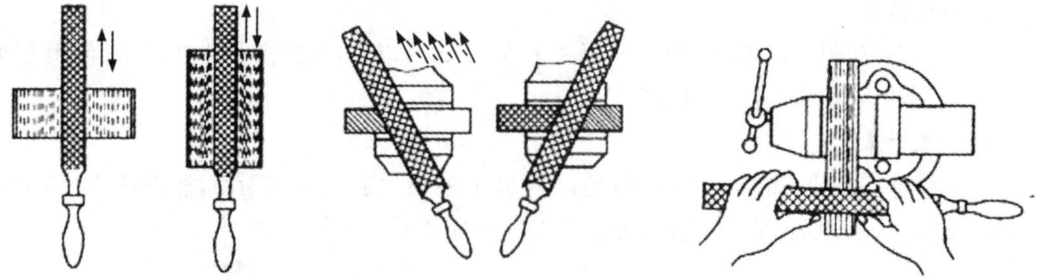

(a)顺向锉　　(b)交叉锉　　(c)推锉

图 2-87　平面锉削方法

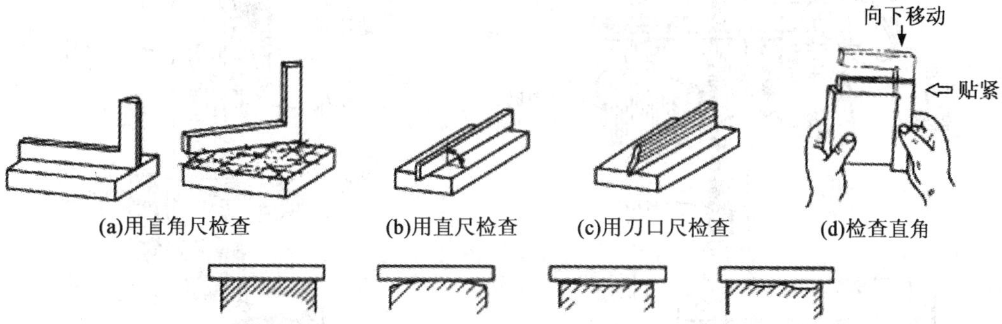

(a)用直角尺检查　　(b)用直尺检查　　(c)用刀口尺检查　　(d)检查直角

平直　　凸形　　凹形　　波浪形

(e)检查结果

图 2-88　检查锉削平面

【质量检测】

(1)六方体的划线是否正确。

(2)锉削六方体的顺序是否正确。

(3)六方体边长是否相等。

任务七　孔　加　工

【相关知识】

各种工件的孔加工，有些是通过车、镗、铣等机床来实现的，还有一些是钳工利用钻孔工具来实现的。

钳工加工孔的方法主要有钻孔、扩孔和绞孔。

一、钻床

钻床是钳工进行孔加工的主要工具。钻床有台式钻床、立式钻床和摇臂钻床三种。

1. 台式钻床

台式钻床，如图 2-89 所示，钻孔直径一般在 12 mm 以下，其特点是小巧灵活，使用方便，结构简单，多用于小型工件上的各种孔加工。

2. 立式钻床

立式钻床，如图 2-90 所示，规格是以其加工的最大孔径来表示。常用的有 35 mm、40 mm 和 50 mm 几种，它主要用于加工中型工件上的孔。

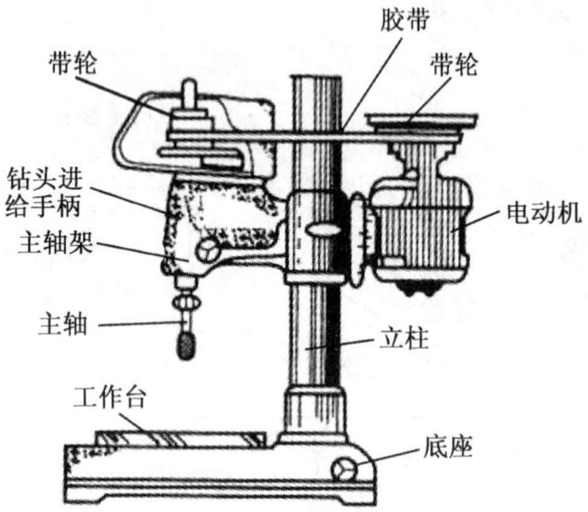

图 2-89　台式钻床

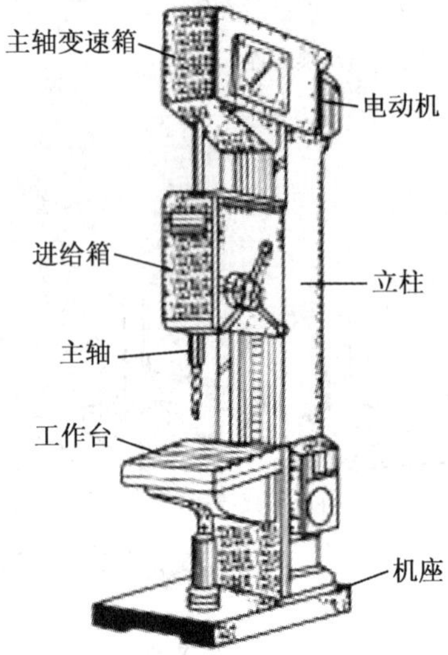

图 2-90　立式钻床

3. 摇臂钻床

摇臂钻床，如图 2-91 所示，一般用于大型工件、多孔工件上的各种孔加工。它有一个能绕立柱旋转 360° 的摇臂，摇臂上装有主轴箱，可随摇臂一起沿立柱上下移动，并能在摇臂上作横向移动，可以方便地将刀具调整到所需的位置对工件进行加工。

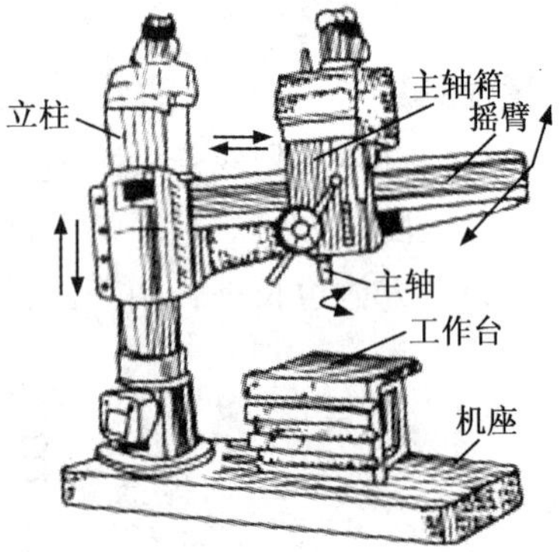

图 2-91　摇臂钻床

二、钻孔用的夹具

钻孔用的夹具主要包括装夹钻头的夹具和装夹工件的夹具。

1. 钻头夹具

钻头夹具常用的是钻夹头和钻套，如图 2-92 和图 2-93 所示。

钻夹头是用来装夹直柄钻头的工具。其尾部是圆锥面可装在钻床主轴内锥孔里，头部有三个自动定心的夹爪，通过扳手可使三个夹爪同时合拢或张开，起到夹紧和松开钻头的作用。

钻套又称为过渡套筒。锥柄钻头柄部尺寸较小，不适合安装，可借助过渡套筒进行安装。若用一个钻套仍不合适，可用两个以上钻套作过渡连接。

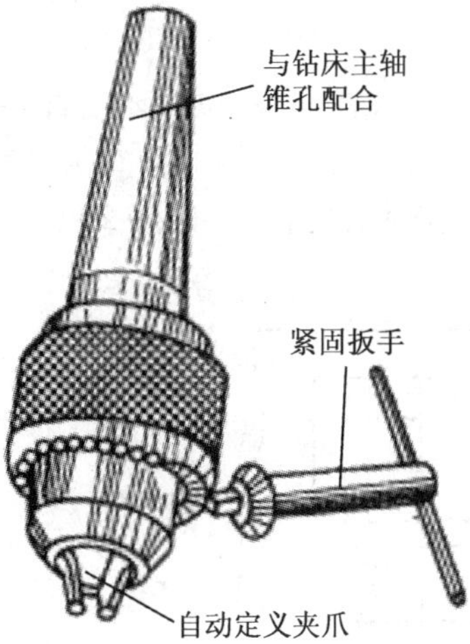

图 2-92　钻夹头

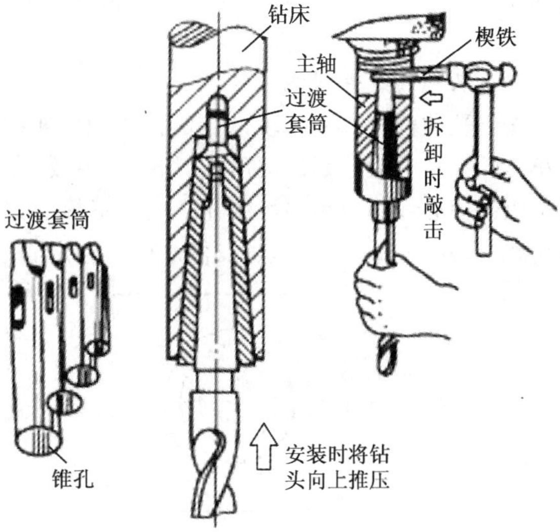

图 2-93　钻套及使用方法示意

2. 装夹工件夹具

装夹工件的夹具有手虎钳、平口钳、压板等，如图 2-94 所示。

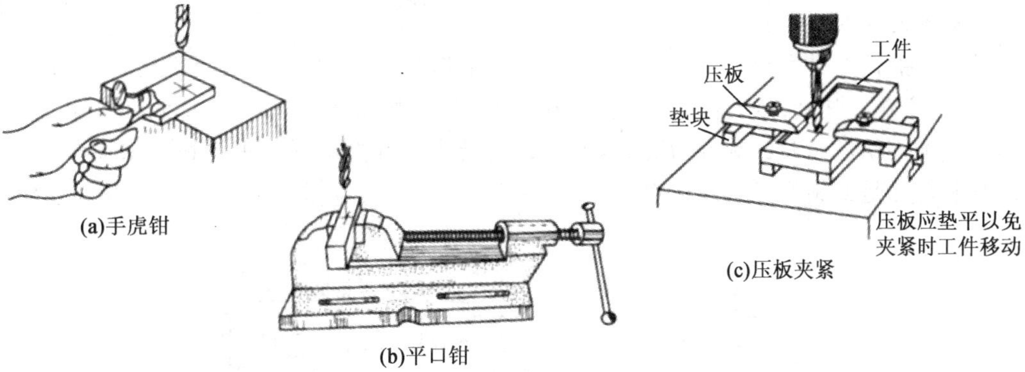

图 2-94　工件装夹

一般而言，薄壁工件可用手虎钳夹持；中小型平整工件用平口钳夹持；大件用压板和螺栓直接装夹在钻床工作台上。

【工作过程】

一、工作课时

要求本单元理论课时和实训课时为 8 课时。

二、钻孔

1. 钻孔时的工件划线

按钻孔的位置尺寸要求，划出孔位的十字中心线，并打上中心样冲眼(位置要准，样冲眼要小)，按孔径的大小划出圆周线，如钻直径较大的孔，要划出几个大小不等的检查圆或直接划出以孔中心线为对称中心的几个大小不等的方框，作为钻孔时的检查线，如图 2-95 所示。然后将中心样冲眼打深一点，以便准确落钻定心。

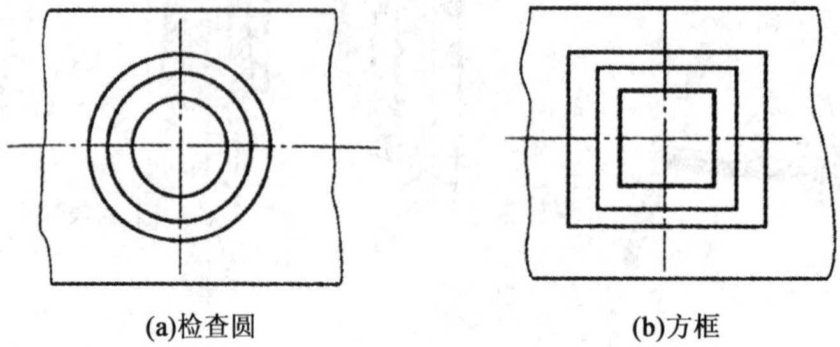

图 2-95　孔位检查形式

2. 安装工件

根据工件的几何形状和钻孔直径的大小，采用不同的装夹工具来夹持工件。

3. 钻头的安装

钻孔用的钻头种类很多，有麻花钻、中心钻、扁钻和深孔钻等。麻花钻是钳工最常用的钻头之一，麻花钻按柄部结构可分为直柄和锥柄两种，如图 2-96 所示。直柄钻头用钻夹头安装。钻夹头钥匙顺时针旋转为夹紧，逆时针旋转为松开。锥柄钻头用钻套来安装。套筒上端的长方孔是卸钻头时打入楔铁用的。

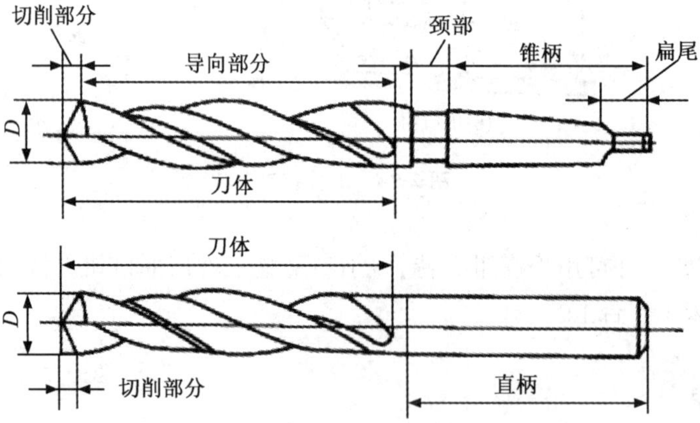

图 2-96　麻花钻

4. 钻孔方法

先使钻头尖对准工件钻孔样冲眼，并锪出一浅窝，使浅窝与划线圆同心，如果不同心，应及时纠正。纠正方法：如偏位较小，可在起钻的同时用力将工件向偏位反方向推移，以逐步纠正。如偏位较大，可在纠正方向打上几个样冲眼或用油槽錾錾出几条槽，以减少钻削阻力，可达到纠正的目的，如图 2-97 所示。

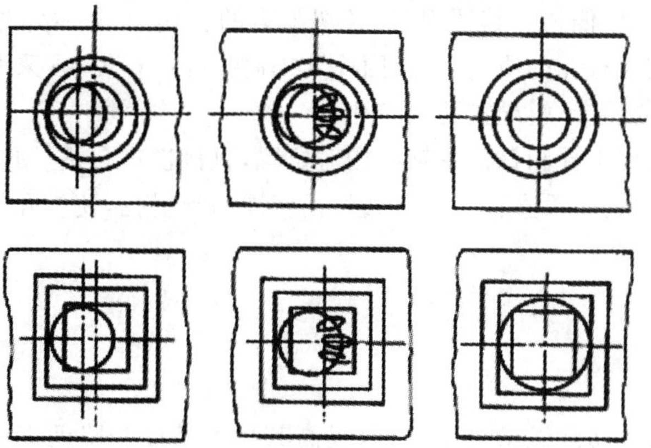

图 2-97　用錾槽找正试钻偏位的孔

(1)钻通孔：当孔要钻透前，应减小进刀量。

(2)钻不通孔：要根据钻孔深度，调整好钻床上深度标尺挡块，或用自制的深度量具随时检查，也可用粉笔在钻头上画出钻孔深度的标记。

(3)钻深孔：每当钻头钻进一定的深度，必须将钻头从孔中提出，及时排除切屑，防止钻头过度磨损或折断，以及影响孔壁的粗糙度。

(4)钻大孔(30 mm 以上)：应分两次钻，先用小钻头(3～5 mm)钻透，然后用大钻头扩孔。

三、扩孔

用扩孔工具扩大工件孔径的加工方法称为扩孔。扩孔的精度可达到 IT10～IT9 级，表面粗糙度可达 R_a 3.2 μm。因此，扩孔常作为孔的半精加工。

1. 扩孔钻的种类和结构特点

扩孔钻的种类按刀体结构可分为整体式和镶片式两种；按装夹方式可分为直柄、锥柄和套式三种。常用扩孔钻的结构如图 2-98 所示，扩孔钻有 3～4 个切削刃且没有横刃。

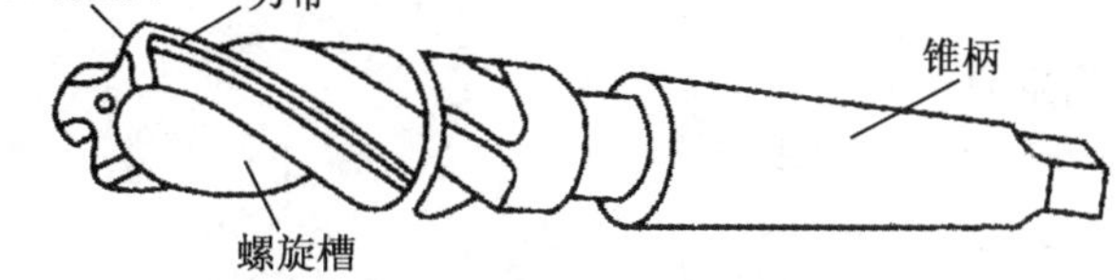

图 2-98　常用扩孔钻的结构

2. 扩孔方法

扩孔钻的切削条件要比麻花钻好。由于它的切削刃较多，因此扩孔时切削比较平稳，导向作用好，不易产生偏移。但扩孔后，孔的扩张量比麻花钻孔要小。在扩直径小而长的孔时，扩孔钻仍有可能产生偏移。其原因是：各切削刃的主偏角不一致，原有的孔中心与扩孔钻头的中心不重合或原有孔的质量不好，因此要提高扩孔的精度，须采取下列措施：

(1)利用夹具上的钻套，引导扩孔钻扩孔。

(2)钻孔后，不改变工件和钻床主轴的相对位置，直接换扩孔钻扩孔。

(3)扩孔前用镗刀镗一段直径与扩孔钻外径相同的导引孔，使扩孔钻在该段导引孔的导引下进行扩孔。

四、绞孔

用绞刀从工件壁上切除微量金属层，以提高其尺寸精度和降低表面粗糙度的方法称为绞孔。绞孔精度可达到 IT7～IT6 级，表面粗糙度可达到 R_a 0.8～0.4 μm。

五、钻孔实例

钻孔考核件零件图，如图 2-99 所示。

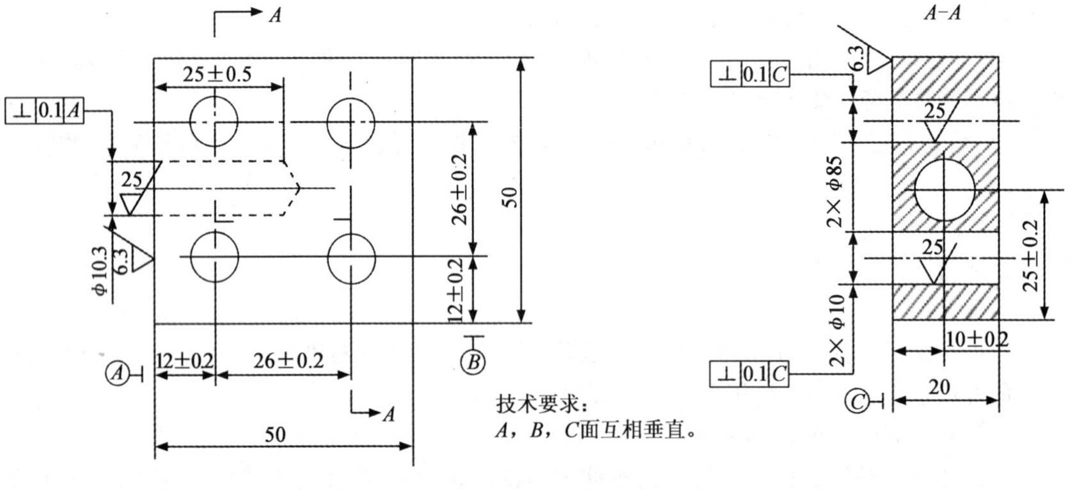

图 2-99　钻孔考核件零件图(单位：mm)

技术要求：

(1)A，B，C 面互相垂直。

(2)材料：30 钢。

【质量检测】

(1)检查钻孔加工精度是否满足要求，一般为 IT10～IT9，表面粗糙度 $R_a \geqslant 12.5$ μm。

(2)检查是否正确使用台钻，加工小型工件上直径不大于 12 mm 的小孔。

(3)检查是否按要求划出各孔位置加工线。

(4)检查是否考虑好应有的铰孔余量,选定各孔铰孔前的钻头规格,刃磨试钻得到正确尺寸后按图钻孔。

(5)检查是否对各个孔进行打底孔,扩孔,并对其孔口进行 0.5×45°倒角。

(6)检查是否铰削时,两手用力要均匀、平稳,不得有侧压,同时适当加压,使铰刀均匀地进给,以保证铰刀正确引进和获得较小的表面粗糙度值,并避免孔口成喇叭形或将孔径扩大。

(7)检查是否退出铰刀时,铰刀均不能反转,以防止刃口磨钝以及切屑嵌入刀具后面与孔壁间,将孔壁划伤。

(8)检查铰削时是否选用适当的切削液来减少摩擦并降低刀具和工件的温度。铰各圆柱孔,用塞规检验,达到正确的表面粗糙度要求。

任务八　攻螺纹和套螺纹

【相关知识】

一、攻螺纹

攻螺纹(亦称攻丝)是用丝锥在工件内圆柱面上加工出内螺纹。

1.攻螺纹工具

(1)丝锥:加工内螺纹的标准工具,其构造如图 2-100 所示。

(2)绞杠:用来夹持丝锥的工具,如图 2-101 所示。

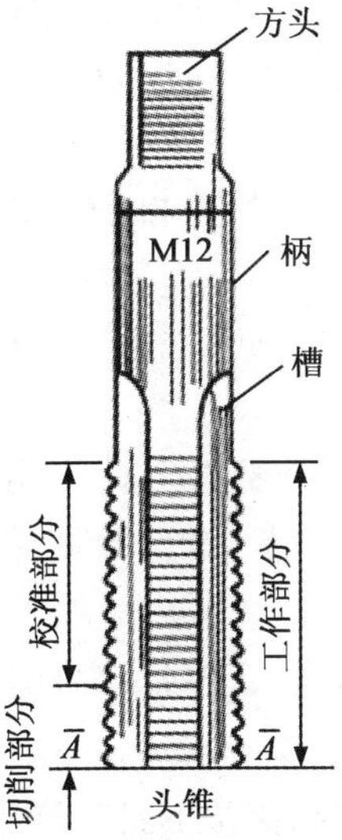

图 2-100　丝锥图

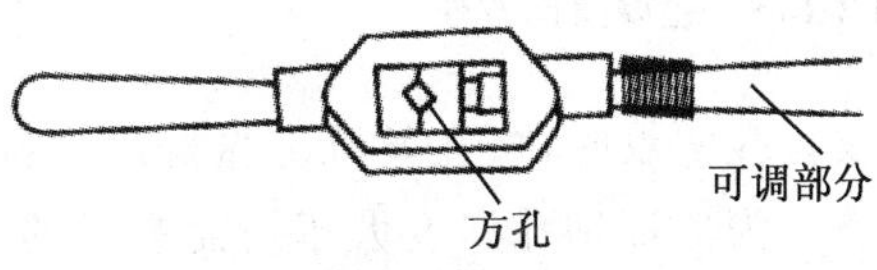

图 2-101　绞杠

常用的是可调式绞杠。旋动右边手柄，即可调节方孔的大小，以便夹持不同尺寸的丝锥。绞杠长度应根据丝锥尺寸大小进行选择，以便控制攻螺纹时的施力，防止丝锥因施力不当而折断。

2. 攻螺纹的方法

(1)螺纹底孔直径的确定。螺纹底孔直径为 d_0 应大于螺纹标准规定的螺纹内径。确定螺纹底孔直径 d_0 可用下列公式计算：

钢及韧性金属：$d_0 \approx d-P$

铸钢及脆性金属：$d_0 \approx d-(1.05-1.1)P$

式中，d—螺纹公称直径，mm；P—螺距，mm。

(2)攻螺纹的操作。攻螺纹通常是 M6～M24 的丝锥一组采用两个；M6 以下 M24 以上的丝锥一组采用三个，分别称为头锥、二锥和三锥。操作顺序：划线→打样冲眼→钻孔→锪倒角→攻头锥→攻二锥。如图 2-102 所示。

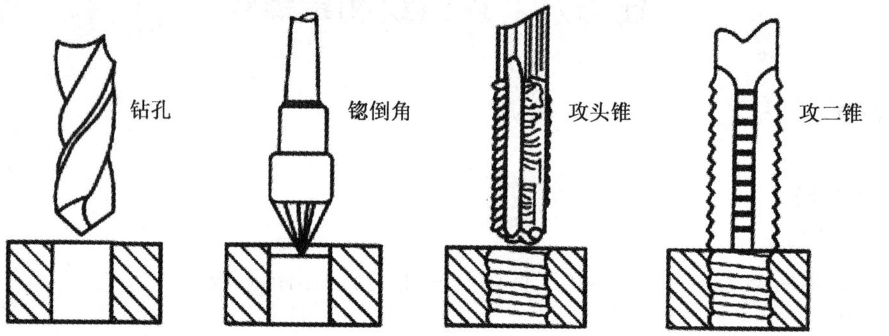

图 2-102　攻螺纹的操作顺序

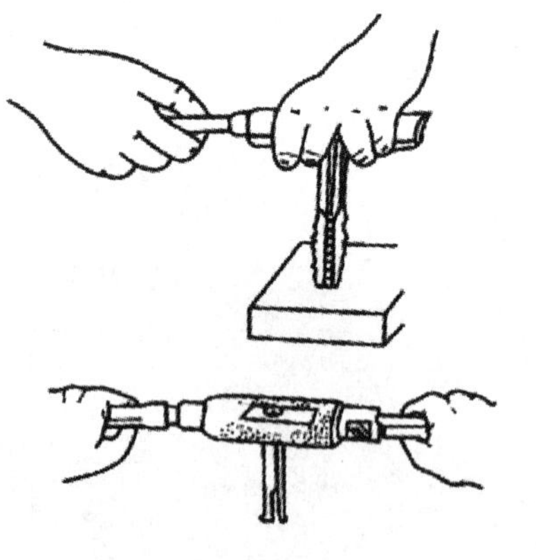

图 2-103　起攻操作方法

①用绞杠夹紧头锥，起攻时，左手掌按住绞杠中部加压，右手顺向旋进，或两手同时操作绞杠手柄，如图 2-103 所示。

要保证丝锥中心线与孔口中心重合，当丝锥攻入 1～2 圈后要用直角尺从两个方向进行检查找正，如图 2-104 所示。也可用螺母进行引正攻丝，如图 2-105 所示。

②正常攻丝时两手要均匀旋转，由丝锥自行引进，不要再施加压力，每旋转 1/2～1 圈倒转 1/4～1/2 圈，使切屑断碎后排出。

③攻丝必须以头锥、二锥依次攻削。

④攻盲孔螺纹时，可在丝锥上做好深度标记，如图 2-106 所示。并要经常退出丝锥清除孔内切屑。为保证钻孔深度大于所需螺纹的有效深度，其孔深按下式计算：

$$盲孔深度=所需螺纹孔的深度+0.7d$$

式中，d—螺纹公称直径，mm。

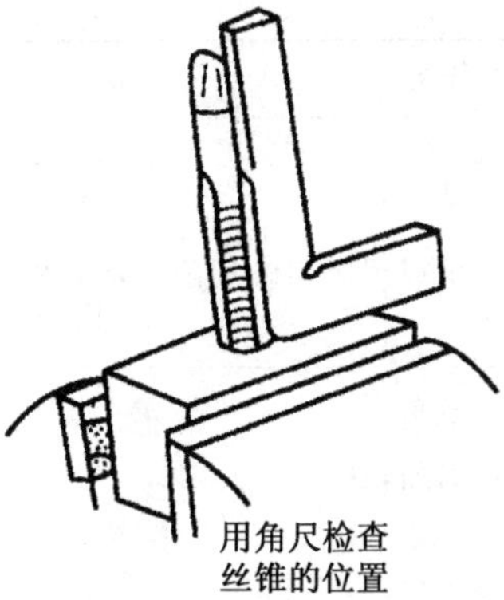

图 2-104　丝锥找正方法

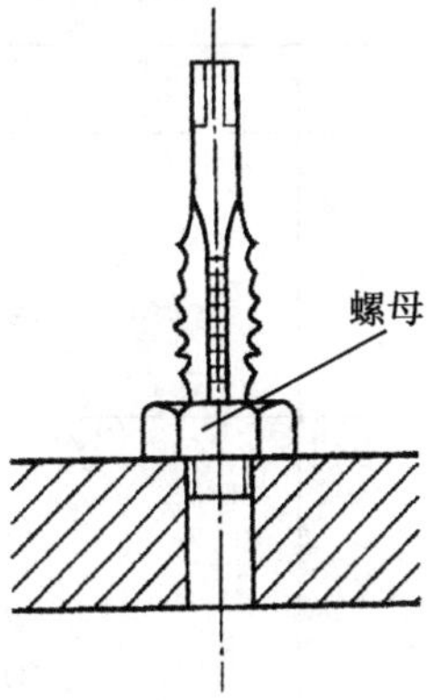

图 2-105　螺母找正方法图

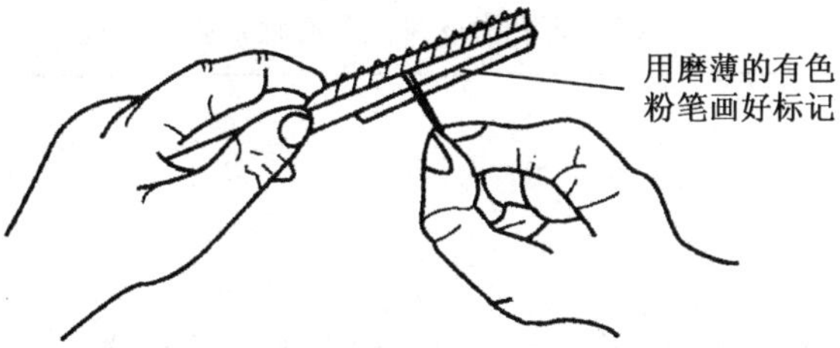

图 2-106　攻盲孔在丝锥上作深度标记

3. 攻螺纹的常见缺陷分析

攻螺纹的常见缺陷及原因见表 2-5。

表 2-5　攻螺纹的常见缺陷及原因

常见缺陷	原因分析
丝锥崩刃、折断或过快磨损	①螺纹底孔选择偏小或底孔深度不够； ②丝锥刃磨参数选择不合适； ③丝锥硬度过高； ④切削液选择不合适； ⑤切削速度过高； ⑥工件材料过硬或硬度不均匀； ⑦丝锥与底孔端面不垂直； ⑧排屑不畅或手攻时未经常逆转断屑，导致切屑堵塞； ⑨丝锥刃磨时过热烧伤； ⑩手攻时用力过猛，铰杠掌握不稳
螺纹表面粗糙，有波纹	①丝锥刃磨参数不合理或前、后刀面粗糙度高； ②工件材料太软； ③切削液选择不当； ④切削速度过高； ⑤手工攻螺纹退丝锥时铰杠晃动； ⑥切屑流向已加工面； ⑦手攻螺纹时未经常逆转断屑

续表 2-5

常见缺陷	原因分析
螺纹中径过大	①螺纹底孔直径选用不正确； ②丝锥精度等级选用不当； ③丝锥切削刀刃磨参数不正确或刃磨出的切削刃不对称； ④攻螺纹时丝锥晃动
螺纹烂牙	①螺纹底孔直径小或孔口未倒角； ②丝锥磨钝或切削刃上有积屑瘤； ③未用合适的切削液； ④手攻螺纹切入或退出时铰杠晃动； ⑤手攻螺纹时铰杠未经常逆转断屑； ⑥机攻螺纹时校准部分攻出孔口，退丝锥时造成烂牙； ⑦用一锥攻歪螺纹，而用二、三锥攻削时强行矫正； ⑧攻盲孔时丝锥顶住孔底而强行攻削

二、套螺纹

套螺纹（亦称套丝或套扣）是用板牙在圆柱面上加工外螺纹。

1. 套螺纹工具

板牙是专门用于套螺纹的刀具，有固定式和开缝式两种。板牙架是装夹板牙并带动板牙旋转的工具，如图 2-107 所示。

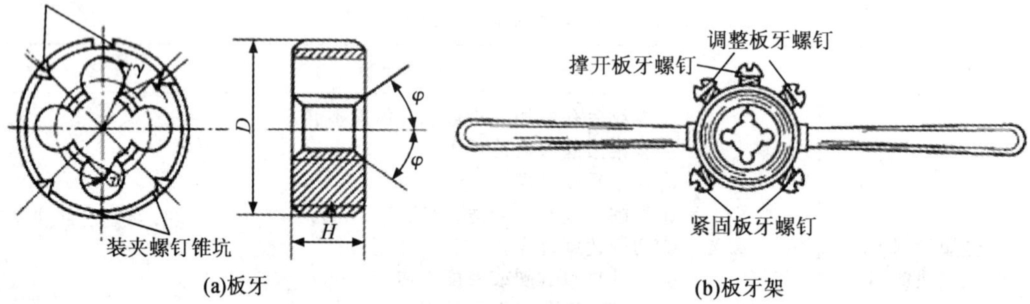

(a)板牙 (b)板牙架

图 2-107 板牙和板牙架

2. 套螺纹操作方法

(1)圆杆直径的确定。套螺纹切削也有挤压，因此，圆杆直径应小于螺纹外径，其计算公式为：

$$d=d_1-0.13p$$

式中，d—圆杆直径，mm；d_1—螺纹外径，mm；p—螺距，mm。

(2)为了使板牙起套时容易切入，工件需作正确引导，圆杆端部要倒成小于 60°的锥体，如图 2-108 所示。

(3)将工件用 V 形垫或铜衬垫(木板块也可以)夹持在台虎钳上。

(4)起套有两种方法:

①用左手掌按住板牙架中部,沿圆杆的轴向施加压力,右手作顺向旋进(转动要慢,压力要大),当初入 2～3 牙时检查垂直情况,要及时找正。

②起套时,两手靠近板牙握持手柄,并加适当的压力按顺时针方向扳动,同时要注意检查和校正,使板牙与圆杆保持垂直。当板牙切入到修光部分的 1～2 牙时,两只手用旋转力,但要保持两手旋转力的平衡,同时要经常检查垂直度,如稍有偏斜,要及时调整两手用力,将偏斜部分校正过来,完成套丝操作,如图 2-109 所示。

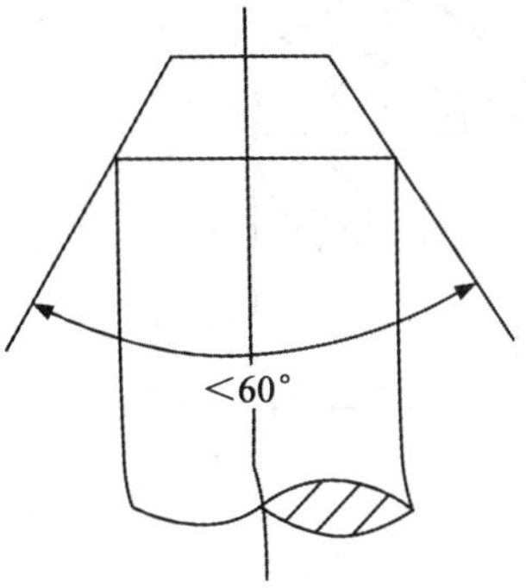

图 2-108 圆杆倒角

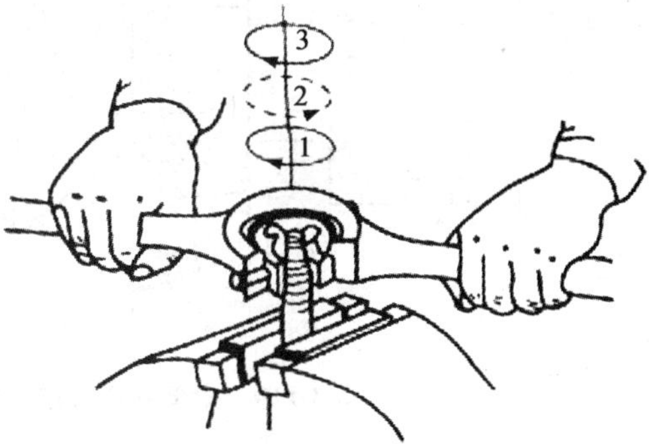

图 2-109 套螺纹操作方法

3. 套螺纹常见缺陷与分析(表 2-6)

表 2-6 套螺纹常见缺陷与分析

常见缺陷	原因分析
螺纹歪斜	①圆杆端部倒角不好,使板牙歪斜切入; ②两手用力不匀,使板牙位置歪斜
烂牙	①底孔直径太大或圆杆直径过小; ②丝锥、板牙刃口磨损; ③丝锥、板牙经常摇摆,压力过大
螺纹中径小	①板牙架经常摆动和修正位置,使螺纹切去过多; ②板牙已切入,仍继续加压力; ③圆杆直径太小
螺纹表面粗糙	①工件材质太软,铰杠转速过快; ②板牙磨钝或刀齿有积屑瘤; ③切削液选用不合适; ④铰杠转动不平稳,左右晃动

三、攻套螺纹考核实例

1. 螺母制作考核件零件图

如图 2-110 所示。

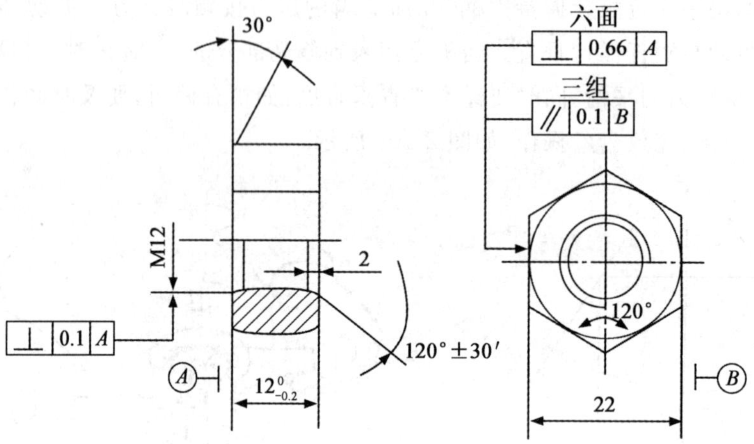

图 2-110　螺母制作考核件零件图(单位:mm)

【工作过程】

一、工作课时

要求本单元理论课时和实训课时为 8 课时。

二、螺母制作步骤

螺母制作步骤如图 2-111 所示。

(1)选用 ϕ38 mm 的 45 圆钢,并量取长 30 mm。

(2)按线锯割,如图 2-111(a)所示。

(3)锉削一端面使其与圆钢表面垂直。

(4)锉削另一端面使其与已锉削端面平行,在两面涂色划六角形,如图 2-111(b)所示。

(5)加工成六棱体。

(6)两端面进行倒角。

(7)在六棱体轴向长的 1/2 处划线,并锯断,如图 2-111(c)所示。

(8)分别锉削锯断端面,使其达到图纸要求,并倒角。

(9)确定中心孔位置,打上样冲眼划钻孔线和孔的检查线,如图 2-111(d)所示。

(10)用 ϕ10.3 mm 的钻头钻通孔,如图 2-111(e)所示。

(11)锪倒角,如图 2-111(f)所示。

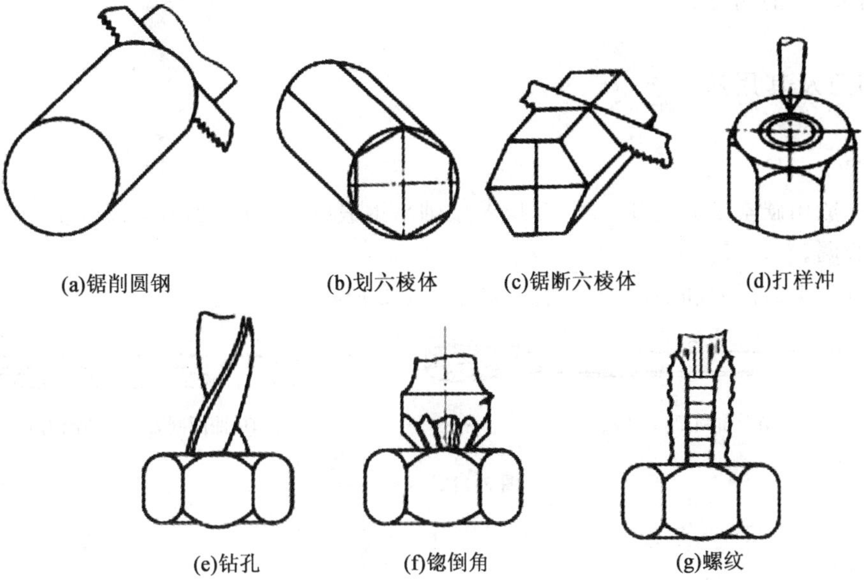

图 2-111　螺母制作步骤

(12)分别攻丝，如图 2-111(g)所示。

(13)修整打光。

【质量检测】

(1)检查攻钢件是否加机油，攻铸铁件加煤油，螺纹质量要求较高时加工业植物油。

(2)检查攻螺纹时，是否以头锥、二锥、三锥的顺序攻削至标准尺寸。

(3)检查在较硬材料攻螺纹时，是否可用各丝锥轮换交替进行，以减小切削刃部的负荷，防止丝锥折断。

(4)检查丝锥退出时，是否先用铰杠平稳反向转动，当能用手旋进丝锥时，是否停止使用铰杠防止铰杠带动丝锥退出，以免产生摇摆、振动并损坏螺纹表面粗糙度。

(5)检查丝锥的切削部分磨损时，可以修磨其后刀面。修磨时要注意保持各刃瓣的半锥角 φ 及切削部分长度的准确性和一致性。转动丝锥时，不要使另一刃瓣的刀齿碰到砂轮而磨坏。

任务九　刮削与研磨

【相关知识】

用刮刀在工件表面上刮去一层很薄的金属，这种操作方法称为刮削。刮削后的工件表面具有良好的平面度，表面粗糙度 R_a 值可达 1.6 μm 以下，是钳工中的精密加工。常用于零件相配合的滑动表面。

例如：机床导轨、滑动轴承、钳工划线平台等。刮削的劳动强度大，生产效率低，一般用于难以磨削加工的场合。

一、刮刀及其用法

1. 刮刀

刮刀一般用碳素工具钢 T10A～T12A 或轴承钢锻成，也有的刮刀头部焊上硬质合金用以刮削硬金属。

刮刀分为平面刮刀和曲面刮刀两类，如图 2-112 所示。

(a)平面刮刀

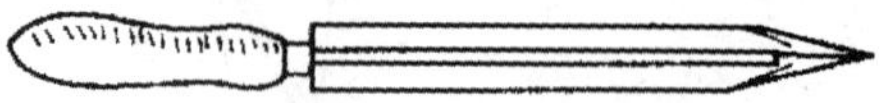

(b)曲面刮刀（三角刮刀）

图 2-112 刮刀

2. 刮刀用法

(1)手刮法。右手如同握锉刀柄姿势，左手四指向下卷曲握住刮刀近头部约 60 mm 处，刮刀与被刮削面呈 25°～30°角度，如图 2-113 所示，同时左脚斜跨一步，上身随着往前倾斜，这样可以增加左手压力，也易看清刮刀前面研点的情况，刮削时右手随着上身前倾使刮刀向前推进，左手下压，落刀要轻，当推进到所要刮削的位置时，左手迅速提起完成一次手刮动作。

(2)挺刮法。挺刮法的姿势，如图 2-114 所示。将刮刀柄放在小腹右侧，双手并拢握在刮刀前部，左手距刀刃约 80 mm 处(左手在前，右手在后)，刮削时刀刃对准研点，左手下压，利用腿部和臀部力量，使刮刀向前推挤，在推动后的瞬间同时用双手将刮刀提起，完成一次挺刮动作。

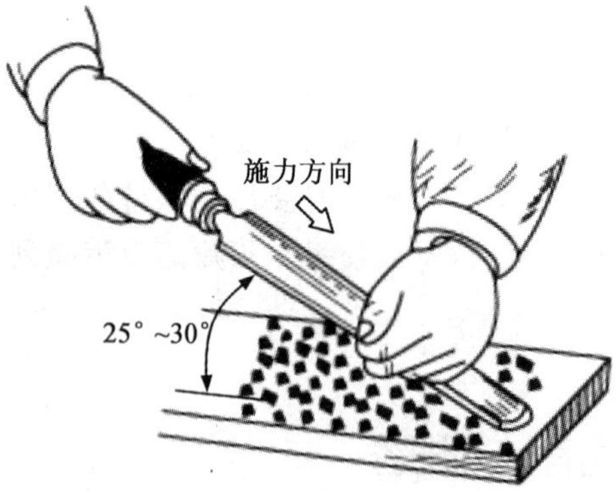

图 2-113 刮削操作

图 2-114 挺刮法

二、显示剂

在刮削过程中，为显示被刮削表面与校准工具表面接触的程度，在校准工具或被刮削表面上涂一层显示材料即显示剂。

常用显示剂有以下几种：

红丹油：由红丹粉和机油混合而成，用于铸铁和钢材刮削。

蓝油：由普鲁士蓝颜料和蓖麻油混合而成，用于铜、铝等工件的刮削。

三、刮削质量检查

刮削精度包括尺寸精度、形状和位置精度、接触精度、传动精度、表面粗糙度等。对刮削质量最常用的检查方法是将被刮面与校准研具对研后，用边长 25 mm 正方形方框罩在被检面上，根据方框内研点数来决定接触精度，如图 2-115 所示。各种接触精度的研点数见表 2-7。

表 2-7　各种接触精度的研点数

平面种类	25 mm×25 mm 内研点数
一般平面	8～16
精密平面	16～25
超精密平面	>25

大多数刮削平面还有平面度和直线度的要求，如工件平面大范围的平面度、机床导轨面的直线度等，这些精度可以用框式水平仪或用测微表来检查，如图 2-116 所示。

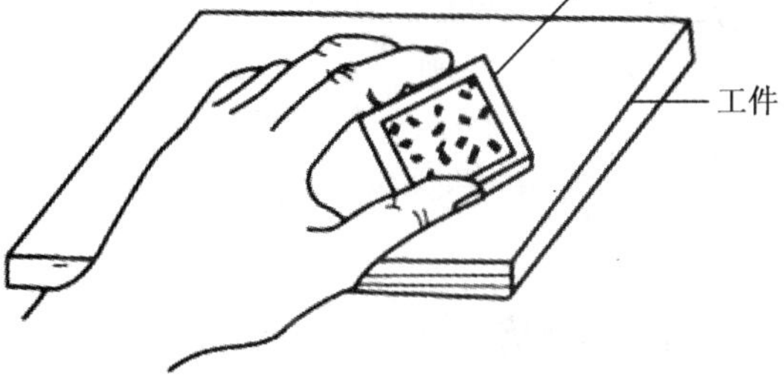

图 2-115　用方框检查接触精度

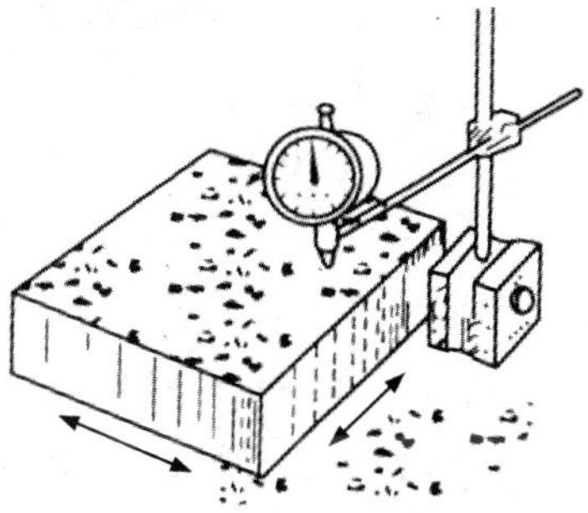

图 2-116　用测微表检查精密表面

四、刮削常见缺陷与分析

刮削常见缺陷与分析，见表 2-8。

表 2-8　刮削常见缺陷与分析

缺陷形式	特征	产生原因
深凹痕	刀迹太深，局部显点稀少	1. 粗刮时用力不均匀，落刀太重； 2. 刀痕重叠，刀刃圆弧过大
撕痕	刮削面上有撕纹	刀刃有缺口或裂纹
振痕	刮削面上有规则的波纹	多次同向刮削
划道	刮削面上有深浅不一的划痕	显示剂不清洁，研点时有铁屑、砂料
刮削面精度不高	显点变化情况无规律	1. 研点时用力不均匀，工件外露太多出现斑点； 2. 研具使用不正确，放置不平稳

五、研磨

用研磨工具和研磨剂从机械加工过的工件表面上磨去一层极微薄的金属，称为研磨。

研磨是精密加工，它能使工件达到精确的尺寸、准确的几何形状和很小的表面粗糙度（R_a 值可达 0.1～0.08 μm）。研磨可提高零件的耐磨性、抗腐蚀性和疲劳强度，延长零件的使用寿命。研磨用于碳钢、铸铁、铜等金属材料，也用于玻璃、水晶等非金属材料。

1. 研磨原理

研磨时，加在工件和研具间的研磨剂受到压力后，一部分嵌入研具表面，一部分处于工件与研具之间，在研磨过程中，每一磨粒不重复自己的运动轨迹，对工件表面产生切削和挤压作用，某些研磨剂还起化学作用。经过研磨可以将精加工后残留在工件表面上的波峰磨掉，如图 2-117 所示。

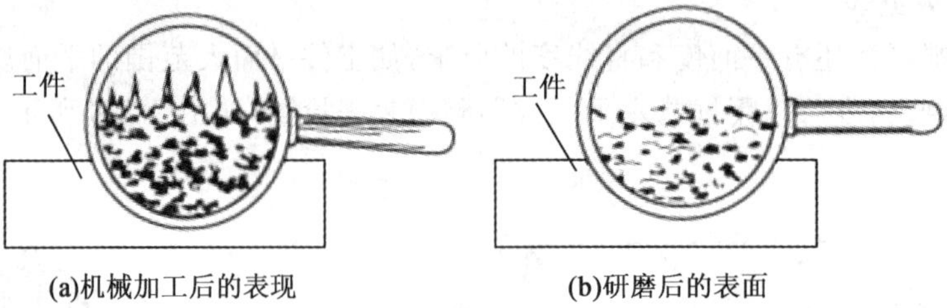

图 2-117　研磨作用

2. 研磨工具和研磨剂

（1）研磨工具。研磨工具的材料应比被研磨工件软，研磨剂里的磨粒才能嵌入研磨工具的表面，不至于刮伤工件。研磨淬硬工件时，用灰铸铁或软钢等制成研磨工具。不同形状的工件用不同类型的研磨工具，常用有研磨平板、研磨环、研磨棒，如图 2-118 所示。

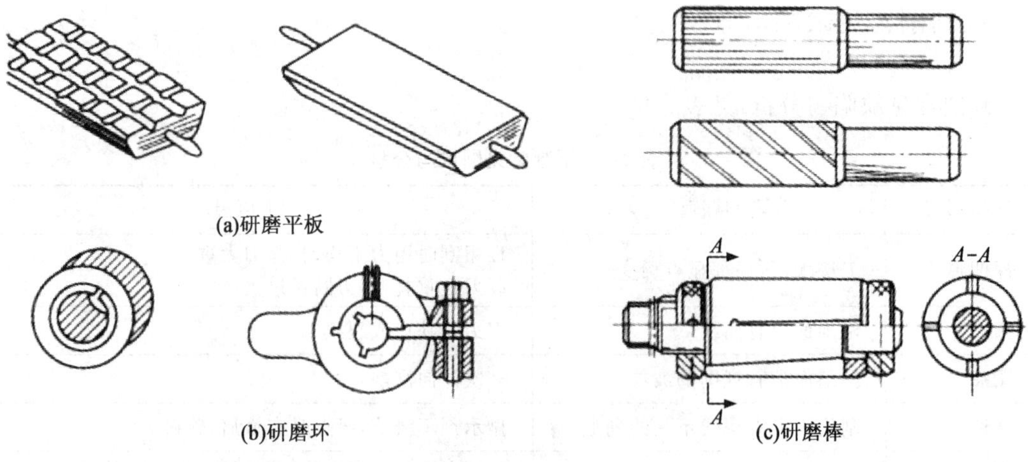

图 2-118　研磨工具

(2)研磨剂。研磨剂是由磨料和研磨液调和而成的混合剂。磨料在研磨中起切削作用。常用磨料有氧化铝、碳化硅、人造金刚石等。经粉碎、筛网成磨粉后，用于粗研。如果再经粉碎、沉淀成微粉后，用于精研。研磨液在研磨中起调和磨料、冷却和润滑作用。常用研磨液有煤油、汽油和机油等。目前，工厂都有研磨膏，它是在磨料中加入黏结剂和润滑剂调制而成。使用时，用油稀释。

3. 研磨方法

(1)研磨余量。研磨属于微量切削，每研磨一遍磨去的金属层不超过 0.002 mm，研磨的余量很小，一般控制在 0.005～0.030 mm。有时研磨余量直接留在工件的公差范围内。研磨前工件必须经过精镗或精磨，粗糙度值 R_a 为 0.8 μm。粗研时，研磨剂中磨料的粒度较粗，压力重，运动速度慢。精研时，磨料粒度细，压力轻，运动速度快。

(2)平面研磨。平面研磨是在研磨平板上进行。用煤油或汽油把平板擦洗干净，再涂上适量研磨剂。将工件的被研磨表面与平板贴和，手按在平板表面上“8”字形或螺旋形运动进行研磨，如图 2-119 所示。用力要均匀，研磨速度不宜太快。

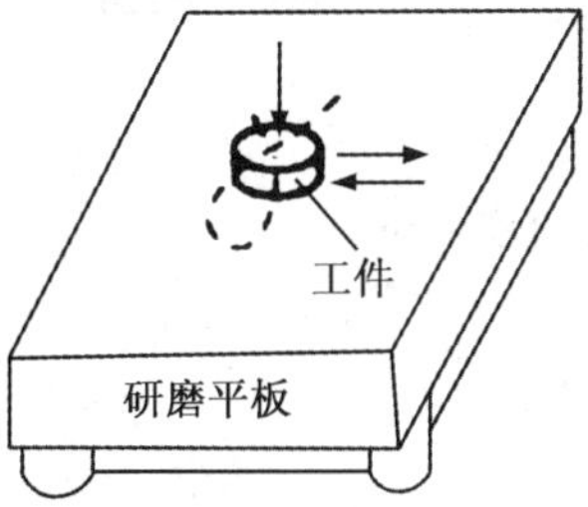

(b)研磨动作

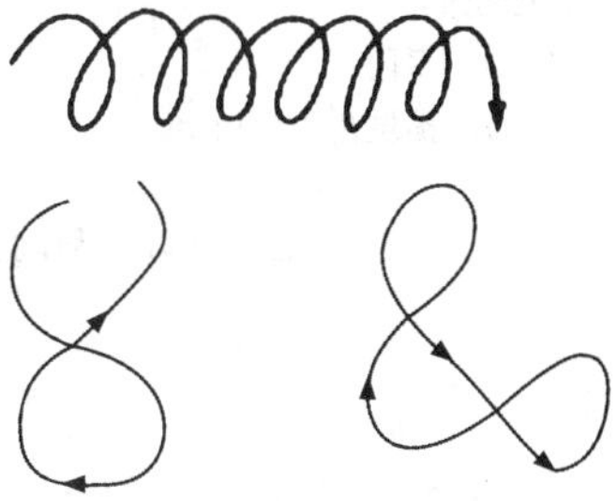
(b)研磨运动轨迹

图 2-119　平面研磨

(3)外圆柱面研磨。外圆柱面研磨一般在车床或钻床上进行。研磨工具是研磨环，其孔径比工件外径大 0.025～0.05 mm，为孔径的 1～2 倍。研磨时，工件上涂研磨剂，再套上研磨环。工件以一定的速度转动，手握住研磨环以适当的速度作往复运动，使工件表面研磨出 45°的交叉网纹，如图 2-120 所示。研磨一段时间后，将工件调转 180°，再进行研磨。使外圆面研磨得精确，研磨环磨损较均匀。

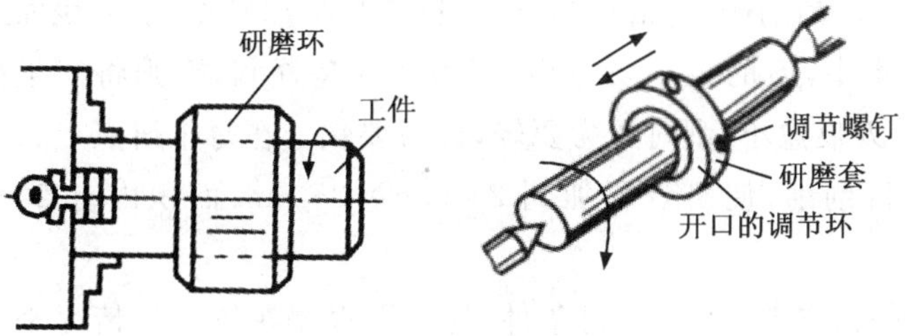

(a)研磨方法

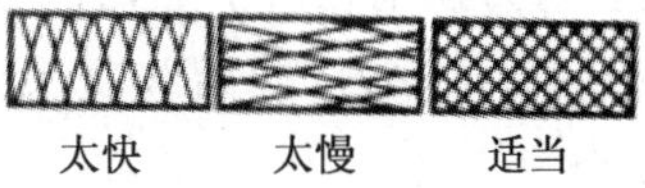

(b)研磨后的网纹质量

图 2-120　外圆柱面的研磨

【工作过程】

刮削操作实例

1. 操作工作图,如图 2-121 所示。

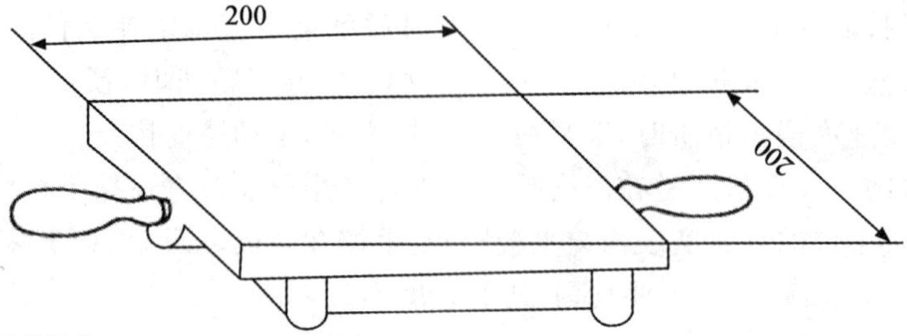

技术要求:
1.刨加工平面;
2.表面粗糙度R_a为6.3 μm

材料:HT20~40

图 2-121 刮削操作工作图(单位:mm)

2. 操作步骤

(1)检查工件。倒角去毛刺。

(2)粗刮。粗刮是用粗刮刀在刮削面上均匀地铲去一层较厚的金属。目的是除去刀痕,锈斑或过多的余量。粗刮采用连续推铲的方法,刀迹要连成长片,刮削要均匀,纹路交叉地进行。然后涂色,显点刮削,当工件表面研点达到每 25 mm×25 mm 面积上有 4～6 个研点即可转入细刮。

(3)细刮。细刮就是将粗刮后的高点刮去,采用短刮法的特点是(刀痕宽约 6 mm,长 5～10 mm),研点分散快。细刮时要朝着一定方向刮,刮完一遍,刮第二遍时要呈 45°角或 60°角方向交叉刮出网纹。当平均研点每 25 mm×25 mm 面积上为 10～14 点时,即可结束细刮。

(4)精刮。精刮是用精刮刀仔细地刮削研点(俗称摘点)。目的是增加研点,改善表面质量,提高精度要求。精刮时要精力集中,刀的大小要适当,刀刃要保持锋利,否则将产生撕纹。每刀须刮在点子上,点子愈多,刀痕愈小,刮时压力要轻,提刀要快。在每个研点上只刮一刀,不要重刀,并始终交叉地进行刮削,使研点增加到 25 mm×25 mm 面积内有 20～25 个。

(5)刮花。刮花目的在于使刮削面美观,改善润滑条件,还可以根据花纹消失情况来判断磨损程度。常见花纹,如图 2-122 所示。

(a)斜花纹 (b)鱼鳞纹 (c)半月花

图 2-122 刮花的花纹

【质量检测】

具体要求与分值见表 2-9。

表 2-9 质量检测评分

项次	项目与技术要求	实测记录	单次配分	得分
1	250～0.1mm		8 分	
2	1000～0.1mm(2 处)		5 分	
3	平行度 0.02 mm(3 组)		4 分	
4	垂直度 0.02 mm(4 组)		4 分	
5	接触点每 25 mm×25 mm 20 点以上(6 面)		5 分	
6	研点清晰、均匀,25 mm×25 mm 点数允差 6 点(6 面)		2 分	
7	无明显刀痕,无丝纹和振痕(6 面)		2 分	
8	安全文明生产		违者每次扣 5 分	

【习题】

1. 刮削有什么特点和作用?

2. 粗刮、细刮和精刮应分别达到什么要求?

3. 刮削平面的注意事项有哪些?

4. 平面刮削步骤是什么?

任务十　装配与拆卸

【相关知识】

装配常识

将各工种加工后的零件按图纸要求组装起来使之成为一个合格的产品，这一过程称为装配。装配过程是机械制造过程中最后的一个重要环节，也是保证产品质量的关键环节。

1. 装配方法

(1)完全互换法。装配时在同类零件中任取一个零件，不需修配即可用来装配，且能达到规定的装配要求的方法称为完全互换法。

完全互换法特点如下：

①操作简便、生产效率高。

②维修方便。

③对零件的加工精度要求高，成本加大。

(2)修配法。采取修配方法，改变某个配合零件的尺寸，使配合零件达到规定的装配精度的方法，称为修配法。

如图 2-123 所示，车床两顶尖中心线不等高，修刮尾座底板后达到了装配的精度要求，尾座底板刮取的厚度 $A_{\Delta}=A_2+A_3-A_1$。

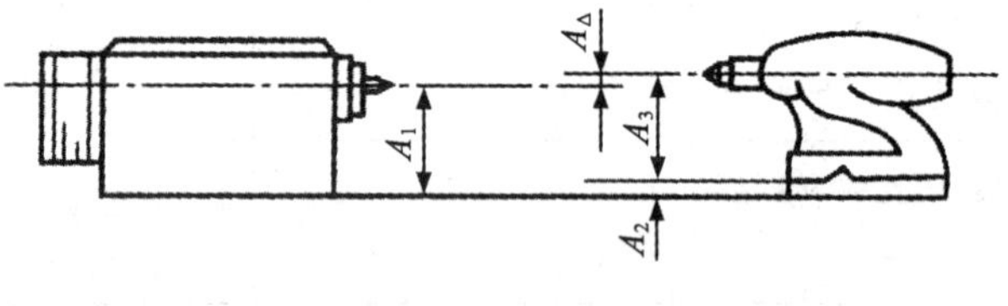

图 2-123　修刮尾座底板

修配法特点如下：

①零件加工精度低；

②装配时间长。

(3)分组装配法。在成批或大量生产中按零件的公差范围将零件分成若干组，在相应组进行装配时无须再选择的装配方法称为分组装配法。

分组法特点如下：

①提高了装配精度；

②降低了成本；

③增加了零件测量分组工作。

(4)调整装配法。装配时，调整一个或几个零件的位置以达到装配要求的方法，称为调整装配法。

调整法特点如下：

①零件不需修配就可达到较高的装配精度；

②零件可定期调整容易恢复的精度。

2.装配工作的注意事项

要保证装配产品的质量，必须按照规定的装配技术要求去操作。不同产品的装配技术要求虽不尽相同，但在装配过程中有许多工作要点是必须共同遵守的。这些要点是：

(1)做好零件的清理和清洗工作。

(2)相配表面在配合或连接前，一般都需要加润滑剂。

(3)相配零件的配合尺寸要准确，装配时对于某些较重要的配合尺寸应进行复验或抽验。

(4)做到边装配边检验。当装配复杂产品时，每装完一部分就应检查是否符合要求。在对螺纹连接进行紧固的过程中，还应该注意对其他有关零部件的影响。

(5)试车时的事前检查和对启动过程的监视是很必要的。例如，检查装配工作的完整性、各连接部分的准确性和可靠性、活动件运动的灵活性、润滑系统的正常性等。机器启动后，应立即观察主要工作参数和运动件是否正常运行。主要工作参数包括润滑油压力、温度、振动和噪声等。只有当启动阶段各运动指标正常、稳定，才能进行试运转。

3.装配的连接方法

装配时按照零件互相连接的不同要求，连接方法可分为固定连接和活动连接。固定连接零件间没有相对运动；活动连接零件间在工作时能按规定的要求做相对运动。按连接后能否拆卸，又可分为可拆卸连接和不可拆卸连接两种。可拆卸连接在拆卸时不损坏连接零件，例如：螺纹、键、滑动轴承等的连接；而不可拆卸连接，拆卸时往往比较困难，并且会使其中一个或几个零件遭受损坏，例如：焊接、压合和各种活动连接的铆合等连接。

【工作过程】

一、工作课时

要求本单元理论课时和实训课时为2课时。

二、装配示例

1.螺纹连接的装配

螺纹连接是一种可拆的固定连接。具有结构简单、连接可靠、装拆方便等优点，在机械中应用广泛。常用的螺纹连接装配形式，如图2-124所示。螺纹连接装配技术要求是保证有一定的拧紧力矩，使螺纹牙间产生足够的预紧力；螺钉和螺母不产生偏斜和歪曲；有可靠的防松装置等。

装配螺栓、螺柱或螺钉的工具一般有螺钉旋具(图2-125)、扳手(图2-126)。螺钉和螺母装配要求如下：

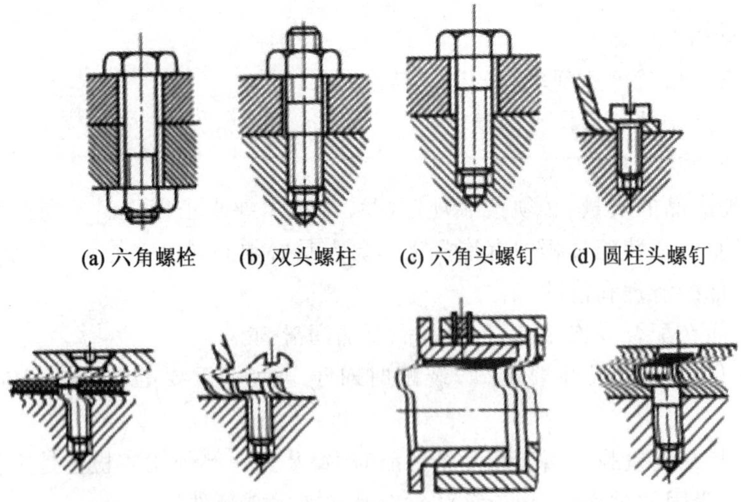

(a) 六角螺栓　(b) 双头螺柱　(c) 六角头螺钉　(d) 圆柱头螺钉

(e) 沉头螺钉　(f) 半圆头螺钉　(g) 紧定螺钉　(h) 内六角螺钉

图 2-124　螺纹连接装配形式

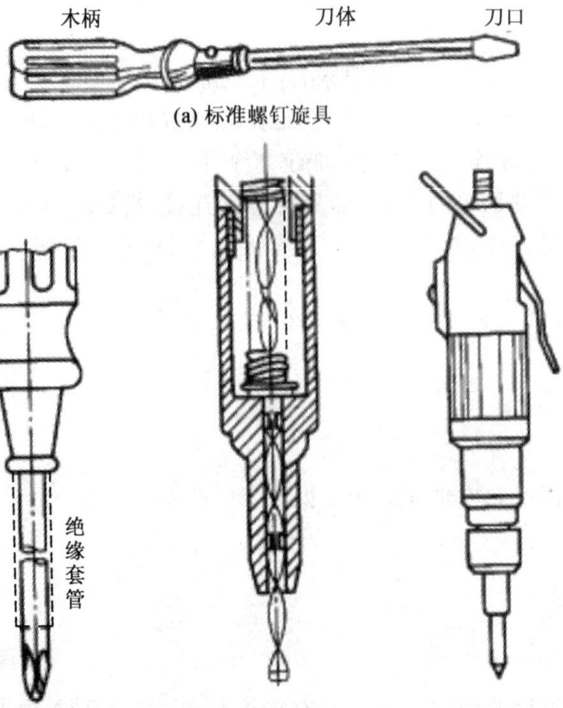

(a) 标准螺钉旋具

(b) 十字螺钉旋具　(c) 快速螺钉旋具　(d) 电动螺钉旋具

图 2-125　螺钉旋具

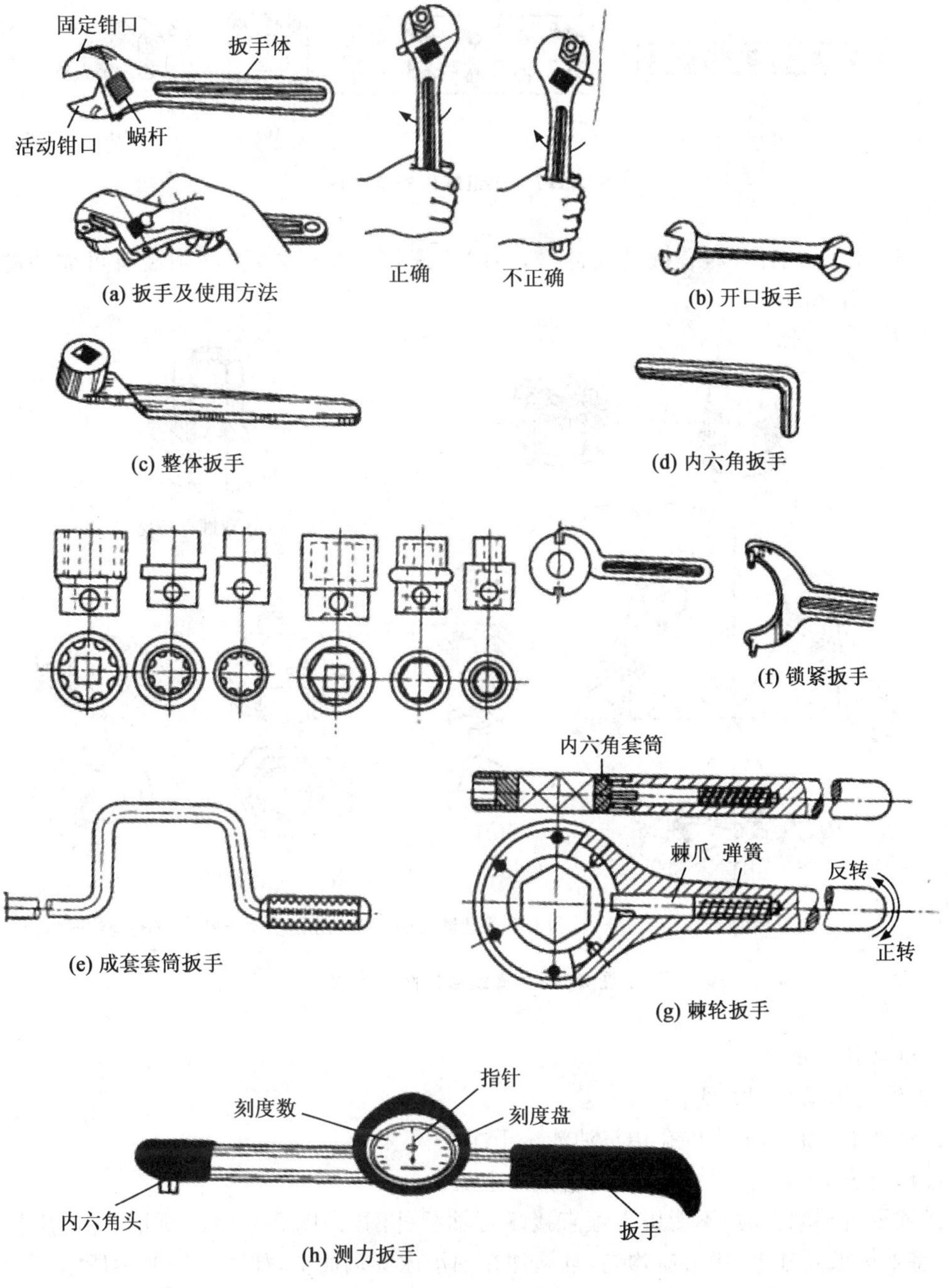

图 2-126 扳手

(1)螺钉头部，螺母底面与连接件接触应良好。

(2)被连接件受力应均匀，贴合紧密，连接牢固

(3)成组螺栓或螺母拧紧时，应根据被连接件形状、螺栓分布情况，按一定顺序逐次拧紧。例如：在拧紧条形或长方形布置的成组螺母时，应从中间逐渐向两边对称展开，如图 2-127(a)、(b)所示。在拧紧方形或圆形时，必须对称进行，如图 2-127(c)、(d)所示。如有定位销时，应从靠近定位销的螺栓开始拧，其目的主要是防止螺栓受力不一致产生变形。

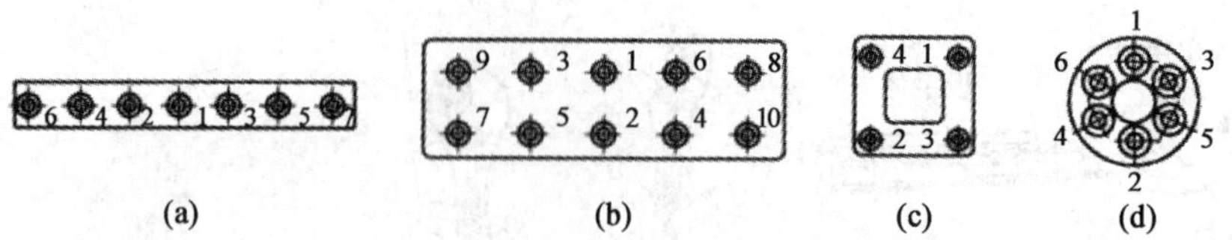

图 2-127　成组螺母拧紧顺序

(4)连接件在工作时,有振动或冲击,为防止螺钉或螺母松动,必须装有可靠的防松装置,如图 2-128 所示。

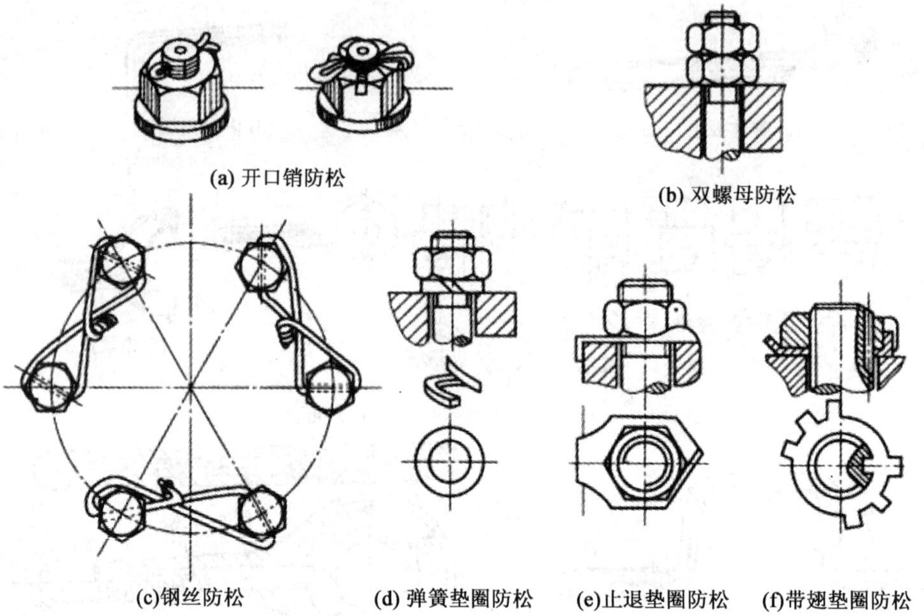

图 2-128　螺纹连接防松装置

2. 滚动轴承装配

(1)滚动轴承装配方法。

①将轴承、轴、轴承座内孔用汽油清洗干净。

②检查滚动体是否灵活,在装配表面涂上机油。

③轴承装到轴上时,不能用手锤直接敲打轴承外圈,如图 2-129(a)所示,应使用垫套或铜棒,将轴承敲到轴上,用力应均匀,且施加在轴承内圈端面上,如图 2-129(b)所示。

④轴承装到轴承座内孔时,力应均匀地施加在轴承外圈端面上,如图 2-129(c)所示。

⑤使用套筒或压力机将轴承压入轴和轴承座孔内,如图 2-130 所示。

⑥轴承内孔与轴为较大的过盈配合时,可将轴承放到 80～90℃的机油中预热,使轴承孔胀大后与轴相配。

(2)滚动轴承装配要点。

①滚动轴承的一侧端面标有牌号与规格,该面应装在可见部位,便于检查。

②轴承装在轴和轴承座孔内不能歪斜。

③装配后,轴承转动应灵活,无噪声。

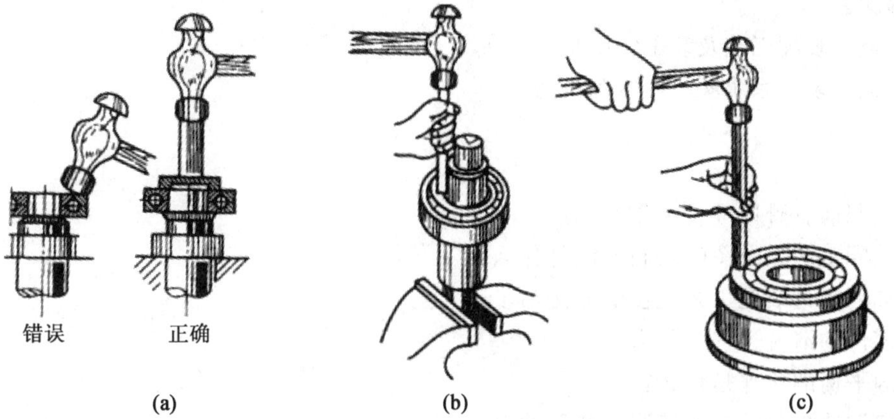

图 2-129　用手锤装配轴承

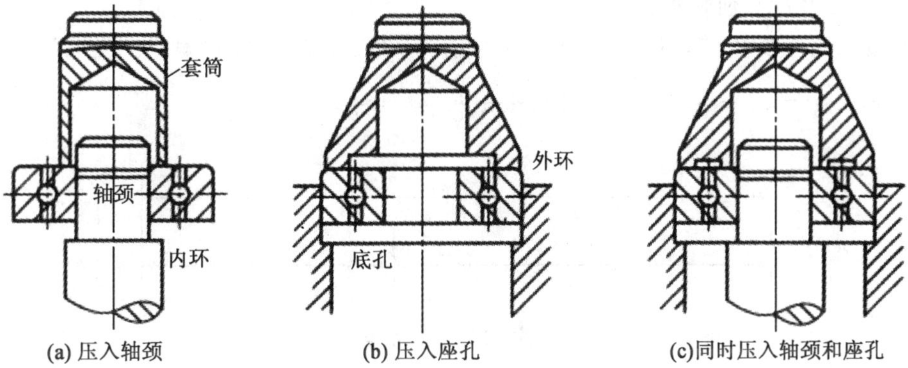

图 2-130　用套筒装配轴承

三、拆卸工作基本原则

(1)拆卸前必须了解机械结构。查阅资料、图纸、弄清机械的原理及特点,了解零部件的工作性能和操作方法。

(2)可不拆的尽量不拆。分析故障原因,从实际需要决定拆卸部位,避免不必要的拆卸。拆卸经过平衡的零部件时应注意不破坏原来的平衡。

(3)合理的拆卸方法。选择合适的拆卸工具和设备;一般按装配的相反顺序进行,从外到内,从上部到下部,先拆卸部件或组件,然后拆卸零件;起吊应防止零部件变形或发生人身事故。

(4)为装配创造条件。对于成套加工或选配的零件及不可互换的零件,拆卸前应按原来部件或顺序做好标记;对拆卸的零部件应按顺序分类,做上记号,合理存放。对精密细长轴、丝杠等零件拆下后应立即清洗、涂油,悬挂好。

(5)拆卸。拆卸时,必须仔细辨清螺纹零件的旋松方向(左、右螺旋)。

【质量检测】

(1)检查装配工艺及装配组织形成。

(2)检查装配系统图的内容和画法。

【习题】

1. 装配前有哪些准备工作?

2. 装配工艺系统图的绘制方法是什么?

3. 如何制订装配工艺规程的方法与步骤?

4. 零件的清洗过程是什么?

5. 静平衡的步骤是什么?

6. 何谓装配尺寸链?何谓工艺尺寸链?

7. 何谓增环?何谓减环?

8. 完全互换法装配有何特点?

9. 修配法装配有何特点?

10. 按完全互换法,解图 2-131 所示尺寸链,即确定各环的尺寸偏差。设 $A_1=120$ mm,$A_2=60$ mm,$A_3=40$ mm,$A_\Delta=(20^{+0.1}_{-0.1})$mm,$\delta_2=\delta_3=\frac{1}{2}\delta_1$。

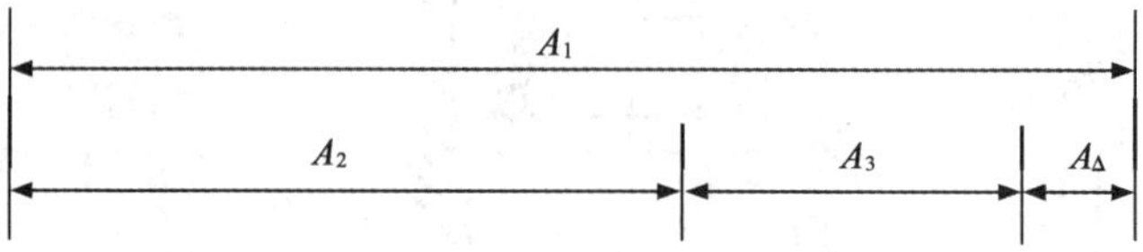

图 2-131 尺寸链

任务十一 钳工典型综合件实例——制作鸭嘴锤

【相关知识】

下面以鸭嘴锤(图 2-132)的加工与制作为例进行说明。

材料:45 钢。

技术要求:AB 面垂直度为 0.03。

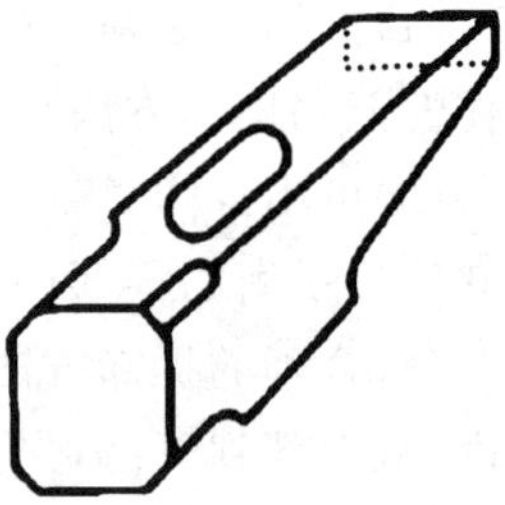

图 2-132 鸭嘴锤

【工作过程】

加工步骤与技术要求:

(1)锻加工下料 21 mm×21 mm×105 mm。

(2)粗、细加工 A 面,以 A 面为基准加工 B 面,保证形位公差要求。

(3)粗、细加工 A 面与 B 面的对应面,保证尺寸与形位公差要求。

(4)粗、细加工两端面,保证尺寸与形位公差要求,如图 2-133(a)所示。

(5)在 A 面与对应面上涂上紫色,划出锤柄孔线。

(6)钻孔并锉孔成型，保证尺寸与形位公差要求，如图 2-133(b)、133(c)所示。

(7)划出 SR45 线，并加工成球形。

(8)划出 3×45°倒角线，并加工成型，如图 2-133(d)所示。

(9)在 B 面与对应面上划出 $R15$ 圆弧线及鸭嘴斜面线。

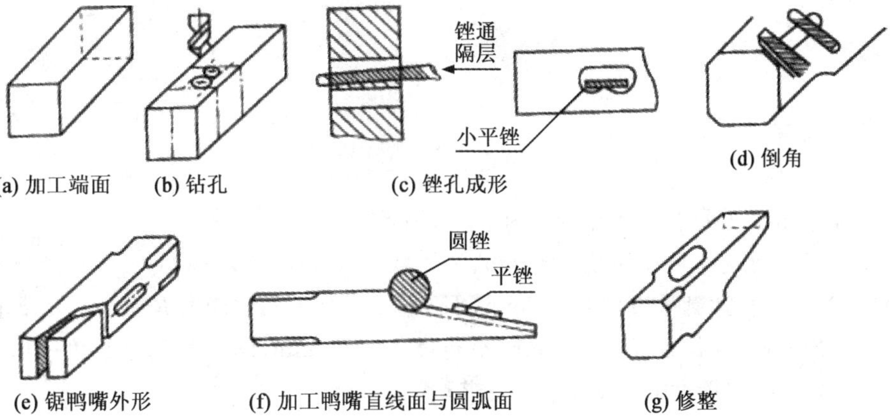

图 2-133　鸭嘴锤加工步骤

(10)按线锯出鸭嘴外形，留 1 mm 锉加工量，如图 2-133(e)所示。

(11)锉加工鸭嘴直线面与圆弧面，连接圆滑，保证尺寸与形位公差要求，如图 2-133(f)所示。

(12)修整(锉刀纹按轴向整理)，如图 2-133(g)所示。

任务十二　钳工典型综合件实例——制作手锤

【实训项目】

(一)目的要求

(1)认识钳工设备、工具、量具性能并正确使用。

(2)掌握钳工划线、锯削、锉削、钻孔、攻丝、套螺纹等操作技术。

(3)掌握钳工加工工艺，按图纸要求完成加工制作，培养学生动手操作能力。

(4)实验设备、工具：台钻、砂轮机、切割机、台虎钳、化针、样冲、锉刀、锯工、高度游标卡尺、直尺、表卡尺等。

(二)实训内容

(1)综合练习划线、锯削、锉削、钻孔、攻螺纹、套螺纹等技术。

(2)完成锤头和手锤柄的加工组装工作。

(三)实验步骤

(1)划线：以两个相互垂直的平面为基准。

(2)锯削：加工大斜面(留加工余量 0.5 mm)。

(3)锉削：粗锉→精锉。

(4)钻孔→攻螺纹。

(5)制作手锤柄：ϕ12 mm 圆钢取 220 mm，作 10 mm×10 mm×20 mm 正四方体倒圆 ϕ10-0.2 mm，用圆板牙套螺纹 M10 ×20。

(6)组装手锤，拧紧后铆住固定。

【工作过程】

一、制作步骤

(1)检查毛坯尺寸大小、形状误差，确定加工余量；

(2)加工第一面，达到平面度 0.04 mm、粗糙度 R_a 3.2 μm 要求；

(3)加工第二面，达到垂直度 0.05 mm、平面度 0.04 mm、粗糙度 R_a 3.2 μm 要求；

(4)加工第三面，并保证尺寸 10 mm、平行度<0.15 mm，同时达到垂直度<0.05 mm、平面度<0.04 mm、粗糙度 R_a<3.2 μm 要求；

(5)加工端面并与第一、二面垂直，且垂直度<0.05 mm、平面度<0.04 mm；

(6)以端面和第一面为基准划出锤头外形的加工界线，并用锯削方法去除多余量；

(7)加工第四面，并保证尺寸 10 mm、平行度<0.15 mm，同时达到垂直度<0.05 mm、平面度<0.04 mm、粗糙度 R_a<3.2 μm 要求；

(8)加工总长保证尺寸(84±0.5) mm；

(9)加工斜面，并达到尺寸 25°、3 mm、还要保证垂直度<0.05 mm、平面度<0.04 mm 及粗糙度 R_a<3.2 μm 要求；

(10)按要求划出 8—2×45°倒角和 4—R 2 mm 的加工界线，先用圆锉加工出 R 2 mm，后用板锉加工出 2×45°倒角，并连接圆滑；

(11)按图样要求划出孔的加工位置线，钻孔 ϕ8 mm，再锉削长圆孔；

(12)全部精度复检，做必要的修整锉削，并去毛刺锐角倒钝。

二、注意事项

(1)练习时，要注意两点：一是操作姿势、动作要正确；二是两手用力方向、大小变化要正确和熟练，并经常用刀口形直尺检查加工的平直度情况，以改进自己手部的用力形式，逐步形成平面锉削的技能技巧，发现问题要及时纠正，要克服盲目的、机械的练习方法；

(2)用 ϕ8 mm 钻头钻孔时，要求钻孔位置正确，钻孔孔径没有明显扩大，以免造成加工余量不足，影响螺孔的正确加工；

(3)也可以改做腰孔(ϕ10 mm，孔距 10 mm)。先用 ϕ9.7 mm 钻头钻孔，要求钻孔位置正确，钻孔孔径没有明显扩大，以免造成加工余量不足，影响腰孔的正确加工。锉削腰孔时，应先锉两侧平面，后锉两端圆弧面。在锉平面时要注意控制好锉刀的横向移动，防止锉坏两端孔面；

(4)加工四角 R 3.5 mm 凹圆弧时，横向锉要锉准锉光，然后推光就容易，且仰弧尖角处也不易塌角；

(5)在加工 R 2 mm 与 C 2 mm 时，横向必须平直，并与侧平面垂直，才能使弧面连接正确、外形美观；

(6)注意测量的方法、手势等，保证测量正确性；

(7)正确使用工量具，并做到文明安全操作。

【质量检测】

1. 自我评价

(1)你对配合件的制作感兴趣吗？为什么？

(2)你认为自己在学习钳工基本操作中，哪一种操作还掌握得不够？如何改进？

2. 小组评价

(1)小组成员互相检查理论知识的回答是否正确。

(2)小组成员互相评价各自存在的问题及改进方法，并填写评分表。

项目三　车削加工

任务一　车削加工基础

【相关知识】

一、车削的加工范围

车削加工是机械加工中应用最为广泛的方法之一。在机械加工车间中，车床约占机床总数的1/2。无论是在成批大量生产，还是在单件小批量生产以及在机械的维护修理方面，车削加工都占有重要的地位。车削加工是车床上利用工件的旋转和刀具的移动来加工轴类、盘类和套类等回转类零件的方法，如图3-1所示，其中包括内外圆柱面、内外圆锥面、成型面、端面、沟槽及滚花等。

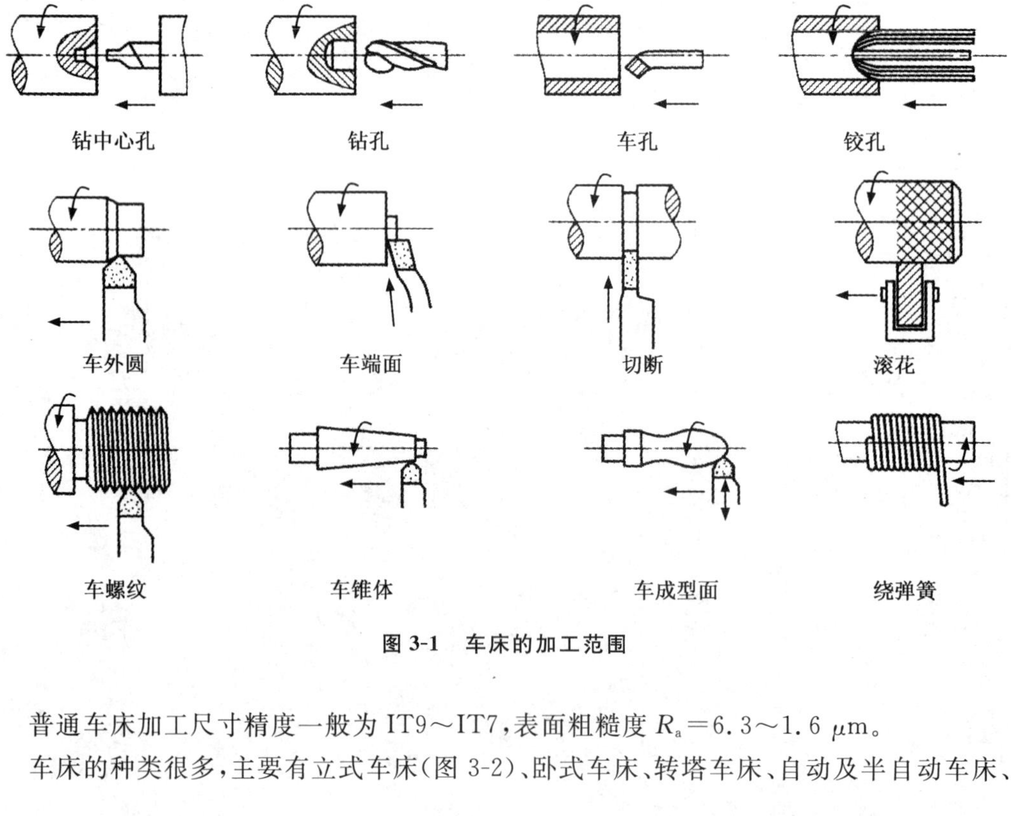

图3-1　车床的加工范围

普通车床加工尺寸精度一般为IT9～IT7，表面粗糙度 $R_a=6.3\sim1.6\ \mu m$。

车床的种类很多，主要有立式车床(图3-2)、卧式车床、转塔车床、自动及半自动车床、仪表车床和数控车床等。

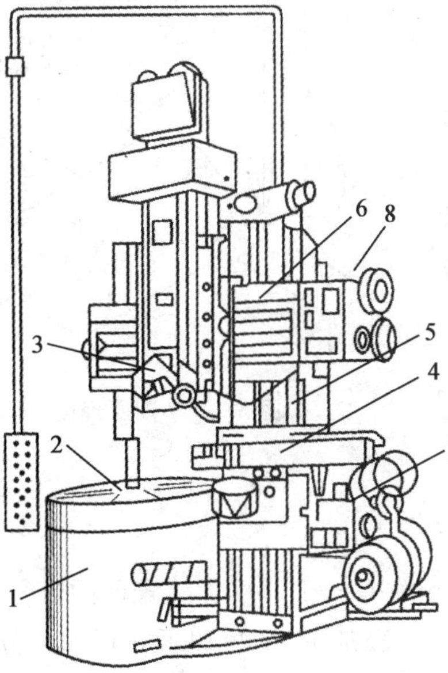

(a) 单柱式

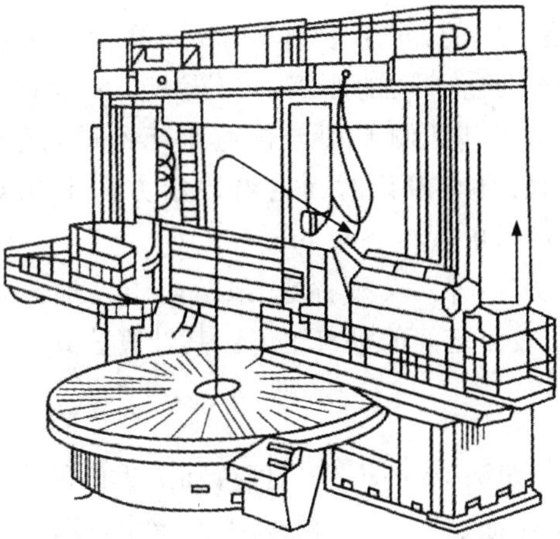
(b) 双柱式

图 3-2　立式车床

1-底座;2-工作台;3-垂直刀架;4-侧刀架;5-立柱;6-横架;7-侧刀架进给箱;8-垂直刀架进给箱

二、切削运动与切削用量

1.切削运动

为了使车刀能够从工件上切下多余的金属,必须使刀具与工件之间产生相对运动,从而获得毛坯形状精度、尺寸精度和表面质量都符合技术要求的工件。根据刀具与工件的相对运动对切削过程所起的不同作用,可以把切削运动分为主运动和进给运动。

(1)主运动。主运动是指机床提供的主要运动。主运动使刀具和工件之间产生相对运动,从而使刀具的前刀面接近工件并对加工余量进行剥离。在车床上,主运动是机床主轴的回转运动,即车削加工时工件的旋转运动。

(2)进给运动。进给运动是指机床提供的使刀具与工件之间产生的附加相对运动。进给运动与主运动相配合,就可以完成切削加工。进给运动是机床刀架(溜板)的直线运动。它可以是纵向的移动(沿机床主轴方向),也可以是横向的移动(垂直于机床主轴方向)。

在车削加工中,主运动要消耗比较大的能量,才能完成切削。

2.切削用量

切削速度、进给量和背吃刀量三者称为切削用量。它们是影响工件加工质量和生产效率的重要因素,如图 3-3 所示。

(1)切削速度(v):车削时,工件加工表面最大直径处的线速度称为切削速度,用 v(单位:m/min)表示。

其计算公式:

$$v=\pi dn/1\,000$$

式中，v—切削速度，m/min；d—工件待加工表面的直径，mm；n—车床主轴每分钟的转数，r/min。

(2)进给量(f)：对于不同种类的机床，进给量的单位是不同的，对于普通车床，进给量为工件每转一周，车刀所移动的距离，单位为mm/r；对于数控车床，由于其控制原理与普通车床不同，进给量也可以用刀具在单位时间内沿进给方向上相对于工件的位移，单位为mm/min。

(3)切深(a_p)：又称背吃刀量，是指已加工表面和待加工表面之间的垂直距离。其计算公式：

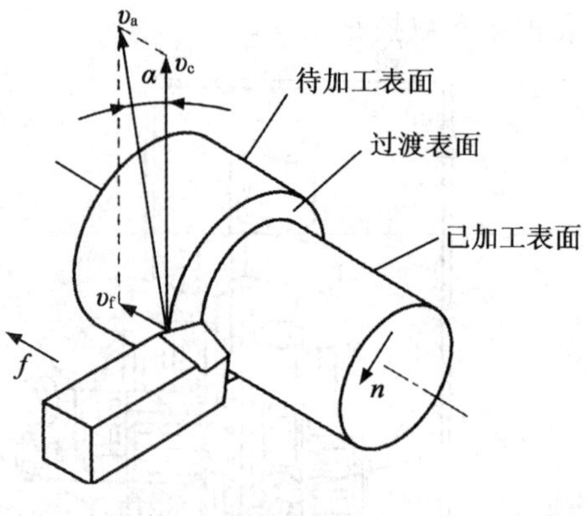

图 3-3　车削原理图

$$a_p=(d_w-d_m)/2$$

式中，a_p—切深，mm；d_w—工件待加工表面的直径，mm；d_m—工件已加工表面的直径，mm。

为了保证加工质量和提高生产效率，零件加工应按粗加工、半精加工和精加工分阶段进行。中等精度的零件，一般按粗车—精车的方案进行即可。

粗车的目的是尽快地从毛坯上切去大部分的加工余量，使工件接近要求的形状和尺寸。粗车以提高生产效率为主，在生产中加大切削深度，对提高生产效率最有利，其次适当加大进给量，而采用中等或中等偏低的切削速度。使用高速钢车刀进行粗车的切削用量推荐如下：背吃刀量 $a_p=0.8\sim1.5$ mm，进给量 $f=0.2\sim0.3$ mm/r，切削速度 $v=30\sim50$ m/min(切钢)。

粗车铸、锻件毛坯时，因工件表面有硬皮，为保护刀尖，应先车端面或倒角，第一次切深应大于硬皮厚度。若工件夹持的长度较短或表面凹凸不平，切削用量则不宜过大。

粗车应留有0.5～1 mm作为精车余量。粗车后的精度为IT14～IT11，表面粗糙度 R_a 一般为12.5～6.3 μm。

精车的目的是保证零件尺寸精度和表面粗糙度的要求，生产效率应在此前提下尽可能提高。一般精车的精度为IT8～IT7，表面粗糙度 $R_a=3.2\sim0.8$ μm，所以精车以提高工件的加工质量为主。切削用量应选用较小的背吃刀量 $a_p=0.1\sim0.3$ mm 和较小的进给量 $f=0.05\sim0.2$ mm/r，切削速度可取大些。

精车中为了保证加工表面的粗糙度可以采取的主要措施包括：

(1)合理选用切削用量。选用较小的背吃刀量 a_p 和进给量 f，可减小残留面积，使 R_a 减小。

(2)适当减小副偏角 κ_r'，或刀尖磨有小圆弧，以减小残留面积，使 R_a 减小。

(3)适当加大前角 γ_o，将刀刃磨得更为锋利，使 R_a 减小。

(4)用油石加机油打磨车刀的前、后刀面，使其 R_a 达到0.2～0.1 μm，可有效减小工件表面的 R_a。

(5)合理使用切削液，也有助于减小加工表面粗糙度 R_a。低速精车使用乳化液或机油；若用低速精车铸铁应使用煤油，高速精车钢件和较高速精车铸铁件，一般不使用切削液。

【工作过程】

一、工作课时

要求本单元理论课时和实训课时为4课时。

二、机械加工(包括车、铣、刨工等)实训安全操作规程

(1)实训时要穿戴好工作服和防护帽;工作服必须系好袖口、衣襟下摆,拉好拉链或扣好衣服纽扣;防护帽要正确佩戴,长发同学必须将长发盘入防护帽内,不得散在防护帽外面;不准戴手套操作,要穿正规的绝缘鞋,系好鞋带。

(2)未经实训指导人员许可不准擅自动用任何设备、电闸、开关和操作手柄。

(3)实训中如有异常现象或发生安全事故应立即撤离;若时间允许要拉下电闸或关闭电源开关,停止实训,保留现场并及时报告指导人员,待查明事故原因后方可再行实训。

(4)工作前检查机床各部分是否有阻滞、干涉,若发现应立即移去。工作中刀架和导轨上不得放置工具或其他物件。开车前必须检查机床各手柄及运转部分是否正常,每个加油孔注入机油后开动机床慢慢运行。

(5)开车前应将小刀架调整到合适位置以免小刀架导轨碰撞卡盘。

(6)刀具和工件装夹、变速及机床运转不正确时,必须立即停车。

(7)不准用手触摸刀具和运转的工件。不准用棉纱等擦拭旋转的工件。切削加工时,勿将头部靠近工件,不得将身体和手脚倚靠或放在机床上,以免发生危险。

(8)按规定装夹工器具和工件。装夹完毕,必须将扳手等工器具取下来放在安全装置上(不准用任何其他东西替代),以免开车时扳手飞出伤人。

(9)变换速度时必须等机床停稳,以免打坏箱体内齿轮。变速时如需转动主轴,切勿用力过大,以免打滑而伤及手指。纵向或横向自动进给时,严禁大拖板或中拖板超过极限位置。

(10)操作车床时要集中精力,不准离开车床到其他地方去闲谈,尤其在自动走刀的情况下。凡两人以上合用一台机床,必须密切配合,分工明确,严禁两人共同操作或无人监控机床

(11)切削加工时,操作者不要站在卡盘的正前方,以免旋转中的工件或切屑沿切线方向飞出伤人。

(12)缠绕在机床上的铁屑不得用手拉或用嘴吹,应用铁钩或刷子清除,要注意防止缠绕伤人。清理切屑必须用铁钩或毛刷,不得用手直接清理。

(13)车床停稳时才能测量工件。禁止隔着刀台上的车刀及卡盘传递物品和操作。

(14)在实训结束后,必须认真清理机床上的切屑和杂质,对润滑部分要进行润滑,并将尾座移至机床导轨尾部并锁紧。工器具归位整齐摆放,尤其是测量工器具必须认真擦拭并涂上适当的油以防锈并放到工具盒内。机床与周边清理干净。

(15)砂轮机操作安全规程。

①开动砂轮机前,要检查砂轮机是否有裂纹等,砂轮机必须有砂轮护罩,且护罩安装要

牢固、端正,必须排除任何不安全的因素。

②开动砂轮机后,待空转适当时间再进行磨削。

③切勿使工件突然冲击砂轮和用过大磨削量,以免砂轮碎裂。

④要根据工件材料正确选择砂轮,氧化铝砂轮用于磨削普通钢料;碳化硅砂轮用于磨削硬质合金等较硬的材料。

⑤应用砂轮的正确磨削,禁止两人同时在一个砂轮上磨削。

【习题】

1. 车削加工原理及加工范围是什么?

2. 车削时,工件和刀具需做哪些运动?切削用量包括哪些内容?

任务二　普通卧式车床

【相关知识】

机床型号的编制方法

机床型号是用来表示机床的类别、特性、组别和主要参数的代号。按照 GB/T 15375—2008《金属切削机床　型号编制方法》的规定,机床型号由汉语拼音字母及阿拉伯数字组成,现举例如下:

如 CM6132A。

其中,C—机床类别代号(车床类);

M—机床通用特性代号(精密机床);

6—机床组别代号(落地及卧式车床组);

1—机床系别代号(卧式车床系);

32—主参数代号(床身上最大回转直径的 1/10,即最大回转直径 320 mm);

A—重大改进次序代号(第一次重大改进)。

【工作过程】

一、工作课时

要求本单元理论课时和实训课时为 2 课时。

二、普通车床的组成及其功能

卧式车床是车床中应用最广泛的一种类型,CA6140 车床由床身、主轴箱、进给箱、光杠、丝杠、溜板箱、刀架、床腿和尾架等部分组成,如图 3-4 所示。

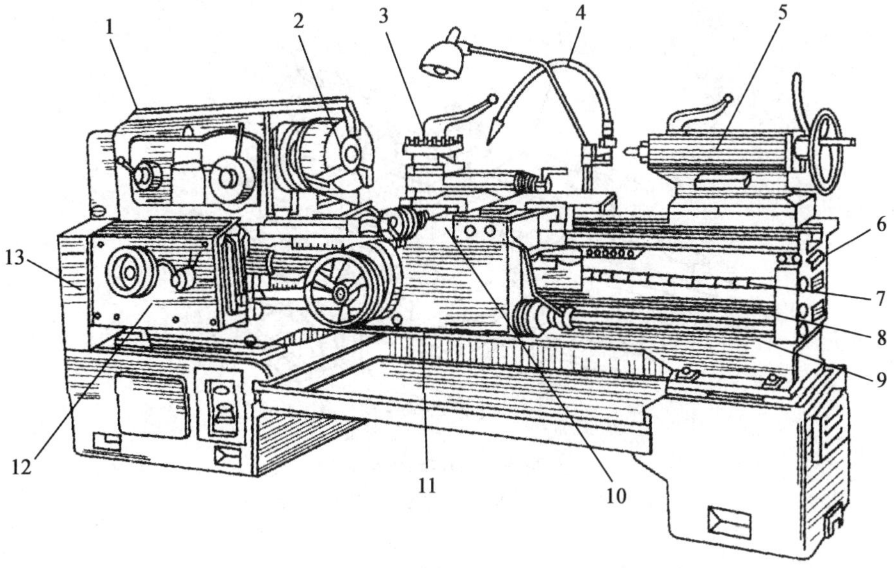

图 3-4 CA6140 卧式车床

1-主轴箱；2-卡盘；3-刀架；4-切削液管；5-尾架；6-床身；7-丝杠；
8-光杠；9-操纵杆；10-大溜板；11-溜板箱；12-进给箱；13-挂轮箱

1. 床身

床身是车床的基础零件，用来支承和安装车床的各部件，保证其相对位置，如主轴箱、进给箱、溜板箱等。床身具有足够的刚度和强度，床身表面精度很高，以保证各部件之间有正确的相对位置。床身上有四条平行的导轨，供床鞍（刀架）和尾架相对于主轴箱进行正确的移动，为了保持床身表面精度，在操作车床中应注意维护保养。

2. 床头箱

床头箱又称主轴箱，用以支承主轴并使之旋转。主轴为空心结构。其前端外锥面安装三爪自动定心卡盘等附件来夹持工件，前端内锥面用来安装顶尖，细床长孔可穿入长棒料。箱内有变速齿轮，由电动机带动箱内的齿轮轴转动，通过改变变速箱内的齿轮搭配（啮合）位置，得到不同的转速，改变主轴转速。

3. 进给箱

进给箱又称走刀变速箱，内装进给运动的变速齿轮，可调整进给量和螺距，并将运动传至光杠或丝杠。

4. 光杠、丝杠

光杠、丝杠将进给箱的运动传给溜板箱。光杠用于一般车削的自动进给，不能用于车削螺纹；丝杠用于车削螺纹。

5. 溜板箱

溜板箱又称拖板箱，与刀架相连，是车床进给运动的操纵箱。它可将光杠传来的旋转运动变为车刀的纵向或横向的直线进给运动；可将丝杠传来的旋转运动，通过“开合螺母”直接变为车刀的纵向移动，用以车削螺纹。

6. 刀架

刀架用来夹持车刀并使其作纵向、横向或斜向进给运动。它包括以下各部分。如图 3-5 所示。

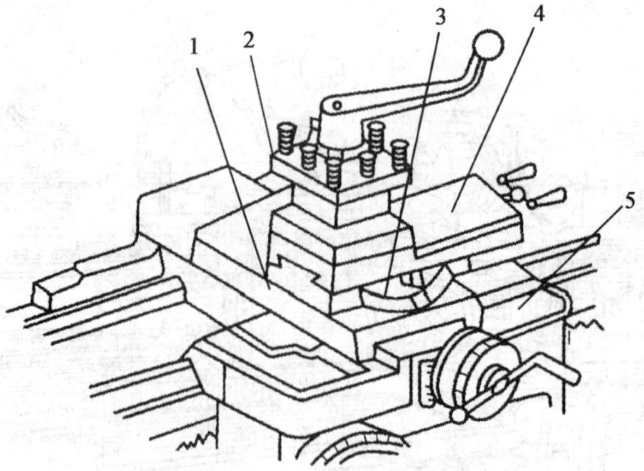

图 3-5　刀架的组成

1-中溜板；2-方刀架；3-转盘；4-小溜板；5-大溜板

(1)大溜板。与溜板箱连接，带动车刀沿床身导轨纵向移动，其上面有横向导轨。

(2)中溜板。它可沿大拖板上的导轨横向移动，用于横向车削工件及控制切削深度。

(3)转盘。与中溜板连接，用螺栓紧固。松开螺母，转盘可在水平面内转动任意角度。

(4)小刀架。它控制长度方向的微量切削，可沿转盘上面的导轨作短距离移动，将转盘偏转若干角度后，小刀架作斜向进给，可以车削圆锥体。

(5)方刀架。它固定在小刀架上，可同时安装四把车刀，松开手柄即可转动方刀架，把所需要的车刀转到工作位置上。

7. 尾架

尾架安装在床身导轨上。在尾架的套筒内安装顶尖，支承工件；也可安装钻头、铰刀等刀具，在工件上进行孔加工；将尾架偏移，还可用来车削圆锥体。

三、CA6140 车床的传动系统

CA6140 车床的传动路线，如图 3-6 所示。

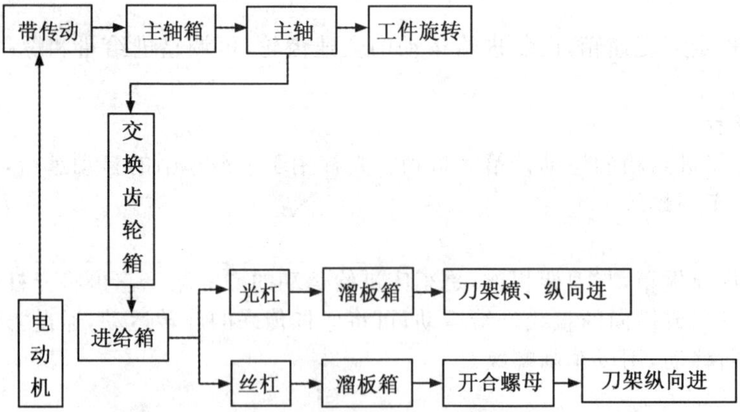

图 3-6　CA6140 车床的传动系统

【习题】

1. 车床的主轴是如何转动的？主轴转速如何调节？

2. 卧式车床由哪几部分组成？各有何功用？

3. 丝杠和光杠的作用是什么？为什么有时需要改变转动方向？如何改变？

任务三　车削刀具

【相关知识】

一、车刀种类、材料与用途

车刀可根据不同的要求分为很多种类。

车刀按用途不同可分为外圆车刀、端面车刀、切断车刀、内孔车刀、圆头车刀、螺纹车刀和成型车刀如图 3-7 所示为常用车刀，常用车刀用途如图 3-8 所示。

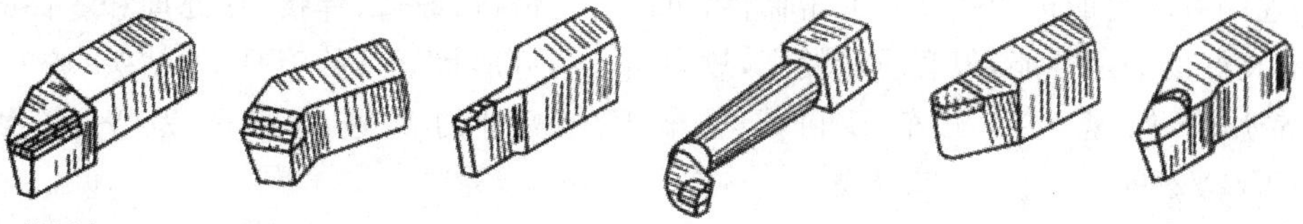

(a) 外圆车刀 (90°车刀)　(b) 端面车刀 (45°车刀)　(c) 切断车刀　(d) 内孔车刀　(e) 圆头车刀　(f) 螺纹车刀

图 3-7　常用车刀

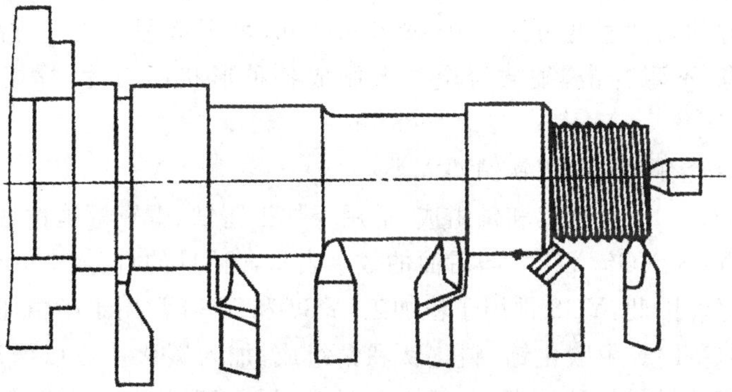

图 3-8　常用车刀的用途

车刀按其结构的不同可分为：整体式车刀、焊接式车刀、机械夹固式车刀，如图 3-9 所示。

在切削过程中，刀具的切削部分要承受很大的压力、摩擦、冲击和很高的温度。因此，刀具材料必须具备高硬度、高耐磨性、足够的强度和韧性，还需具有高的耐热性（红硬性），即在高温下仍能保持足够硬度的性能。

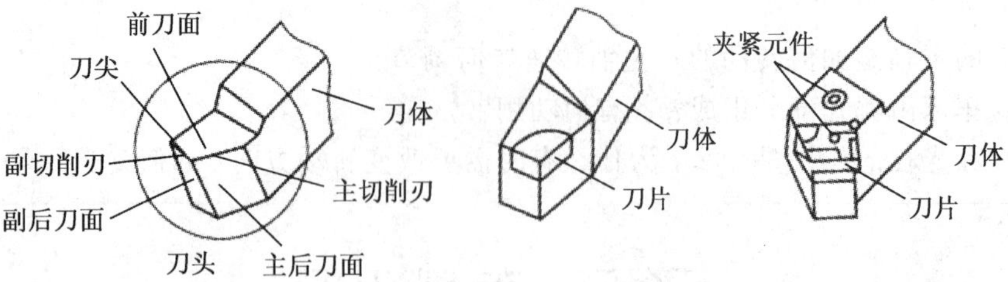

(a) 整体式　　(b) 焊接式　　(c) 机械夹固式

图 3-9　车刀的结构形式

二、常用车刀材料主要有高速钢和硬质合金

1. 高速钢

高速钢又称锋钢或白钢，它是以钨、铬、钒、钼为主要合金元素的高合金工具钢。高速钢淬火后硬度为 63～67HRC，其红硬温度 550～600℃，允许的切削速度为 25～30 m/min。

高速钢有较高的抗弯强度和冲击韧性，可以进行铸造、锻造、焊接、热处理和零件的切削加工，有良好的磨削性能，刃磨质量较高，故多用来制造形状复杂的刀具，如钻头、铰刀、铣刀等，亦常用作低速精加工车刀和成型车刀。常用的高速钢牌号为 W18Cr4V 和 W6Mo5Cr4V2 两种。

2. 硬质合金

硬质合金是用高耐磨性和高耐热性的 WC(碳化钨)、TiC(碳化钛)和 Co(钴)的粉末经高压成型后再进行高温烧结而制成的，其中 Co 起黏结作用，硬质合金的硬度为 74～82HRC，有很高的红硬温度。在 800～1 000℃的高温下仍能保持切削所需的硬度，硬质合金刀具切削一般钢件的切削速度可达 100～300 m/min，可用这种刀具进行高速切削，其缺点是韧性较差、较脆、不耐冲击，硬质合金一般制成各种形状的刀片，焊接或夹固在刀体上使用。

常用的硬质合金有钨钴和钨钛钴两大类：

(1)钨钴类(YG)。由碳化钨和钴组成，适用于加工铸铁、青铜等脆性材料。

常用牌号有 YG3、YG6、YG8 等，后面的数字表示含钴量的百分比，含钴量愈高，其承受冲击的性能就愈好。因此，YG8 常用于粗加工，YG6 和 YG3 常用于半精加工和精加工。

(2)钨钛钴类(YT)。由碳化钨、碳化钛和钴组成，加入碳化钛可以增加合金的耐磨性，可以提高合金与塑性材料的黏结温度，减少刀具磨损，也可以提高硬度；但韧性差、更脆、承受冲击的性能也较差，一般用来加工塑性材料，如各种钢材。

常用牌号有 YT5、YT15、YT30 等，后面数字是碳化钛含量的百分数，碳化钛的含量愈高，红硬性愈好；但钴的含量相应愈低，韧性愈差，愈不耐冲击，所以 YT5 常用于粗加工，YT15 和 YT30 常用于半精加工和精加工。

3. 特种刀具材料

(1)涂层刀具材料。这种材料是韧性较好的硬质合金基体上或高速钢基体上，采用化学气相沉积(CVD)法或物理气相沉积(PVD)法涂覆一薄层硬质和耐磨性极高的难熔金属化合物而得到刀具材料。常用的涂层材料有 TiC、TiN、Al_2O_3 等。

(2)陶瓷材料。其主要成分是 Al_2O_3。陶瓷刀片的硬度可达 78HRC 以上,能耐 1 200～1 450℃的高温,故能承受较高的切削温度。但抗弯强度低,怕冲击,易崩刃。主要用于钢、灰铸铁、淬火铸铁、球墨铸铁,耐热合金及高精度零件的精加工。

(3)金刚石。金刚石材料分为人造金刚石和天然金刚石两种。一般采用人造金刚石作为切削刀具材料。其硬度高,可达 10 000 HV(一般的硬质合金仅为 1 300～1 800 HV)。其耐磨性是硬质合金的 80～120 倍。但韧性较差,对铁族亲和力大,因此一般不适合加工黑色金属,主要用于有色金属以及非金属材料的高速精加工。

(4)立方氮化硼(CBN)。立方氮化硼是人工合成的一种高硬度材料,其硬度可达 7 300～9 000 HV,可耐 1 300～1 500℃的高温,与铁族亲和力小,但其强度低,焊接性差。目前主要用于加工淬硬钢、冷硬铸铁、高温合金和一些难加工的材料。

【工作过程】

一、工作课时

要求本单元理论课时和实训课时为 2 课时。

二、车刀的组成与几何角度

1. 车刀的组成

车刀由刀头和刀体两部分组成。刀头用于切削,刀体(夹持部分)用于安装。刀头一般由三面、两刃、一尖组成。车刀的组成如图 3-10 所示。

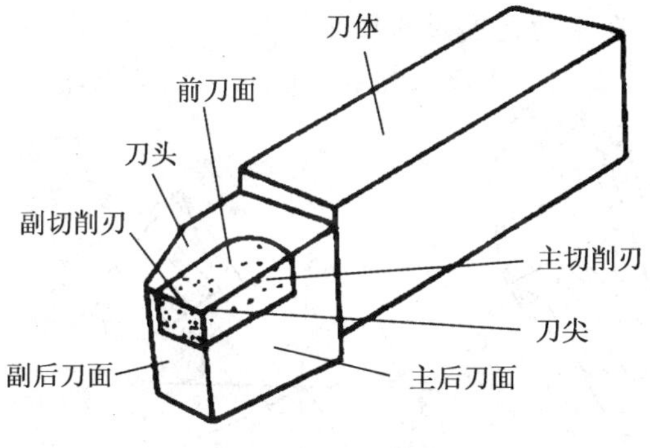

图 3-10　车刀的组成

(1)前刀面:切屑流经过的表面。

(2)主后刀面:与工件切削表面相对的表面。

(3)副后刀面:与工件已加工表面相对的表面。

(4)主切削刃:前刀面与主后刀面的交线,担负主要的切削工作。

(5)副切削刃:前刀面与副后刀面的交线,担负少量的切削工作,起一定的修光作用。

(6)刀尖：主切削刃与副切削刃的相交部分，一般为一小段过渡圆弧。

2. 车刀的主要角度及其作用

为了确定车刀的角度，要建立三个坐标平面：基面 P_r、切削平面 P_s 和正交平面 P_o，组成的参考系如图 3-11 所示。

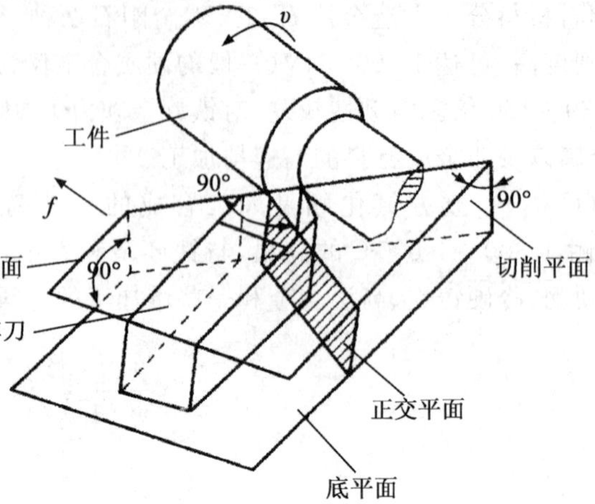

图 3-11　车刀的三个坐标平面

(1)车刀的三个坐标平面。

①基面(P_r)是指通过切削刃上的一个选定点而垂直于主运动方向的平面。对于车刀，这个选定点就是刀尖，而基面就是过刀尖而与刀柄安装平面平行的平面。

②切削平面(P_s)是指通过切削刃上的一个选定点而垂直于基面的平面。对于一般切削刃为直线的车刀，这个平面就是包含切削刃而与刀柄安装平面垂直的平面。

③正交平面(P_o)是指通过切削刃选定点并同时垂直于基面和切削平面的平面。也就是经过刀尖并垂直于切削刃在基面上投影的平面。

(2)车刀的主要角度。车刀的主要角度有：前角(γ_o)、后角(α_o)、主偏角(κ_r)、副偏角(κ_r)和刃倾(λ_s)，如图 3-12 所示。

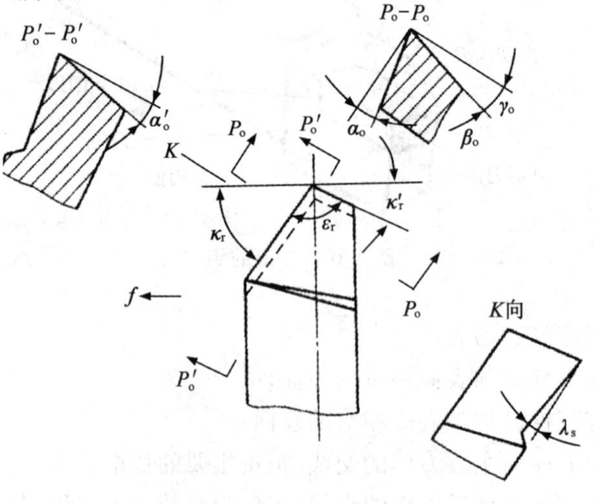

图 3-12　车刀的主要角度

①前角 γ_o 在主剖面中测量，是前刀面与基面之间的夹角。

②后角 α_o 在主剖面中测量，是主后面与切削平面之间的夹角。

③主偏角 κ_r 在基面中测量，是主切削刃在基面的投影与进给方向的夹角。

④副偏角 κ_r' 在基面中测量，是副切削刃在基面上的投影与进给反方向的夹角。

⑤刃倾角 λ_s 在切削平面中测量，是主切削刃与基面的夹角。

它们的角度作用和选用原则见表 3-1。

表 3-1　角度作用和选用原则

刀具角度	角度的作用	选用原则
前角	前角主要影响切屑变形和切削力的大小以及刀具耐用度和加工表面质量的高低。前角增大，可以使切屑变形和摩擦变小，故切削力小切削热降低，加工表面质量高。但前角过大，刀具强度降低，耐用度下降；前角减小，刀具强度降提高，切屑变形增大，易断屑。但前角过小，会使切削力和切削热增加，刀具耐用度也随之降低	(1)工件材料：塑形材料选用较大的前角；脆性材料选用较小的前角 (2)刀具材料：高速钢选用较大的前角；硬质合金选用较小的前角，可取 $\gamma_o=10°\sim20°$ (3)加工过程：精加工选用较大的前角；粗加工选用较小的前角
后角	后角的主要功能是减小主后刀面与过渡表面层之间的摩擦，减轻刀具的磨损。后角减小，可使主后刀面与工件表面间的摩擦加剧，刀具磨损增大，工件冷硬程度增加，加工表面质量差；后角增大，则摩擦减小，也减小了刃口钝圆半径，对切削厚度较小的情况有利，但使刀刃强度和散热情况变差	(1)工件材料：工件硬度、强度较高以及脆性材料选用较小的后角 (2)加工过程：精加工选用较大的后角；粗加工选用较小的后角 (3)一般取 $\alpha_o=6°\sim12°$
主偏角	主偏角可影响刀具耐用度、已加工表面粗糙度及切削力的大小。主偏角较小，刀片的强度高，散热条件好。参加切削的主切削刃长度长，作用于主切削刃上的平均切削负荷减小。但切削厚度小，断屑效果差	(1)工件材料：加工淬火钢等硬质材料时，主偏角较大 (2)使用硬质合金刀具进行精加工时，应选用较大的主偏角 (3)用于单件小批量生产的车刀，主偏角应选 45°或 90°，提高刀具的通用性 (4)需要从工件中间切入的车刀，例如加工阶梯轴的工件，应根据工件形状选择主偏角 (5)车刀常用的主偏角有 45°、60°、75°、90°等几种，其中 45°多用
副偏角	副偏角的功能在于减小副切削刃与已加工表面的摩擦。减小副偏角可以提高刀具强度，改善散热条件，但可能增加副后刀面与已加工表面的摩擦，引起振动	(1)在不引起振动的情况下，刀具应选择较小的副偏角 (2)精加工刀具的副偏角应更小一些 (3)一般选取 $\kappa_r'=5°\sim15°$
刃倾角	刃倾角主要影响切屑流向和刀尖强度。刃倾角为正值，切削开始时刀尖与工件先接触，切屑流向待加工表面，可避免缠绕和划伤已加工表面，对半精车加工、精车加工有利；刃倾角为负值，切削开始时刀尖后接触工件，切屑流向已加工表面，容易将已加工表面划伤，在粗加工开始，尤其是在断续切削时，可避免刀尖受冲击，起到保护刀尖的作用	(1)粗加工刀具应选用刃倾角$<0°$，使刀具应具有良好的强度和散热条件 (2)精加工刀具应选用刃倾角$>0°$，使切屑流向待加表面，提高加工质量 (3)断续切削(如车床的粗加工)应选用刃倾角$<0°$，以提高刀具强度 (4)工艺系统的整体刚性较差时，应选用数值较大的负刃倾角，以减小振动 (5)一般在$-5°\sim+5°$之间选取

三、车刀的刃磨

车刀用钝后，必须刃磨，以便恢复它的合理形状和角度。车刀一般在砂轮机上刃磨。磨高速钢车刀用白色氧化铝砂轮，磨硬质合金车刀用绿色碳化硅砂轮。车刀重磨时，往往根据车刀的磨损情况，磨削有关的刀面即可。车刀刃磨的一般顺序是：磨主后刀面→磨副后刀面→磨前刀面→磨刀尖圆弧(图 3-13)。车刀刃磨后，还应用油石细磨各个刀面。这样，可有效地提高车刀的使用寿命和减小工件表面的粗糙度。

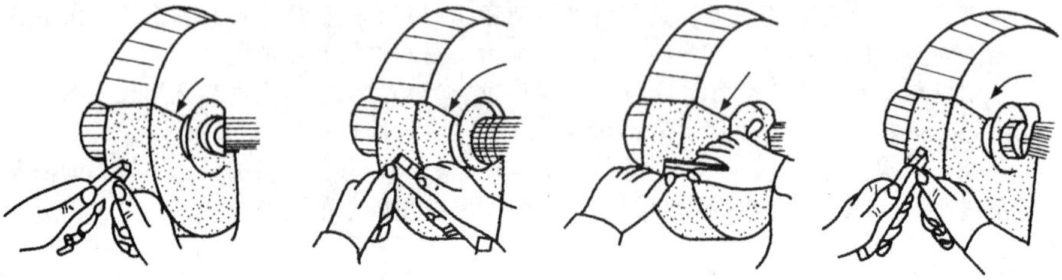
(a) 磨主后刀面　(b) 磨副后刀面　(c) 磨前刀面　(d) 磨刀尖圆弧

图 3-13　车刀的刃磨

1. 刃磨车刀的注意事项

(1)刃磨时，两手握稳车刀，刀杆靠于支架，使受磨面轻贴砂轮。切勿用力过猛，以免挤碎砂轮，造成事故。

(2)应将刃磨的车刀在砂轮圆周面上左右移动，使砂轮磨耗均匀，不出沟槽。避免在砂轮两侧面用力粗磨车刀，以至砂轮受力偏摆、跳动，甚至破碎。

(3)刀头磨热时，即应蘸水冷却，以免刀头因温升过高而退火软化。磨硬质合金车刀时，刀头不应蘸水，避免刀片蘸水急冷而产生裂纹。

(4)不要站在砂轮的正面刃磨车刀，以防砂轮破碎时使操作者受伤。

2. 车刀刃磨操作口诀

(1)常用车刀种类和材料，砂轮的选用。

常用车刀五大类，切削用途各不同，
外圆内孔和螺纹，切断成型也常用；
车刀刃形分三种，直线曲线加复合；
车刀材料种类多，常用碳钢氧化铝，
硬质合金碳化硅，根据材料选砂轮；
砂轮颗粒分粒度，粗细不同勿乱用；
粗砂轮磨粗车刀，精车刀选细砂轮。

(2)车刀刃磨操作技巧与注意事项。

刃磨开机先检查，设备安全最重要；
砂轮转速稳定后，双手握刀立轮侧；
两肘夹紧腰部处，刃磨平稳防抖动；
车刀高低须控制，砂轮水平中心处；
刀压砂轮力适中，反力太大易打滑；
手持车刀均匀移，温高烫手则暂离；
刀离砂轮应小心，保护刀尖先抬起；
高速钢刀可水冷，防止退火保硬度；
硬质合金勿水淬，骤冷易使刀具裂；
先停磨削后停机，人离机房断电源。

(3)90°、75°、45°等外圆车刀刃磨步骤。

粗磨先磨主后面，杆尾向左偏主偏；
刀头上翘38度，形成后角摩擦减；
接着磨削副后面，最后刃磨前刀面；
前角前面同磨出，先粗后精顺序清；
精磨首先磨前面，再磨主后副后面；
修磨刀尖圆弧时，左手握住前支点；
右手转动杆尾部，刀尖圆弧自然成；
面平刃直稳中求，角度正确是关键；
样板角尺细检查，经验丰富可目测。

【习题】

车刀的材料有哪几种？各有什么特点？

任务四　安装工件及所用附件

【相关知识】

在车床上安装工件所用的附件有三爪卡盘、四爪卡盘、顶尖、花盘、心轴、中心架和跟刀架等。安装工件的主要要求是位置准确、装夹牢固。

【工作过程】

一、工作课时

要求本单元理论课时和实训课时为4课时。

二、三爪卡盘安装工件

在车床上装夹工件的基本要求是定位准确，夹紧可靠。车削时必须把工件夹在车床的夹具上，经过校正、夹紧，使它在整个加工过程中始终保持正确的位置。在车床上安装工件应使被加工表面的轴线与车床主轴回转轴线重合，保证工件处于正确的位置；同时要将工件夹紧，以防止在切削力的作用下，工件松动或脱落，保证工作安全和加工精度。

车床上安装工件的通用夹具（车床附件）很多，其中三爪卡盘用得最多，如图 3-14 所示。由于三爪卡盘的三个爪是同时移动自行对中的，故适于安装短棒或盘类工件。反三爪用以夹持直径较大的工件。由于制造误差和卡盘零件的磨损等原因，三爪卡盘的定心准确度为 0.05～0.15 mm。工件上同轴度要求较高的表面，应在一次装夹中车出。三爪卡盘是靠其连接盘上的螺纹直接旋装在车床主轴上。

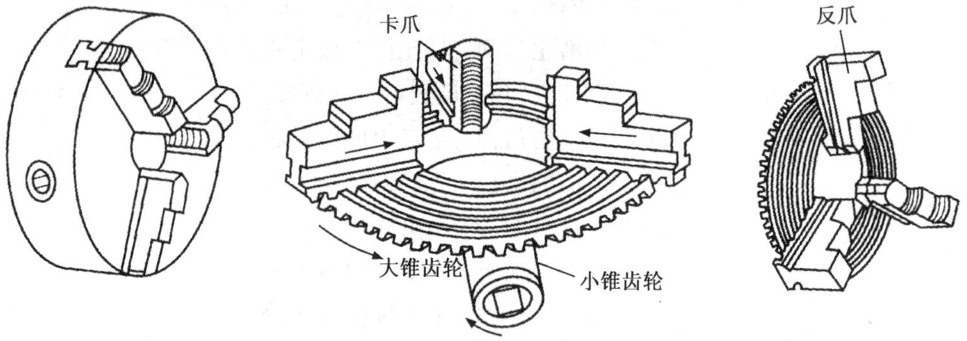

(a)卡盘外观　(b)卡盘正装　(c)卡盘反装

图 3-14　三爪自动定心卡盘

卡爪张开时，其露出卡盘外圆部分的长度不能超过卡爪的一半，以防卡爪背面螺旋脱扣，甚至造成卡爪飞出事故。若需夹持的工件直径过大，则应采用反爪夹持，如图 3-15 所示。

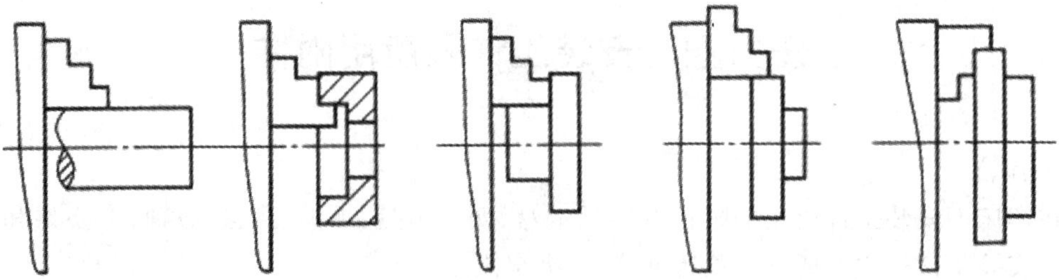

(a) 正爪装夹　(b) 正爪装夹　(c) 正爪装夹　(d) 正爪装夹　(e) 反爪装夹

图 3-15　三爪卡盘安装工件的举例

三爪卡盘安装工件的步骤：

（1）工件在卡爪间放正，轻轻夹紧。

（2）开机，使主轴低速旋转，检查工件有无偏摆。若有偏摆，应停车，然后轻敲工件纠正，拧紧三个卡爪，固紧后，须随即取下板手，以保证安全。

(3)移动车刀至车削行程纵向的最左端，用手转动卡盘，检查横向进刀时是否与刀架相撞。

三、四爪卡盘安装工件

1. 四爪单动卡盘的特点

四爪单动卡盘(图 3-16)有四个互不相关的卡爪，各卡爪的背面有一半瓣内螺纹与一螺杆相啮合。螺杆端部有一方孔，当用卡盘扳手转动某一螺杆时，相应的卡爪即可移动。如将卡爪调转 180°安装，即成反爪。

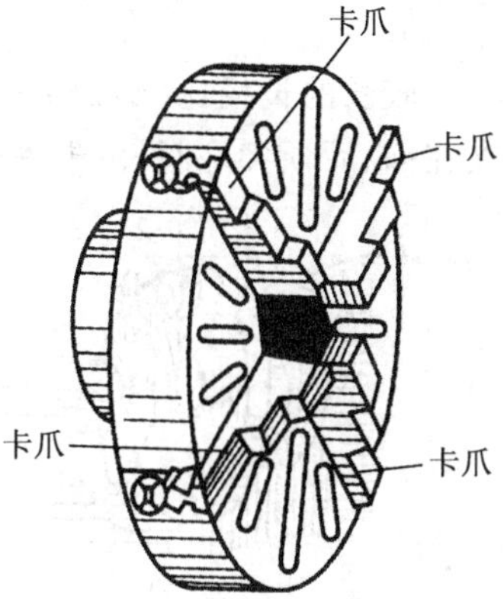

图 3-16　四爪单动卡盘

四爪卡盘由于四个卡爪均可独立移动，因此可安装截面为方形、长方形、椭圆以及其他不规则形状的工件。同时，四爪卡盘比三爪卡盘的夹紧力大，所以常用来安装较大的圆形工件。由于四爪单动卡盘的四个卡爪是独立移动的，在安装工件时须仔细地找正工件，一般用划针盘按工件内外圆表面或预先划出的加工线找正，其定位精度较低，为 0.2～0.5 mm。用百分表按工件精加工表面找正，其定位精度可达 0.01～0.02 mm。

2. 工件的找正

(1)找正外圆。先使划针靠近工件外圆表面，如图 3-17(a)所示，用手转动卡盘，观察工件表面与划针间的间隙大小，然后根据间隙大小调整卡爪位置，调整到各处间隙均等为止。

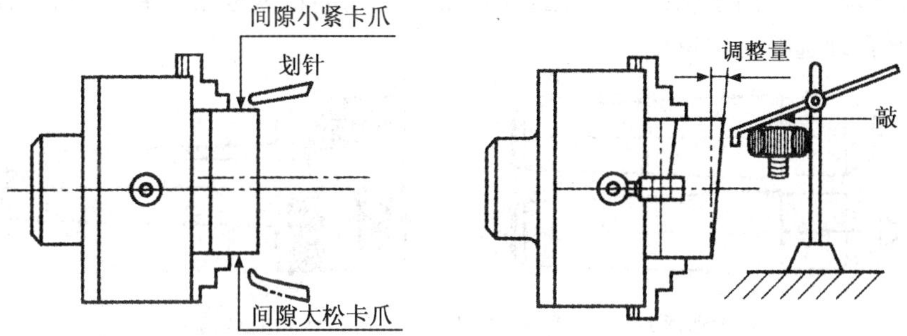

(a) 找正外圆　　(b) 找正端面

图 3-17　工件的找正

(2)找正端面。先使划针靠近工件的边缘处，如图 3-17(b)所示，用手转动卡盘，观察工件端面与划针间的间隙大小，然后根据间隙大小调整工件端面，调整时可用铜锤或铜棒敲击工件端面，调整到各处间隙均等为止。

3. 使用四爪单动卡盘时的注意事项

(1)夹持部分不宜过长，一般为 10～15 mm 比较适宜。

(2)为防止夹伤工件，装夹已加工表面时应垫铜皮。

(3)找正时应在导轨上垫上模板，以防工件掉下砸伤床面。

(4)找正时不能同时松开两个卡爪，以防工件掉下。
(5)找正时主轴应放在空挡位置，使卡盘转动轻便。
(6)工件找正后，四个卡爪的夹紧力要基本一致，以防车削过程中工件位移。
(7)当装夹较大的工件时，切削用量不宜过大。

四、双顶尖安装工件

较长的长径比($L/D=4\sim10$)或加工工序较多的轴类工件，常采用双顶尖安装。工件装夹在前、后顶尖之间，由卡箍(又称鸡心夹头)、拨盘带动工件旋转，如图 3-18 所示。

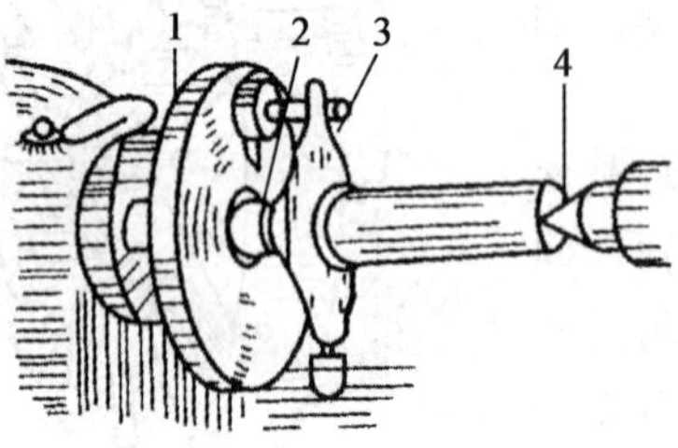

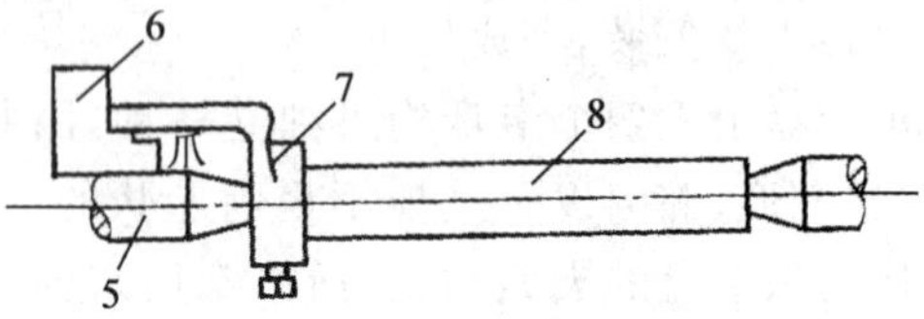

图 3-18　双顶尖安装工件

1-拨盘；2、5-前顶尖；3、7-鸡心夹头；4-后顶尖；6-卡爪；8-工件

常用顶尖有普通顶尖(死顶尖)和活顶尖两种，如图 3-19 所示。在高速切削时，为了防止后顶尖与中心孔由于摩擦发热过大而磨损或烧坏，常采用活顶尖。由于活顶尖的准确度不如死顶尖高，故一般用于轴的粗加工或半精加工。轴的精度要求比较高时，后顶尖也应用死顶尖，但要合理选择切削速度。

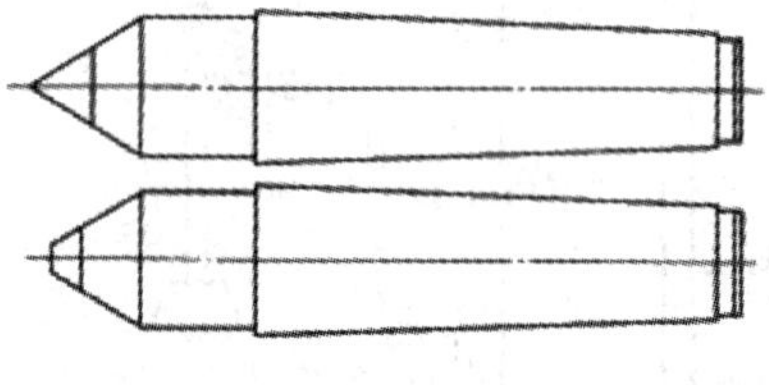

(a) 普通顶尖

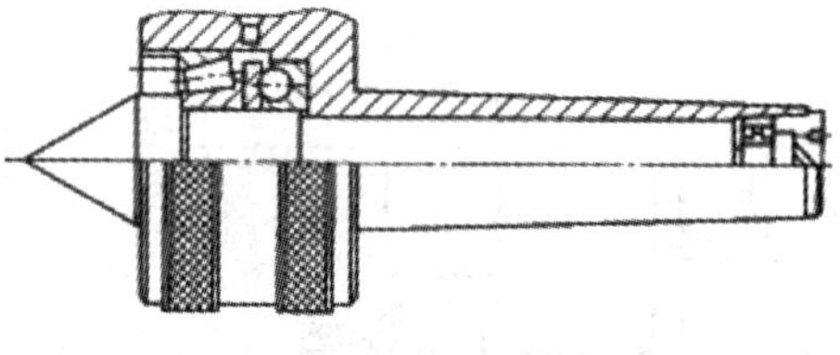

(b) 活顶尖

图 3-19　顶尖

1. 中心孔的作用及结构

中心孔是轴类工件在顶尖上安装的定位基面。中心孔的 60°锥孔与顶尖上的 60°锥面相配合，为保证锥孔与顶尖锥面配合贴切，里端的小圆孔可存储少量润滑油(黄油)。

中心孔常见的有 A 型和 B 型(图 3-20)。A 型中心孔只有 60°锥孔。B 型中心孔外端的 120°锥面又称保护锥面，用以保护 60°锥孔的外缘不被碰坏。A 型和 B 型中心孔，分别用相应的中心钻在车床或专用机床上加工。加工中心孔之前应先将轴的端面车平，防止中心钻折断。

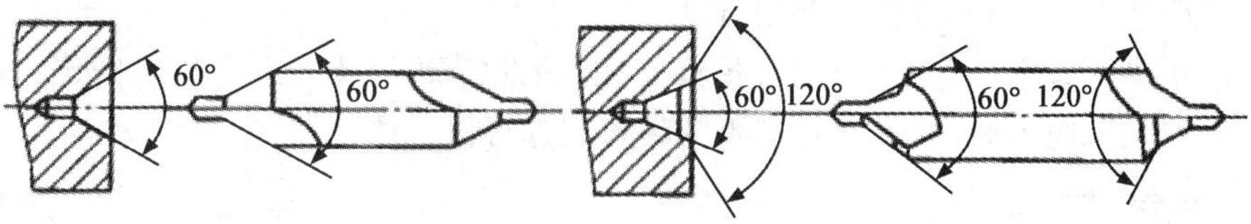

(a) A型　　(b) B型

图 3-20　中心钻与中心孔

2. 顶尖的安装与校正

顶尖尾端锥面的圆锥角较小，所以前、后顶尖是利用尾部锥面分别与主轴锥孔和尾架套筒锥孔的配合而装紧的。因此，安装顶尖时必须先擦净顶尖锥面和锥孔，然后用力推紧。否则，装不正也装不牢。

校正时，将尾架移向主轴箱，使前、后两顶尖接近，检查其轴线是否重合。如不重合，需将尾架体作横向调节，使之符合要求。否则，车削的外圆将成锥面。

在两顶尖上安装轴件，两端是锥面定位，安装工件方便，不需校正，定位精度较高，经过多次调头或装卸，工件的旋转轴线不变，仍是两端 60°锥孔的连线。因此，可保证在多次调头或装卸中所加工的各个外圆，有较高的同轴度。

五、卡盘和顶尖配合装夹工件

由于双顶尖装夹刚性较差，因此车削轴类零件，尤其是较重的工件时，常采用一夹一顶装夹。为了防止工件轴向位移，须在卡盘内装一限位支撑，如图 3-21(a)所示，或利用工件的台阶作限位，如图 3-21(b)所示。由于一夹一顶装夹刚性好，轴向定位准确，且比较安全，能承较大的轴向切削力，因此应用广泛。

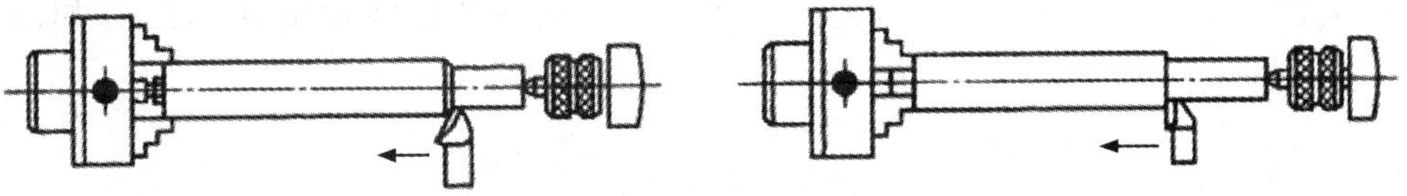

(a) 采用限位支撑　　(b) 利用工件台阶限位

图 3-21　一夹一顶装夹工件

六、花盘安装工件

花盘是安装在车床主轴上的一个大圆盘，其端面有许多长槽，用以穿放螺栓，压紧工件。花盘的端面需平整，且应与主轴中心线垂直。

花盘安装适于不能用卡盘装夹且形状不规则或大而薄的工件。当零件上需加工的平面相对于安装平面有平行度要求或加工的孔和外圆的轴线相对于安装平面有垂直度要求时，则可以把工件用压板、螺栓安装在花盘上加工，如图 3-22 所示。当零件上需加工的平面相对于安装平面有垂直度要求或需加工的孔和外圆的轴线相对于安装平面有平行度要求时，则可以用花盘、角铁(弯板)安装工件，如图 3-23 所示。角铁要有一定的刚度，用于贴靠花盘及安放工件的两个平面，应有较高的垂直度。

当使用花盘安装工件时，往往重心偏向一边，因此需要在另一边安装平衡块，以减小旋转时的离心力不均而引起振动，并且主轴的转速应选得低一些。

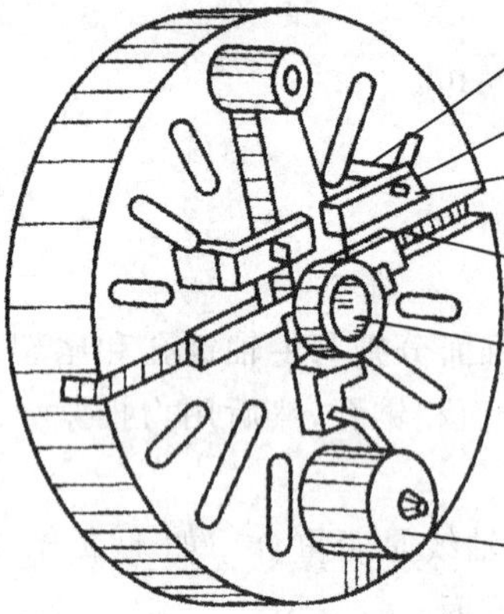

图 3-22 在花盘上安装工件

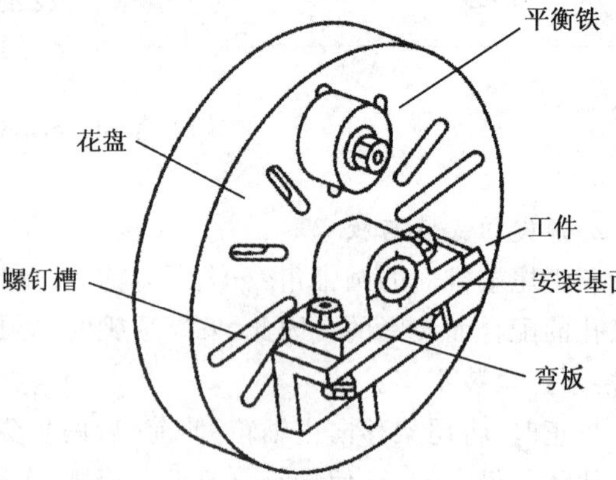

图 3-23 在花盘弯板上安装工件

七、心轴安装工件

盘套类零件其外圆、内孔往往有同轴度要求，与端面有垂直度要求。因此，加工时要求在一次装夹中全部加工完毕，而实际生产中往往无法做到。如果把零件调头装夹再加工，则无法保证其位置精度要求，因此，可利用心轴安装进行加工。这时先加工孔，然后以孔定位，安装在心轴上，再把心轴安装在前、后顶尖之间来加工外圆和端面。

1. 锥度心轴

其锥度为 1∶(2 000～5 000)。工件压入后，靠摩擦力与心轴固紧。锥度心轴对中准确，装夹方便，但不能承受较大的切削力，多用于盘套类零件外圆和端面的精车，如图 3-24 所示。

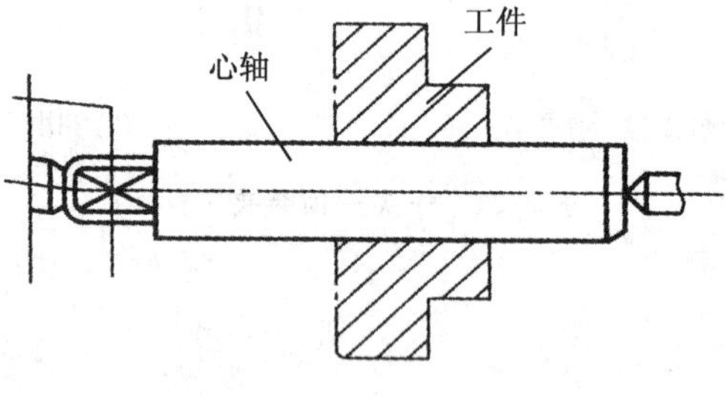

图 3-24 锥度心轴上装工件

2. 圆柱心轴

工件装入圆柱心轴后需加上垫圈，用螺母锁紧。其夹紧力较大，可用于较大直径盘类零件外圆的半精车和精车。圆柱心轴外圆与孔配合有一定间隙，对中性较锥度心轴差。使用圆柱心轴，为保证内外圆同轴，孔与心轴之间的配合间隙应尽可能小，如图 3-25 所示。

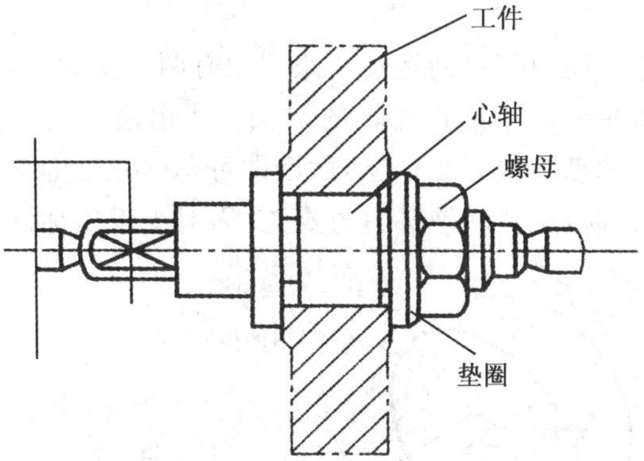

图 3-25　圆柱心轴上装工件

八、中心架和跟刀架的应用

加工细长轴(长径比 $L/D>15$)时,为了防止工件受径向切削力的作用而产生弯曲变形,常用中心架或跟刀架作为辅助支承,以增加工件刚性。

1. 中心架

固定在床身导轨上使用,有三个独立移动的支承爪,并可用紧固螺钉予以固定。使用时,将工件安装在前、后顶尖上,先在工件支撑部位精车一段光滑表面,再将中心架紧固于导轨的适当位置,最后调整三个支承爪,使之与工件支撑面接触,并调整至松紧适宜。

中心架的应用如图 3-26 所示有两种情况:

(1)加工细长阶梯轴的各外圆,一般将中心架支撑在轴的中间部位,先车右端各外圆,调头后再车另一端的外圆。

(2)加工长轴或长筒的端面,以及端部的孔和螺纹等,可用卡盘夹持工件左端,用中心架支撑右端。

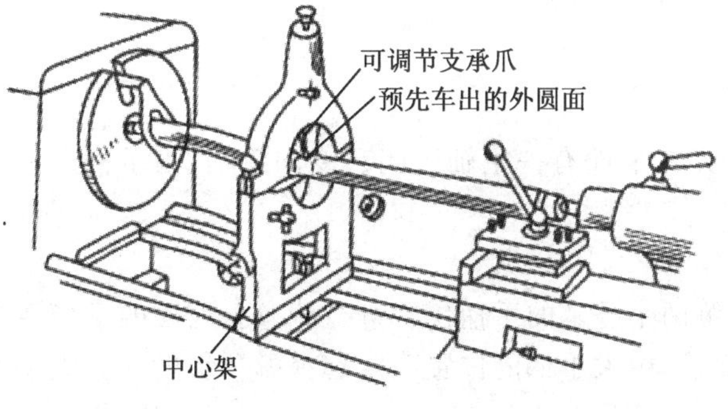

(a) 用中心架车外圆

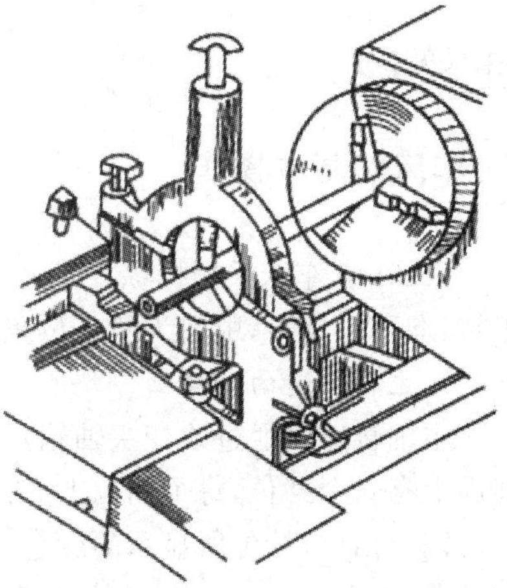

(b) 用中心架车端面

图 3-26　中心架的应用

2. 跟刀架

固定在大拖板侧面上，随刀架纵向运动。跟刀架有两个支承爪，紧跟在车刀后面起辅助支承作用。因此，跟刀架主要用于细长光轴的加工。使用跟刀架需先在工件右端车削一段外圆，根据外圆调整两支承爪的位置和松紧，然后即可车削光轴的全长，如图 3-27 所示。

使用中心架和跟刀架时，工件转速不宜过高，并需对支承爪加注机油滑润。

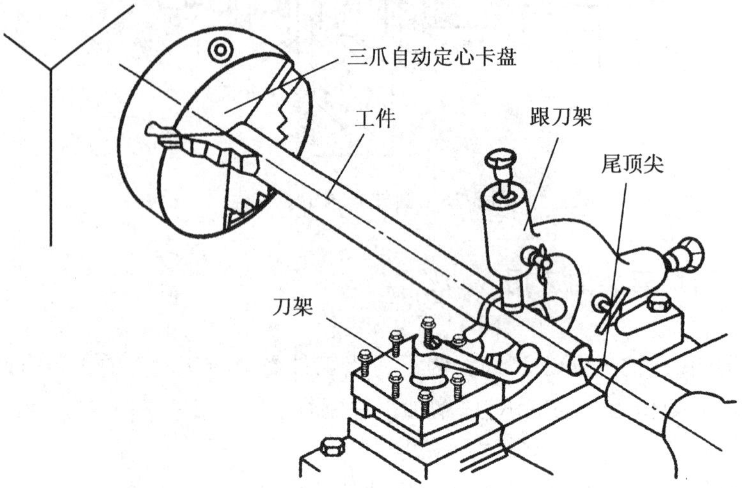

图 3-27　跟刀架的应用

【习题】

车床上有哪些附件？如何使用？

任务五　车外圆、车端面、切槽和切断

【相关知识】

车床的基本操作

CA6140 车床采用操纵杆式开关，在光杠下面有一主轴启闭和变向手柄，当手柄向上为正转，向下为反转，中间为停止位置。

1. 主轴转速的调整

主轴转速可通过改变主轴箱正面右侧两个叠套的手柄位置进行调整。前面的手柄在整圆周上有六个挡位，每个挡位上有四级变速，由大手柄的位置确定选择哪一级转速。大手柄只有四个挡位，挡位所显示的颜色与前面手柄所处挡位上转速数值字体颜色相对应。可使主轴获得 10～1 400 r/min 的 24 种不同转速（详见床头箱上的主轴转速表）。

2. 进给量的调整

进给量的大小是靠变换配换齿轮及改变进给箱上两个手传输线的位置得到的。进给箱正面左侧有一个手轮，手轮有八个挡位，外面的手柄有 A、B、C、D 四个挡位，是控制接通丝杠或光杠的手柄；里面的手柄有Ⅰ、Ⅱ、Ⅲ、Ⅳ四个挡位配合手轮的八个挡位，可控制螺距和进给量的大小(详见进给箱上的进给量表)。离合手柄是控制光杠和丝杠转动的，一般车削走刀时，使用光杠离合手柄向外拉；车螺纹时，使用丝杠离合手柄向里推。

3.手动手柄的使用

顺时针摇动纵向手动手柄，刀架向右移动；逆时针摇动，刀架向左移动。顺时针摇动横向手动手柄，刀架向前移动；逆时针摇动，刀架向后移动。

4.自动手柄的使用和快速移动操作

溜板箱右侧有一个带十字槽的操作扳手，有四个挡位。沿槽的方向扳动控制手柄，可实现纵向进、退和横向进、退运动。操作扳手顶部有一个按钮，用于接通或断开快速电动机。按下按钮，快速电动机接通；松开按钮，电动机断电，用于快速进、退刀具。

5.其他手柄的使用

当需要刀具短距离移动时，可使用小刀架手柄。装刀和卸刀时，需要使用方刀架锁紧手柄。装刀、卸刀和切削时，方刀架均需锁紧，此外，尾架手柄用于移动尾架套筒，手柄用于锁紧尾架套筒。

【工作过程】

一、工作课时

要求本单元理论课时和实训课时为4课时。

二、车外圆

1.车外圆的特点

将工件装夹在卡盘上做旋转运动，车刀安装在刀架上作纵向移动，就可车出外圆柱面。车削这类零件时，除了要保证图样的标注尺寸、公差和表面粗糙度外，一般还应注意形位公差的要求，如垂直度和同轴度的要求。

2.外圆车刀的选择和安装

(1)外圆车刀的选择。常用外圆车刀有尖刀、弯头刀、偏刀和圆弧刀。外圆车刀常用主偏角有45°、75°、90°。

尖刀主要用于粗车外圆和没有台阶或台阶不大的外圆；弯头刀用于车外圆、端面和有45°斜面的外圆，特别是45°弯头刀应用较为普遍；主偏角为90°的左右偏刀，车外圆时，径向力很小，常用来车削细长轴的外圆；圆弧刀的刀尖具有圆弧，可用来车削具有圆弧台的外圆。各种外圆车刀均可用于倒角。

(2)外圆车刀的安装。

①刀尖应与工件轴线等高。

②车刀刀杆应与工件轴线垂直。

③刀杆伸出刀架不宜过长，一般为刀杆厚度的1.5～2倍。

④刀杆垫片应平整，尽量用厚垫片，以减少垫片数量。

⑤车刀位置调整好后应固紧。

3. 车外圆操作步骤

车刀和工件在车床上安装以后，即可开始车削加工。在加工中必须按照如下步骤进行：

(1)选择主轴转速和进给量，调整有关手柄位置。

(2)对刀，移动刀架，使车刀刀尖接触工件表面，对零点时必须开车。

(3)对完刀后，用刻度盘调整切削深度。在用刻度盘调整切深时，应了解中滑板刻度盘的刻度值，就是每转过一小格时车刀的横向切削深度值。然后根据切深，计算出需要转过的格数。CA6140 车床中滑板刻度盘的刻度值每一小格为 0.1 mm(直径的变动量)。

(4)试切，检查切削深度是否准确，横向进刀。车削工件时要准确、迅速地控制切深，必须熟练地使用中滑板的刻度盘。中滑板刻度盘装在横丝杠轴端部，中滑板和横丝杠的螺母紧固在一起。由于丝杠与螺母之间有一定的间隙，进刻度时必须慢慢地将刻度盘转到所需的格数。如果刻度盘手柄摇过了头，或试切后发现尺寸太小而须退刀时，为了消除丝杠和螺母之间的间隙，应反转半周左右，再转至所需的刻度值上，如图 3-28 所示。

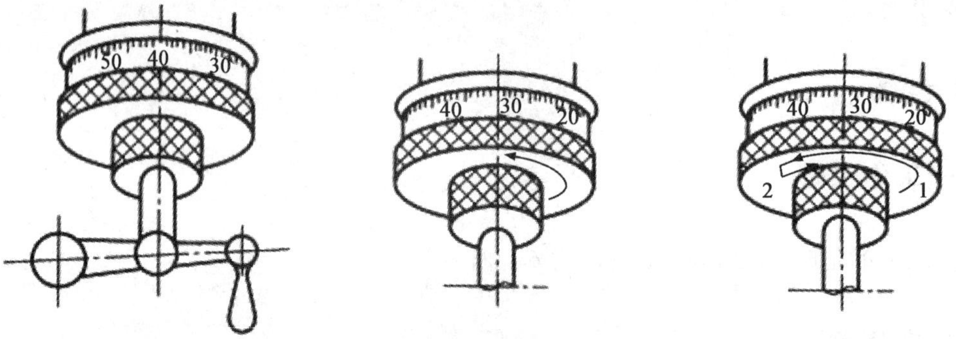

(a) 要求手柄转至30，但摇过头成40

(b) 错误：直接退至30

(c) 正确：反转约半周后再转至所需位置30

图 3-28　手柄摇过头后的纠正方法

(5)纵向自动进给车外圆。

(6)测量外圆尺寸。

对刀、试切、测量是控制工件尺寸精度的必要手段，是车床操作者的基本功，一定要熟练掌握。

三、车端面、切槽和切断

1. 车端面

对于既车外圆又车端面的场合，常使用弯头车刀和偏刀来车削端面，如图 3-29 所示。其中图 3-29(a)弯头车刀是用主切削刃担任切削，适用于车削较大的端面。图 3-29(b)是用 90°偏刀从外向里车削端面，是用车外圆时的副切削刃担任切削，副切削刃的前角较小，切削力较大，从里向外车削端面，便没有这个缺点，不过工件必须有孔才行，如图 3-29(c)所示。图 3-29(d)左偏刀车端面，刀头强度较好，适宜车削较大端面，尤其是铸、锻件的大端面。

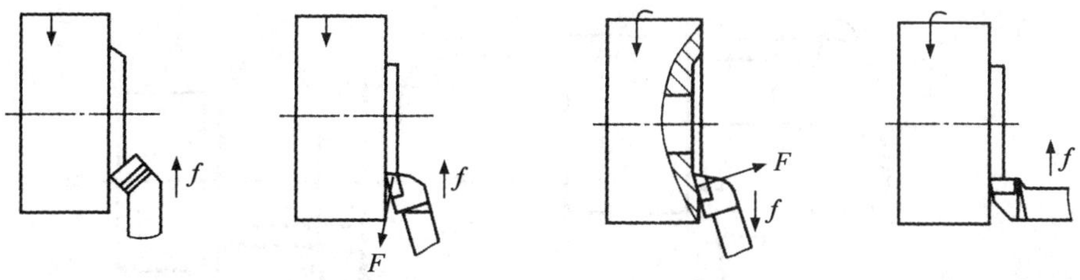

(a) 弯头刀车端面　(b) 右偏刀从外向中心进给车端面　(c) 右偏刀从中心向外进给车端面　(d) 左偏刀车端面

图 3-29　车端面

车端面操作应注意以下几点：

(1)安装工件时，要对其外圆及端面找正；

(2)安装车刀时，刀尖应严格对准工件中心，以免车端面时出现凸台，崩坏刀尖；

(3)端面质量要求较高时，最后一刀应由中心向外切削；

(4)车削大端面时，为使车刀准确地横向进给，应将大溜板紧固在床身上，用小刀架调整背吃刀量。

2. 切槽

切槽时用切槽刀。切槽刀前为主切削刃，两侧为副切削刃。安装切槽刀，其主切削刃应平行于工件轴线，主刀刃与工件轴线同一高度，如图 3-30 所示。

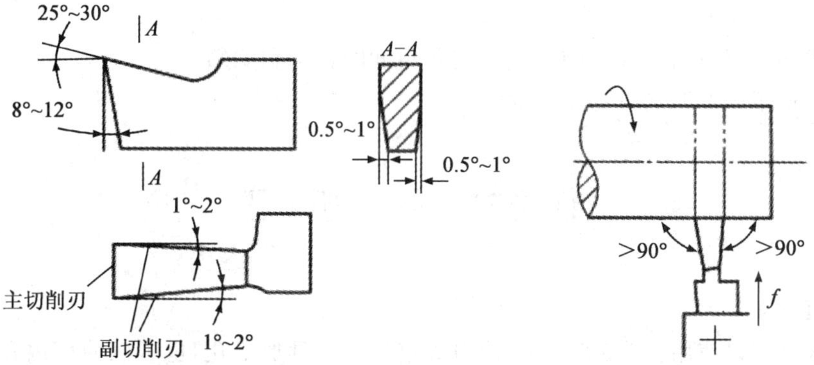

(a) 切槽刀　(b) 安装

图 3-30　切槽刀及安装

切 5 mm 以下窄槽，主切削刃宽度等于槽宽，横向走刀一次将槽切出。切宽槽可按如图 3-31 所示，主切削刃宽度小于槽宽，分几次横向走刀，切出槽宽；切出槽宽后，纵向走刀精车槽底，切完宽槽。

3. 切断

切断车刀和切槽车刀基本相同，但其主切削刃较窄，刀头较长。在切断过程中，散热条件差，刀具刚度低，因此须减小切削用量，以防止机床和工件的振动。

切断操作注意事项如下：

(1)切断时，工件一般用卡盘夹持。切断处应靠近卡盘，以免引起工件振动。

(2)安装切断刀时，刀尖要对准工件中心，刀杆与工件轴线垂直，刀杆不能伸出过长，但

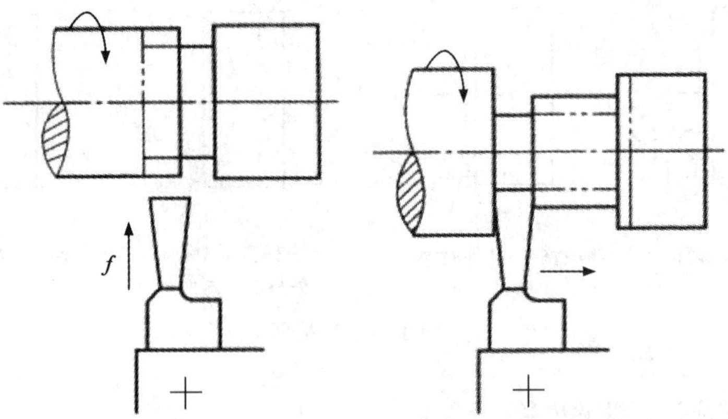

(a) 横向粗车　　(b) 精车

图 3-31　车宽槽

必须保证切断时刀架不碰卡盘。

(3)切断时应降低切削速度，并应尽可能减小主轴和刀架滑动部分的配合间隙。

(4)手动进给要均匀。快切断时，应放慢进给速度，以免刀头折断。

(5)切断工件时，需加切削液。

【习题】

1. 试述外圆车刀切削部分的组成及主要角度的含义和功用。

2. 在卧式车床上能加工哪些表面？

任务六　孔　加　工

【相关知识】

在车床上可以使用钻头、扩孔钻、铰刀等定尺寸刀具加工孔，也可以使用内孔车刀镗孔。内孔加工相对于外圆加工来说，由于在观察、排屑、冷却、测量及尺寸的控制方面都比较困难。而且刀具形状、尺寸又受内孔尺寸的限制而刚性较差，使内孔加工的质量受到影响。同时，由于加工内孔时不能用顶尖支撑，因而装夹工件的刚性也较差。另外，在车床上加工孔时，工件的外圆和端面应尽可能在一次装夹中完成，这样才能靠机床的精度来保证工件内孔与外圆的同轴度、工件孔的轴线与端面的垂直度。因此，在车床上适合加工轴类、盘类中心位置的孔，以及小型零件上的偏心孔，而不适合加工大型零件和箱体、支架类零件上的孔。

【工作过程】

工作课时

要求本单元理论课时和实训课时为 4 课时。

1. 镗孔

镗孔(图 3-32)是对锻出、铸出或钻出孔的进一步加工。镗孔可扩大孔径，提高精度，减小表面粗糙度，还可以较好地纠正原来孔轴线的偏斜。镗孔可以分为粗镗、半精镗和精镗。精镗孔的尺寸精度可达 IT8～IT7，表面粗糙度 R_a 值可达 1.6～0.8 μm。

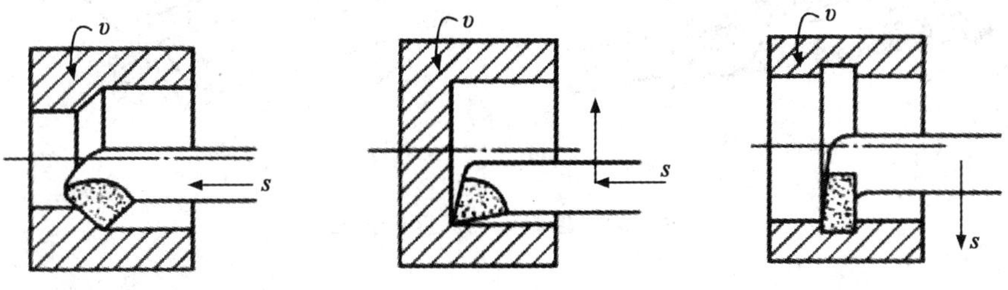

(a) 镗通孔　　(b) 镗不通孔　　(c) 镗槽

图 3-32　镗孔

(1)常用镗刀。

①通孔镗刀。镗通孔用普通镗刀，为减小径向切削分力，以减小刀杆弯曲变形，一般主偏角为 45°～75°，常取 60°～70°。

②不通孔镗刀。镗台阶孔和不通孔用的镗刀，其主偏角大于 90°，一般取 95°。

(2)镗刀的安装。

①刀杆伸出刀架处的长度应尽可能短，以增加刚性，避免因刀杆弯曲变形，而使孔产生锥形误差。

②刀尖应略高于工件旋转中心，以减小振动和扎刀现象，防止镗刀下部碰坏孔壁，影响加工精度。

③刀杆应尽可能粗些，要装正，不能歪斜，以防止刀杆碰坏已加工表面。

(3)工件的安装。

①铸孔或锻孔毛坯工件，装夹时一定要根据内外圆校正，既要保证内孔有加工余量，又要保证与非加工表面的相互位置要求。

②装夹薄壁孔件，不能夹得太紧，否则，加工后的工件会产生变形，影响镗孔精度。对于精度要求较高的薄壁孔类零件，在粗加工之后，精加工之前，稍将卡爪放松，但夹紧力要大于切削力，再进行精加工。

(4)镗孔方法。由于镗刀刀杆刚性差，加工时容易产生变形和振动，为了保证镗孔质量，精镗时一定要采用试切方法，并选用比精车外圆更小的背吃刀量 a_p 和进给量 f，并要多次走刀，以消除孔的锥度。

镗台阶孔和不通孔时，应在刀杆上用粉笔、铜片或划针做记号，如图 3-33 所示，以控制镗刀进入的深度。

镗孔生产效率较低，但镗刀制造简单，大直径和非标准直径的孔都可加工，通用性强，多用于单件小批量生产中。

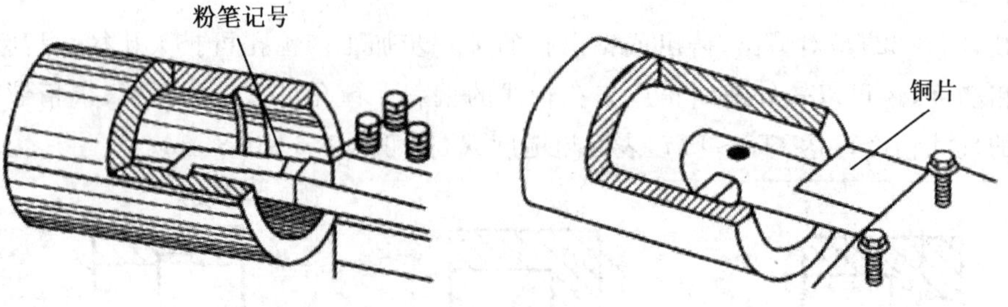

(a) 用粉笔画长度记号　　(b) 用铜片控制孔深

图 3-33　控制车孔深度的方法

2. 钻孔

利用钻头将工件钻出孔的方法称为钻孔。通常在钻床或车床上钻孔。钻孔的精度较低，尺寸公差等级在 IT10 级以下，表面粗糙度 $R_a=6.3\ \mu m$。因此，钻孔往往是车孔、镗孔、扩孔和绞孔的预备工序。

在车床上钻孔，不需划线，易保证孔与外圆的同轴度及孔与端面的垂直度。车床上钻孔的操作步骤如下：

(1)车端面。钻中心孔便于钻头定心，可防止孔钻偏。

(2)装夹钻头。锥柄钻头直接装在尾架套筒的锥孔内，直柄钻头装在钻夹头内，把钻夹头装在尾架套筒的锥孔内。要擦净后再装入。

(3)调整尾架位置。松开尾架与床身的紧固螺栓螺母，移动尾架，使钻头能进给至所需长度，固定尾架。

(4)开车钻削。尾架套筒手柄松开后(但不宜过松)，开动车床，均匀地摇动尾架套筒手轮钻削。刚接触工件时，进给要慢些；切削中要经常退回；钻透时，进给也要慢些，退出钻头后再停车。

一般直径在 $\phi30$ mm 以下的孔可用麻花钻直接在实心的工件上钻孔。直径大于 $\phi30$ mm，则先用 $\phi30$ mm 以下的钻头钻孔后，再用所需尺寸钻头扩孔。

3. 扩孔

扩孔就是把已用麻花钻钻好的孔再扩大到所需尺寸的加工方法。一般单件低精度的孔，可直接用麻花钻扩孔；精度要求高，成批加工的孔，可用扩孔钻扩孔。扩孔钻的强度比麻花钻好，进给量可适当加大，生产效率高。

4. 铰孔

铰孔是利用定尺寸多刃刀具、高效率、成批精加工孔的方法，钻-扩-铰联用，是精加工的典型方法之一，多用于成批生产或单件、小批量生产中细长孔的加工。

【习题】

钻孔的步骤有哪些？

任务七 车 螺 纹

【相关知识】

螺纹零件广泛应用于机械产品，螺纹零件的功能是连接和传动。例如，车床主轴与卡盘的连接，方刀架上螺钉对刀具的紧固，丝杠与螺母的传动等。螺纹的种类很多，按牙型分为三角螺纹、梯形螺纹、方牙螺纹等。各种螺纹又有右旋、左旋和单线、多线之分，其中以单线、右旋的普通螺纹应用最广。

螺纹的基本知识

螺纹各部分名称及尺寸计算：普通螺纹各部分名称如图 3-34 所示，大写字母为内螺纹各部分名称代号，小写字母为外螺纹各部分名称代号。

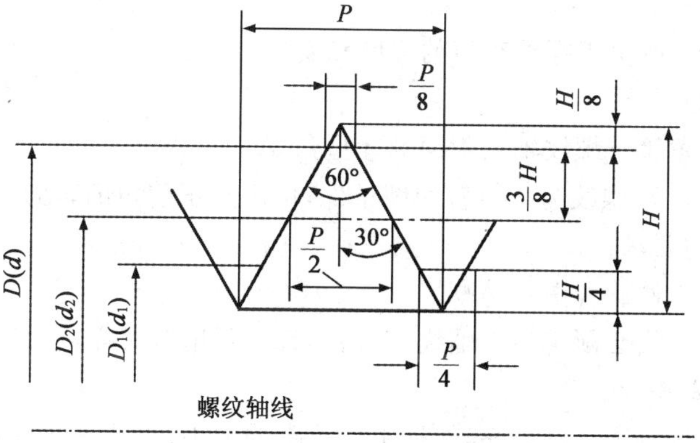

图 3-34 普通螺纹各部分名称代号

D—内螺纹的大径（公称直径）；d—外螺纹的大径（公称直径）；D_2—内螺纹中径；d_2—外螺纹中径；D_1—内螺纹小径；d_1—外螺纹小径；P—螺距；H—原始三角形高度。

大径：公称直径 $D(d)$，单位 mm。

中径：$D_2(d_2)=D(d)-0.6495P$

它是平分螺纹理论高度 H 的假想圆柱的直径，在中径处螺纹牙厚与牙槽宽相等。

小径：$D_1(d_1)=D(d)-1.082P$

螺距 P：指相邻两牙在轴线方向对应点的距离。公制螺纹螺距单位用 mm 表示，英制螺纹螺距单位用每英寸长度的牙数 D_p 表示，D_p 称为节径，螺距 P 与节径 D_p 的关系为

$P=2.54/D_p$，单位 mm。

牙型角 α：是螺纹轴向剖面上的相邻两牙侧之间的夹角。普通公制螺纹的牙型角为 $\alpha=60°$，英制螺纹的牙型角为 $\alpha=55°$。

线数（头数）n：指同一螺纹上螺旋线的根数。

导程 L：$L=nP$。当 $n=1$ 时，$P=L$。一般三角螺纹为单线，螺距即为导程。

内外螺纹总是成对使用的，决定内外螺纹能否配合，以及配合的松紧程度，主要取决于牙型角 α、螺距 P 和中径 $D_2(d_2)$ 三个基本要素的精度。

【工作过程】

一、工作课时

要求本单元理论课时和实训课时为 4 课时。

二、螺纹的车削加工

1. 传动原理

车削螺纹时，为了获得准确的螺纹，必须用丝杠带动刀架进给，使工件每转一周，刀具移动的距离等于螺距。

2. 螺纹车刀及安装

牙型角 α 的保证，取决于螺纹车刀的刃磨和安装。

螺纹车刀刃磨的要求：

(1)车刀的刀尖角等于螺纹轴向剖面的牙型角 α；

(2)前角 $\gamma_o=0$，粗车螺纹为了改善切削条件，可用有正前角的车刀($\gamma_o=5°\sim20°$)。

螺纹车刀安装的要求：

(1)刀尖必须与工件旋转中心等高。

(2)刀尖角的平分线必须与工件轴线垂直。因此，要用对刀样板对刀。如图 3-35 所示。

3. 机床调整及安装

车刀装好后，应对机床进行调整，根据工件螺距的大小、查找车床标牌，选定进给箱手柄位置，脱开光杠进给机构，改由丝杠传动。选取较低的主轴转速，以便切削顺利，并有充分时间退刀。为使刀具移动均匀、平稳，须调整横溜板导轨间隙和小刀架丝杠与螺母的间隙。

在车削过程中，工件对主轴如有微小的松动，即会导致螺纹形状或螺距的不准确，因此工件必须装夹牢固。

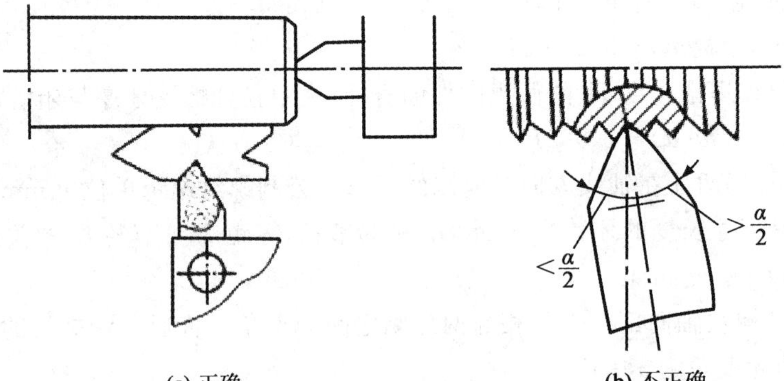

(a) 正确　　(b) 不正确

图 3-35　外螺纹车刀的安装

4.操作方法

车螺纹的操作步骤：以车削外螺纹为例，如图 3-36 所示，这种方法称为正反车法，适于加工各种螺纹。

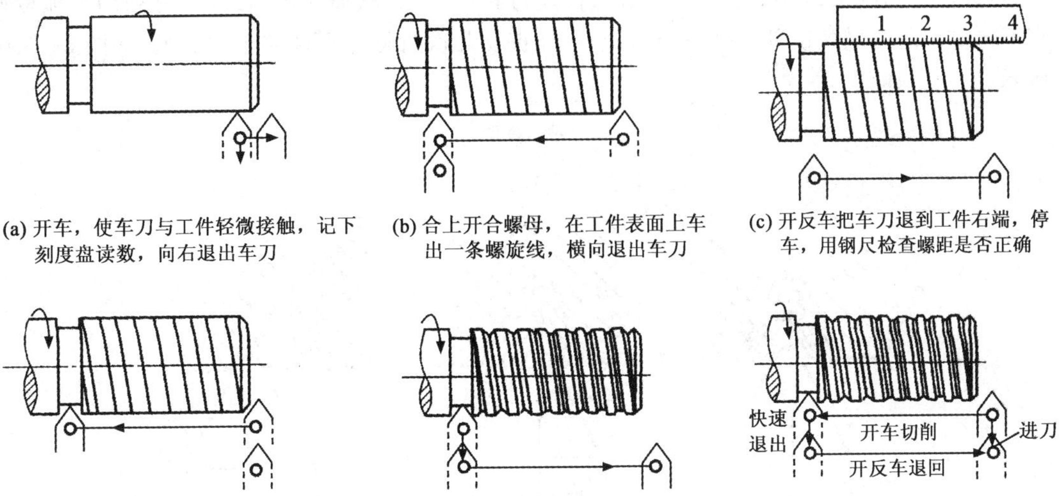

(a) 开车，使车刀与工件轻微接触，记下刻度盘读数，向右退出车刀

(b) 合上开合螺母，在工件表面上车出一条螺旋线，横向退出车刀

(c) 开反车把车刀退到工件右端，停车，用钢尺检查螺距是否正确

(d) 利用刻度盘调整切削深度，开车切削

(e) 车刀将至行程终了时，应做好退刀停车准备，先快速退出车刀，然后开反车退回刀架

(f) 再次横向进刀，继续切削，其切削过程的路线如图所示

图 3-36　螺纹的车削方法与步骤

如果车床丝杠螺距是工件导程的整倍数时，可在正车时，按下开合螺母手柄车螺纹，车至螺纹终端处，抬起开合螺母手柄停止进给，转动大拖板手柄将车刀退至螺纹加工的起始位置(不用反车退刀)，接着进行下一步车削。这种方法为抬闸法，在粗车螺纹时，用这种方法可提高效率。在精车螺纹时，还是用反车退刀，不要扳起开合螺母，这样容易控制加工尺寸和表面粗糙度。

车内螺纹的方法与车外螺纹的方法基本相同。只是横向进给手柄的进退转向不同而已。对于直径较小的内、外螺纹可用丝锥或板牙攻出。

车螺纹的注意事项如下：

①切削螺纹时，应及时退刀，以防车刀与工件台阶或卡盘相撞而引发事故。

②加工过程中不能用手摸螺纹表面，更不能用纱布或布擦螺纹表面。

三、车削普通螺纹的进刀方法

螺纹的车削方法分低速车削法和高速车削法两种。

1.低速车削普通螺纹的进刀方法

低速车削螺纹时，一般都选用高速钢车刀。低速车削螺纹精度高，表面粗糙度值小，但车削效率低。低速车削时，应根据车床和工件的刚性、螺距的大小，选择不同的进给方法。

低速车削普通螺纹的进刀方法有以下三种：

(1)直进法：车削时，在每次往复行程后，车刀沿横向进给，通过多次行程，把螺纹车削成型，如图 3-37(a)所示。

采用直进法车削，容易获得较准确的牙型，但车刀两刃同时车削，切削力较大，容易产生振动和扎刀现象，因此常用于车削螺距小于 3 mm 的三角形螺纹。

(2)左右切削法：车削过程中，在每次往复行程后，除了做横向进刀外，同时利用小拖板使车刀向左或向右做微量进给(俗称赶刀)，这样重复几次行程即把螺纹车削成型，如图 3-37(b)所示。

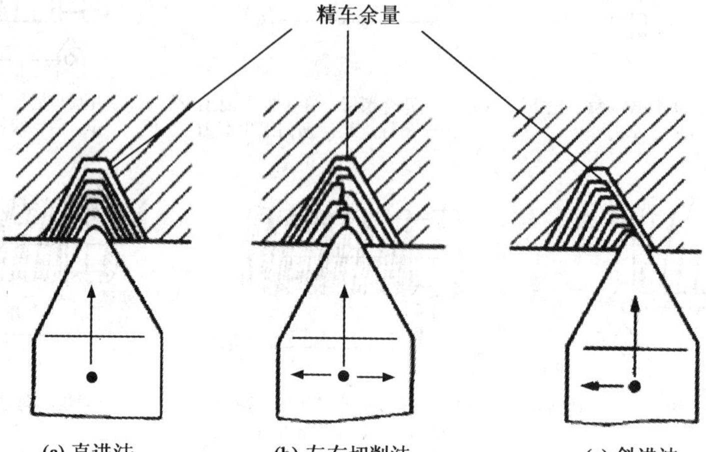

图 3-37　低速车削三角螺纹的进刀方法

采用左右切削法车削，车刀单刃车削，不仅排削顺利，而且还不易扎刀，精车时，车刀左右进给量一般应小于 0.05 mm，否则易造成牙底过宽或牙底不平。

(3)斜进法：粗车时，为了操作方便，在每次往复行程后，除中滑板横向进给外，小拖板只向一个方向作微量进给，这样往复几次行程即把螺纹车削成型，如图 3-37(c)所示。

斜进法也是单刃车削，不仅排削顺利，不易扎刀，且操作方便，适于粗车；精车时必须用左右切削法才能保证螺纹精度。

2. 高速车削普通螺纹

高速车削普通螺纹时，用硬质合金车刀，只能采用直进法，而不能采用左右切削法，否则高速排出的切屑会把螺纹另一侧拉毛。高速直进法车削，切削力较大，为了防止振动和扎刀，可以使用弹性刀杆螺纹车刀。另外，高速车削普通螺纹时，由于车刀的挤压，易使工件胀大，所以车削外螺纹前的工件直径一般比公称直径要小(约小 0.13P)。

3. 车削普通螺纹时切削用量的选择

车削螺纹时切削用量的选择，主要是指背吃刀量和切削速度的选择，应根据工件材料螺距的大小以及所处的加工位置等因素来决定。

选择切削用量的原则是：

(1)根据切削要求选择。前几次的进给量可大些，以后每次进给切削用量应逐渐减小，精车时，背吃刀量应更小。切削速度应选低一些，粗车时 $v_c = 10 \sim 15$ m/min；每次切深 0.15 mm 左右，最后留精车余量 0.2 mm。精车时，$v_c = 6$ m/min。每次进刀 0.02～0.05 mm，总切深为 1.08P。

(2)根据切削状况选择。车外螺纹时切削用量可大些，车内螺纹时，由于刀杆刚性差，切削用量应小些。在细长轴上加工螺纹时，由于工件刚性差，切削用量应适当减小。车螺距较大的螺纹时，进给量较大，所以，背吃刀量和切削速度应适当减小。

(3)根据工件材料选择。加工脆性材料(铸铁、黄铜等)，切削用量可小些，加工塑性材料(钢等)，切削用量可大些。

(4)根据进给方式选择。用直进法车削，由于切削面积大，刀具受力大，所以切削用量应小些，若用左右切削法，切削用量可大些。

四、乱牙及其预防方法

无论车削哪一种螺纹，都要经过几次进给才能完成。车削时，车刀偏离了前一次行程车出的螺旋槽，而把螺纹车乱的现象为乱牙。

由公式

$$i=n_{丝}/n_{工}=L_{工}/P_{丝}$$

式中，i—主轴到丝杠之间的传动比；$n_{丝}$—丝杠的转速，r/min；$n_{工}$—工件的转速，r/min；$P_{丝}$—丝杠的螺距，mm；$L_{工}$—工件的导程，mm。

由转速和螺距的关系可知，当丝杠螺距是工件导程的整数倍时，采用抬闸法车削，就不会乱牙，否则会乱牙。

当车床丝杠的螺距是工件螺距整数倍时，采用抬闸法车削就不会乱牙。但如果开合螺母手柄没有完全压合，使螺母没有抱紧丝杠，也会乱牙。或因车刀重磨后重新安装，没有对刀，使车刀与工件的相对位置发生了变化，则也会乱牙。

通常预防乱牙的方法是倒顺车法，即在一次形成结束时，不提起开合螺母，把车刀沿径向退出后，将主轴反转，使车刀沿纵向退回，再进行第二次行程，这样往复过程中，因主轴、丝杠和刀架之间的传动链始终没有脱开，车刀就不会偏离原来的螺旋槽而乱牙。

采用倒顺车法时，主轴换向不能太快，否则会使机床的传动件受冲击而损坏，在卡盘处应安装保险装置，以防主轴反转时卡盘脱落。

此外还应注意以下几点：

(1)调整中小刀架的间隙(调镶条)。不要过紧或过松，以移动均匀、平稳为好。

(2)如从顶尖上取下工件度量，不能松下卡箍。在重新安装工件时要使卡箍与拨盘(或卡盘)的相对位置与原来的位置保持一样。

(3)在切削过程中，如果换刀，则应重新对刀。“对刀”是指闭合开合螺母，移动小刀架，使车刀落入原来的螺纹槽中。由于传动系统有间隙，所以对刀须在车刀沿切削方向走一段以后，停车后再进行。

五、螺纹的测量

对螺纹而言主要测量螺距、牙型角和螺纹中径。因为螺距是由车床的运动关系来保证的，所以用钢尺测量即可；牙型角是由车刀的刀尖角以及正确的安装来保证的，一般用样板测量。也可用螺距规同时测量螺距和牙型角，如图 3-38 所示；螺纹中径常用螺纹千分卡尺来测量,如图 3-39 所示。在成批大量生产中,多用如图 3-40 所示的螺纹量规进行综合测量。

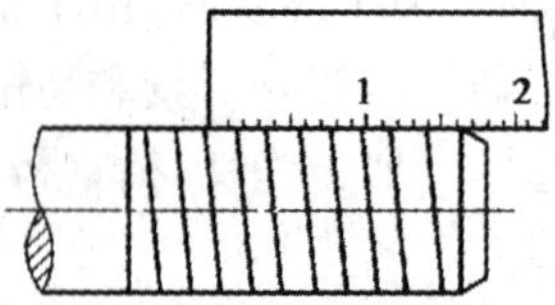

(a)用钢尺测量

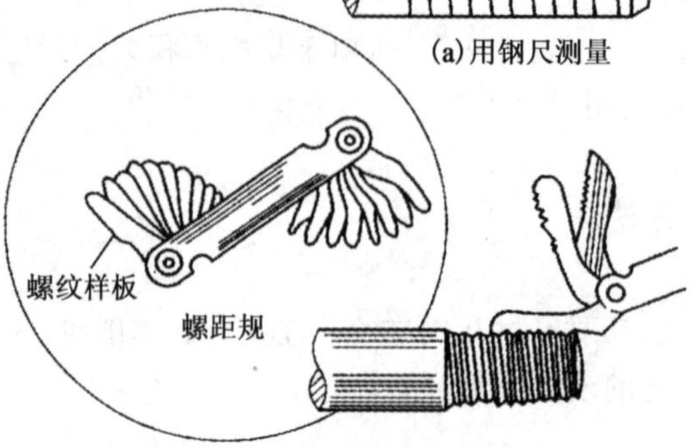

(b)用螺距规测量

图 3-38　测量螺距和牙型角

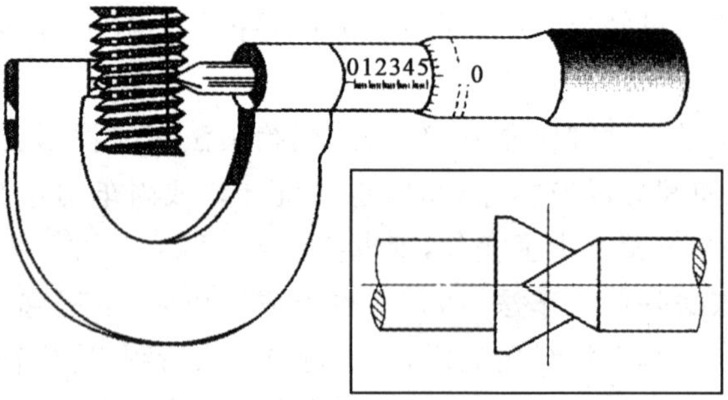

图 3-39　测量螺纹中径

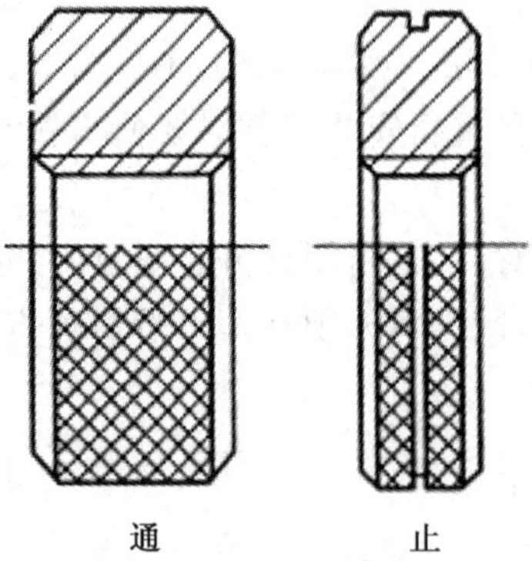

(a) 螺纹环规(测外螺纹)

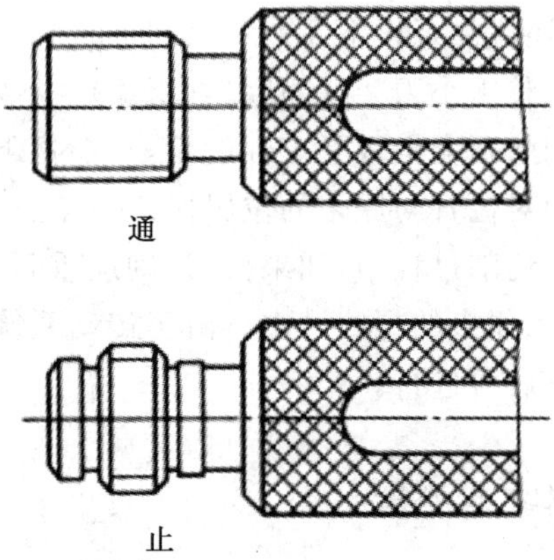

(b) 螺纹塞规(测内螺纹)

图 3-40　螺纹量规

六、车螺纹时的缺陷及预防措施

车螺纹时的缺陷及预防措施，见表 3-2。

表 3-2　车螺纹时的缺陷、产生原因及预防措施

缺陷种类	产生原因	预防措施
螺距不准	1. 在调整机床时，手柄位置放错了； 2. 反转退刀时，开合螺母被打开过； 3. 进给丝杠或主轴轴向窜动	1. 检查手柄位置是否正确，把放错的手柄改正过来； 2. 退刀时不能打开开合螺母； 3. 调整丝杠或主轴轴承轴向间隙，不能调间隙时换新的
中径不准	加工时切入深度不准	仔细调整切入深度
牙型不准	1. 车刀刀尖角刃磨不准； 2. 车刀安装时位置不正确； 3. 车刀磨损	1. 重新刃磨刀尖； 2. 重新装刀，并检查位置； 3. 重新磨刀或换刀
螺纹表面不光洁	1. 刀杆刚性不够，切削时振动； 2. 高速切削时，精加工余量太少或排屑方向不正确，把已加工表面拉毛	1. 调整刀杆伸出长度，或换刀杆； 2. 留足够的加工余量，改变刀具几何角度，使切屑不流向已加工表面
扎刀	1. 前角太大； 2. 横向进给丝杠间隙太大	1 减少前角； 2 调整丝杠间隙

【习题】

1. 普通螺纹车削方法有哪些？车削螺纹时切削用量的选择原则是什么？
2. 车削螺纹时如何防止乱牙？
3. 如何进行螺纹的测量？

任务八　车圆锥面、车成型面

【相关知识】

在机械制造中，除采用圆柱体和内圆柱面作为配合表面外，还常用圆锥体和内锥面作为配合面。

例如，车床主轴孔与顶尖的配合；尾架套筒的锥孔和顶尖、钻头锥柄的配合等。圆锥体与内锥面相配具有配合紧密，拆装方便，多次拆装仍能保持精确的定心作用等优点。

圆锥的参数

圆锥表面有 5 个参数，如图 3-41 所示，α 为锥体的锥角；l 为锥体的轴向长度，mm；D 为锥体大端直径，mm；d 为锥体小端直径，mm；K 为锥体斜度（$K=C/2$，C 为锥体的锥度）。

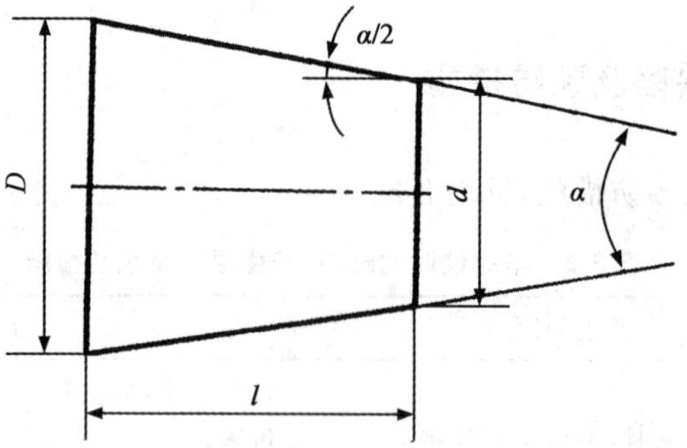

图 3-41　锥体主要尺寸

这 5 个参数之间的互相关系可表示为：

圆锥的锥度 $C=(D-d)/l=2\tan(\alpha/2)$

圆锥的斜度 $K=(D-d)/2l=\tan(\alpha/2)$

锥体用锥度表示，如 1∶5，1∶10，1∶20 等。特殊用途锥体根据需要专门制订，如 7∶24，莫氏锥度等。

【工作过程】

一、工作课时

要求本单元理论课时和实训课时为 4 课时。

二、车圆锥面的方法

车圆锥面的方法有四种：转动小拖板法、偏移尾架法、靠尺法和宽刀法。

1. 转动小拖板法(小刀架转位法)

根据零件的圆锥角(α)，把小刀架下的转盘顺时针或逆时针扳转一个圆锥角($\alpha/2$)，再把螺母固紧，用手缓慢而均匀地转动小刀架手柄，车刀则沿着锥面的母线移动，如图 3-42 所示，从而加工出所需要的锥面。

此法车锥面操作简单，可以加工任意锥角的内、外锥面。因受小刀架行程的限制，不能加工较长的锥面。需手动进给，劳动强度较大，表面粗糙度 R_a 为 6.3～1.6 μm。用于单件小批生产中，车削精度较低和长度较短的圆锥面。

2. 偏移尾架法

尾架主要由尾架体和底座两大部分组成。底座靠压板和固定螺钉紧固在床身上，尾架体可在底座上横向调节。当松开固定螺钉而拧动两个调节螺钉时，即可使尾架体在横向移动一定距离。

如图 3-43 所示，工件安装在前后顶尖之间，将尾架体相对底座在横向向前或向后偏移一定距离 S，使工件回转轴线与车床主轴轴线夹角等于工件圆锥角(α)，当刀架自动或手动纵向进给时，即可车出所需的锥面。

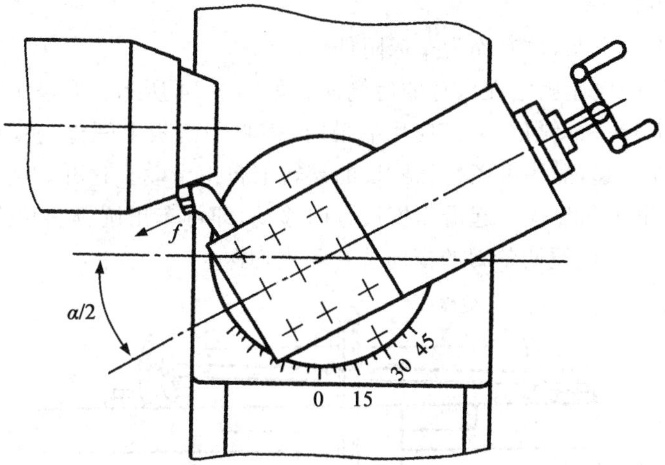

图 3-42 转动小拖板法车锥面

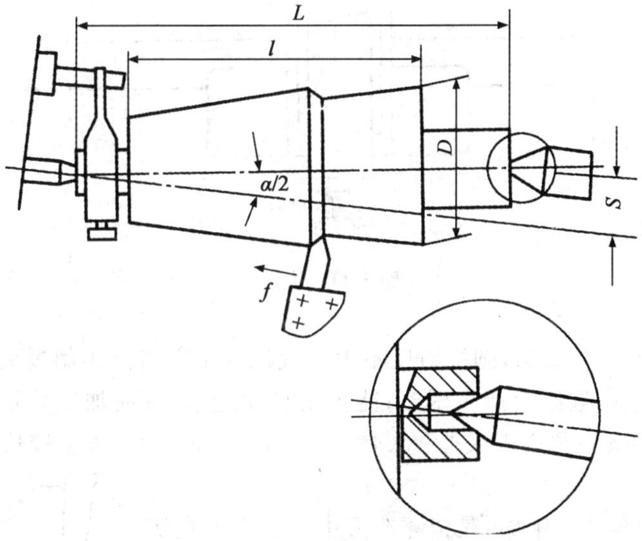

图 3-43 偏移尾座法车锥面

尾架偏移距离 S 为

$$S=\frac{L\times C}{2}=\frac{L\times(D-d)}{2l}=L\tan\frac{\alpha}{2}$$

式中，D,d—锥体大端和小端直径；L—工件总长度；l—锥度部分轴向长度。

此法可以加工较长的锥面，并能采用自动进给，表面加工质量较高，表面粗糙度小(R_a=6.3～1.6 μm)。因受尾架偏移量的限制，只能车削工件圆锥斜角 $\alpha<8°$ 的外锥面。又因顶尖在中心孔内是歪斜的，接触不良，磨损不均匀，变得不圆，导致在加工锥度较大的斜面时，影响加工精度。尾架偏移法车圆锥面，最好使用球顶尖，以保持顶尖与中心孔有良好的接触状态。用于单件和成批生产中，加工锥度较小、长度较长的外圆锥面。

3. 靠尺法(机械靠模法)

靠尺装置一般要自制,也有作为车床附件供应的。

机械靠模装置的底座固定在床身的后侧面。如图 3-44 所示。底座上装有靠模尺,靠模尺可以根据需要扳转一个斜角(α)。使用靠模时,需将中滑板上螺母与横向丝杠脱开,并把长板与滑块连接在一起,滑块可以在靠模尺的导轨上自由滑动。这样,当大拖板做自动或手动纵向进给时,中滑板与滑块一起沿靠模尺方向移动,即可车出圆锥斜角为 α 的锥面。加工时,小刀架需扳转 90°,以便调整刀的横向位置和进切深。

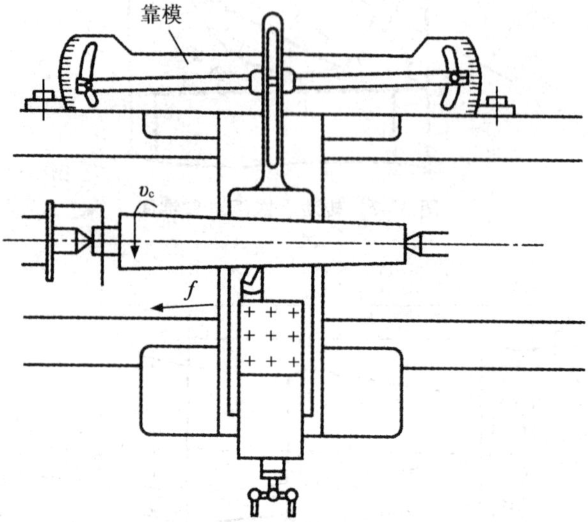

图 3-44 靠尺法

可加工较长的内、外锥面,圆锥斜度不大,一般 $\alpha<12°$,若圆锥斜度太大,中滑板由于受到靠模尺的约束,纵向进给会产生困难;能采用自动进给,锥面加工质量较高,表面粗糙度 R_a 可达 6.3~1.6 μm。适用于成批和大量生产中,加工锥度小,长度较长的内、外圆锥面。

4. 宽刀法

宽刀(样板刀)车削圆锥面,是依靠车刀主切削刃垂直切入,直接车出圆锥面。如图 3-45 所示。宽刀刀刃必须平直,刃倾角为零,主偏角等于工件的圆锥斜角(α);安装车刀时,必须保持刀尖与工件回转中心等高;加工的圆锥面不能太长,要求机床—工件—刀具系统必须具有足够的刚度;此法加工的生产率高,工件表面粗糙度 R_a 可达 6.3~1.6 μm。适用于大批量生产中加工锥度较大,长度较短的内、外圆锥面。

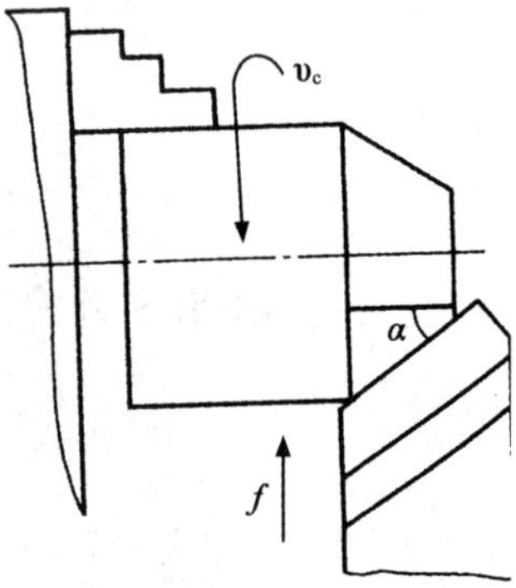

图 3-45 宽刀法

三、车成型面

有些零件如手柄、手轮、圆球等,他们的表面不是平直的,而是由曲面组成的,这类零件的表面称为成型面(也叫特形面)。下面介绍三种加工成型面的方法。

1. 用普通车刀车削成型面

如图 3-46(a)所示，首先用外圆车刀 1 把工件粗车出几个台阶，然后双手控制车刀 2 依纵向和横向的综合进给车掉台阶的峰部，得到大致的成型轮廓，再用精车刀 3 按同样的方法进行成型面的精加工，如图 3-46(b)所示，再用样板检验成型面是否合格，如图 3-46(c)所示。一般需经多次反复度量修整，才能得到所需的精度及表面光洁度。这种方法对操作技术要求较高，但由于不需要特殊的设备，生产中仍被普遍采用，此方法多用于单件操作、小批量生产。

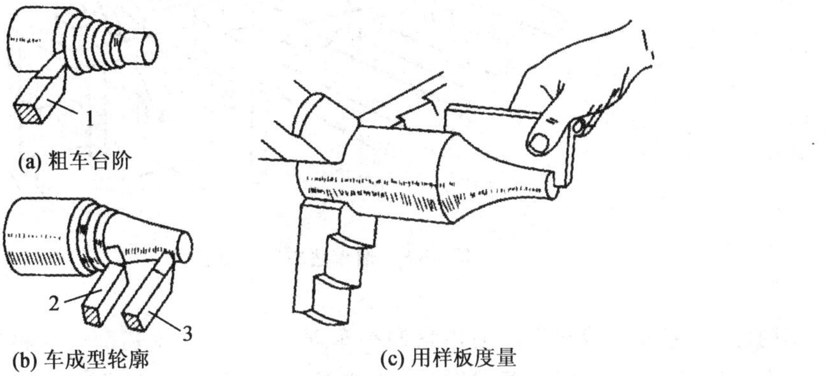

图 3-46　用普通车刀车削成型面

2. 成型车刀车削成型面

这种方法是利用与工件轴向剖面形状完全相同的成型车刀来车出所需的成型面，也称为样板刀法，如图 3-47 所示。主要用于车削尺寸不大的且要求不太精确的成型面。

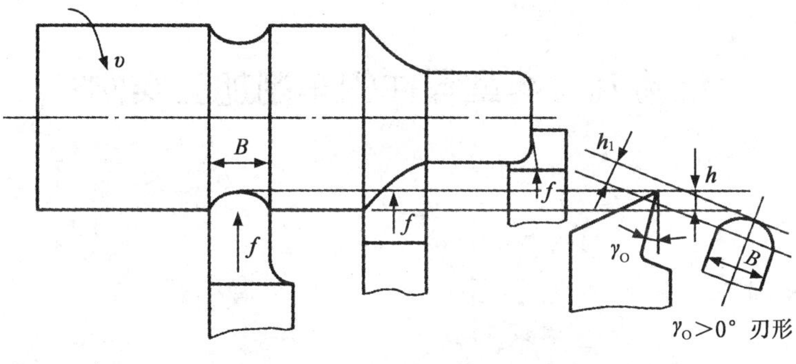

图 3-47　成型车刀车削成型面

3. 靠模法车削成型面

利用刀尖运动轨迹与靠模(板或槽)形状完全相同的方法车出成型面，如图 3-48 所示。靠模安装在床身后面，车床中拖板需与丝杠拖开。其前端连接板上装有滚柱，当大拖板纵向自动进给时，滚柱即沿靠模的曲线槽移动，从而带动中拖板和车刀作与曲线槽形状一致的曲线运动，车出成型面来。

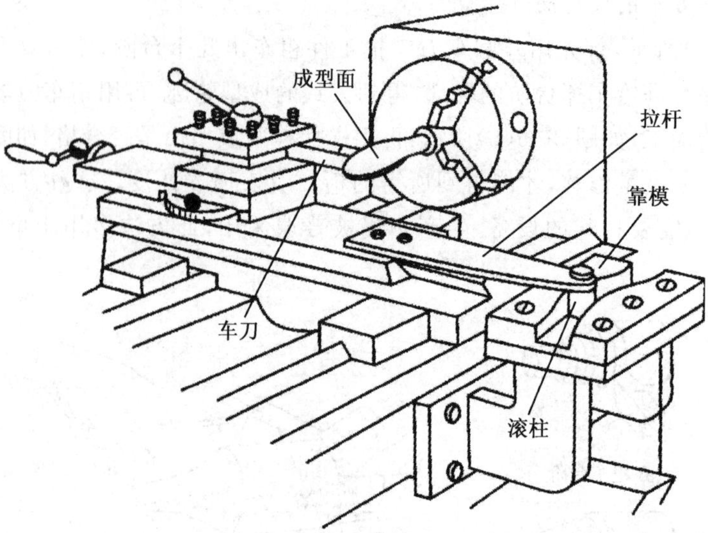

图 3-48　靠模法车削成型面

车削前，小拖板应转 90°，以便用它调整车刀位置，并控制切深。这种方法操作简单，生产效率高，但需要制造专用模具，适用于生产批量大、车削轴向长度长、形状简单的成型面零件。

【习题】

1. 车圆锥面的方法有哪些？

2. 试比较成型面三种车削加工方法。

任务九　典型零件的车削加工实例

【工作过程】

一、工作课时

要求本单元理论课时和实训课时为 4 课时。

二、车轴类零件的加工工序

销轴(图 3-49)在小批量生产时的车削步骤，见表 3-3。该销轴选用 $\phi18$ 的 45 号钢，车削加工前用锯床下料，总长 320 mm(75 mm 长，4 件，加料头长 20 mm)。

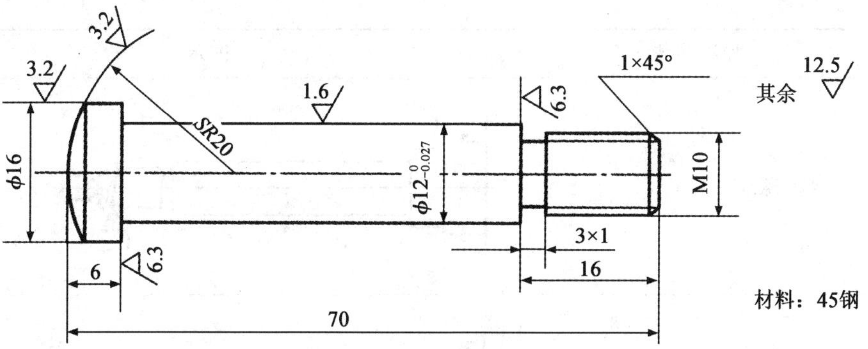

图 3-49　销轴

表 3-3　销轴加工步骤

序号	加工步骤	图示
1	车端面，钻中心孔	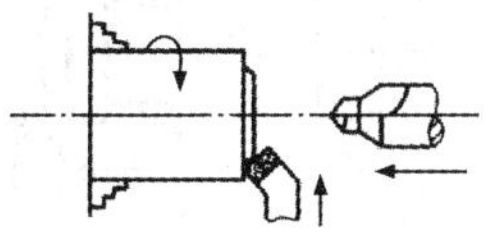
2	粗车 $\phi16\times75$、$\phi13\times64$、$\phi11\times16$	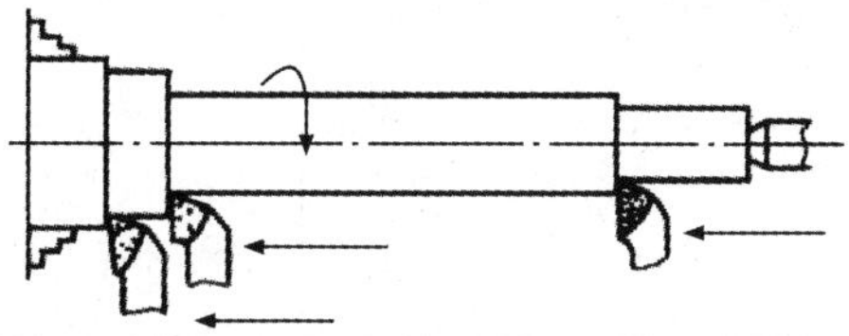
3	切退刀槽 $\phi8\times3$	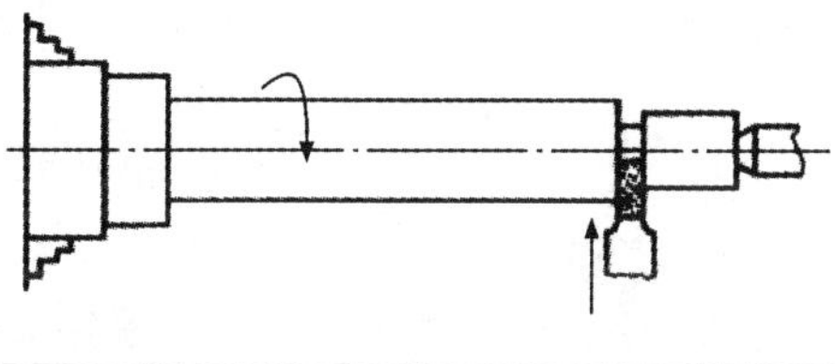
4	精车 $\phi12$、$\phi10\times16$	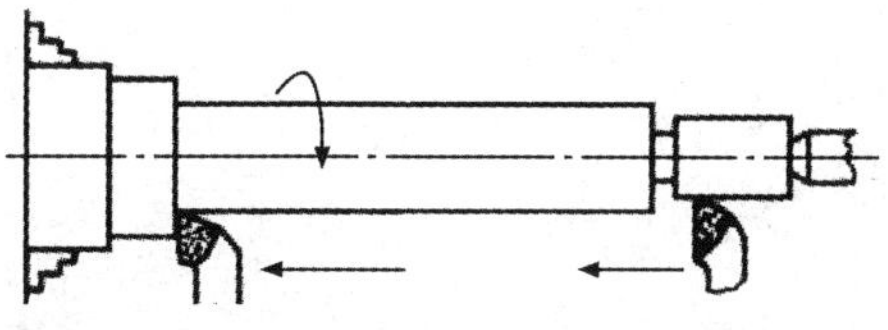
5	倒角 $1\times45°$	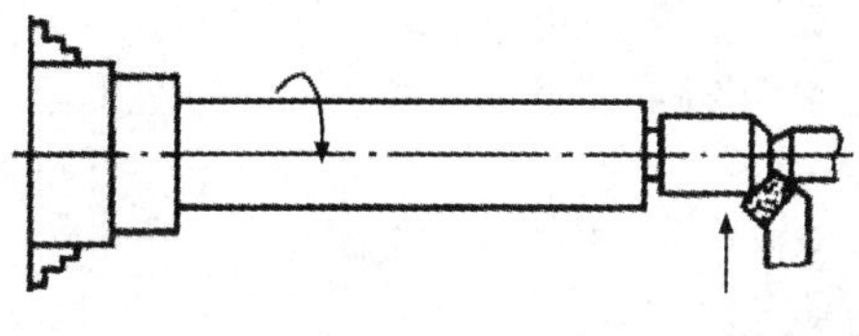

续表 3-3

序号	加工步骤	图示
6	车 M10 螺纹	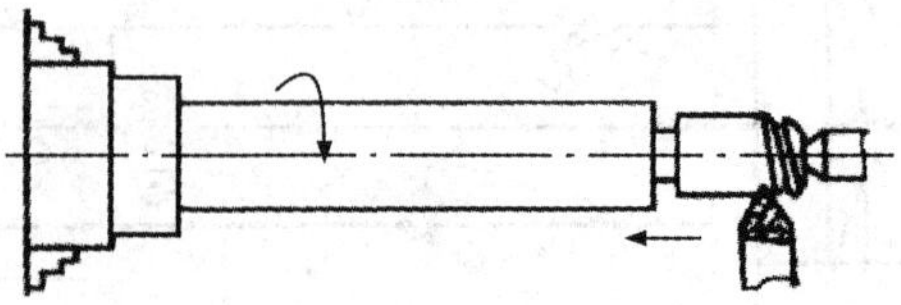
7	切断，全长 71 mm	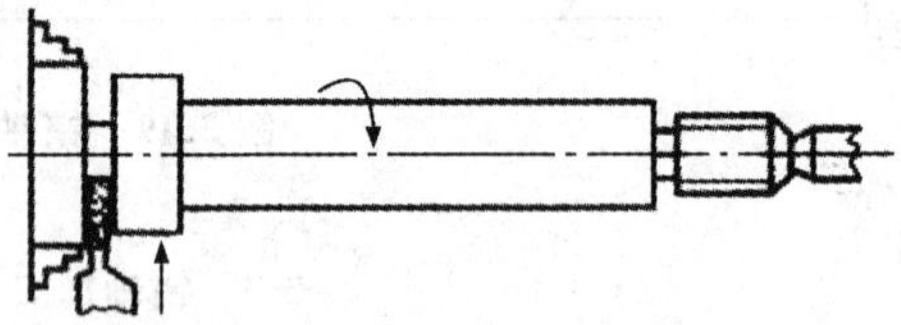
8	掉头，车球面 *R*20 用双手同时操纵	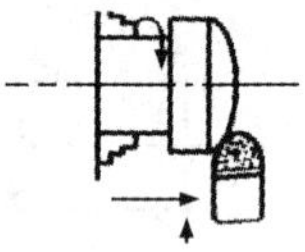
9	检验	

项目四　铣削加工

任务一　铣削基本知识

【相关知识】

铣削加工是在铣床上利用铣刀的旋转和工件的移动(转动)来加工工件的方法。铣削加工的范围非常广泛,可加工平面、台阶面、沟槽(包括键槽、直角槽、角度槽、燕尾槽、T 形槽、圆弧槽、螺旋槽)和成型面等。此外,还可以进行孔加工(钻孔、扩孔、铰孔、镗孔)和分度工作。如图 4-1 所示为铣削加工的主要加工范围。一般铣削加工精度可达 IT9～IT8,表面粗糙度为 R_a 1.6～6.3 μm。

【工作过程】

一、工作课时

要求本单元理论课时和实训课时为 4 课时。

二、铣削加工的特点

(1)由于铣削的主要运动是铣刀旋转,铣刀又是多齿刀具,故铣削的生产效率高,刀具的耐用度高。

(2)铣床及其附件的通用性广,铣刀的种类很多,铣削的工艺灵活,因此铣削的加工范围较广。

总之,无论是单件小批量生产,还是成批大量生产,铣削都是非常适用的、经济的、多样的加工方法。它在切削加工中得到了较为广泛的应用。

【质量检测】

铣床安全操作规程

(1)实训时要按规定穿戴好工作服和防护帽,不准戴手套操作。

(2)未经实训指导人员许可不准擅自动用任何设备、电闸、开关和操作手柄,以免发生安全事故。

(3)实训中如有异常现象或发生安全事故应立即拉下电闸或关闭电源开关,停止实训,保留现场并及时报告指导人员,待查明事故原因后方可再行实训。

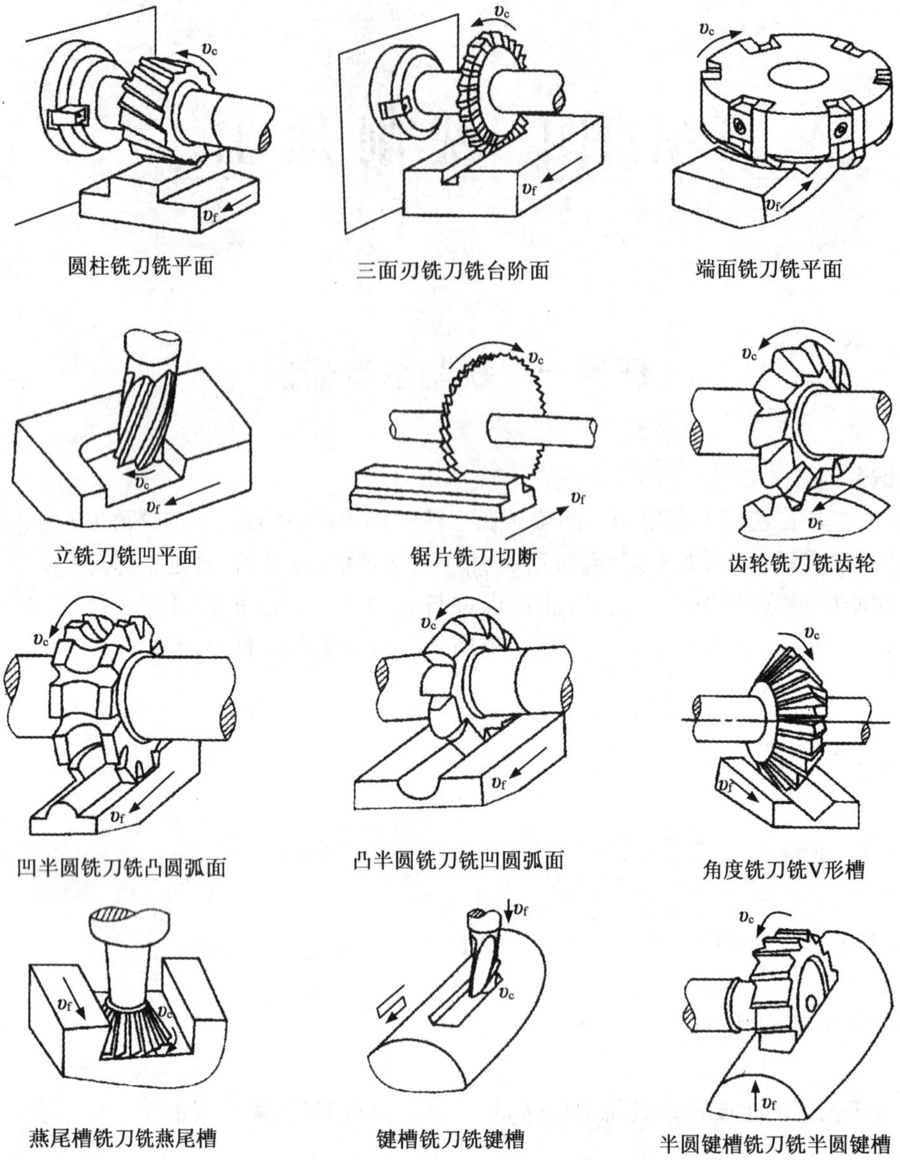

图 4-1　常见的铣削加工内容

(4)开车前必须检查机床各手柄及运转部分是否正常，每个加油孔注入机油后开动机床慢慢运行。

(5)开车前检查刀具、工件装夹是否牢固，刀具运行方向是否正确。

(6)铣刀和衬套与刀杆的配合必须合理，并保持清洁。

(7)使用快速进给时，当工件快接近刀具时必须事先停止快速进给(学生一般情况不用快速进给)。

(8)一般情况下用逆铣不用顺铣。

(9)机床进行切削时，不要中途停车。如发生故障则必须立即停车。

(10)停车时，先停走刀，后停主轴。

(11)移动工作台时,要松开锁紧螺丝。

(12)在使用自动走刀或快速移动时,手动手柄必须脱开。

(13)机床未停稳前,不得用手触摸零件,不得用嘴去吹铁屑。

(14)床面不得放置任何工具和毛坯。

(15)床面及导轨部分随时保持清洁。

(16)精密量具和仪表不得随便丢放。

(17)多人共用一台机床时,同一时间只能有一名同学操作机床,其他同学不准动手操作;要互相关照、提醒,防止发生事故。

(18)现场工器具归纳整齐,机床要清理干净,进行正常的润滑。

【习题】

试述铣床的工艺范围、种类及其使用范围。

任务二　铣床及其附件

【相关知识】

铣床的种类

铣床的种类很多,常见的有卧式升降台铣床、卧式万能升降台铣床、立式铣床,此外还有龙门铣床、键槽铣床以及数控铣床等。

铣床的型号按照 GB/T 15375—2008《金属切削机床型号编制方法》的规定表示。以万能卧式铣床 X6132 的编号为例:X 表示铣床类,6 表示卧铣,1 表示万能升降台铣床,32 表示工作台宽度的 1/10,即工作台的宽度为 320 mm。

【工作过程】

一、工作课时

要求本单元理论课时和实训课时为 4 课时。

二、铣床的基本部件及应用

铣床的类型虽然很多,但各类铣床的基本部件都大致相同,必须具有一套带动铣刀做旋转运动和使工件做直线运动或回转运动的机构。

万能升降台铣床是铣床中应用最广泛的一种,其主轴线与工作台平面平行且呈水平方向放置,其工作台可沿纵、横、垂直三个方向移动并可在水平面内回转一定角度,以适应不同工件铣削的需求。如图 4-2 所示为 X6132 卧式万能升降台铣床。

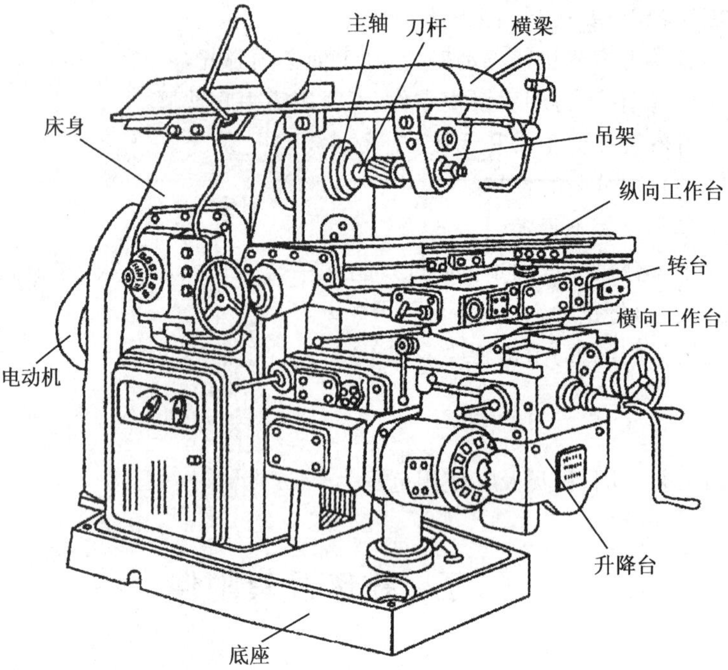

图 4-2　X6132 卧式万能升降台铣床

1. 床身和底座

床身是用来安装和连接机床上其他部件的，是机床的主体。其内部装有电动机及传动机构。床身一般用优质灰口铸铁做成箱体结构。底座在床身的下面，并把床身紧固在上面。升降丝杠的螺母座也安装在底座上。

2. 主轴

主轴是前端带锥孔的空心轴。锥度一般是 7∶24，铣刀刀轴就安装在锥孔中，并被带动旋转。主轴是铣床的主要部件，要求旋转平稳、无跳动和刚性好，需经过热处理和精密加工。

3. 横梁及吊架

横梁安装在床身的顶部，可沿顶部导轨移动。横梁上装有吊架，横梁和吊架的主要作用是支持刀轴的外端，以增加刀轴的刚性。横梁向外伸出的长度可以任意调整，以适应各种不同长度的刀轴。

4. 纵向工作台

纵向工作台是用来安装夹具和工件的，并作纵向移动。工作台上面有 T 形槽，用来安放 T 形螺钉以固定夹具和工件，其下面通过螺母与丝杠螺纹连接。其侧面有固定挡铁以实现机床的机动纵向进给。

5. 横向工作台

横向工作台在纵向工作台的下面，可沿升降台上面的导轨作横向移动，以带动工件横向进给。在横向工作台与纵向工作台之间设有回转盘，可使纵向工作台在 ±45° 范围内转动。

6. 升降台

升降台借助升降丝杠支持工作台上下移动，以调整工作台面至铣刀的距离，也可作垂直向进给。机床进给系统中的电动机、变速机构和操纵机构等都安装在升降台内。

三、铣床的主要附件

铣床的主要附件有机用平口钳、铣刀杆、回转工作台、万能铣头和万能分度头等。

1. 机用平口钳

机用平口钳是一种通用夹具，使用时应该先校正其在工作台上的位置，然后再夹紧工件。

校正平口钳的方法一般有三种：

(1)用百分表校正，如图 4-3(a)所示。

(2)用 90°角尺校正。

(3)用划线针校正。

校正的目的是为了保证固定钳口与工作台面的垂直度、平行度，校正后利用螺栓与工作台 T 形槽连接将平口钳装夹在工作台上。装夹工件时，应按划线找正工件，然后转动平口钳丝杠，使活动钳口移动并夹紧工件，如图 4-3(b)所示。

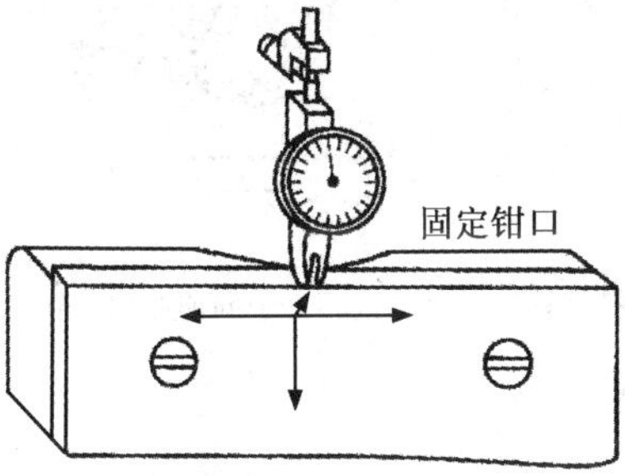

(a) 百分表校正

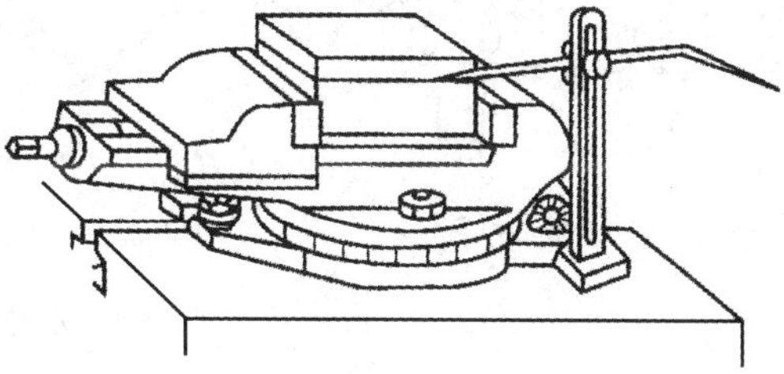

(b) 划线针校正

图 4-3　校正平口钳

2. 回转工作台

回转工作台又称转盘、圆形工作台，如图 4-4 所示。它的内部有一副蜗轮蜗杆，手轮与蜗杆连接，转台与蜗轮连接，转动手轮，通过蜗轮蜗杆的传动使转台转动。转台周围有刻度可用来观察和确定转台的位置。

3. 万能铣头

万能铣头是扩大卧式铣床加工范围的附件。铣头的主轴可安装铣刀并根据加工需要在空间扳转任意角度。万能铣头的外形及其在卧式铣床上的安装情况如图 4-5 所示。通过底座用螺栓将铣头紧固在卧铣的垂直导轨上，铣床主轴的运动通过铣头内的两对伞齿轮传到铣头主轴和铣刀上。铣头壳体可绕铣床主轴轴线偏转任意角度。

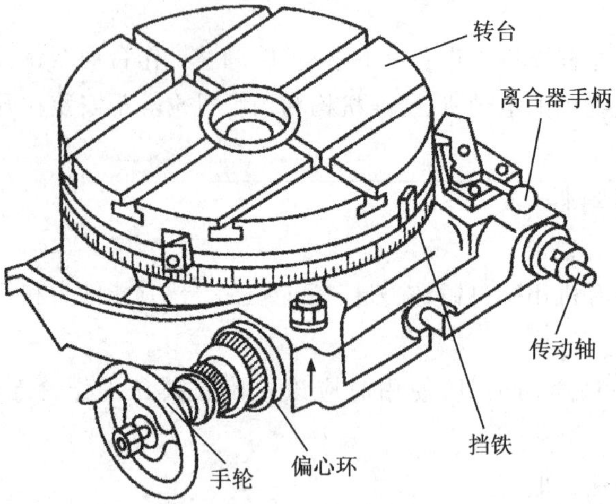

图 4-4　回转工作台

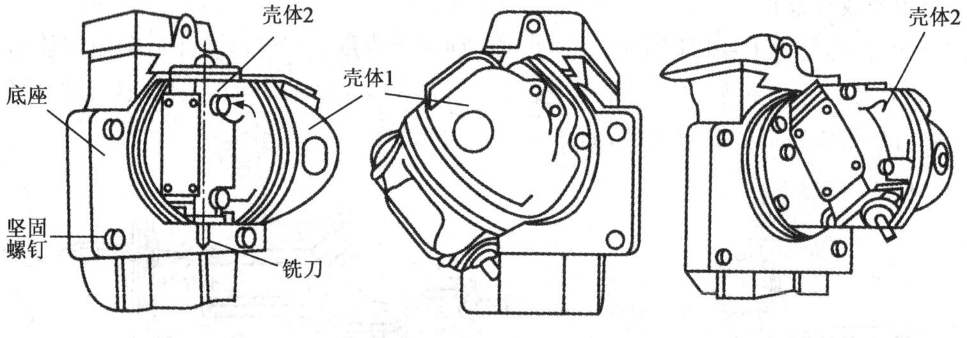

(a) 铣刀处于垂直位置　(b) 铣刀处于向右倾斜位置　(c) 铣刀处于向前倾斜位置

图 4-5　万能立铣头

4. 分度头

在铣削加工中，常会遇到铣六方、齿轮、花键和刻线等工作，这时，工件每铣过一面或一个槽之后，需要转过一个角度再铣下一面或下一个槽，这种工作叫作分度。分度头就是根据加工需要，对工件在水平、垂直和倾斜位置进行分度的机构。万能分度头是铣床的主要附件之一，其构造如图 4-6 所示，在它的基座上装有回转体，分度头的主轴可以随回转体在垂直平面内转动。主轴的前端常装上三爪卡盘或顶尖。分度时可摇动分度手柄，通过蜗轮蜗杆带动分度头主轴旋转进行分度。

常用分度头有 F11100、F11125、F11160，其中 F11125 型万能分度头在铣床上常用。它通过一对传动比为 1∶1 的直齿圆柱齿轮及一对传动比为 1∶40 的蜗轮蜗杆副使主轴旋转。此分度手柄转过 40 转，主轴转 1 转，急速比 1∶40，比数 40 就称为分度头的定数。

分度手柄转数 n 和工件圆周等分数 z 的关系如下：

$$n=40/z$$

式中，n—分度手柄转数；40—分度头定数；z—工件圆周等分数。

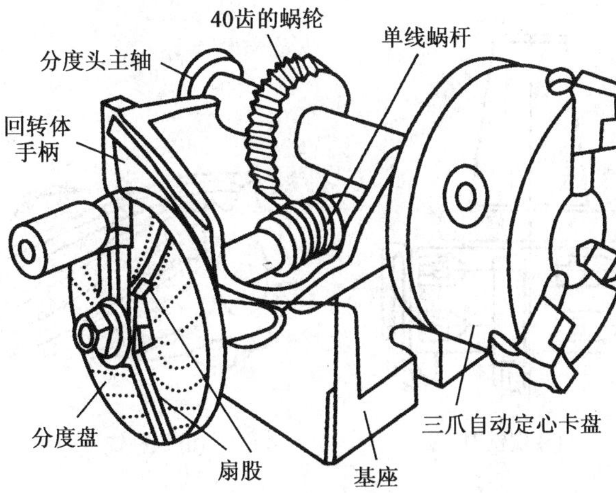

图 4-6　万能分度头的构造

例 1　在 F11125 型分度头上用铣刀铣削四方，求每铣完一边后分度手柄要转多少转？

解：$n=40/z=40/4=10$(r)即每铣完一边后分度手柄要转 10 转。

例 2　在 F11125 型分度头上用铣刀铣削六角螺母，求每铣完一面后分度手柄要转多少转再铣第二面？

解：$n=40/z=40/6=20/3=440/66$(r)

即每铣完一面后分度手柄应在 66 孔圈上转过 6 转又 44 个孔距(分度叉之间包含 45 个孔)。

【习题】

1. 试述卧式铣床的组成部分及其功用。

2. 试述分度头的工作原理。

任务三　铣　　刀

【相关知识】

铣刀的种类及其应用

铣刀的种类很多，按材料不同可分为高速钢和硬质合金两大类；按刀齿与刀体是否为一体又可分为整体式和镶齿式；按铣刀的安装方法不同可分为带孔铣刀和带柄铣刀。此外，按铣刀的用途和形状又可分为以下几类：

1. 加工平面的铣刀

加工平面用的铣刀主要有端铣刀和圆柱铣刀，如图 4-7 所示。如果是加工比较小的平面，也可以使用立铣刀和三面刃铣刀。

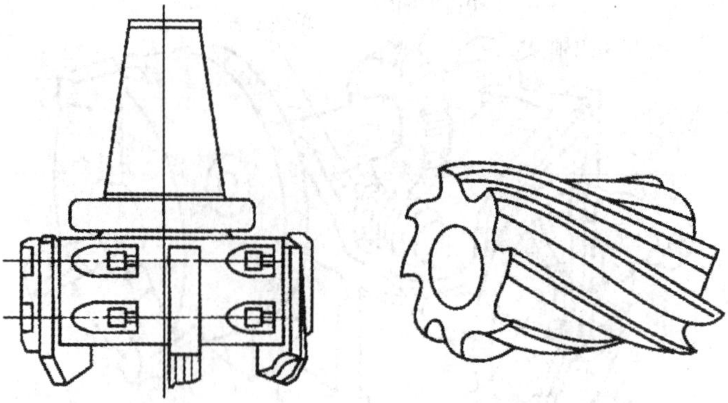

(a) 端铣刀　　　　(b) 圆柱铣刀

图 4-7　加工平面用铣刀

2. 加工沟槽用的铣刀

加工直角沟槽用的铣刀主要有立铣刀、三面刃铣刀、键槽铣刀、盘形铣刀和锯片铣刀等。加工特形槽的铣刀主要有 T 形槽铣刀、燕尾槽铣刀和角度铣刀等，如图 4-8 所示。

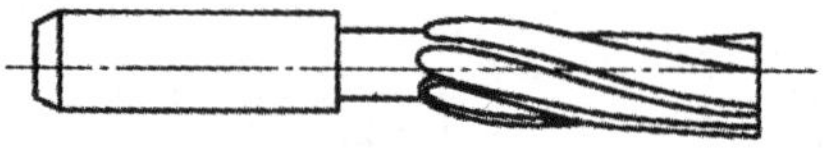

(a) 立铣刀

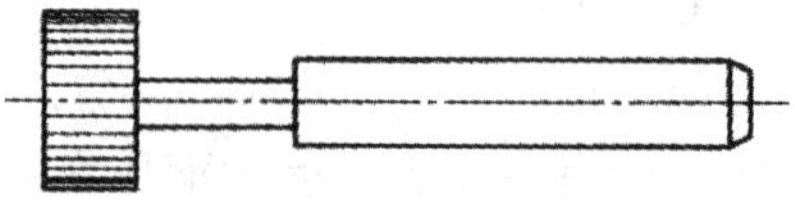

(b) T 形槽铣刀

(c) 三面刃铣刀

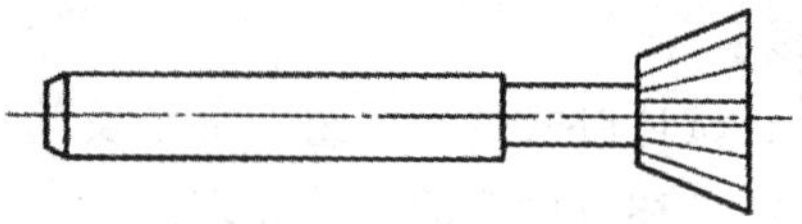

(d) 燕尾槽铣刀

(e) 键槽铣刀

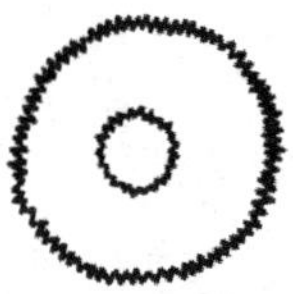

(f) 锯片铣刀

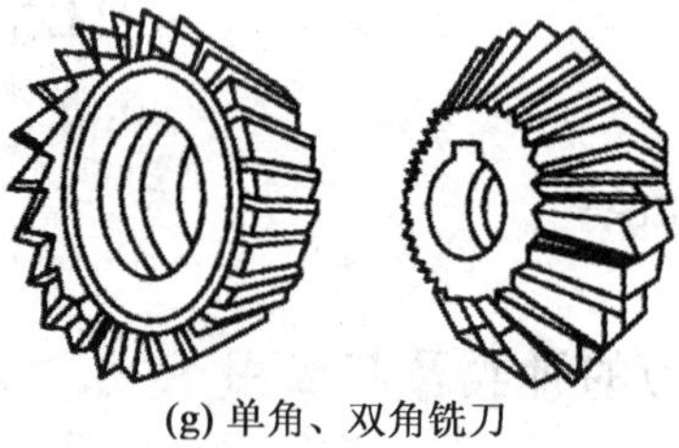

(g) 单角、双角铣刀

图 4-8　加工沟槽用铣刀

3. 加工特形面所用的铣刀

根据特形面的形状而专门设计的成型铣刀又称特形铣刀，如半圆形铣刀和专门加工叶片内弧所用的特形成型铣刀，如图 4-9 所示。

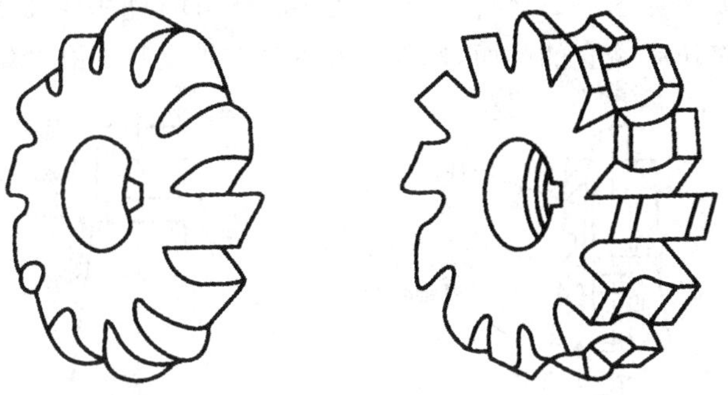

(a) 叶片内弧铣刀　　(b) 半圆形铣刀

图 4-9　加工特形面的铣刀

【工作过程】

一、工作课时

要求本单元理论课时和实训课时为 4 课时。

二、铣刀的安装

1. 带孔铣刀的安装

带孔铣刀中的圆柱形铣刀或三面刃等盘形铣刀常用长刀杆安装，如图 4-10 所示。

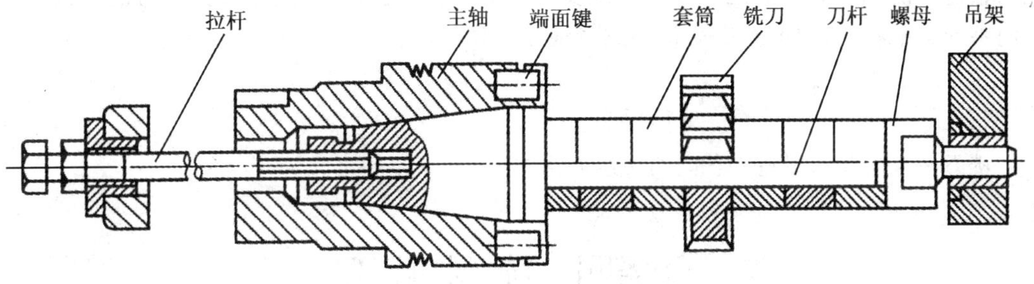

图 4-10　带孔铣刀的安装

安装时应注意：

(1)铣刀尽可能靠近主轴或吊架，以避免由于刀杆较长在切削时产生弯曲变形而使铣刀出现较大的径向跳动，影响加工质量。

(2)为了保证铣刀的端面跳动小，在安装套筒时，两端面必须擦拭干净。

(3)拧紧刀杆端部螺母时，必须先装上吊架，以防止刀杆变形。

2. 带柄铣刀的安装

(1)锥柄铣刀的安装如图 4-11(a)所示。安装时，如锥柄立铣刀的锥度与主轴孔锥度相同，可直接装入铣床主轴中拉紧螺杆将铣刀拉紧。如锥柄立铣刀的锥度与主轴孔锥度不同，则需利用大小合适的变锥套筒将铣刀装入主轴锥孔中。

(2)直柄铣刀的安装如图 4-11(b)所示。安装时,铣刀的直柄要插入弹簧套的光滑圆孔中,然后旋转螺母以挤压弹簧套的端面,使弹簧套的外锥面受压而孔径缩小,夹紧直柄铣刀。

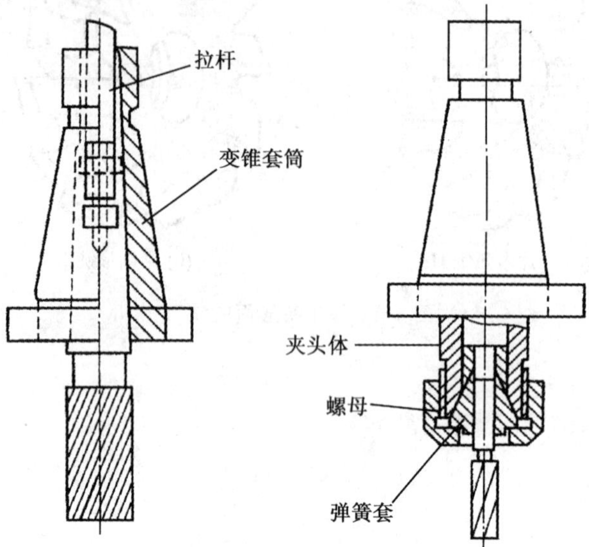

(a) 锥柄铣刀安装　　(b) 直柄铣刀安装

图 4-11　带柄铣刀的安装

注意:铣刀安装好以后,必须检查其跳动是否在其允许的范围内。各螺母和螺钉是否已经牢固。在一般情况下,只要在铣床开动后,看不出铣刀有明显的跳动就可以了。造成铣刀跳动量过大的原因有可能是配合各部位没有擦干净有杂物、刀轴受力过大有弯曲、刀轴垫圈的两平面不平行、铣刀的刃磨质量差或主轴孔有拉毛等。

【习题】

铣刀主要类型有哪些?它们的用途如何?

任务四　铣削加工

【工作过程】

一、工作课时

要求本单元理论课时和实训课时为 4 课时。

二、铣平面

在铣床上铣削平面的方法有两种:周铣和端铣。

1. 周铣

利用分布在铣刀圆柱面上的刀刃进行铣削而形成平面的铣削，如图 4-12 所示。周铣又分为顺铣和逆铣。

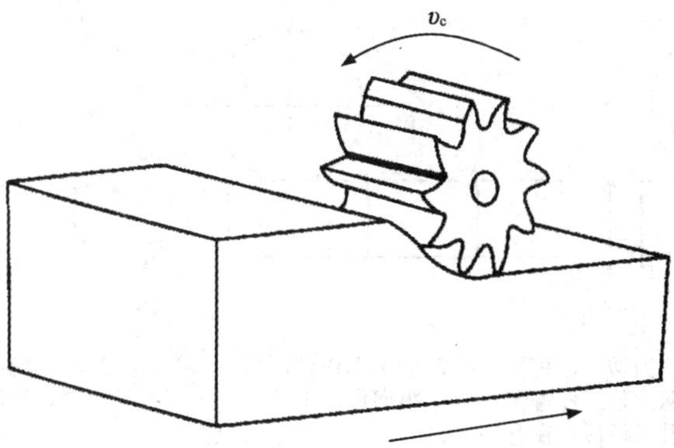

图 4-12　周铣

顺铣：在铣刀与工件已加工面的切点处，铣刀切削刃的旋转运动方向与工件进给方向相同的铣削称为顺铣，如图 4-13(a)所示。

逆铣：在铣刀与工件已加工面的切点处，铣刀切削刃的旋转运动方向与工件进给方向相反的铣削称为逆铣，如图 4-13(b)所示。

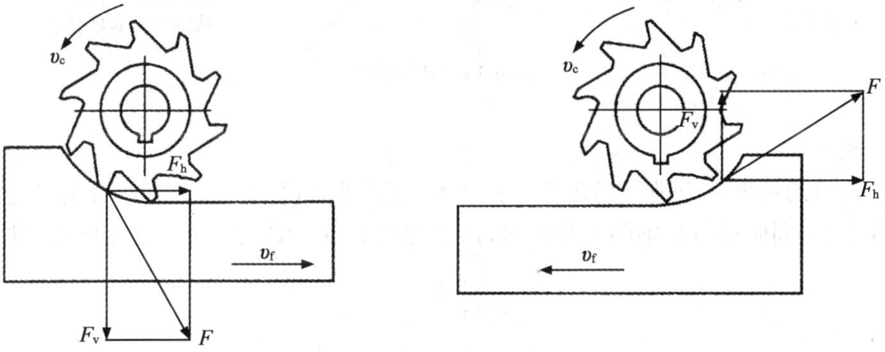

(a) 顺铣　　(b) 逆铣

图 4-13　顺铣和逆铣

用圆柱铣刀铣平面的步骤如下：

(1)铣刀的选择：由于用螺旋齿铣刀铣平面，排屑顺利，铣削平稳，所以在用圆柱铣刀铣平面时常选用螺旋齿铣刀。铣刀的宽度要大于工件待加工表面的宽度，以保证一次进给就可铣完待加工表面。且尽量选用小直径铣刀，以减少刀具振动，提高工件的表面质量。

(2)装夹工件：在 X6132 卧式铣床工作台面上安装机用虎钳，目测找正固定钳口与工作纵向进给方向一致。可利用垫铁使工件高出钳口适当高度，并夹紧工件。

(3)确定铣削用量：根据工件的材料、加工余量、所选用铣刀的材料、铣刀直径及加工工件的表面粗糙度要求等来综合选择合理的切削用量。粗铣时：侧吃刀量 $a_e=2\sim8$ mm，每齿进给量 $f_z=0.03\sim0.16$ mm/z(毫米/齿)，铣削速度 $v_c=15\sim40$ m/min。精铣时：铣削速度

$v_c \leqslant 15$ m/min 或 $v_c \geqslant 50$ m/min，每转进给量 $f=0.1 \sim 1.5$ mm/r，侧吃刀量 $a_e=0.2 \sim 1$ mm。

(4)铣削过程：如图 4-14 所示。

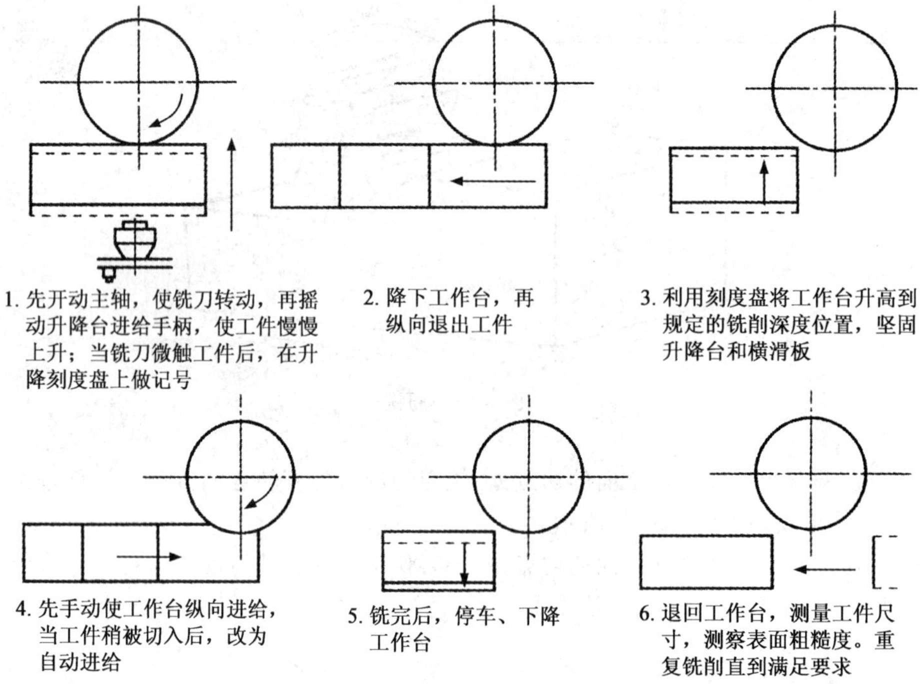

图 4-14　铣削过程

2. 端铣

利用铣刀的端面齿刃进行切削来形成平面的铣削，如图 4-15 所示。端铣刀铣削时，切削厚度变化小，同时进行切削的刀齿较多，因此切削平稳。端铣适合加工大尺寸工件。

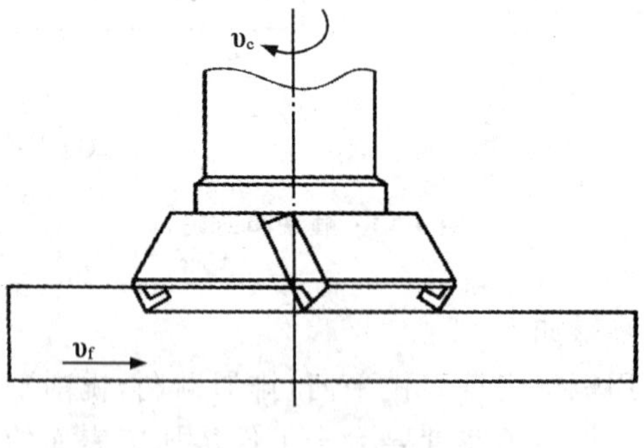

图 4-15　端铣坯件

三、铣台阶面

在卧式铣床上加工尺寸不大的台阶面，一般都使用三面刃盘铣刀或立铣刀。

铣削如图 4-16 所示工件，加工步骤如下。

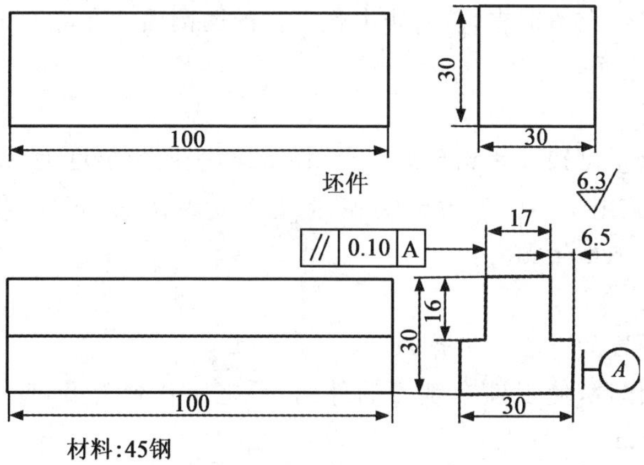

图 4-16　台阶件(单位:mm)

1. 选择铣刀

盘形铣刀的直径可按下面公式计算:

$$D>2t+d$$

式中,D—铣刀直径,mm;t—铣削深度,mm;d—刀轴垫圈直径,mm。

铣刀宽度 B 应该大于铣削层宽度,即铣刀宽度 $B>6.5$ mm。铣刀的孔径选择 $\phi27$ mm,刀轴垫圈外径为 40 mm,那么铣刀的直径为:

$$D>16\times2+40$$

即 $D>72$ mm

根据上述条件,现选用一把直径为 80 mm、宽度为 10 mm、孔径为 27 mm、齿数为 18 的错齿三面刃铣刀。

2. 安装虎钳和工件

把虎钳安装在工作台上,并加以校正,使钳口与工作台纵向进给方向平行。再把工件安装在虎钳内,根据图样上的尺寸,铣削层深度达到 16 mm,所以工件应高出钳口 17 mm 以上(不可太多),在工件下面垫适当厚度的平行垫块,使工件紧贴垫块与工作台台面平行,如图 4-17 所示。

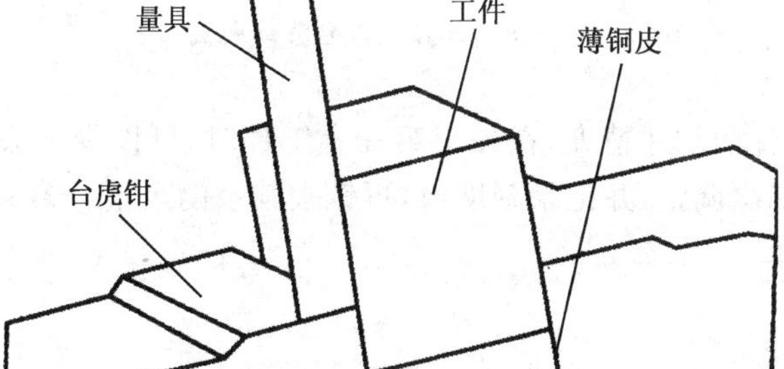

图 4-17　安装工件

在钳口内侧最好垫上薄铜皮，以防止夹伤工件的两侧面。在敲击工件时，要用铜锤轻轻敲打，以免损伤工件表面。

3. 确定铣削用量

从工件的加工余量可知，$B=6.5$ mm，$t=16$ mm，表面粗糙度为 $R_a=6.3$ μm，若采用三面刃盘铣刀加工，应采用 $f_z=0.04$ mm/z(毫米/齿)，$v_c=28$ m/min。在 X6132W 型铣床上，$n=235$ r/min，$f=75$ mm/min。

4. 调整铣削位置

调整铣刀铣削位置的方法和步骤如下：

(1)横向移动工作台，使工件在铣刀的外面，再把工作台上升，使工件表面比铣刀刀刃高，但不能超过 16 mm。

(2)开动机床，使铣刀旋转，并移动横向工作台，使工件侧面渐渐靠近铣刀，直到铣刀轻轻擦到工件侧面为止，然后把横向工作台的刻度盘调整到零线位置。

(3)下降工作台，再摇动横向手柄，使工作台横向移动 6.5 mm，并把横向固定手柄扳紧。

(4)调整铣削层深度，先渐渐上升工作台，一直到工件顶面与铣刀刚好接触。纵向退出工件，再上升 16 mm，并把垂直移动的固定手柄扳紧。接着即可开动切削液泵和机床，进行切削。

(5)在铣另一边的台阶时，铣削层深度可采取原来的深度，不必再重新调整。为了获得 17 mm 的台阶宽度，调整时可按如图 4-18(a)所示算出工作台所需的横向移动量 A。A 就等于台阶上部宽度 b 加铣刀宽度 B(或铣刀直径 d)，如图 4-18(b)所示。在作横向移动之前必须松开紧固手柄，移动完毕，应立即再扳紧。

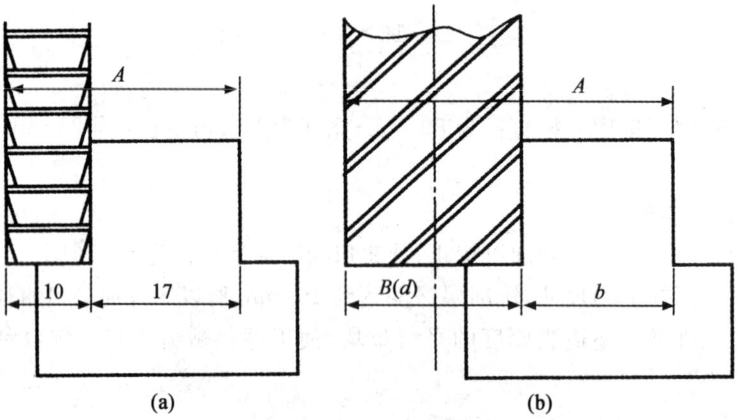

图 4-18 计算工作台移动距离

为了能够保证工件的尺寸精度，在加工第一个工件时，可以少铣去一些余量，然后根据测量的数据，进行第二次调整，并记录刻度值，再铣去其余的余量。第一个工件检查合格后，再铣其余的工件。

四、铣斜面

常见的斜面铣削方法有以下几种：

1.使用倾斜垫片铣斜面

在零件设计的基准下面垫一块倾斜的垫铁，则铣出的平面就与设计基准面成倾斜位置，如果改变斜垫铁的角度，就可加工出不同的斜面零件，如图 4-19(a)所示。

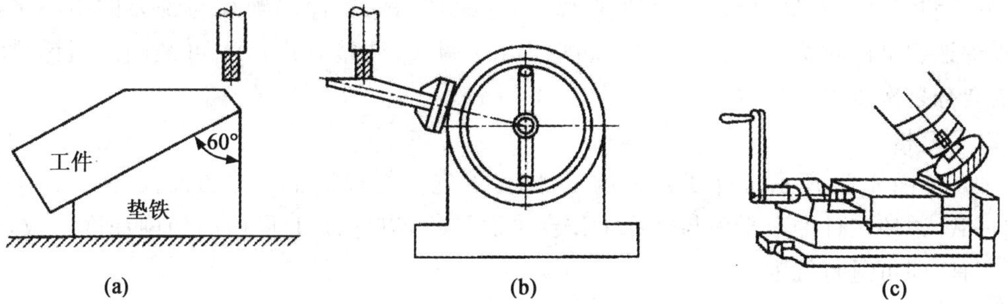

(a) (b) (c)

图 4-19 铣斜面

2.使用分度头铣斜面

在一些圆柱形或特殊形状的零件上加工斜面时，可利用分度头将工件转成所需位置而铣出所需斜面，如图 4-19(b)所示。

3.使用万能立铣头铣斜面

由于万能立铣头能方便地改变刀轴的空间位置，所以可通过转动立铣头以使刀具相对于工件倾斜一个角度，即可铣出所需斜面，如图 4-19(c)所示。

五、铣沟槽

1.键槽

常见的键槽有封闭式和开口式两种。

(1)封闭式键槽。对于封闭式键槽，单件生产一般在立式铣床上加工。当批量较大时，则通常在键槽铣床上加工。在键槽铣床上加工时，利用专用抱钳把工件夹紧后，如图 4-20(a)所示，再用键槽铣刀一层一层地铣削，直到符合要求为止，如图 4-20(b)所示。

若利用立铣刀加工，由于铣刀中央无切削刃，因此必须预先在槽的一端钻一个落刀孔，才能用立铣刀铣键槽。

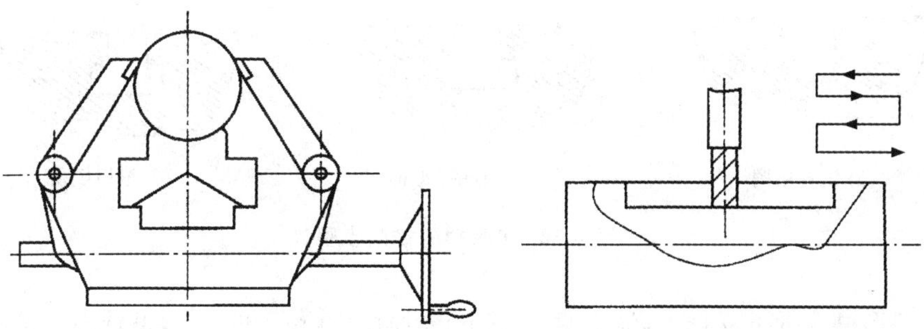

(a) (b)

图 4-20 铣封闭式键槽

(2)开口式键槽。使用三面刃铣刀铣削。由于铣刀的振摆会使槽宽度变大，所以铣刀的宽度应稍小于键槽的宽度。对于宽度精度要求较高的键槽，可先试铣，以便确定铣刀合适的宽度。

铣刀和工件安装好以后，要仔细地对刀，也就是确保工件的轴线与铣刀的中心平面对准，以保证键槽的对称性。然后进行铣削深度的调整，调整好以后才可铣削。当键槽较深时，需要分多次走刀切削。

2. T 形槽

加工如图 4-21 所示带有 T 形槽的工件时，首先按划线校正工件的位置，使工件与进给方向一致，并使工件的上平面与铣床工作台台面平行，以保证 T 形槽的切削深度一致，然后夹紧工件，即可进行铣削。

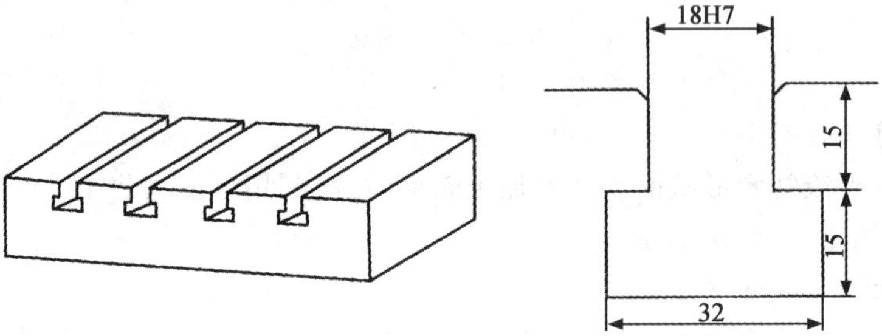

图 4-21　T 形槽工件(单位：mm)

(1)铣 T 形槽的步骤。

①铣直角槽。在立式铣床上用立铣刀(或在卧式铣床上用三面刃盘铣刀)铣出一条宽 18H7 深 30 mm 的直角槽，如图 4-22(a)所示。

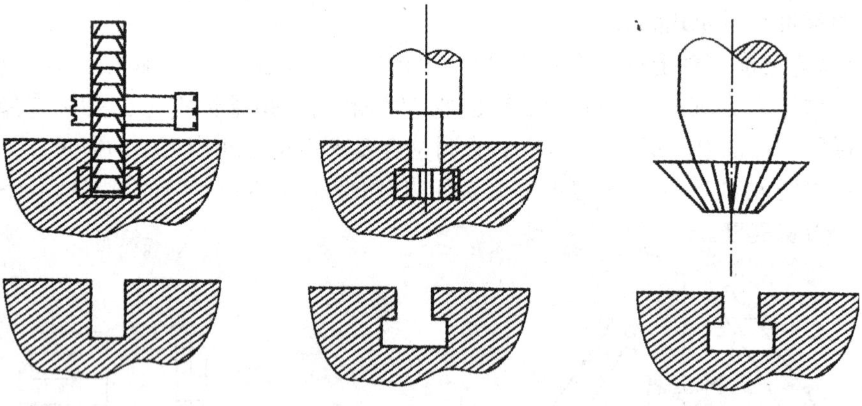

(a) 铣直角槽　　(b) 铣T形槽　　(c) 槽口倒角

图 4-22　T 形槽的铣削步骤

②铣 T 形槽。拆下立铣刀，装上直径 32 mm、厚度 15 mm 的 T 形槽铣刀。接着把 T 形槽铣刀的端面调整到与直角槽的槽底相接触，然后开始铣削，如图 4-22(b)所示。

③槽口倒角。如果 T 形槽在槽口处有倒角，可拆下 T 形槽铣刀，装上倒角铣刀倒角，如图 4-22(c)所示。

(2)铣 T 形槽应注意的事项。

①T 形槽铣刀在切削时金属屑排除比较困难,经常把容屑槽填满而使铣刀不能切削,以至铣刀折断,所以必须经常清除金属屑。

②T 形槽铣刀的颈部直径比较小,要注意因铣刀受到过大的切削力和突然的冲击力而折断。

③由于排屑不畅,切削时热量不易散失,铣刀容易发热,在铣钢质材料时,应充分浇注切削液。

④T 形槽铣刀在切削时的工作条件差,所以进给量和切削速度要相对小,但铣削速度不能太低,否则会降低铣刀的切削性能,并且增加每齿的进给量。

六、铣螺旋槽

在铣床上常用万能分度头铣削带有螺旋线的工件。这类工件的铣削称为螺旋槽。

1. 螺旋线的概念

如图 4-23 所示,有一个直径为 D 的圆柱体,假设把一张三角形的纸片 ABC 绕到圆柱体上,这时底边 AC 恰好绕圆柱体一周,而斜边环绕圆柱体所形成的曲线就是螺旋线。

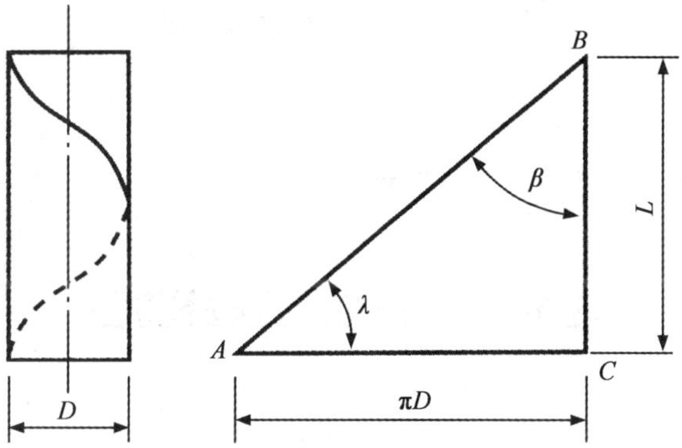

图 4-23 螺旋线

螺旋线有以下几个要素:

(1)导程。螺旋线绕圆柱体一周后,在周线方向上移动的距离就是导程,一般用 L 表示。

(2)螺旋角。螺旋线与圆柱体轴线之间的夹角即为螺旋角,用 β 表示。

(3)螺旋升角。螺旋线与圆柱体端面之间的夹角为螺旋升角,用 λ 表示。

$$L=\pi D\cot\beta$$

2. 注意事项

在铣床上铣削螺旋槽时,除了解决挂轮的计算和配置、工作铣刀的选择以外,当工件夹好后在具体加工时还应该注意以下几点:

(1)在铣削螺旋槽时,工件需要随着纵向工作台的进给而连续转动,必须将分度头主轴的紧固手柄和分度盘的紧固螺钉松开。

(2)当工件的螺旋槽导程小于 80 mm 时,由于挂轮速度比较大,最好采用手动进给。在实际工作中，手动进给时可转动分度手柄，使分度盘随着分度手柄一起转动。

(3)加工多头螺旋槽时，由于铣床和分度头的传动系统内都存在着一定的传动间隙，因此在每铣好一条螺旋槽时，为了防止铣刀将已加工好的螺旋槽表面碰伤，应在返程前将升降台下移一段距离。

(4)在确定铣削方向时要注意两种情况，如图 4-24 所示。一是当工件和芯轴之间没有定位键时，要注意芯轴螺母是否会自动松开。二是工件在切削力的作用下，有相对芯轴作逆时针转动的趋向，由于端面摩擦力的关系，所以螺母也会跟着作逆时针转动而逐渐松开，因此正确的铣削方向应该是如图 4-24(b)所示。

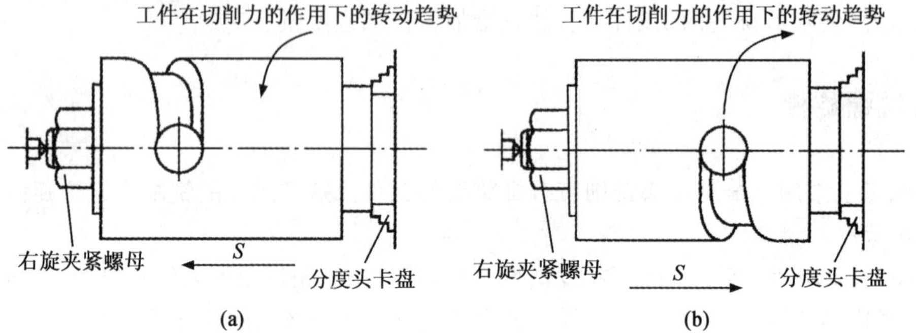

图 4-24　铣削螺旋槽切削方向

【习题】

铣削能加工哪些表面？试述铣平面步骤。

任务五　铣成型面及曲面

【工作过程】

一、工作课时

要求本单元理论课时和实训课时为 4 课时。

二、铣成型面

成型表面一般采用成型铣刀加工，成型铣刀又叫样板刀或特形铣刀，其切削刃的形状和工件的特形面完全一样。成型铣刀一般又分为整体式和组合式，分别用于铣削较窄和较宽的成型面。成型面铣刀的刀齿一般制成铲背齿形，以保证刃磨后的刀具保持原有的截面形状。

凹凸圆弧面可用样板来检验，如图 4-25 所示。检验凹圆对称中心时可用略比圆弧稍小或等于圆弧直径的圆棒来测量。

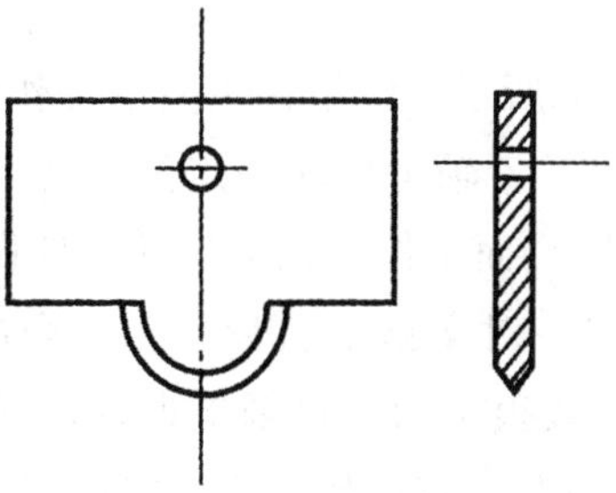

图 4-25　凹凸圆弧检验样板

2. 铣曲面

曲面一般可在立式铣床或仿形铣床上铣削。在立式铣床上铣削曲线外形的方法有:用回转台铣削;按划线用手动进给铣削及靠模铣削。

为了提高加工质量和生产效率,并使操作简便省力,一般可采取靠模铣削法。靠模法就是做一个与工件形状相同的靠模板,依靠它使工件或铣刀始终沿着它的外形轮廓线作进给运动,从而获得准确的曲面外形。

三、齿轮齿形加工

齿轮齿形的加工方法很多,但基本上可以分为两种:一是成型法,即利用与刀刃形状和齿槽形状相同的刀具在普通铣床上切制齿形的方法;二是展成法,即利用齿轮刀具与被切齿轮的互相啮合运动而切出齿形的方法。采用成型法加工齿轮,其齿轮精度比展成法加工的齿轮精度低,但是它不需要用专用机床和价格昂贵的展成刀具。

1. 铣齿

在卧式铣床上,利用万能分度头和尾架顶尖装夹工件,用与被切齿轮模数相同的盘状(或指状)铣刀铣削,当一个齿槽铣好之后,再利用万能分度头进行一次分度,铣削下一个齿槽。如图 4-26 所示为铣削直齿圆柱齿轮的方法。

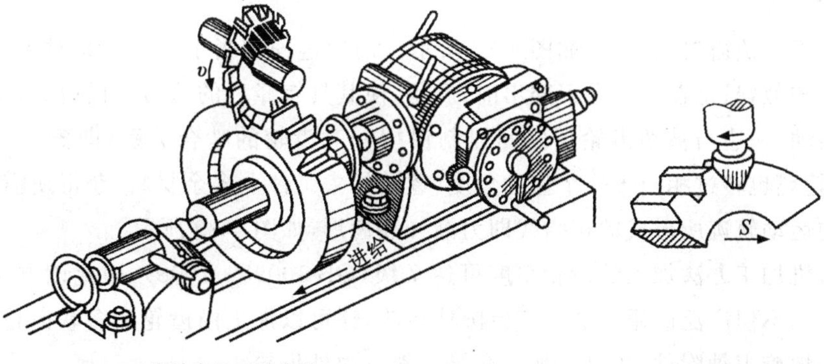

(a) 齿轮盘铣刀铣齿轮　　(b) 指形铣刀铣齿轮

图 4-26　铣齿轮

2. 滚齿

滚齿机是加工齿轮齿形的专用机床，如图 4-27 所示。滚齿机主要由工作台、刀架、支撑架、立柱和床身等组成。滚刀安装在刀架的刀轴上，刀轴可旋转一定的角度，刀架可沿立柱垂直导轨上下移动。齿轮坯安装在工作台的芯轴上，而工作台既可带动工件做旋转运动，又可沿床身水平导轨左右移动。实际上，滚齿是按一对交错轴斜齿轮相啮合的原理进行齿轮加工的。齿轮滚刀相当于一个螺旋角很大、齿数很少的交错轴斜齿轮，工件为另一个交错轴斜齿轮，在滚齿的过程中，强制滚刀与齿轮坯按一定速比关系保持一对交错轴斜齿轮的啮合运动。

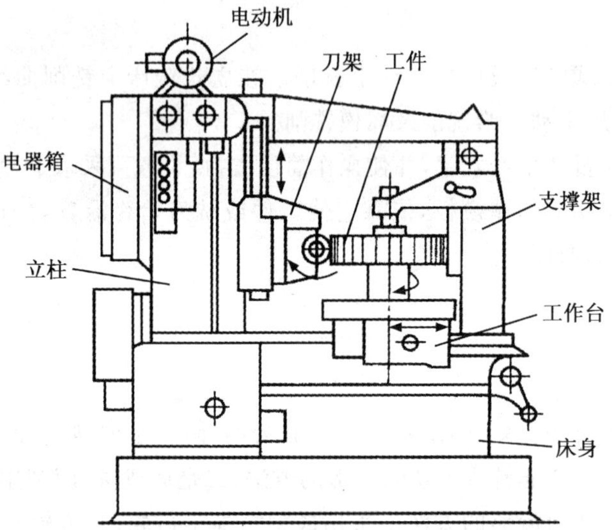

图 4-27 滚齿机示意图

用滚齿加工方法加工的齿轮精度可达到 7 级（GB 10095—2008）。另外，由于该方法是连续切削，所以生产效率高。滚齿加工不但能加工直齿圆柱齿轮，还可以加工斜齿圆柱齿轮和蜗轮，但不能加工内齿轮和多联齿轮。

3. 插齿

插齿加工在插齿机上进行，如图 4-28 所示。插齿过程相当于一对齿轮对滚。插齿刀的形状与齿轮类似，只是在轮齿上刃磨出前、后角，使其具有锋利的刀刃。插齿时，插齿刀一边上下往复运动，一边与被切齿轮坯之间强制保持一对齿轮的啮合关系，即插齿刀转过一个齿，被切齿轮坯也转过相当于一个齿的角度，逐渐切去工件上多余材料，获得所需要的齿形。刀齿侧面的运动轨迹所形成的包络线即为渐开线齿形，如图 4-29 所示。

用插齿机加工方法加工的齿轮精度可达 7 级（GB 10095—2008），因此该方法应用很广泛。插齿加工不但广泛应用于加工直齿圆柱齿轮，还可以加工内齿轮和多联齿轮，如果在插齿机上安装螺旋刀轴附件，还可以加工交错轴斜齿内外齿轮。

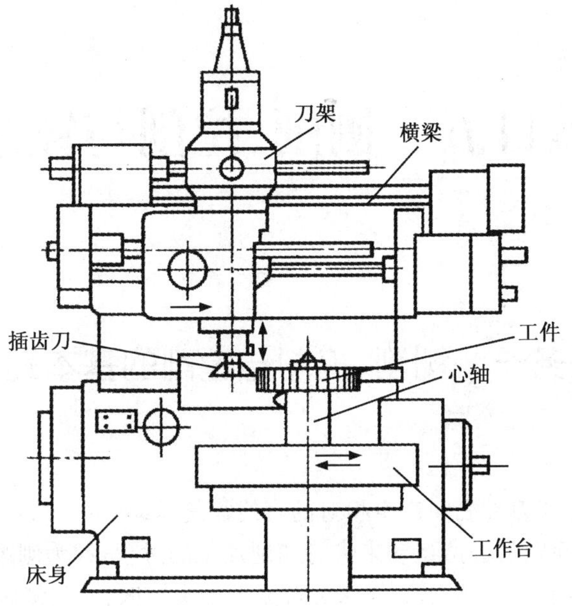

图 4-28　插齿机示意图

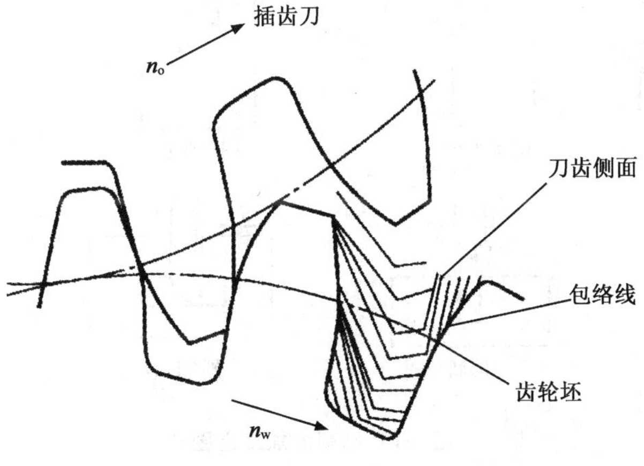

图 4-29　齿轮渐开线的形成

【习题】

什么是逆铣？什么是顺铣？试分析逆铣和顺铣的工艺特征。

项目五　刨削、拉削与镗削

任务一　刨削、拉削与镗削的基本知识

【相关知识】

在刨床上，使工件和刀具之间产生相对的直线往复运动（主运动），工件（或刀具）在垂直于主运动的方向上作间歇的进给运动来进行切削加工的过程，称为刨削。

刨削的加工范围如图 5-1 所示。刨床类机床有牛头刨床、龙门刨床。

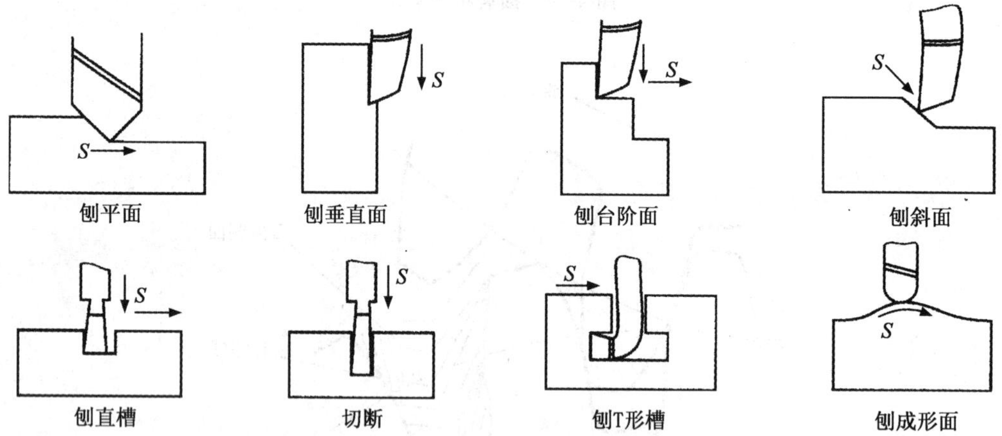

图 5-1　刨削的加工范围

拉削是在拉床上用拉刀加工工件内、外表面的方法。拉床有卧式拉床和立式拉床两种。

镗削是在镗床、车床或铣床上，用镗刀对工件的孔进行切削的加工方法。

【工作过程】

一、工作课时

要求本单元理论课时和实训课时为 4 课时。

二、刨削类机床

1. 牛头刨床

牛头刨床是刨削类机床中应用较广的一种。它适于刨削尺寸不超过 1 m 的中小型零件。

(1)牛头刨床的型号。以 B6050 型牛头刨床为例：

B 60 50

B—类别代号(刨床类)

60—型别代号(牛头刨床)

50—基本参数(最大刨削长度的 1/10)

(2)牛头刨床的主要组成部分。牛头刨床主要由床身、滑枕、刀架、工作台、横梁、底座等部分组成，如图 5-2 所示。

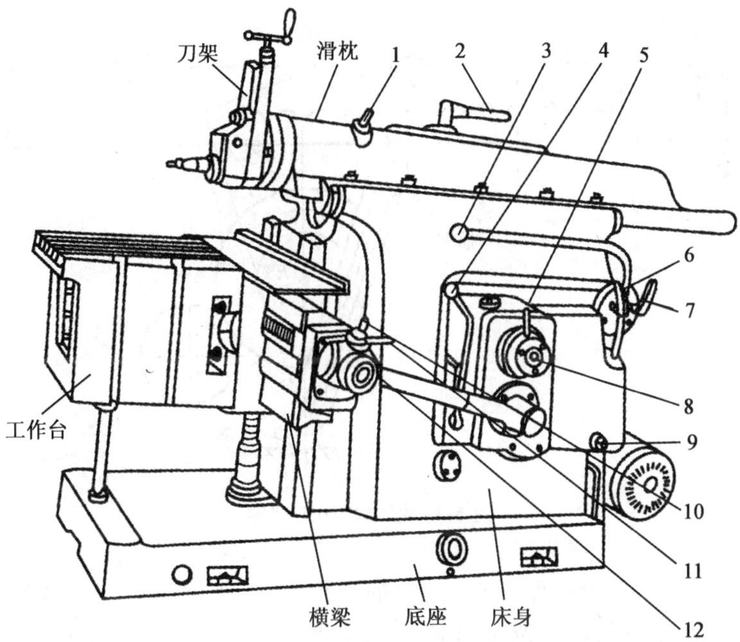

图 5-2　B6050 牛头刨床

1-滑枕位置调整方榫；2-滑枕锁紧手柄；3-离合器操纵手柄；4-工作台快动手柄；5-进给量调整手柄；6、7-变速手柄；8-行程长度调整方榫；9-变速到位方榫；10-工作台横、垂向进给选择手柄；11-进给换向手柄；12-工作台手动方榫

①床身。支承和连接刨床各部件，其顶面导轨供滑枕作往复运动用；侧面导轨供工作台升降用；床身的内部有传动机构。

②滑枕。主要用来带动刨刀作直线往复运动，其前端有刀架。

③刀架。用以夹持刨刀，刀架结构如图 5-3 所示。摇动刀架手柄时，滑板便可沿转盘上的导轨带动刨刀作上下移动。松开转盘上的螺母，将转盘扳一定角度后，就可使刀架斜向进给。滑板上还装有可偏转的刀座。抬刀板可以绕刀座的 A 轴向上转动。刨刀安装在刀夹

上，在返回行程时，可绕 A 轴自由上抬，减少了与工件的摩擦。

④工作台。用来安装工件和夹具。它可随横梁作上下调整，并可沿横梁作水平方向移动或作间歇进给运动。

(3)牛头刨床的传动机构。

①曲柄摇杆机构。曲柄摇杆机构装在床身内部，其作用是把电动机传来的旋转运动转变成滑枕的往复直线运动。曲柄摇杆机构由摇臂齿轮和摇臂组成，如图 5-4 所示。摇臂的下端与支架相连，上端与滑枕的螺母相连。当摇臂齿轮由小齿轮带动旋转时，偏心滑块就带动摇臂绕支架中心左右摆动，于是滑枕便作往复直线运动。

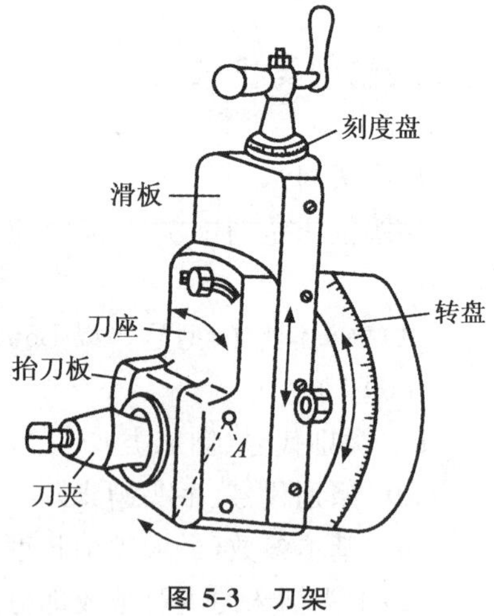

图 5-3 刀架

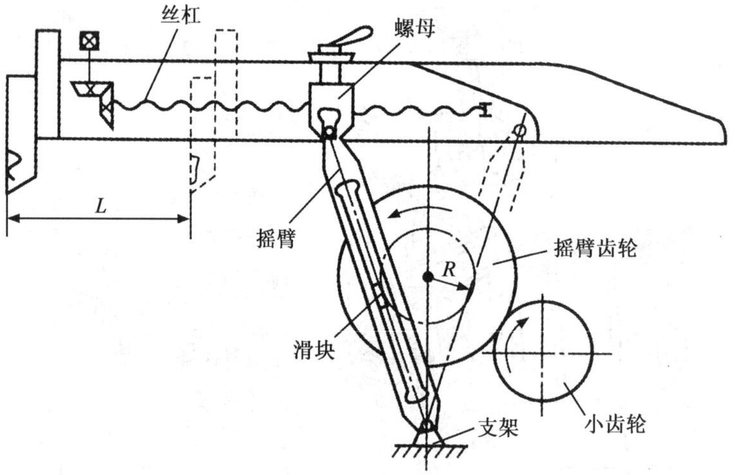

图 5-4 摇臂机构示意图

刨削前，要调节滑枕的行程大小，使它的长度略大于工件刨削表面的长度。调节滑枕行程长度的方法是改变摇臂齿轮上滑块的偏心位置，如图 5-5 所示。转动方头便可使滑块在摇臂齿轮的导槽内移动，从而改变其偏心距，偏心距越大，则滑枕行程越长。

刨削前，还要根据工件的左右位置来调节滑枕的行程位置。调节方法是先使摇臂停留在极右位置，松开锁紧手柄，用扳手转动滑枕内的伞齿轮使丝杠旋转，从而使滑枕右移至合适位置（图 5-6 中虚线所示位置），最后扳紧锁紧手柄。

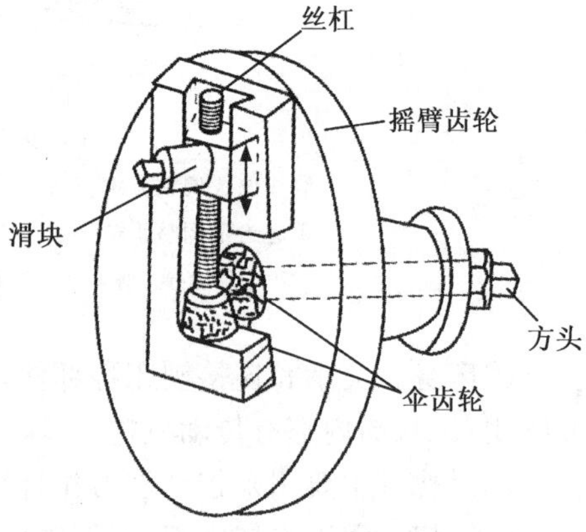

图 5-5 改变偏心滑块位置以调节滑枕行程长度

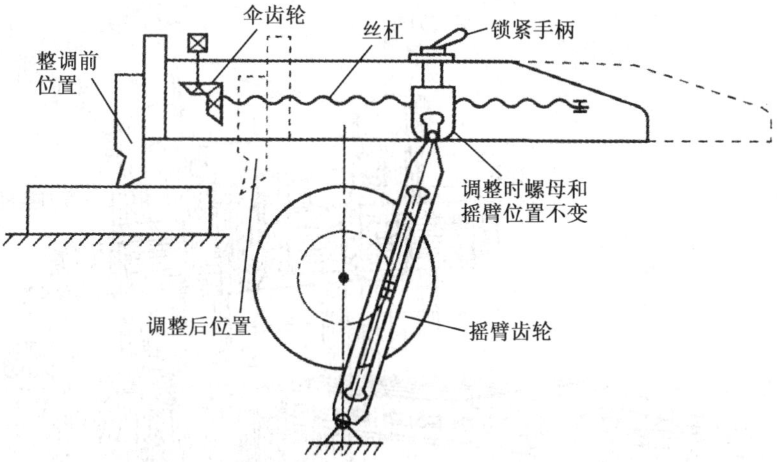

图 5-6 调整滑枕行程位置

②棘轮机构。刨床的进给运动是间歇的，当滑枕返回行程时，工作台完成进给运动。进给运动如图 5-7 所示，它是由固定在大齿轮轴上的齿轮 Z_{12} 来驱动与之相啮合的另一齿轮 Z_{13}，通过这个齿轮上的曲柄销经连杆使棘爪架摆动，从而使棘爪推动棘轮拨过一定齿数。由于棘轮同工作台上的丝杠固接在一起，棘轮的间歇转动，使丝杠也相应运动，从而带动工作台作横向进给。进给量的大小是可以调节的。棘爪架摆动角 φ 是一定的，转动棘轮罩，可改变棘爪拨动棘轮的齿数，如图 5-8 所示。

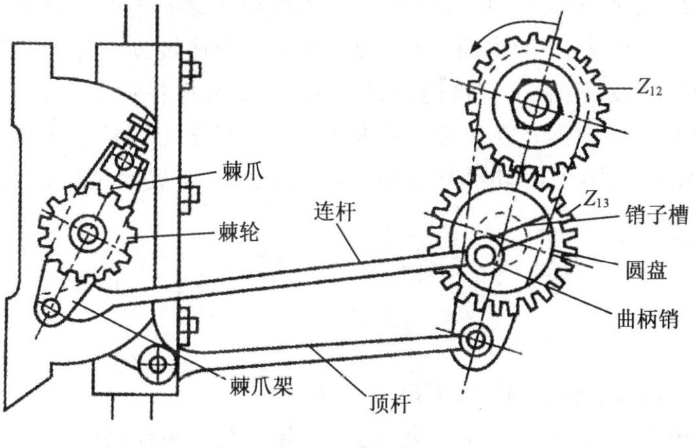

图 5-7 棘轮机构

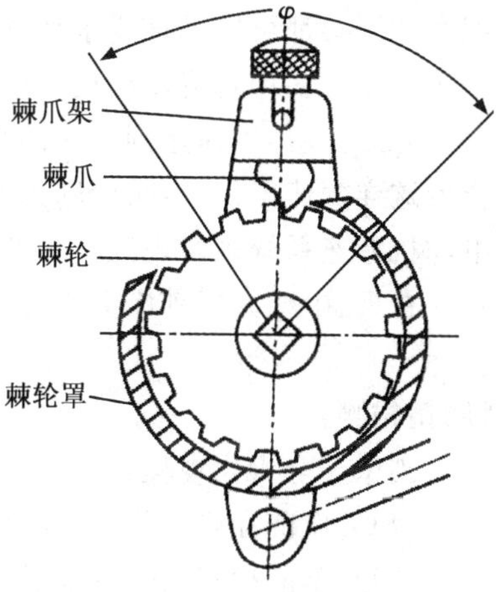

图 5-8 棘轮

将棘爪提起，转动 180°与棘轮啮合，即可改变工作台的进给方向。如将棘轮提起，则棘爪与棘轮分离，机动进给停止。此时可用手动使工作台移动。

2. 龙门刨床

龙门刨床因有一个大型的“龙门”式框架结构而得名，如图 5-9 所示。其主要特点是：主运动是工作台带动工件作往复直线运动，进给运动则是刀架沿横梁或立柱作间歇运动。它主要由床身、工作台、减速箱、立柱、横梁、进刀箱、垂直刀架、侧刀架、润滑系统、液压安全器及电气设备等组成。

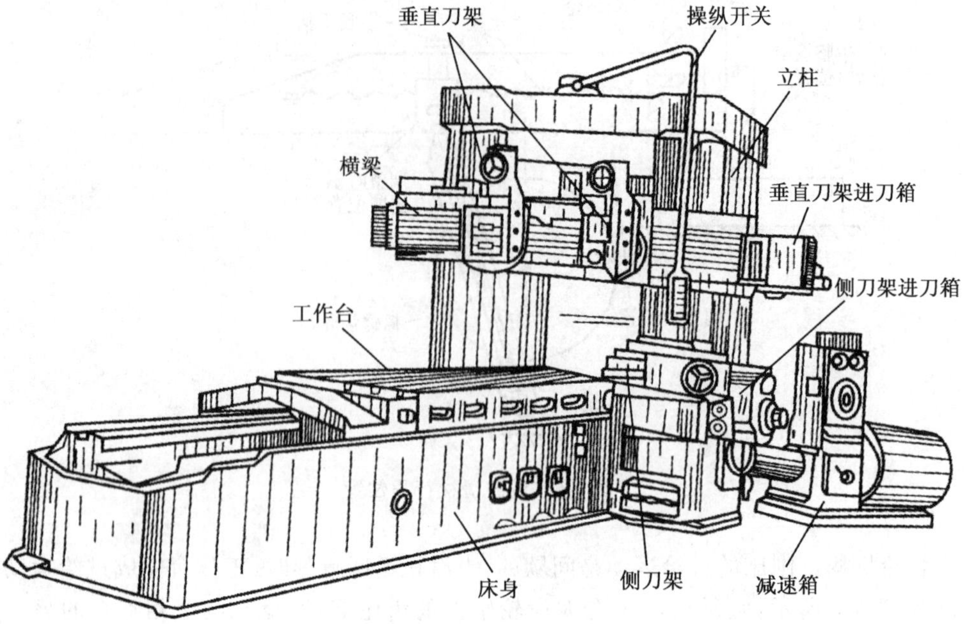

图 5-9　龙门刨床

龙门刨床主要用于大型零件的加工，以及若干件小零件同时刨削。在进行刨削加工时，工件装夹在工作台上，根据被加工面的需要，可分别或同时使用垂直刀架和侧刀架，垂直刀架和侧刀架都可以垂直或水平进给。刨削斜面时，可以将垂直刀架转动一定的角度。目前，刨床工作台多用直流发动机、电动机组驱动，并能实现无级调速，使工件慢速接近刨刀，待刨刀切入工件后，增速达到要求的切削速度，然后工件慢速离开刨刀，工作台再快速退回。工作台这样变速工作，能减少刨刀与工件的冲击。在小型龙门刨床上，也有使用可控硅供电-电动机调速系统来实现工作台的无级调速，但因其可靠性差，维修也较困难，故此调速系统目前在大、中型龙门刨床上用得较少。

【质量检测】

刨床安全操作规程：

(1)工作前穿好工作服，扎好袖口，长发纳入帽内，不得戴手套。

(2)开车前检查工作台前后是否有障碍物，冲程前后勿站人，并随手取下冲程调节手柄。

(3)加工工件时先手动或开空车检查冲程长度和位置是否正确，刀具与工件是否相碰。

(4)刨床运行切削时，操作者头手严禁伸入刨刀前。

(5)零件刨削后，修去毛刺，整边或倒钝(零件另外去除毛刺工序除外)。

(6)工作结束后必须擦净机床，清洁现场，关好电门。

【习题】

1. 刨床的种类有哪些？

2. 刨床的安全操作要求是什么？

任务二 刨　　削

【相关知识】

刨削时,刨刀(或工件)的往复直线运动是主运动,刨刀前进时切下切屑的行程,称为工作行程或切削行程;反向退回的行程,称为回程或返回行程。刨刀(或工件)每次退回后作间歇横向移动称为进给运动,如图5-10所示。由于往复运动在反向时,惯性力较大,因而限制了主运动的速度不能太高,因此生产效率低。但刨床结构简单,通用性好,价格低,使用方便,刨刀也简单,故在单件、小批量生产及加工狭长平面时仍然广泛应用。另外,因为刨削是间歇切削,速度低,回程时刀具、工件能得到充分冷却,所以一般不加冷却液。

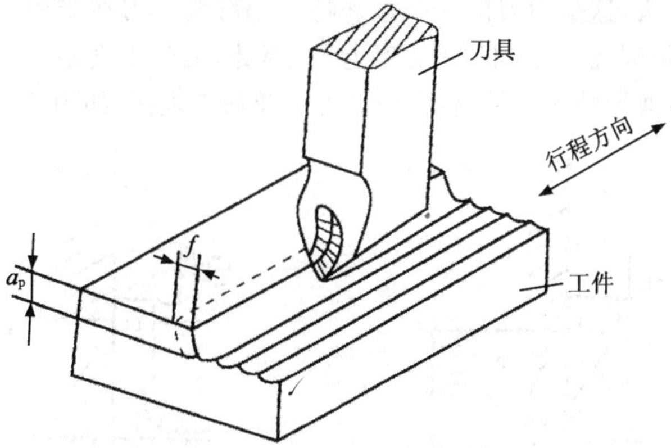

图5-10　刨削运动和刨削用量

刨削用量包括刨削深度、进给量和切削速度。

(1)刨削深度 a_p。指刨刀在一次行程中从工件表面切下的材料厚度,单位为mm。

(2)进给量 f。指刨刀每往复一次,刨刀和工件之间相对移动的距离,单位为mm/str(往复)。

(3)切削速度 v。指工件和刨刀在切削时相对运动的速度,在牛头刨床上是指滑枕(刀具)移动的速度,这个速度在龙门刨床上是指工作台(工件)移动的速度。单位为m/min。

采用曲柄摇杆机构传动的牛头刨床,因工作行程的速度是变化的,它的平均速度($v_{平均}$,单位m/s)可按下式计算:

$$v_{平均}=\frac{nl(1+m)}{60}\times 1\,000$$

式中,l—行程长度,mm;n—刨刀每分钟往复次数,str/min;$m=v_{工}/v_{回}$—工作行程与返回行程运动速度比值。

当取 $m=0.7$ 时,上式可简化为

$$v_{平均}=\frac{1.7nl}{60}\times 1\,000$$

【工作过程】

一、工作课时

要求本单元理论课时和实训课时为 4 课时。

二、刨刀及其安装

1. 刨刀

(1)刨刀的结构特点。刨刀的结构,几何形状与车刀相似,但由于刨削过程中有冲击力,刀具容易损坏,所以刨刀截面通常比车刀大 1.25~1.5 倍。

刨刀往往做成弯头,这是刨刀的一个显著特点。弯头刨刀在受到较大的切削力时刀杆所产生的弯曲变形,是围绕 O 点向后上方弹起的,因此,刀尖不会啃入工件,如图 5-11(a)所示。而直头刨刀受力变形啃入工件,将会损坏刀刃及加工表面,如图 5-11(b)所示。

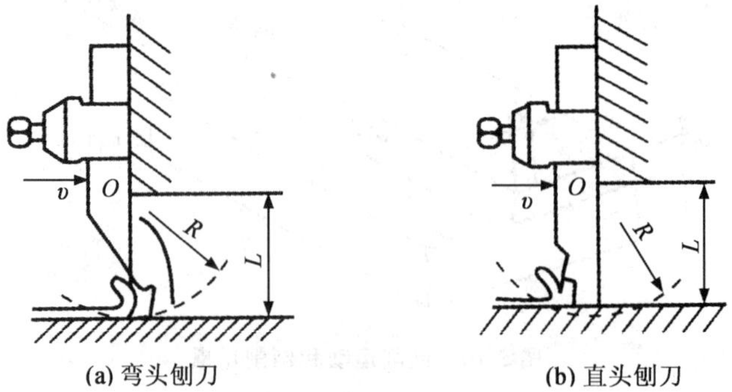

图 5-11　弯头刨刀和直头刨刀的比较

(2)刨刀的种类及其应用。刨刀的种类很多,按加工形式和用途不同,有各种不同的刨刀。常用的有:平面刨刀、偏刀、角度偏刀、切刀、弯切刀等,如图 5-12 所示。

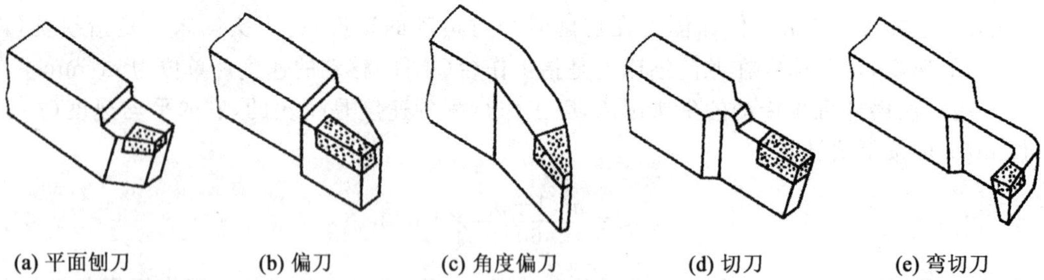

图 5-12　刨刀的种类

各种刨刀的用途如图 5-13 所示。平面刨刀用于加工水平面,如图 5-13(a)所示;偏刀加工垂直和外斜面,如图 5-13(b)、(c)所示;角度偏刀加工内斜面和燕尾槽,如图 5-13(d)所示;切刀加工直角槽和切断工件,如图 5-13(e)所示;弯切刀加工 T 形槽,如图 5-13(f)所示。

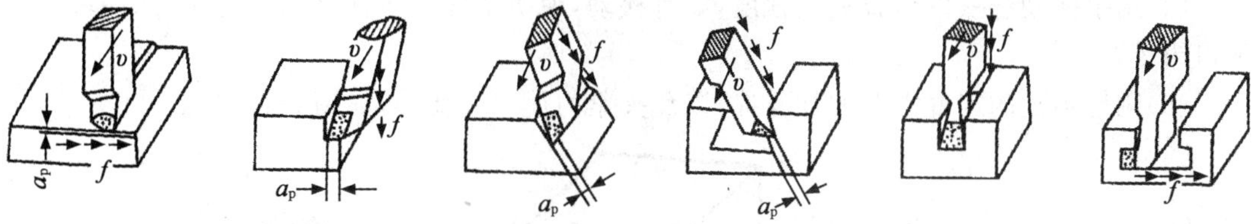

(a) 刨水平面　(b) 刨垂直面　(c) 刨斜面　(d) 刨燕尾槽　(e) 刨直槽　(f) 刨T形槽

图 5-13　刨刀的用途

2. 刨刀的安装

(1)刨平面时,刀架和刀座都应处在中间垂直位置,如图 5-14 所示。

(2)刨刀在刀架上不能伸出太长,以免在加工中发生振动和断裂。直头刨刀的伸出长度一般不宜超过刀杆厚度的 1.5～2 倍。弯头刨刀可以伸出稍长一些,一般稍长于弯曲部分的长度。

(3)在装刀或卸刀时,一只手扶住刨刀,另一只手由上而下或倾斜向下用力扳转螺钉将刀具压紧或松开。用力方向不得由下而上,以免抬刀板翘起或夹伤手指。

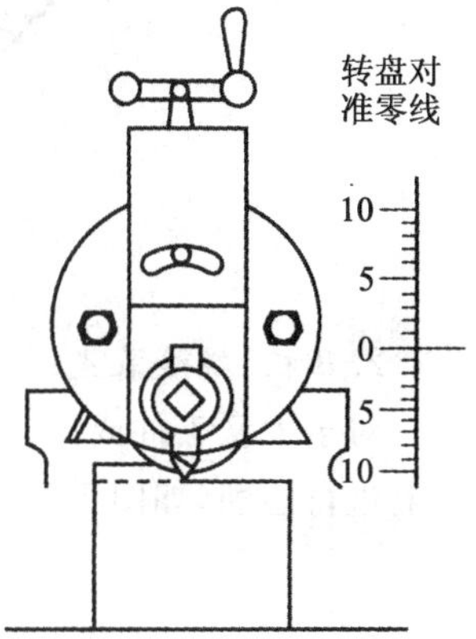

图 5-14　刨平面时刨刀的正确安装方法

三、工件的安装

1. 平口钳安装

平口钳是一种通用夹具,经常用其安装小型工件。使用时先把平口钳钳口找正,并固定在工作台上,然后再安装工件。常用划线找正的安装方法,如图 5-15 所示。

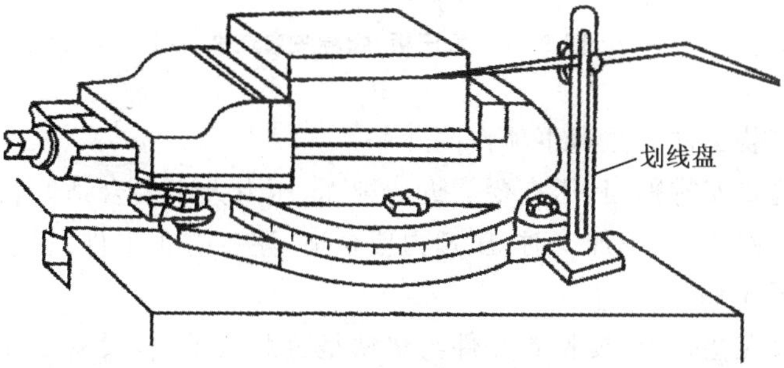

图 5-15　用平口钳装夹工件

用平口钳装夹工件的注意事项:

(1)工件的被加工面必须高出钳口,否则就要用平行垫铁垫高工件。

(2)为了能装夹得更牢固,防止刨削时工件走动,必须把比较平整的平面贴紧在垫铁和钳口上。为了使工件紧贴在垫铁上,应该一面夹紧,一面用手锤轻击工件的表面。要注意的是:光洁的表面应使用铜锤敲击,防止敲伤光洁表面。

(3)为了不使钳口损坏和保护已加工表面,夹紧工件时,在钳口处垫上铜皮。

(4)用手挪动垫铁以检查夹紧程度，如有松动，说明工件与垫铁之间贴合不好，应该松开平口钳重新夹紧。

(5)刚性不足的工件需要增加支撑，以免夹紧力使工件变形，如图 5-16 所示。

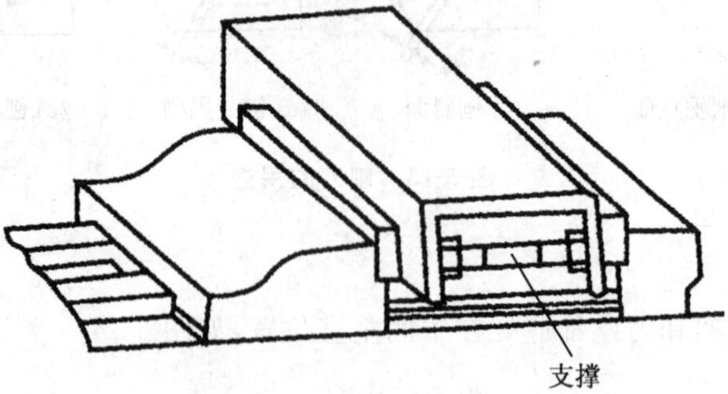

图 5-16　框形工件的装夹

2. 压板、螺栓装夹

对于大型工件或平口钳难以装夹的工件，可用压板、螺栓和垫铁将工件直接固定在工作台上进行刨削，如图 5-17 所示。

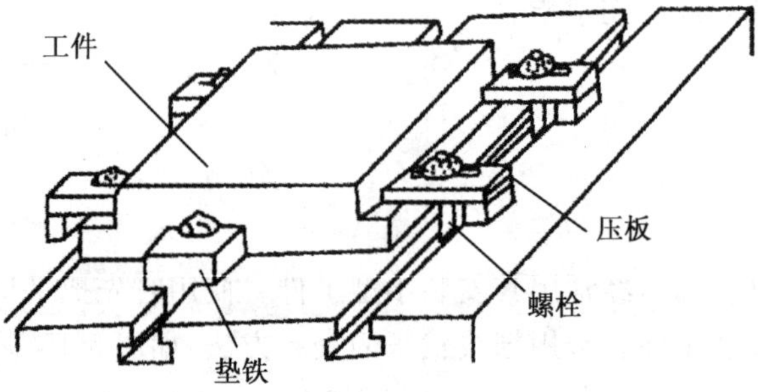

图 5-17　用压板、螺栓安装工件

用压板、螺栓安装工件的注意事项：

(1)压板的位置要安排得当，压点要靠近切削面，压力大小要合适。粗加工时，压紧力要大，以防止切削中工件移动；精加工时，压紧力要合适，注意防止工件发生变形。各种压紧方法的正、误比较如图 5-18 所示。

(2)工件如果放在垫铁上，要检查工件与垫铁是否贴紧了，若没有贴紧，必须垫上铜皮或纸，直到贴紧为止。

(3)压板必须压在垫铁处，以免工件因受压紧力而变形。

(4)装夹薄壁工件，在其空心位置处，要用活动支承件撑住，否则工件因受切削力而产生振动和变形。薄壁件装夹如图 5-19 所示。

(5)工件夹紧后，要用划针复查加工线是否仍然与工作台平行，避免工件在装夹过程中变形或移动。

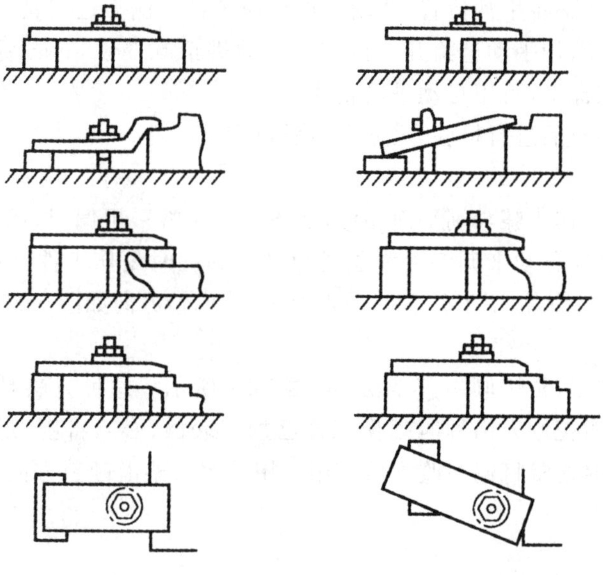

图 5-18　压板的使用

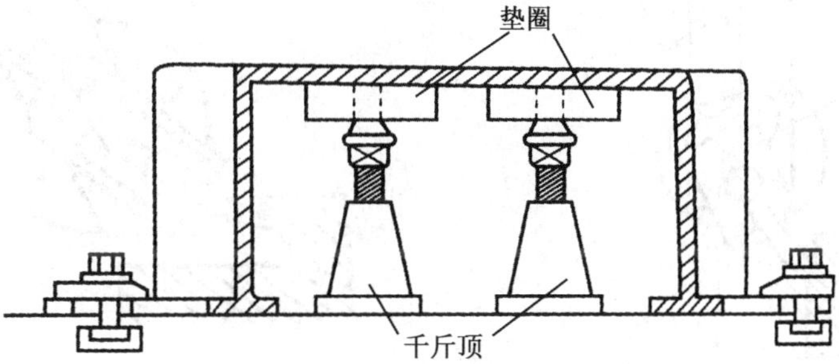

图 5-19　薄壁件的装夹

四、刨削加工

1. 刨水平面

刨水平面时可按下列顺序进行：

(1)熟悉图样，明确加工要求，检查毛坯余量。

(2)装夹工件和刀具。根据工件的形状尺寸、装夹精度要求及生产批量，选择不同的装夹方法。刨平面时使用平面刨刀，刀架应处在垂直于工作台的位置。

(3)调整机床。根据工件尺寸把工作台升降到适当位置；调整滑枕行程长度和行程位置。

(4)选择切削用量。根据图纸尺寸、技术要求、工件材料、刀具材料等确定切削深度、进给量及切削速度。

例如：精刨时，用圆头精刨刀(切削半径为 3～5 mm 的圆弧)，刨削深度 $a_p=0.2$～0.5 mm，进给量 $f=0.33$ mm/str。

(5)对刀试切。调整各手柄位置,移动工作台使工件一侧靠近刀具;转动刀架手轮,使刀尖接近工件;开动机床,用手动进给开始试切。手动进给 0.5～1 mm 后,停车测量尺寸,根据测量结果调整切削深度,再用自动进给正式刨削。

(6)刨削完毕,停车后进行检验,尺寸合格后再卸下工件。

2.刨垂直面

刨垂直面时,其工作步骤与刨平面相似,所不同的是常采用偏刀,用手摇刀架垂直进给,切削深度由工作台横向移动来调整。为了避免刨刀回程时划伤工件已加工表面,必须将刀偏转一个角度(10°～15°),刨削工件右侧垂直面时,其偏转方向如图 5-20 所示。

3.刨斜面

刨斜面的方法很多,常用倾斜刀架法,如图 5-21 所示。这种方法是将刀架倾斜到所需要的角度,同时为了避免刨刀回程时划伤工件已加工表面,必须将刨刀偏转一角度(与刨垂直面相同)。刨斜面时通常将偏刀改磨后使用。用手摇刀架沿倾斜方向进给,切削深度由工作台横向移动来调整。

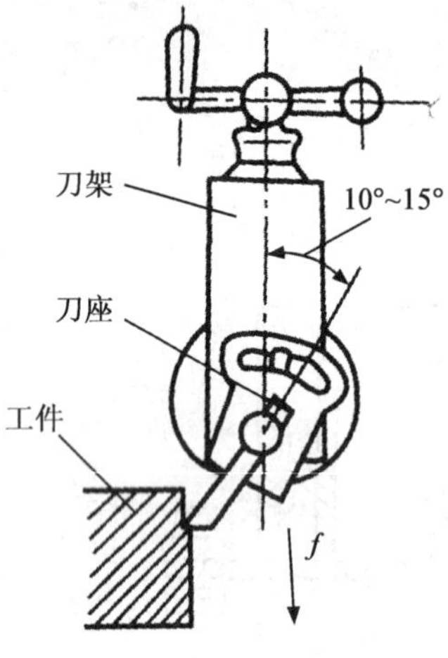

图 5-20 刨垂直面

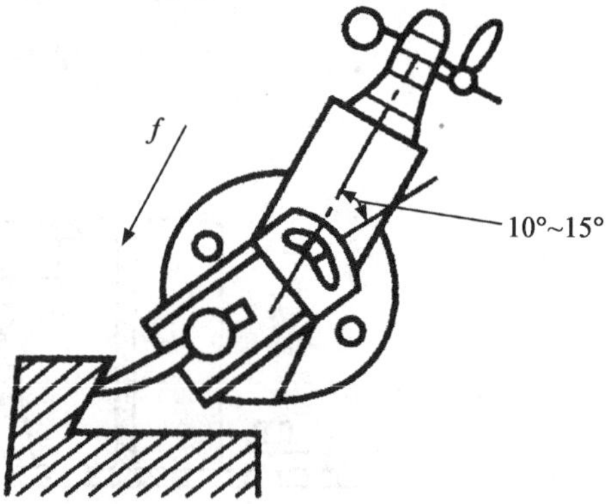

图 5-21 倾斜刀架刨斜面

4.刨沟槽

刨 T 形槽的步骤,如图 5-22 所示。

(1)安装工件,并进行找正;用切槽刀刨出直角槽,使其宽度等于 T 形槽槽口的宽度,深度等于 T 形槽的深度,如图 5-22(a)所示。

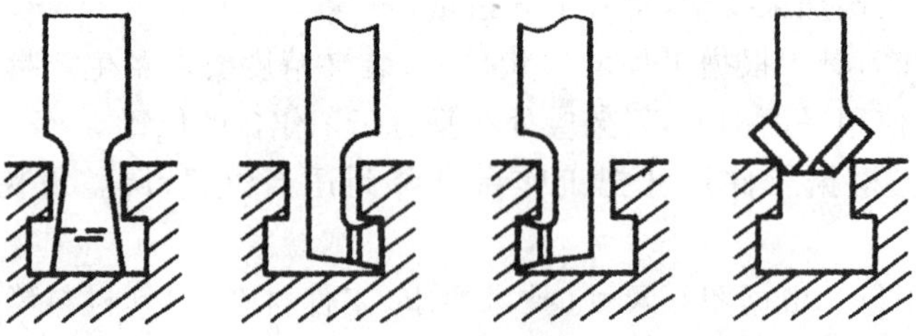

(a) (b) (c) (d)

图 5-22 T 形槽的刨削步骤

(2)用弯切刀刨削一侧的凹槽，如图 5-22(b)所示。如果凹槽的高度较大用一刀刨出全部高度有困难时，可分几次刨出。为了槽壁平整，最后用垂直进给将槽壁精刨一次。

(3)换上方向相反的弯切刀，刨削另一侧的凹槽，如图 5-22(c)所示。

(4)换上 45°刨刀加工倒角，如图 5-22(d)所示。

5. 刨矩形工件

矩形工件(如平行垫铁)要求对面平行，且相邻面成直角。这类零件可以铣削加工，也可以刨削加工。刨削矩形工件前四个面的步骤如下：

(1)先刨出大面 1，作为精基面，如图 5-23(a)所示。

(2)将已加工的大面 1，作为基准面贴紧固定钳口，在活动钳口与工件之间的中部垫一个圆棒后夹紧，然后加工相邻的面 2，如图 5-23(b)所示。面 2 对面 1 的垂直度取决于固定钳口与水平走刀的垂直度。在活动钳口与工件之间的中部垫一个圆棒，是为了使夹紧力集中在钳口中部，以利于面 1 与固定钳口的贴紧。

(3)把已加工的面朝下，同样按上述方法，使基准面 1 紧贴固定钳口。夹紧时，用手锤轻轻敲打工件，使面 2 贴紧平口钳，夹紧后即可加工面 4，如图 5-23(c)所示。

(4)加工面 3，如图 5-23(d)所示。把面 1 放在平行垫铁上，工件直接夹在两个钳口之间，夹紧时要求用手锤轻轻敲打，使面 1 与垫铁贴紧。

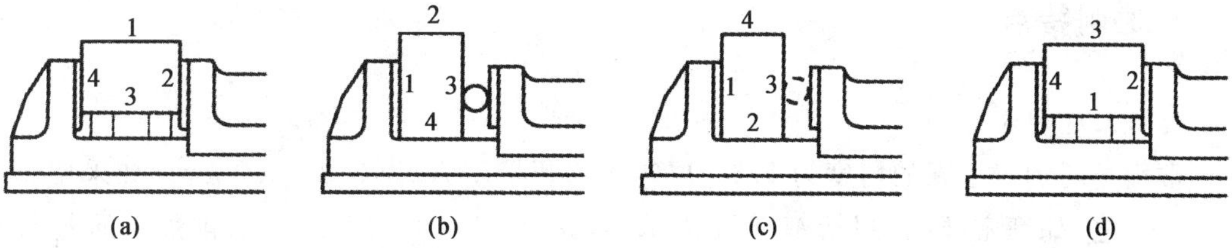

图 5-23　保证四个面垂直度的加工步骤

【习题】

1. 刨刀的结构特点有哪些？

2. 刨削矩形工件有哪些步骤？

项目六 磨削加工

任务一 磨削加工的基本知识

【相关知识】

用砂轮或其他磨具加工工件，称为磨削。磨削加工主要用于零件的精加工。从本质上讲，磨削也是一种切削。砂轮或磨具表面上的每一个突出磨粒，均可近似地看成一个微小的刀齿，因此，砂轮可以看成是具有许多微小刀齿的铣刀。

一、磨削特点

1. 加工质量好

常用磨削加工达到的精度为IT6～IT5，表面粗糙度 R_a 为0.8～0.2 μm。如采用先进的磨削工艺，如精密磨削、超精密磨削等，R_a 可达0.01～0.012 μm。磨削加工质量与砂轮、磨床的结构有关。磨削属微刃切削，磨削的切削厚度极薄。每一磨粒切削厚度可小到数微米，故可获得高的加工精度和低的表面粗糙度。另外磨削所用磨床比一般切削加工机床精度高，刚性及稳定性好，可实现微量进给与切削，从而保证了高精度加工的实现。

2. 适应性广

磨削加工不仅能加工一般的金属材料，如碳钢、铸铁、合金钢等，还可以加工一般金属刀具难以加工的硬材料，如淬火钢、硬质合金钢等。它不仅用于精加工，也可以用于粗加工和半精加工。但磨削不适合加工硬度较低而塑性很好的有色金属材料，因为磨削这些材料时砂轮容易被堵塞，使砂轮失去切削能力。

3. 磨削温度高

由于磨削速度很高，挤压和摩擦较严重，砂轮导热性很差，磨削温度可高达800～1 000℃。因此，在磨削过程中，应大量使用切削液。

二、磨削加工的应用范围

磨削主要用于零件的内外圆柱面、内外圆锥面、平面及成型面（如花键、螺纹、齿轮等）的精加工。还常用于各种切削刀具的刃磨，其常见的几种加工类型如图6-1所示。

【工作过程】

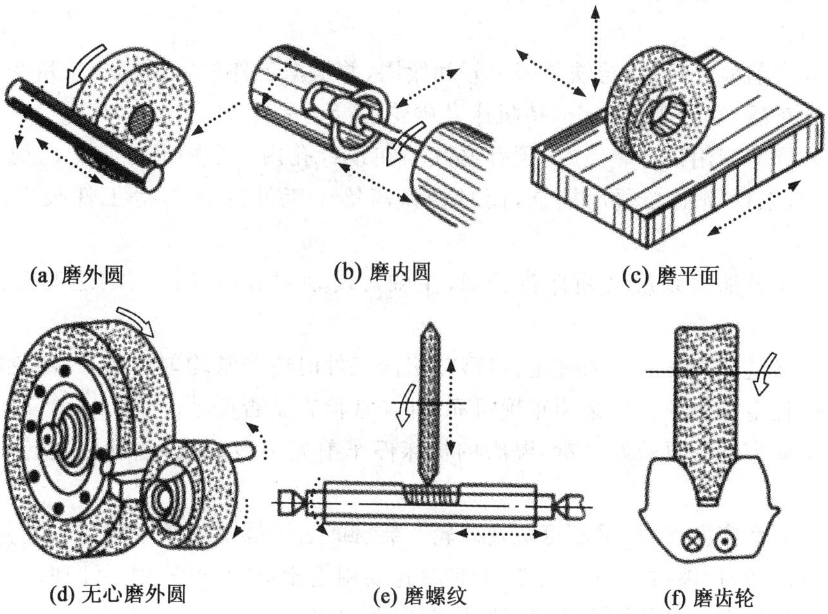

图 6-1　磨床的主要加工类型

一、工作课时

要求本单元理论课时和实训课时为 4 课时。

二、磨床安全操作规程

(1)实训时要按规定穿戴好工作服,扎好袖口,长发纳入防护帽内。不准戴手套操作。

(2)未经实训指导人员许可不准擅自动用任何设备、电闸、开关和操作手柄,以免发生安全事故。

(3)实训中如有异常现象或发生安全事故应立即拉下电闸或关闭电源开关,停止实训,保留现场并及时报告指导人员,待查明事故原因后方可再行实训。

(4)控制砂轮进退的手轮的转动方向及电器开关必须弄清才能开车。

(5)安装工件时要装夹牢固。装拆工件时,要当心碰撞砂轮。

(6)开车前要盖好安全罩,砂轮与工件之间要留有一定间隙,否则不准开车。

(7)磨削工件时进刀量不能过大,以免损伤砂轮,发生安全事故。

(8)工作时,人切勿面对砂轮旋转的方向站立,要站在侧面以保证安全。

(9)停车前必须先将砂轮退离工件,然后才能停车。

(10)测量工件尺寸时,必须等工件停止转动时才能测量。

(11)两人共用一台机床时,不准同时动手操作,要互相关照,防止发生事故。

(12)磨削是高速切削，又为精密加工，砂轮较脆易碎，操作时要小心谨慎。未经平衡砂轮严禁使用。

(13)开车前检查轮罩、挡铁是否完好和紧固，并根据工件材料、硬度、粗精磨等选用适当的砂轮。开车后，空转 1～2 min，待机床及砂轮运行正常后再工作。

(14)外圆磨床用顶针装夹时，顶针必须顶在顶针孔内。平面磨床加工高而狭或底部较小的工件时，工件周围必须用挡铁，而且挡铁高等于工件的 2/3，等工件吸牢后方可进行加工。

(15)磨床各油路系统必须保持畅通，主轴等转动部分不允许在缺乏润滑油的情况下运行。

(16)严格遵守开车对刀的规定，将砂轮引向工件时应非常均匀和小心，避免冲击。

(17)行程定位块的位置必须正确可靠，并经常检查是否松动。

(18)干磨零件时要戴好口罩，湿磨的机床停车前先关冷却液，主砂轮空转 1～2 min 进行脱水。

(19)平面磨床操作时，手不可触及砂轮。装、卸工件，擦盘必须在确认砂轮停稳后进行。严禁在砂轮旋转时，擦拭和测量工件，清理磁盘要用毛刷进行，严禁用手清理。

(20)工作结束后必须擦净机床，清洁现场，关好电源。

【习题】

1. 试述磨削的加工应用范围。

2. 磨削为什么能加工很硬的材料?

任务二　磨　　床

【相关知识】

磨床按用途不同可分为外圆磨床、内圆磨床、平面磨床、无心磨床、工具磨床、螺纹磨床、齿轮磨床以及其他各种专业磨床等。

一、外圆磨床

如图 6-2 所示为 M1432A 型万能外圆磨床，可用来磨削内、外圆柱面，圆锥面和轴、孔的台阶端面。外圆磨床 M1432A 型号中数字与字母的含义如下：

M—磨床类

1—万能型

4—外圆磨床组

32—工作台面最大磨削直径 320 mm(主参数)

A—经过一次改进

万能外圆磨床的主要组成部分包括床身、工作台、砂轮架、头架、尾座。

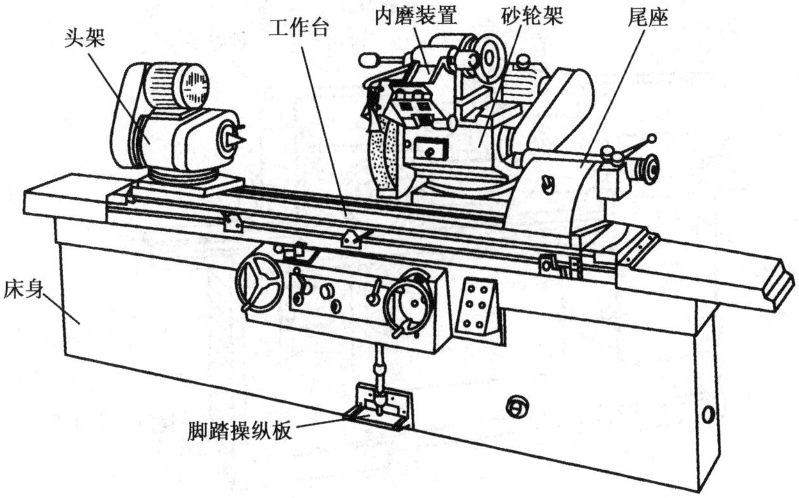

图 6-2　M1432A 型万能外圆磨床

1. 床身

用于支撑和连接磨床各个部件。内部装有液压传动装置，上部有纵向和横向两组导轨以安装工作台和砂轮架。

2. 工作台

工作台上装有头架和尾座，用于装夹工件并带动工件旋转。磨削时工作台可自动作纵向往复运动，其行程长度可借挡块位置调节。万能外圆磨床的工作台台面还能扳转一很小的角度，以磨削圆锥面。

3. 砂轮架

用于装夹砂轮，并有单独电动机带动砂轮旋转。砂轮架可在床身后部的导轨上作横向移动。

4. 头架

头架内的主轴由单独电动机带动旋转。主轴端部可装夹顶尖、拨盘或卡盘，以便装夹工件。

5. 尾座

尾座的功用是用后顶尖支撑长工件。它可以在工作台上移动，调整位置以装夹不同长度的工件。

二、内圆磨床

内圆磨床主要用于磨削圆柱孔、圆锥孔及端面等。如图 6-3 所示是 M2120 内圆磨床的外形图。头架可以绕垂直轴线转动一个角度，以便磨削锥孔。工作转数能作无级调整，砂轮架安放在工作台上，工作台由液压传动，作往复运动，也能作无级调速，而且砂轮趋近及退出时能自动变为快速，以提高生产效率。M2120 磨床磨削孔径为 50～200 mm。

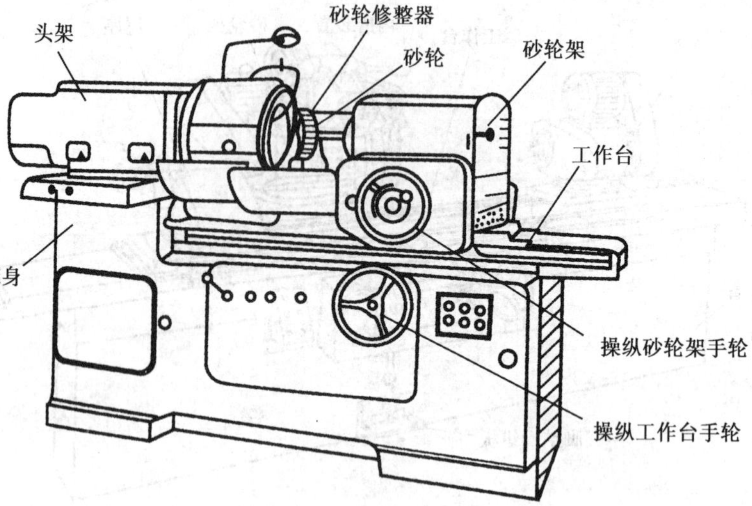

图 6-3　M2120 内圆磨床

三、平面磨床

平面磨床分为立轴式和卧轴式两类，立轴式平面磨床用砂轮的端面进行磨削平面。卧轴式平面磨床用砂轮的圆周进行磨削平面。如图 6-4 所示为 M7120A 卧轴矩台式平面磨床。其中 M、A 与外圆磨床意义相同；71—卧轴矩台式平面磨床；20—工作台宽度为 200 mm。

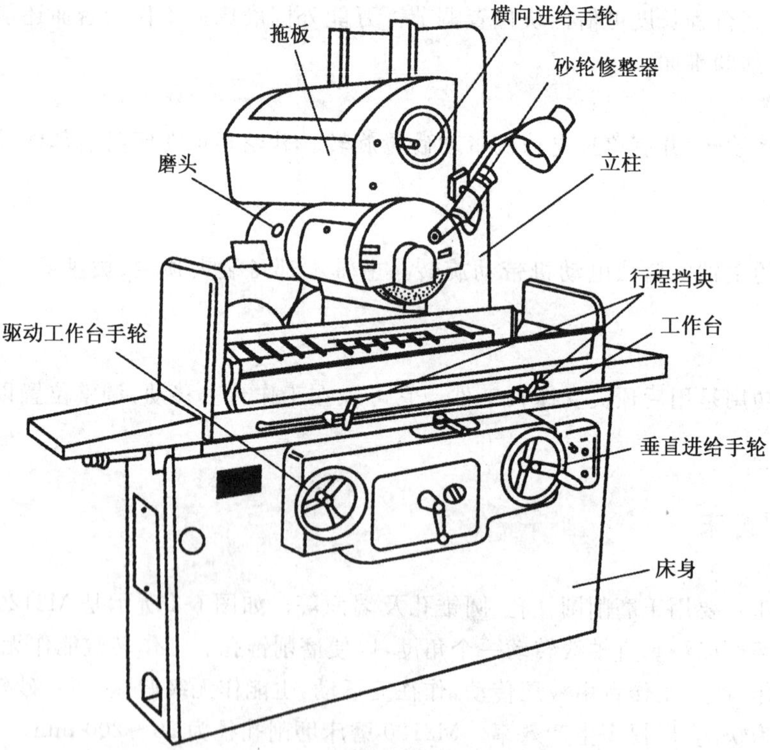

图 6-4　M7120A 平面磨床

M7120A 平面磨床主要由床身、工作台、磨头、立柱、砂轮修理器等部分组成。

该磨床的矩形工作台装在床身的水平纵向导轨上，由液压传动实现其往复运动，也可用手轮操纵以便进行必要的调整。另外，工作台上还有电磁吸盘，用来装夹工件。

砂轮装在磨头上，由电动机直接驱动旋转。磨头沿滑板的水平导轨可作横向进给运动，该运动可由液压驱动或由手轮操纵。滑板可沿立柱的垂直导轨移动，以调整磨头的高低位置及完成垂直进给运动，这一运动通过转动手轮来实现。

四、无心磨床

无心外圆磨床的结构完全不同于一般的外圆磨床，其工作原理如图 6-5 所示。磨削时，工件不需要夹持，而是将工件放在砂轮与导轮间，由托板支持着；工件轴线略高于砂轮与导轮轴线，以避免工件在磨削时产生圆度误差；工件由橡胶结合剂制成的导轮带着作低速旋转，并由高速旋转着的砂轮进行磨削。

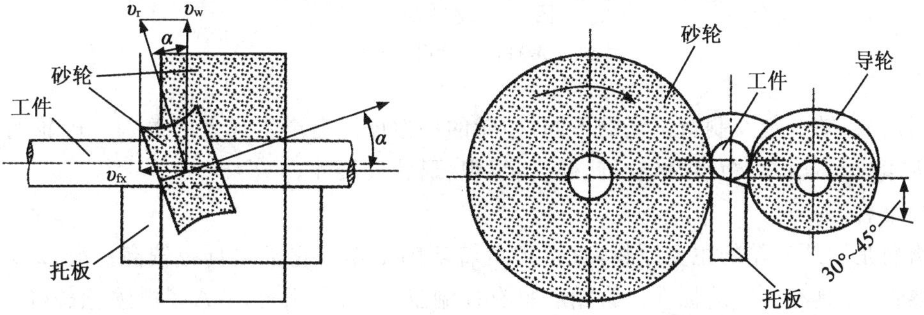

图 6-5　无心外圆磨原理

无心外圆磨削的生产效率高，主要用于成批及大量生产中磨削细长轴和无中心孔的短轴等。一般无心外圆磨削的精度为 IT6～IT5 级，表面粗糙度 R_a 为 0.8～0.2 μm。

【习题】

1. 磨削为什么既能粗加工又能做精加工？
2. 试述外圆磨床的组成部分及其功用。
3. 简述无心外圆磨床的磨削特点。

任务三　砂　　轮

【相关知识】

一、砂轮的组成与特性

砂轮是磨削的主要工具。它由磨料、结合剂和孔隙 3 个基本要素组成，如图 6-6 所示。

砂轮表面上杂乱地排列着许多磨粒，磨削时砂轮高速旋转，切下的切屑呈粉末状。

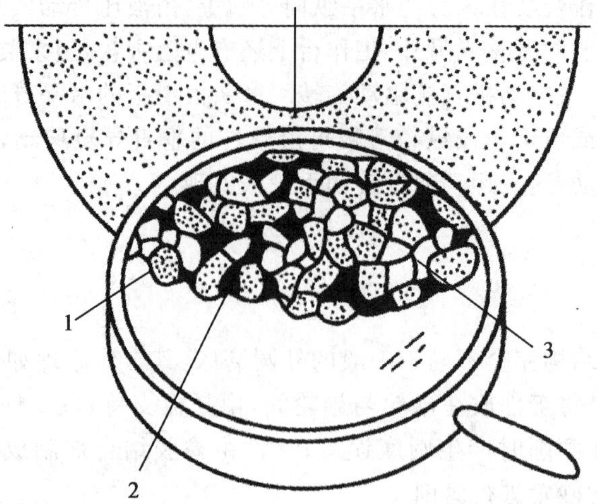

图 6-6　砂轮的组成

1-磨料；2-结合剂；3-孔隙

因磨料、结合剂及制造工艺的不同，砂轮的特性可能会产生很大的差别。砂轮的特性由以下因素决定：磨料、粒度、结合剂、硬度、组织、形状及尺寸。

1. 磨料

磨料是制造砂轮的主要原料，直接担负着切削工作。它必须具有较高的硬度以及良好的耐热性，并具有一定的韧性。常用磨料有棕刚玉(A)、白刚玉(WA)、黑碳化硅(C)和绿化硅(GC)。

2. 粒度

粒度表示磨料颗粒的大小。粒度号越大，颗粒越小。它对磨削生产率和表面粗糙度有很大影响。一般粗颗粒用于粗加工，细颗粒用于精加工。磨软材料时为防止砂轮堵塞，用粗磨粒；磨削脆、硬材料时，用细磨粒。

3. 结合剂

砂轮的强度、抗冲击性和耐热性等，主要取决于结合剂的种类和性能。常用的结合剂有陶瓷结合剂(V)、树脂结合剂(B)和橡胶结合剂(R)3 种。除切断砂轮外，大多数砂轮都采用陶瓷结合剂。

4. 硬度

砂轮的硬度是指砂轮上的磨粒在磨削力的作用下，从砂轮表面脱落的难易程度。若磨粒易脱落，表明砂轮硬度低；反之表明砂轮硬度高。砂轮的硬度与磨料的硬度是完全不同的两个概念，它取决于结合剂的性能。工件材料越硬，磨削时砂轮硬度应相对软些；工件材料越软，砂轮的硬度应相对硬些。

5. 组织

砂轮的组织是指磨料和结合剂的疏密程度。它反映了磨粒、结合剂和气孔三者所占体积的比例。砂轮组织分为紧密、中等和疏松 3 大类，共 16 级(0～15)。常用的是 5 级、6 级，级数越大，砂轮越疏松。

为方便使用，将砂轮的特性代号标注于砂轮非工作表面上，按 GB/T 2484—2006 规定其标注顺序及意义举例如下：

P	400×50×203	WA	46	K	5	V	35
形状 （平形砂轮）	外径×厚度×孔径	磨料 （白刚玉）	粒度	硬度	组织号	结合剂 （陶瓷结合剂）	允许的磨削速度(m/s)

二、砂轮的安装及调整

砂轮因在高速下工作，安装前必须经过外观检查，不应有裂纹，并经过平衡实验（图 6-7），砂轮安装方法如图 6-8 所示。大砂轮通过台阶法兰盘装夹，如图 6-8(a)所示；不太大的砂轮用法兰盘直接装在主轴上，如图 6-8(b)所示；小砂轮用螺母紧固在主轴上，如图 6-8(c)所示；更小的砂轮可黏固在主轴上，如图 6-8(d)所示。

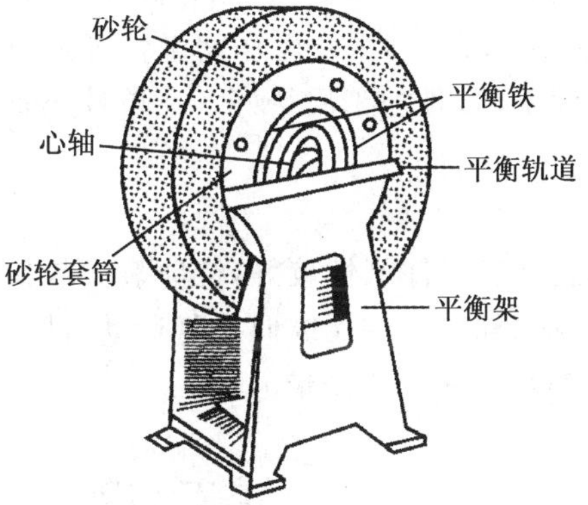

图 6-7 砂轮的平衡

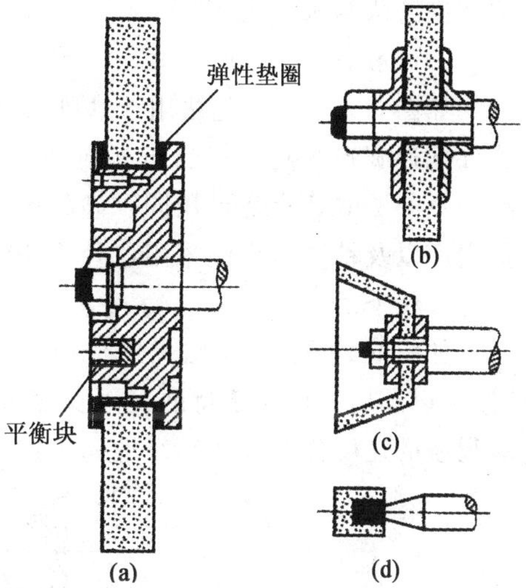

图 6-8 砂轮的装夹方法

砂轮工作一段时间后，磨粒逐渐变钝，砂轮工作表面空隙被堵塞，砂轮的正确几何形状被破坏。这时必须进行修整，将砂轮表面一层变钝了的磨粒切去，以恢复砂轮的切削能力及正确的几何形状，如图 6-9 所示。

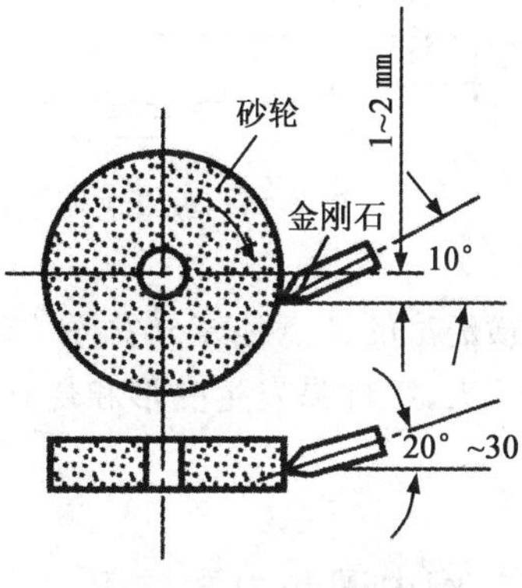

图 6-9 砂轮的修整

【习题】

砂轮的特性主要由哪些因素所决定？

任务四　磨削基本工艺

【工作过程】

一、工作课时

要求本单元理论课时和实训课时为 2 课时。

二、磨外圆

工件的外圆一般在普通外圆磨床或万能外圆磨床上磨削。常用的磨削外圆方法有纵磨法和横磨法两种。

1. 纵磨法

如图 6-10 所示，此法用于磨削长度与直径之比比较大的工件。磨削时，砂轮高速旋转，工件低速旋转并随工作台作纵向往复运动，在工件改变移动方向时，砂轮作间歇性径向进给。纵磨法的特点是可用同一砂轮磨削长度不同的各种工件，且加工质量好。在单件小批量生产以及精磨时广泛采用这种方法。

2. 横磨法

如图 6-11 所示，此法又称径向磨削法或切入磨削法。当工件刚性较好，待磨表面较短时，可以选用宽度大于待磨表面长度的砂轮进行横磨。横磨时，工件无纵向往复运动，砂轮以很慢的速度连续地或断续地向工件作径向进给运动，直到磨去全部余量为止。

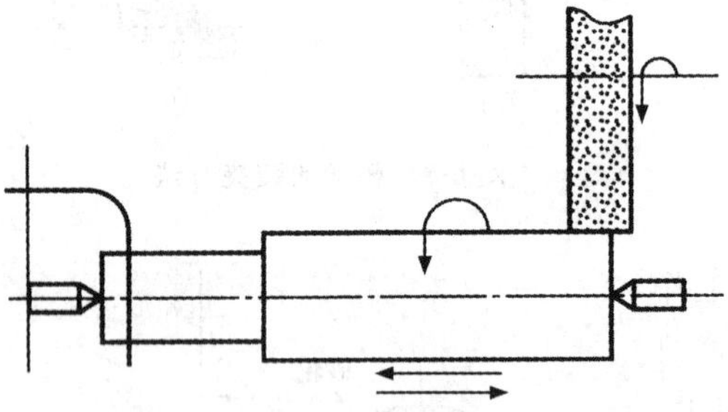

图 6-10　纵磨法

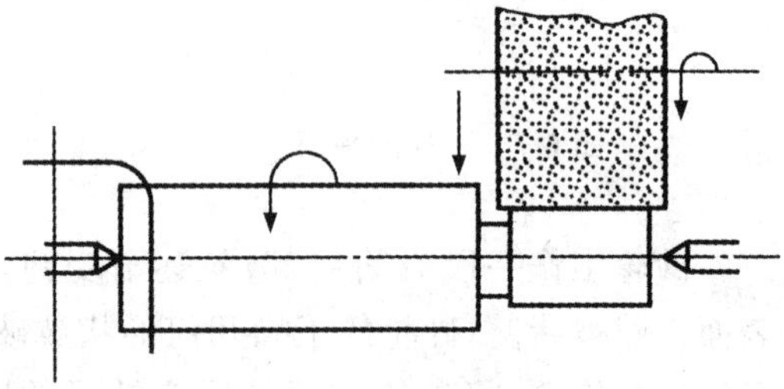

图 6-11　横磨法

横磨法的特点是充分发挥了砂轮的切削能力，生产率高。但是横磨时，工件与砂轮的接触面积大，工件易发生变形和烧伤，故这种磨削法仅适用于磨削短的工件、阶梯轴的轴颈和粗磨等。

三、磨内圆和内圆锥面

内圆和内圆锥面可在内圆磨床或万能外圆磨床上用内圆磨头进行磨削，如图 6-12 所示。磨内圆和内圆锥面使用的砂轮直径较小,尽管它的转速很高,但磨削速度仍比磨削外圆时低,使工件表面质量不易提高。砂轮轴细而长,刚性差,磨削时易产生弯曲变形和振动,故切削用量要低一些。此外,内圆磨削时的磨削热大,而冷却及排屑条件较差,工件易发热变形,砂轮易堵塞,因而内圆和内圆锥面磨削的生产效率低,而且加工质量也不如外圆磨削高。

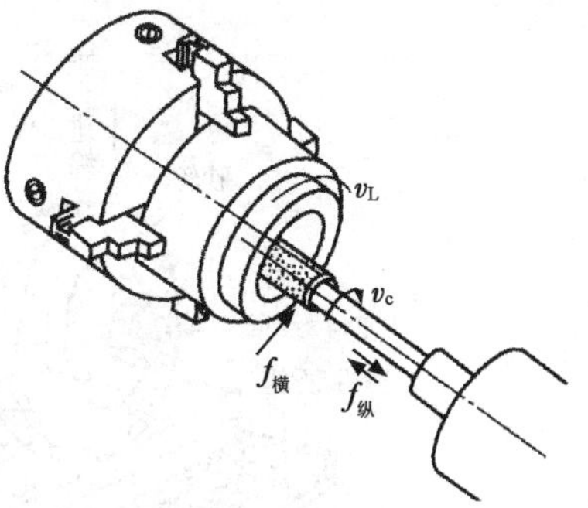

图 6-12　磨内圆

四、磨外圆锥面

磨外圆锥面与磨外圆的主要区别是工件和砂轮的相对位置不同。磨外圆锥面时,工件轴线必须相对于砂轮轴线偏斜一圆锥角。常用转动上工作台或转动头架的方法磨外圆锥面,如图 6-13 所示。

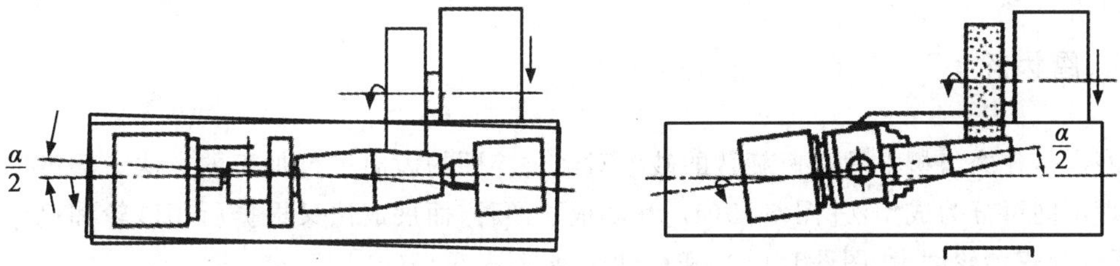

(a) 转动上工作台磨外圆锥面　　(b) 转动头架磨外圆锥面

图 6-13　磨外圆锥面

五、磨平面

磨平面一般使用平面磨床。平面磨床工作台通常采用电磁吸盘来安装工件;对于钢、铸铁等导磁工件可直接安装在工作台上,对于铜、铝等非导磁性工件,要通过精密平口钳等装夹。

根据磨削时砂轮工件表面的不同,平面磨削的方式有两种,即周磨法和端磨法,如图 6-14 所示。

1. 周磨法

周磨法是用砂轮圆周面磨削平面,如图 6-14(a)所示。周磨时,砂轮与工件接触面积小,排屑及冷却条件好,工件发热量少,因此磨削易翘曲变形的薄片工件,能获得较好的加工质量,但磨削效率较低。

2. 端磨法

端磨法是用砂轮端面磨削平面,如图 6-14(b)所示。端磨时,由于砂轮轴伸出较短,而且主要是受轴向力,因而刚性较好,能采用较大的磨削用量。此外,砂轮与工件接触面积大,因而磨削效率高。但发热量大,也不易排屑和冷却,故加工质量较周磨低。

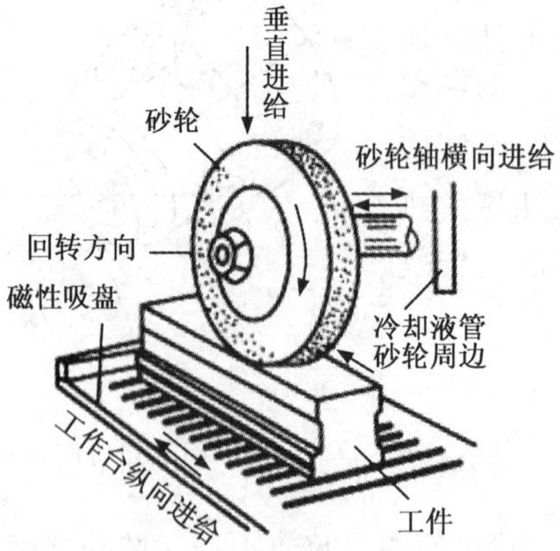

(a) 周磨法

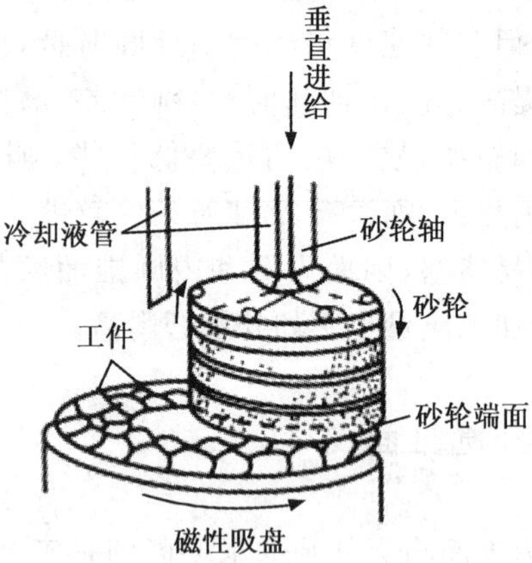

(b) 端磨法

图 6-14 磨平面的方法

六、磨齿轮

磨齿是在磨齿机上用高速旋转的砂轮对经过淬硬的齿面进行加工的方法。磨齿按其加工原理不同可分为成型法[图 6-15(a)]和展成法两种,而展成法又根据所用砂轮和机床的不同,可分为双砂轮磨齿[图 6-15(b)]和单砂轮磨齿图[6-15(c)]。

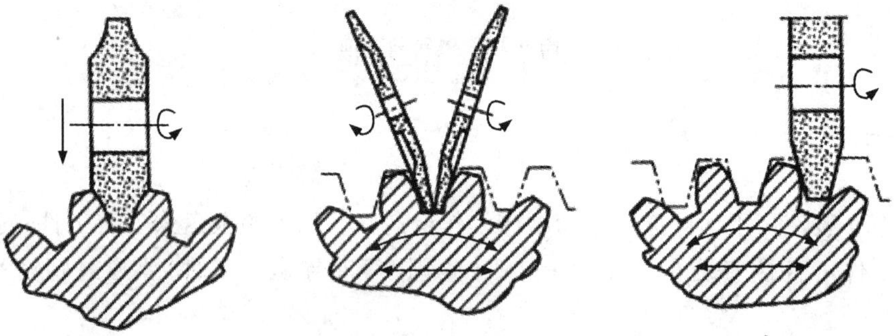

(a) 成型法磨齿　(b) 双砂轮展成法磨齿　(c) 单砂轮展成法磨齿

图 6-15 磨齿

【习题】

周磨和端磨各有哪些特点?

项目七　铸　　造

任务一　铸造基本知识

【相关知识】

铸造安全操作规程：

(1)实训时必须按规定穿戴好劳动保护用品。

(2)未经实训指导人员许可不准擅自动用任何设备、电闸、开关和操作手柄，以免发生安全事故。

(3)实训中如有异常现象或发生安全事故应立即拉下电闸或关闭电源开关，停止实训，保留现场并及时报告指导人员，待查明事故原因后方可再行实训。

(4)装砂时不得将手放在砂箱边上，以免碰伤。

(5)造型时不要用嘴吹型砂，以免砂粒飞入眼中。

(6)在熔化间或造型场地观察开炉与浇注时，应站在安全地点，严禁站在浇注往返的通道上。

(7)必须戴好防护眼镜、护脚布等防护用品后方可进行开炉等工作。

(8)所有操炉、出铁水、抬包、浇注等工作，未经指导教师许可，实训学生严禁私自动手。

(9)不得用冷工具进行挡渣、敝渣，或在剩余铁水内敲打，以免爆溅。

(10)铸件开箱后未经许可不得触动，以免损坏或烫伤。

(11)出铁水时不准加料，不能用湿的或冷铁杆搅动铁水或扒渣。

(12)抬运浇包时动作要协调。抬包时若发生金属液体飞溅时应保持冷静，抬包双方应同时慢慢地放包，切不可单独摔掉浇包，否则会发生更大的工伤事故。

(13)浇注时，浇包内铁水不能过满，浇包要对准铁槽，人不能站在浇注的正面，不能垂直去看冒口是否浇满，以免铁水飞溅伤人。

(14)清理铸件时应避免浇冒口飞出伤人。

(15)砂箱、砂型等应平稳放置，防止其倒塌伤人。每人所用工具，应放在工具箱内。砂箱不得随意乱放，以免损坏或妨碍他人工作。

(16)不准踩踏或站在没有浇注的铸型或已浇注但未凝固的铸型砂箱上，以免碰伤、砸伤和烧伤。

(17)敲打冒口时应注意周围情况，以免发生击伤事故。

(18)必须将铁钉、毛刺、铁丝、木片等从砂中清出后方可将砂堆入砂堆，以防造型时发生碰伤事故。

【工作过程】

一、工作课时

要求本单元理论课时和实训课时为 2 课时。

二、铸铁的熔炼

用于铸造的合金有铸铁、铸钢、铜合金等，其中铸铁应用最广。

为了生产高质量的铸件，首先要求熔炼出合格的金属液。熔炼铸造合金液应符合以下要求：

(1)金属液温度足够高。

(2)金属液的化学成分应符合要求。

(3)熔化效率高，燃料消耗少。

大多数工厂熔炼铸铁用冲天炉，也可用工频电炉。冲天炉的结构简单、操作方便、燃料消耗少、熔化效率也较高。

三、冲天炉的构造

冲天炉的大小是以每小时熔化多少吨铁水来表示的。常用的冲天炉为 2～10 t/h。冲天炉的构造如图 7-1 所示，共包括五个部分。

(1)后炉是冲天炉的主体部分，包括炉身、烟囱、火花罩、加料口、炉底、支柱和过道等部分。它主要的作用是完成炉料的预热、熔化和过热铁水。

(2)前炉起储存铁水的作用，上面有出铁口、出渣口和窥视口。

(3)加料系统包括加料吊车、送料机和加料桶。它的作用是使炉料按一定配比依次分批从加料口中送进炉内。

(4)送风系统包括鼓风机、风管、风带和风口。它的作用是将空气送到炉内，使焦炭充分燃烧。

(5)检测系统包括风量计和风压计。

冲天炉熔化用的炉料包括金属炉料、燃料和熔剂三部分。

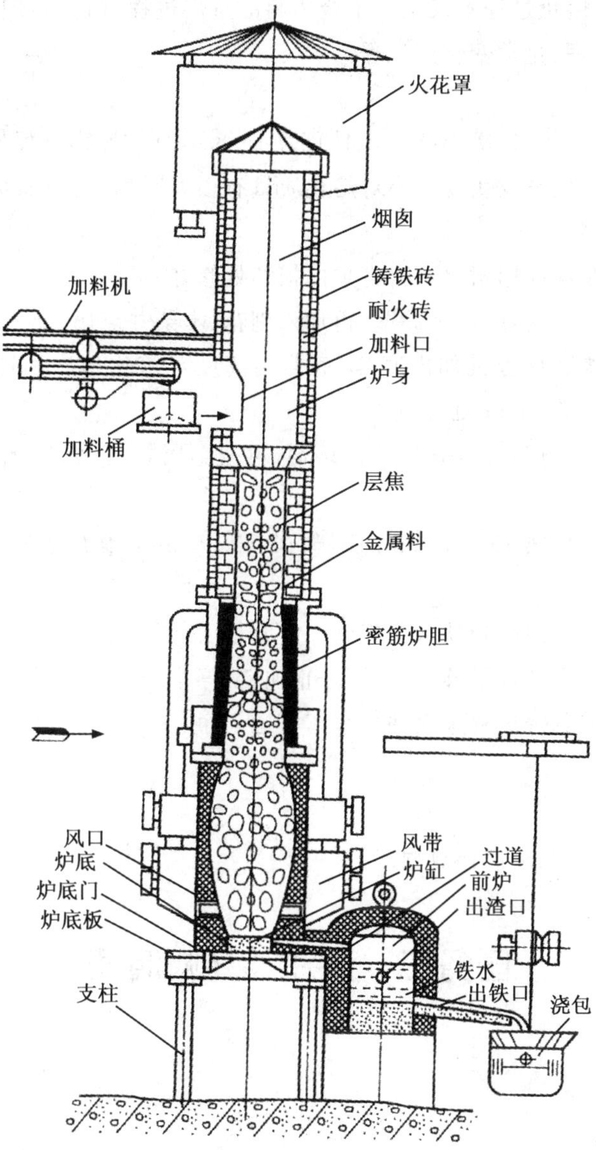

图 7-1　冲天炉的构造

四、炉料的熔化过程

1. 熔化原理

炉料在冲天炉内熔化的过程：炉料从加料口加入，自上而下运动，被上升的热炉气预热，并在熔化带（在底焦顶部，温度约 1 200℃）开始熔化。铁水在下落过程中又被高温炉气和炽热焦炭进一步加热（称过热），温度可达 1 600℃左右，经过过道进入前炉。此时温度稍有下降，最后出炉温度为 1 360～1 420℃。从风口进入的风和底焦燃烧后形成的高温炉气，是自下而上流动的，最后变成废气从烟囱中排出。所以，冲天炉是利用对流的原理来进行熔化的。冲天炉内铸铁的熔化过程不仅是一个金属料的重熔过程，而且是炉内铁水、焦炭和炉气之间产生的一系列物理、化学变化的过程。

2.基本操作过程

冲天炉是间歇工作的，每次连续熔化时间为4～8 h，具体操作过程如下：

(1)备料。炉料的质量及块度大小对熔化质量有很大影响，应按照炉料配比及铁水质量的要求来准备各种炉料。

(2)修炉。每次装料前用耐火材料将炉内损坏处修好。

(3)烘干。点火修炉后，应烘干炉壁，再加入刨花、木柴并点燃。

(4)加底焦木柴烧旺后分批加入底焦，底焦的高度对熔化速度和铁水温度有很大的影响，一般到高出风口0.6～1 m处为宜。

(5)加炉料。待底焦烧旺后，先加一批熔剂，再按金属炉料、燃料、熔剂顺序一批批地向炉内加料至料口为止。

(6)熔化。待炉料预热15～30 min后，鼓风5～10 min，金属炉料便开始熔化，形成铁水，同时也形成熔渣。

(7)排渣与出铁。前炉中的铁水聚集到一定容量后，便可定时排渣与出铁。

(8)清炉。估计炉内铁水量够用时，即停止加料，停止鼓风。等最后一批铁水浇完，即可打开炉底门，将炉内的剩余炉料熄灭并用小车清运干净。

【习题】

简述炉料的熔化的基本操作过程。

任务二　浇注、落砂、清理

【相关知识】

一、浇注

把液体金属浇入铸型的过程称为浇注。浇注工序对铸件的质量影响很大。浇注操作不当常引起浇不足、冷隔、跑火、夹渣和缩孔等缺陷。

1.浇注前应做好的准备工作

(1)清理浇注时行走的通道，不应有杂物挡道，更不能有积水。

(2)了解要浇注铸件的重量、大小、形状和铁水牌号等，做到心中有数。

(3)上下砂型要紧固，以免浇注时由于铁水浮力将上箱抬起，造成跑火。单件小批量生产时，使用压铁压箱，压铁的重量按经验一般为铸件重量的3～5倍；成批大量生产时，多使用专用的卡子或螺栓紧固砂型。

(4)浇注的用具及设备，如挡渣勾、浇包等，要烘干，以免降低铁水的温度及引起铁水飞溅。

2. 浇注时必须注意的问题

(1)浇注温度。浇注温度过低时，由于铁水的流动性差，易产生浇不足、冷隔、气孔等缺陷；浇注温度过高时，会使铁水收缩量增加而产生缩孔、裂纹以及铸件黏砂等缺陷。浇注温度一般是根据铸件的大小及形状来确定的，对形状较复杂的薄壁件，浇注温度应高些，对简单的厚壁件，浇注温度可低一些。

(2)浇注速度。浇注速度应适中，太慢会使金属液降温过多，产生浇不足等缺陷，同时会影响效率。浇注速度太快会使铸型中气体来不及跑出而产生气孔，同时由于金属液的动压力增大，易造成冲砂、抬箱、跑火等缺陷。浇注速度应按铸件的形状而定，对于薄壁件要求用较快的浇注速度。

(3)估计好铁水重量。铁水不够时不应浇注，因为浇注中不能断流。

(4)挡好渣。为使溶渣变稠便于扒出或挡住，可在浇包内金属液面上加些干沙或稻草灰。

(5)引火。用红热的挡渣勾及时点燃从砂型中逸出的气体，以防一氧化碳(CO)等有害气体污染空气及形成气孔。

二、落砂

将铸件从砂型中取出来称为落砂。落砂时应注意铸件的温度。温度太高时落砂，会使铸件急冷而产生白口(既硬又脆无法加工)、变形和裂纹。但也不能冷却到常温时才落砂，以免影响生产效率。一般说来应在保证铸件质量的前提下尽早落砂。铸件在砂型中合适的停留时间与铸件形状、大小、壁厚等有关。

落砂的方法有手工落砂和机械落砂两种。在大量生产中一般用落砂机进行落砂。

三、清理

落砂后的铸件必须经过清理工序，才能使铸件外表面达到要求。清理工作主要包括下列内容：

(1)切除浇冒口。

(2)清除砂芯。

(3)清除黏砂。

(4)铸件修整。

(5)用高温退火和清除内应力退火的方式对铸件进行热处理。

清理完的铸件要进行质量检验，合格的铸件验收入库，次品酌情修补，废品进行分析，找出原因并提出预防措施。

【习题】

1. 浇注时必须注意哪些问题？

2. 浇注系统一般由哪几部分组成？它们的作用是什么？内浇道应如何设置？

3.零件、铸件、模样(有型芯和无型芯时)结构、尺寸的差别何在?

4.试述浇注的安全规程。

5.落砂时铸件的温度过高或过低行不行?为什么?

6.铸件的清理包括哪几方面内容?常用的清理设备有哪些?

7.常见的铸造缺陷有哪些?它们的特征及产生的原因是什么?

任务三 特种铸造

【相关知识】

砂型铸造因其适应性强、灵活性大、经济性好,得到了广泛的应用,但它也存在以下缺点:

(1)铸件质量不高,如铸件尺寸精度低、表面较粗糙、内在组织不够致密、不能浇铸薄壁件等。

(2)铸型只能使用一次,因此造型工作量大、生产效率低;铸造工艺过程复杂,工作条件较差。针对这些问题,人们通过改变造型材料或方法,以及改变浇注方法和凝固条件等,从而发展出了一系列的特种铸造方法。

【工作过程】

一、工作课时

要求本单元理论课时和实训课时为2课时。

二、金属型铸造

将金属液浇注到金属材料制成的铸型中而获得铸件的方法称为金属型铸造。由于金属型能重复使用成百上千次,甚至上万次,故又称为永久型铸造。金属型一旦做好,则铸造的工艺过程实际上就是浇注、冷却、取出和清理铸件,从而大大地提高了生产效率,也不占用太多的生产场地,并且易于实现机械化和自动化生产。与砂型铸件相比,金属型铸件尺寸精确、表面光洁、加工余量小;且组织细密,提高了铸件的强度和硬度。金属型铸造适用于大批量生产的非铁合金,如铝合金、铜合金等铸件,有时也用于铸铁和铸钢件。一般不用于大型、薄壁和较复杂铸件的生产。

三、压力铸造和低压铸造

1.压力铸造

压力铸造是在高压(5~150 MPa)下把金属液以较高的速度压入金属铸型,并且在高压下凝固而获得铸件的方法,简称压铸。压力铸造所用的设备称压铸机,它为金属液提供充型压力，多为活塞压射。压力铸造的铸型称压铸型，它安装在压铸机上，主要由定型、动型和铸件顶出机构等部分组成。压力铸造工艺过程如图 7-2 所示。

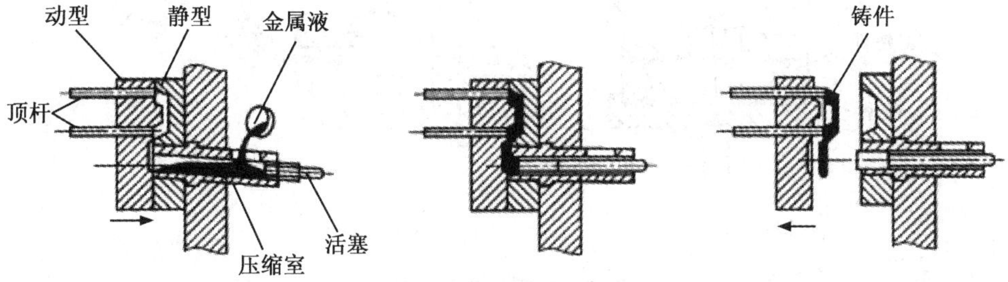

(a) 合型，浇入金属液　　(b) 高压射入，凝固　　(c) 开型，顶出铸件

图 7-2　压铸工艺过程示意图

压力铸造的铸件尺寸精度高，表面粗糙度值小，加工余量小，甚至可不经机械加工而直接使用。可铸出薄壁、带有小孔的复杂铸件。铸件组织细密，强度较高。由于是高压高速浇注，铸件冷却快，故压力铸造具有比其他铸造方法更高的生产效率。压力铸造主要用于各类非铁合金中、小型铸件的大批量生产。

2. 低压铸造

它是在气体压力(0.02～0.06 MPa)作用下，使处于密封容器内的金属液自下向上沿着升液管和浇道平稳地进入上面的铸型中，并在此压力下凝固而获得铸件的铸造方法。因与压力铸造相比，其金属液充型压力较低，故称低压铸造。低压铸造的特点是：金属液充型过程较平稳并且容易控制，从而避免了发生冲刷铸型和飞溅等现象；铸件组织比较致密，合格率高；劳动强度低，容易实现机械化和自动化。

低压铸造所用设备简单，所生产铸件的尺寸可以较大，铸件可用金属型，也可用砂型，主要适用于铝合金或镁合金等铸件的生产。

四、离心铸造

金属型铸造、熔模铸造和压力铸造的铸型处于静止状态，铸件是在重力或压力下浇注和凝固冷却的；而离心铸造则是将金属液体注入高速旋转的铸型内，使金属熔液在离心力作用下凝固而获得铸件的方法。离心铸造原理如图 7-3 所示。离心铸造的设备是离心铸造机，由它带动铸型旋转，根据旋转轴位置的不同，主要有立式和卧式两种。离心铸造的铸型多为金属型，也有用砂型的。

离心铸造的主要特点是：由于离心力的作用，金属熔液在径向能很好地充填铸型；不需型芯就能形成圆孔，但内孔不准确，内表面质量较差；铸件的组织紧密，力学性能较好；可以生产流动性较低的合金铸件、双金属层铸件和薄壁铸件等；离心铸造的浇道很小或者不用，降低了金属液消耗，节约生产成本。铸钢、铸铁和非铁合金铸件都可用离心铸造，尤其是各种管类、套类铸件等均普遍使用离心铸造。

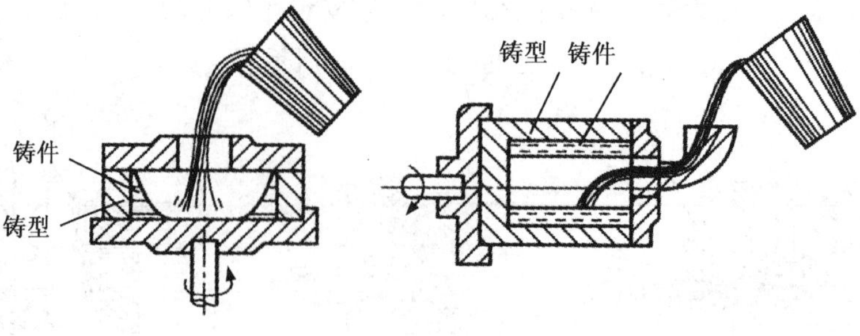

(a) 绕垂直轴旋转　　(b) 绕水平轴旋转

图 7-3　离心铸造原理

五、熔模铸造

熔模铸造是用易熔材料(如蜡料)制成模样(称蜡模),用加热的方法使模样熔化流出,从而获得无分型面、形状准确的型壳,经浇注获得铸件的方法,又称失蜡铸造。如图 7-4 所示为叶片的熔模铸造工艺过程示意图。先在压型中做出单个蜡模,如图 7-4(a)所示,再把单个蜡模焊到蜡质的浇注系统上(统称蜡模组),如图 7-4(b)所示。随后在蜡模组上分层涂挂涂料及撒上石英砂,并硬化结壳。熔化蜡模,得到中空的硬型壳,如图 7-4(c)所示,型壳经高温焙烧去掉杂质后放在砂箱内,填入干砂,浇注,如图 7-4(d)所示。冷却后,将型壳打碎取出铸件。熔模铸造的铸型也属于一次性铸型。

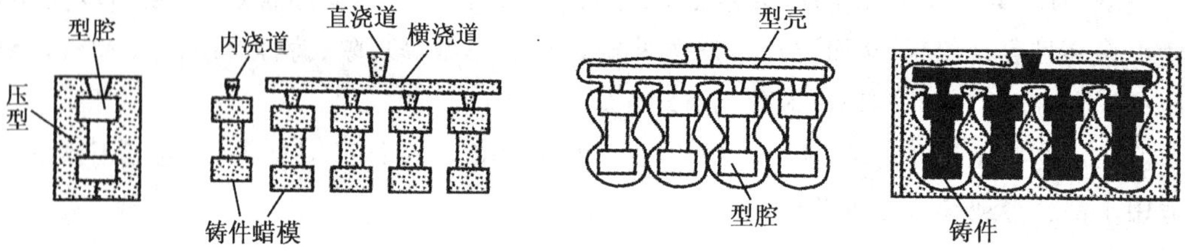

(a) 压制蜡模　(b) 组合蜡模　(c) 制壳、脱蜡、培烧　(d) 填砂，浇注

图 7-4　叶片的熔模铸造工艺过程

六、消失模铸造

消失模铸造又称负压实型铸造或真空实型铸造,简称 EPC 工艺。

消失模铸造是用泡沫模型代替金属或木模,造型后模样不取出,呈实体型腔,即一个与铸件形状完全相似的泡沫模型保留在铸型内,形成“实型”铸型,而不是传统砂型的“空腹”铸型的铸造方法。在浇金属液时,泡沫模型在高温金属液体作用下不断分解汽化。产生金属—模型的置换过程,而不像传统的“空腹”铸造是一个金属液体的充填过程,最终模样汽化得到铸件。与传统的砂型铸造技术相比,消失模铸造技术具有较强的工艺优势,因此被国内外铸造界誉为“二十一世纪的铸造技术”和“绿色的铸造工程”。

消失模铸造(EPC)工艺优点：

1. 产品质量高

消失模铸造工艺属精密铸造技术，铸造尺寸精度和表面粗糙度远高于砂型铸造，模型不需分型开边，铸件无飞边毛刺；由于负压作用补缩能力强，铸件内部组织致密，浇冒系统好处理，可使铸件无缩孔，缩松。铸件尺寸形状精确，重复性好，表面粗糙度低。

2. 工艺过程简单，容易操作

无论多么复杂的铸件，均不必制芯、下芯可铸出 $\phi 3 \sim 5$ mm 小孔；培养一个高级造型工至少要 5～10 年，而培养一个 EPC 工艺成熟的操作人员只需 3 天。

3. 工艺稳定，产品废品率低

砂型铸造从配砂到造型、下芯、合箱等工序，人为因素造成的质量问题较多。EPC 工艺不配砂、混砂、造型、修型，减少了许多人为因素，主要生产过程是按固定程序执行。因此，废品率低。加之负压状态下浇注有较强的补缩作用，降低了废品率。

消失模铸造除以上优点外，还有生产效率高、劳动强度低、生产占用面积小、成本低等优点。采用消失模铸造工艺，小到几千克大到几十吨铸件，从有色金属铸件到铸钢、铸铁件均可生产。

消失模铸造工艺与其他铸造工艺一样，也有它的缺点和局限性，并非所有的铸件都适合采用消失模工艺来生产，具体情况要进行具体分析。主要考虑因素如下：

(1)铸件的批量，批量越大，经济效益越可观。

(2)铸件材质，其适用性好与差的大致顺序是：灰铸铁—非铁合金—普通碳素钢—球墨铸铁—低碳钢和合金钢。

(3)铸件大小，主要考虑相应设备的使用范围。

(4)铸件结构，铸件越复杂就越能体现消失模铸造工艺的优越性和经济效益。

其他的铸造方法还有：挤压铸造、陶瓷铸造、磁型铸造、实型铸造、连续铸造等。

【习题】

试比较熔模铸造、金属型铸造、离心铸造、压力铸造以及低压铸造的特点及各自的适用范围。

项目八　锻　　压

任务一　锻压基本知识

【相关知识】

锻压是锻造和冲压的总称，属于金属压力加工生产方法的一部分。

金属压力加工，是指金属材料在外力作用下产生塑性变形，从而得到具有一定形状、尺寸和力学性能的原材料、毛坯或零件的加工方法。金属压力加工的基本方法除了锻造和冲压之外，还有轧制、挤压、拉拔等。其中，轧制主要用于生产板材、型材和无缝管材等原材料；挤压主要用于生产低碳钢、非铁金属及其合金的型材或零件；拉拔主要用于生产低碳钢、非铁金属及其合金的细线材；薄壁锻造主要用来制作力学性能要求较高的各种机器零件的毛坯或成品；冲压则主要用来制取各类薄板结构零件。

锻造是在加压设备及工、模具的作用下，使金属坯料或铸锭产品局部或全部的塑性变形，以获得一定形状、尺寸和质量的锻件的加工方法。

用于锻造的金属必须具有良好的塑性，以便在锻造时容易产生永久变形而不破裂。钢、铜、铝及其合金大多具有良好的塑性，是常用的锻造材料；而铸铁的塑性很差，在外力作用下易破裂，因此，不能进行锻造。

锻造后的金属组织致密、晶粒细化，还具有一定的锻造流线，从而使其力学性能得以提高。因此，凡承受重载、冲击载荷的机械零件，如机床主轴、发动机曲轴、连杆、起重机吊钩、齿轮等多以锻件为毛坯。另外，采用锻造获得的零件毛坯，可以减少切削加工量，提高生产效率和经济效益。

冲压又称板料冲压，它是利用外力使板料产生分离或塑性变形，以获得一定形状、尺寸性能的制件的加工方法。

用于冲压的材料一般为塑性良好的各种低碳钢板、铜板、铝板等。有些非金属板料，如木板、皮革、硬橡胶、有机玻璃板、硬纸板等也可用于冲压。

冲压件有自重轻、刚性大、强度好、生产效率高、成本低、外形美观、互换性能好、不需其他机械加工等优点，主要用于大批量的零件生产和制造。

锻造是通过压力机、锻锤等设备或工、模具对金属施加压力实现的。锻造的基本方法有自由锻和模锻两类，以及由二者结合而派生出来的胎模锻。一般锻件生产的工艺过程为：下料→加热→锻造→冷却→热处理→清理→检验→锻件。

冲压是通过冲床、模具等设备和工具对板料施加压力实现的。冲压的基本工序分为分离工序（如剪切、落料、冲孔等）和成型工序（如弯曲、拉深、翻边等）两大类。

冲压通常是在常温下进行的，其工艺过程为：

板料 → 冲孔 / 剪切 / 落料 → {弯曲 / 拉深 / 翻边 / 成形} → 冲压件

【工作过程】

一、工作课时

要求本单元理论课时和实训课时为2课时。

二、铸造的安全操作要求

(1)实训时要按规定穿戴好工作服、工作皮鞋和防护帽。

(2)未经实训指导人员许可不准擅自动用任何设备、电闸、开关和操作手柄，以免发生安全事故。

(3)实训中如有异常现象或发生安全事故应立即拉下电闸或关闭电源开关，停止实习，保留现场并及时报告指导人员，待查明事故原因后方可再行实训。

(4)实训前应清点工具，检查锤柄是否牢固，铁砧面有无裂纹。

(5)严禁空击铁砧面。铁砧面禁止有油或水。铁砧面上的氧化皮应随时清除。

(6)不许锻打过烧或冷却了的金属。

(7)不许赤手拿金属块。

(8)锻打工件要钳紧放平，谨防工件打偏飞出。

(9)拿钳子时，手指不要放在两个钳柄之间，钳柄不要对准腹部，工具的尾柄应放在身体的侧面，挥锤时身后25 m以内严禁站人。

(10)机锻时严禁上下抵铁空击，禁止说笑和擅自落锤，严禁把手放入上下抵铁之间。

(11)实训时要随时检查锤头、砧子及其他工具是否有裂纹或其他损坏现象。

(12)手工锻时要检查锤头是否松动，防止锤头飞出伤人。

(13)非操作者不要站在离操作者太近的位置。

(14)操作时，锤柄或钳柄都不能对着腹部。

(15)不可以用手或脚接触未冷却的金属料和锻件。

(16)料头即将切断时，打击要轻，料头飞出方向不许站人。

(17)实训时坯料、工具、工件等应摆放整齐。实训结束后，应打扫干净现场，做到文明实训。

【习题】

试比较铸造和锻造的成型原理、工艺方法的优缺点和应用范围。

任务二 下 料

【相关知识】

下料是根据锻件的形状、尺寸和重量从选定的原材料上截取相应的坯料。中小型锻件一般以热轧圆钢或方钢为原材料。锻件坯料的下料方法主要有剪切、锯割、氧气切割等。大批量生产时，剪切可在锻锤或专用的棒料剪切机上进行，生产效率高，但坯料断口质量较差。锯割可在锯床上使用弓锯、带锯或圆盘锯进行，坯料断口整齐，但生产效率低，主要适用于中小批量生产。采用砂轮锯片锯割可大大提高生产效率。氧气切割设备简单，操作方便，但断口质量也较差，且金属损耗较多，只适用于单件、小批量生产，特别适合于大截面钢坯和钢锭的切割。

【工作过程】

一、工作课时

要求本单元理论课时和实训课时为 2 课时。

二、坯料的加热

1. 加热的目的和要求

除少数具有良好塑性的金属可在常温下锻造外，大多数金属都应加热后锻造成型。

锻造时，将金属加热，能降低其变形抗力，提高其塑性，并使内部组织均匀，以便达到用较小的锻造力来获得较大的塑性变形而不破裂的目的。

一般来说，金属加热温度越高，金属的强度和硬度越低，塑性也就越高。但温度不能太高，温度太高会产生过热或过烧，使锻件成为废品。

金属锻造时，允许加热的最高温度，称为始锻温度。金属在锻造过程中，热量逐渐散失，温度下降。金属温度降低到一定程度后，不但锻造费力，而且易开裂，所以必须停止锻造，重新加热。金属停止锻造的温度称为终锻温度。

2. 加热设备

(1)反射炉。燃料在燃烧室中燃烧，高温炉火(火焰)通过炉顶反射到加热室中加热坯料的炉子称为反射炉。反射炉以烟煤为燃料。

(2)室式炉。炉膛三面是墙，一面有门的炉子称为室式炉。室式炉以重油或天然气、煤气为燃料。

(3)电阻炉。电阻炉利用电阻加热器通电时所产生的热量为热源，以辐射方式加热坯料。

3. 锻造温度范围

锻造温度范围是指金属开始锻造的温度(始锻温度)到锻造终止的温度(终锻温度)之间的温度间隔。

4. 加热缺陷及防止措施

(1)氧化与脱碳。在高温下,金属坯料的表层金属受炉气中氧化性气体的作用,发生化学反应,生成氧化皮,造成金属烧损(氧化烧损量为坯料质量的 2%～3%),还会降低锻件的表面质量。在下料计算坯料质量时,应加上这个烧损量。钢在高温下长时间地与氧化性炉气接触,会造成坯料表层一定深度内碳元素的烧损,这种现象称为脱碳。脱碳层小于锻件的加工余量,则对零件没有影响;脱碳层大于加工余量时,会使零件表层性能下降。

减少氧化和脱碳的方法是在保证加热质量的前提下,快速加热,避免坯料在高温下停留时间过长。

(2)过热和过烧。金属由于加热温度过高或高温下保持时间过长引起晶粒粗大的现象称为过热。过热的坯料可以在随后的锻造过程中将粗大的晶粒打碎,也可以在锻造以后进行热处理,将晶粒细化。

加热温度超过始锻温度过多时,使晶粒边界出现氧化及熔化的现象称为过烧。过烧破坏了晶粒间的结合力,一经锻打即破碎成废品。过烧是无法挽救的缺陷。

避免过热和过烧的方法是严格控制加热温度和高温下的保温时间。

(3)开裂。大型或复杂锻件在加热过程中,如果加热速度过快,装炉温度过高,则可能造成坯料各部分之间较大的温差,膨胀不一致,产生裂纹。

三、锻造成型及冷却

1. 锻造成型

坯料在锻造设备上经锻造成型,才能达到一定的形状和尺寸要求。锻造按照成型方式不同,可分为自由锻、模锻及胎模锻三种。

2. 冷却

锻后冷却是保证锻件质量的重要环节。锻件的冷却应避免产生硬化、变形或裂纹。常用的冷却方法有以下三种。

(1)空冷。热态锻件在无过堂风,地面干燥的空气环境中冷却的方法称为空冷。

(2)坑冷。将热态锻件放在填有石棉灰、沙子和炉灰等保温材料的地坑中缓慢冷却的方法称为坑冷。

(3)炉冷。锻后将锻件放入 500～700℃的加热炉中,随炉慢慢冷却的方法称为炉冷。

一般情况下,碳素结构钢和低合金钢的中小型锻件,锻后均采用冷却速度较快的空冷方法,成分复杂的合金钢锻件和大型碳钢件,要采用坑冷或炉冷。冷却速度过快会造成锻件表层硬化,难以进行切削加工,甚至产生裂纹。

四、锻后热处理

锻件在切削加工前,一般都要进行一次热处理。热处理的作用是使锻件的内部组织进一步细化和均匀化,消除锻造残余应力,降低锻件硬度,便于进行切削加工等。常用的锻后热处理方法有正火、退火和球化退火等。具体的热处理方法和工艺要根据锻件的材料种类和化学成分确定。

【习题】

简述坯料加热的目的和方法。比较几种常用的锻造加热炉，并重点分析你在实训中接触的锻造加热炉的特点和应用范围。

任务三　自由锻、胎模锻

【相关知识】

只用简单的通用工具，或在锻造设备的上、下砧铁间直接将金属材料经多次锻打并逐步塑性变形，从而获得所需几何形状和内部质量锻件的加工方法称为自由锻。自由锻又可分为手工自由锻（简称手工锻）和机器自由锻（简称机锻）。

自由锻使用简单工具，操作灵活，但锻件精度较低，生产效率不高，劳动强度较大，适合于单件小批量生产以及大型锻件的生产。

将坯料加热后放在上、下锻模的模膛内，施加冲压力或压力，使坯料在模膛内受压变形，由于模膛对金属坯料流动的限制，从而获得与模膛形状相符的锻件，这种锻造方法称为模型锻造，简称模锻。

【工作过程】

一、工作课时

要求本单元理论课时和实训课时为 2 课时。

二、自由锻设备和工具

自由锻设备分为两类：一类是以冲击力使金属材料产生塑性变形的称为锻锤，如空气锤、蒸汽—空气自由锻锤等；另一类是以静压力使金属材料产生塑性变形，如液压机、水压机、油压机等。

1. 空气锤

空气锤是一种以压缩空气为动力，并自身携带动力装置的锻造设备。坯料质量 100 kg 以下的小型自由锻锻件，通常都在空气锤上锻造。

2. 常用工具

自由锻的常用工具如图 8-1 所示，其中的砧铁和手锤属于手工自由锻的工具，也可作为机器自由锻的辅助工具使用。

三、自由锻基本工序及操作

锻件的锻造成型过程由一系列变形工序组成。根据工序的实施阶段和作用不同，自由锻的工序分为基本工序、辅助工序和精整工序三类。基本工序是实现锻件基本成型的工序，有镦粗、拔长、冲孔、弯曲、扭转、切割等。为便于实施基本工序而使坯料预先产生少量变形的工序称为辅助工序，如压肩、压痕、倒棱等。在基本工序之后，为修整锻件的形状和尺寸，消除表面不平，矫正弯曲和歪扭等目的而施加的工序，称为精整工序，如滚圆、摔圆、平整、校直等。

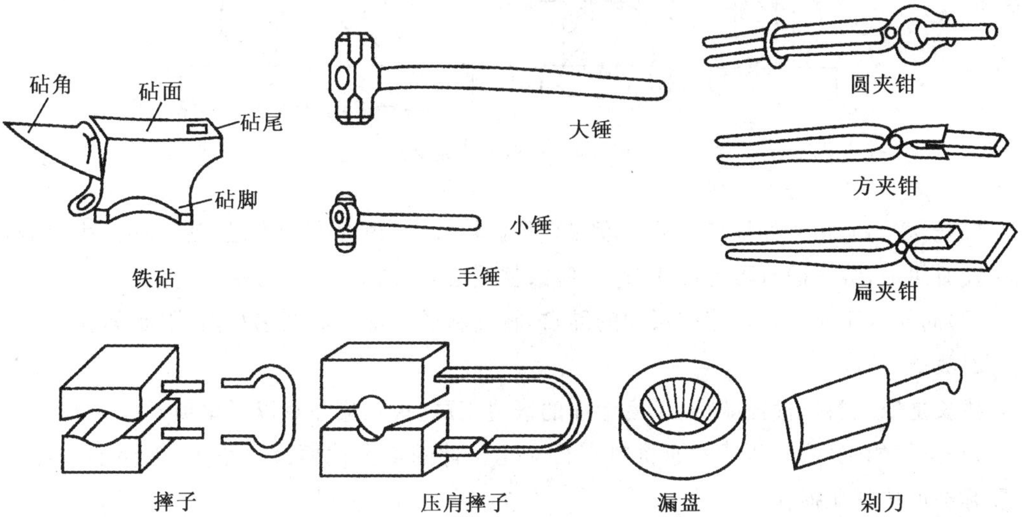

图 8-1　自由锻的常用工具

下面以镦粗、拔长和冲孔为重点，简要介绍几个基本工序的操作。

1. 镦粗

镦粗是使坯料横截面积增大，高度减小的锻造工序。镦粗可分为整体镦粗和局部镦粗两种，如图 8-2 所示。镦粗的操作方法及应注意事项如下。

(1)坯料尺寸。镦粗的坯料高度 h 与其直径 D_0 之比应小于 2.5～3。高径比过大，则易将坯料镦弯或造成双鼓形。甚至发生折叠现象而使锻件报废，如图 8-3 所示。

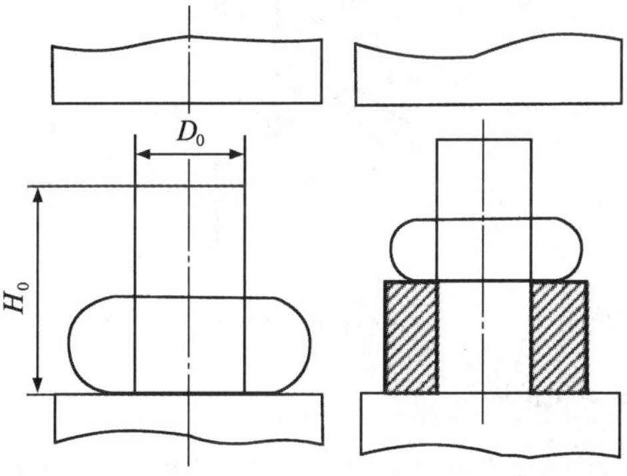

(a) 整体镦粗　(b) 局部镦粗

图 8-2　镦粗

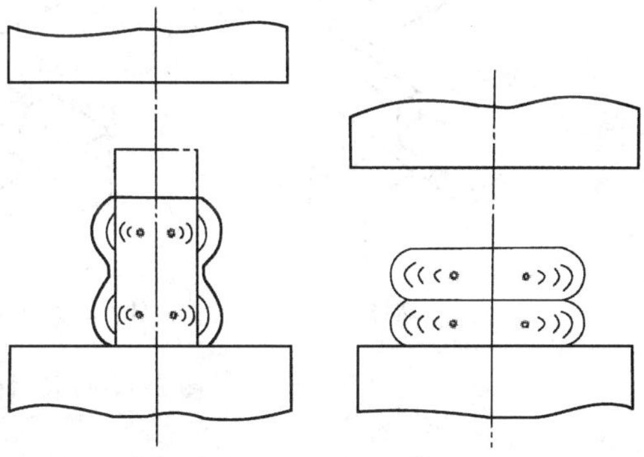

(a) 双鼓形　(b) 折叠

图 8-3　双鼓形和折叠

(2)镦弯的防止及矫正。坯料的端面应平整并与轴线垂直，加热要均匀，坯料在砧铁上要放平，否则可能产生镦歪的现象。镦粗过程中如发现镦歪、镦弯或出现双鼓形，如图 8-3(a)应及时矫正。方法是将坯料斜立，轻打镦歪的斜角，然后放正，继续锻打，如图 8-4 所示。

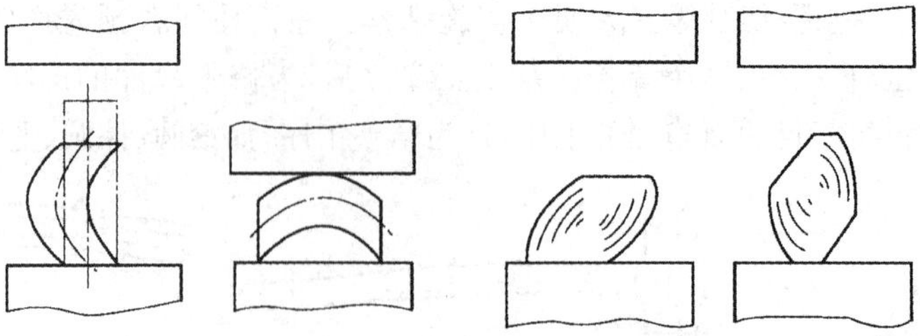

图 8-4　镦弯产生及矫正

(3)折叠的防止。如果坯料的高度和直径比较大,或锤力力量不足,就可能产生双鼓形。如不及时纠正,继续锻打可能形成折叠,使锻件报废,如图 8-3(b)所示。

(4)局部镦粗时要采用相应尺寸的漏盘,将坯料的一部分放在漏盘内,限制其变形。

2. 拔长

拔长是使坯料横截面减小、长度增加的锻造工序,拔长应注意以下事项:

(1)拔长的工件,其所选的原材料直径应比工件的最大截面尺寸稍大,以保证有足够的金属弥补加热氧化损耗。

(2)对局部拔长的工件,或需要分段逐步拔长的工件,应只加热拔长部分,以减少金属氧化耗损。

拔长的操作要点如下:

(1)坯料沿抵铁的宽度方向送进,每次的送进量 L 应为抵铁宽度 B 的 0.3～0.7,如图 8-5(a)所示。送进量太大,金属主要沿坯料宽度方向流动,反而降低延伸效率,如图 8-5(b)所示。送进量太小,又容易产生夹层,如图 8-5(c)所示。

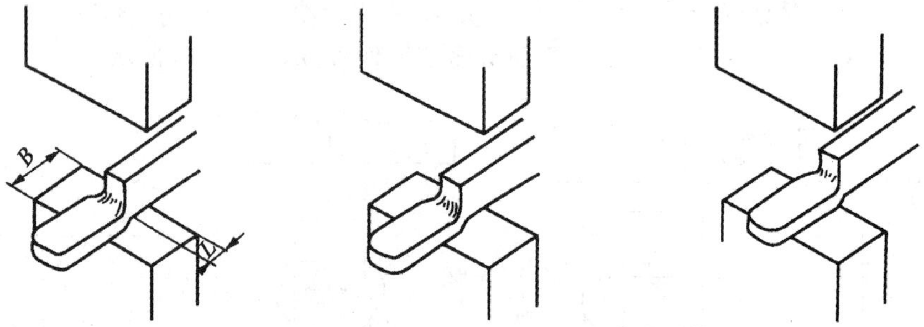

(a) 送进量合适　　(b) 送进量太大,拔长效率低　　(c) 送进量太小,产生夹层

图 8-5　拔长时的送进方向和送进量

(2)拔长过程中要不断翻转坯料,翻转的方法如图 8-6 所示。

(3)锻打时,每次的压下量不宜过大,应保持坯料的宽度与厚度之比不要超过 2.5,否则翻转后继续拔长容易形成折叠。

(4)将圆截面的坯料拔长成直径较小的圆截面锻件时,必须先把坯料锻成方形截面,在边长接近锻件的直径时,锻成八角形,然后滚打成圆形,如图 8-7 所示。

(5)锻制台阶或凹挡时,要先在截面分界处压出凹槽,称为压肩,如图 8-8 所示。压肩

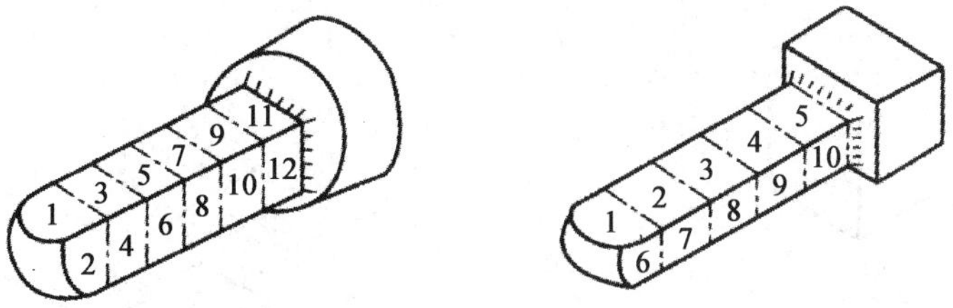

（a）来回翻转90° 锻打　　（b）打完一面后翻转90°

图 8-6　拔长时坯料的翻转方法

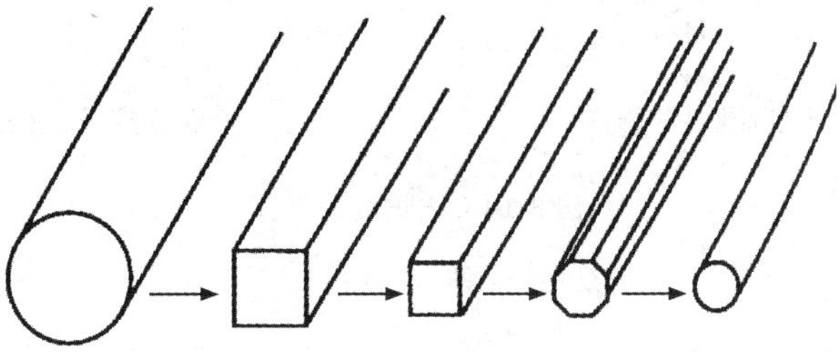

图 8-7　圆截面坯料拔长时横截面的变化

后，再把截面较小的一端锻出。

(6)套筒类锻件的拔长操作如图 8-9 所示。

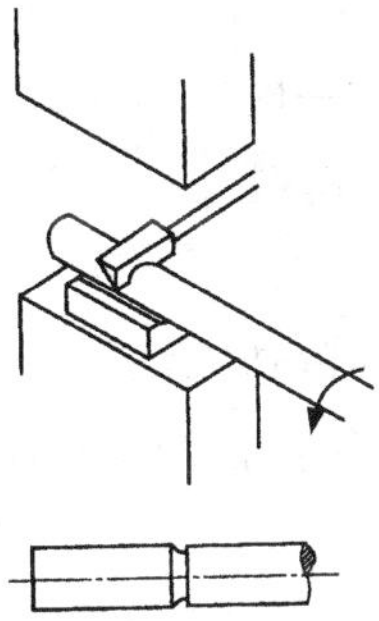

图 8-8　压肩

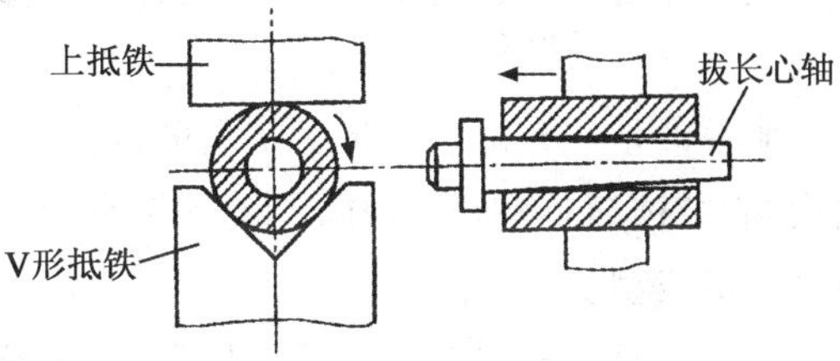

图 8-9　心轴上拔长

坯料须先冲孔，然后套在拔长心轴上拔长，坯料边旋转边轴向送进，并严格控制送进量。送进量过大，不仅拔长效率低，而且坯料内孔增大较多。

(7)拔长后须进行调平、校直等修整，以使锻件表面光洁，尺寸准确。方形或矩形截面的锻件修整时，将锻件沿抵铁长度方向送进，如图 8-10(a)所示，以增加锻件与抵铁的接触长度。修整时，应轻轻锤击，可用钢板尺的侧面检查锻件的平直度及平整度。圆形截面的锻件修整时，锻件在送进的同时还应不断转动，如使用摔子修整，如图 8-10(b)所示，锻件的尺寸精度更高。

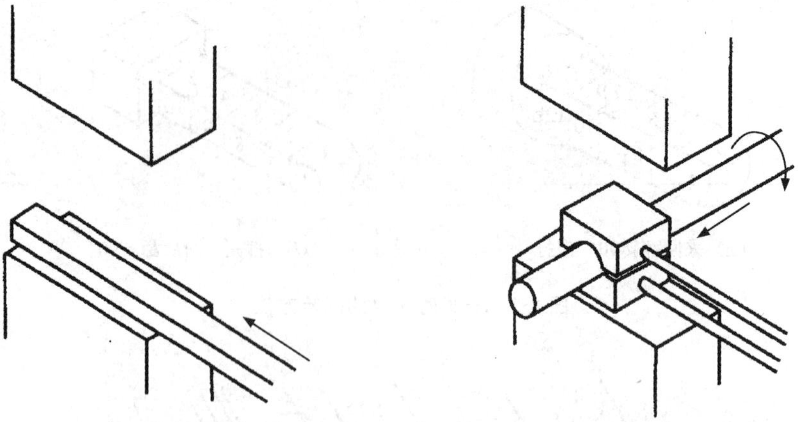

（a）方形、矩形截面锻件的修整　　（b）用摔子修整圆形截面锻件

图 8-10　拔长后的修整

四、胎模锻

与自由锻相比，模锻的优点是：锻件的尺寸和精度比较高，机械加工余量较小，节省加工工时，材料利用率高；可以锻造形状复杂的锻件；锻件内部流线分布合理；操作简便，劳动强度低，生产效率高。

模锻生产由于受到模锻设备吨位的限制，锻件质量不能太大，一般在 150 kg 以下。

模锻按使用设备的不同，可分为锤上模锻、胎模锻、压力机上模锻等。本节主要介绍胎模锻。

胎模锻是在自由锻设备上使用可移动模具生产模锻件的一种锻造方法。所用模具称为胎模，它结构简单，形式多样，但不固定在上下砧座上，一般选用自由锻方法制坯，然后在胎模中终锻成型。

常用胎模结构主要有以下三种类型：扣模、套筒模、合模。

【习题】

1. 空气锤的组成是什么？锻锤规格指的是什么？

2. 什么叫镦粗？锻件的镦歪、镦斜及夹层是怎么产生的？应如何防止和纠正？

3. 坯料是在圆形截面下还是在方形截面下进行镦粗为好？为什么？

4. 什么叫拔长？加大拔长的送进量是否可以加速锻件的拔长过程？为什么？送进量过小又会造成什么危害？

5. 为什么拔长锻件总是在方截面下进行的？在拔长过程中，为何要不断地 90°翻转锻件？拔长件端部产生中心凹陷的原因是什么？

任务四 板料冲压

【相关知识】

使板料经过分离或变形而获得制件的工艺统称为板料冲压，简称冲压。

板料冲压的坯料大都是厚度不超过 1～2 mm 的金属薄板，一般在常温下冲压。常用的原材料有低碳钢、低合金钢、奥氏体不锈钢及铜、铝等低强度高塑性的材料。

【工作过程】

一、工作课时

要求本单元理论课时和实训课时为 2 课时。

二、冲床

冲床是进行冲压加工的基本设备，常用的开式双柱冲床，如图 8-11 所示。电机通过三角胶带减速系统带动带轮转动。踩下踏板后，离合器闭合并带动曲轴旋转，再经过连杆带动滑块沿导轨作上、下往复运动，进行冲压加工。如果将踏板踩下后立即抬起，滑块冲压一次后便在制动器的作用下，停止在最高位上；如果踏板不抬起，滑块就进行连续冲压。

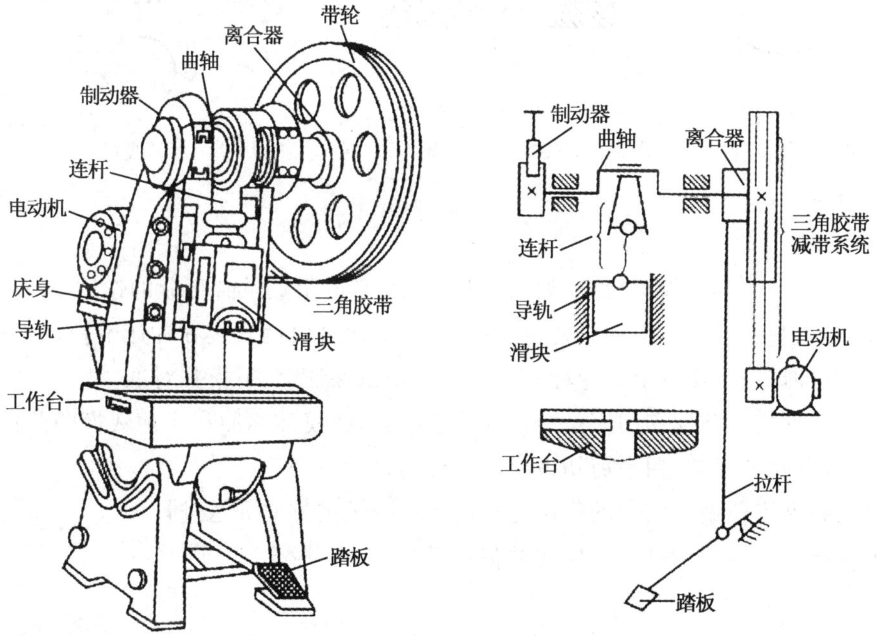

(a) 外观图　　(b) 传动简图

图 8-11　开式双柱冲床

三、板料冲压的基本工序

冲裁是使板料沿封闭轮廓线分离的工序。

冲裁包括冲孔和落料，如图 8-12 所示。二者操作方法相同，但作用不同。冲孔是在板料上冲出所需要的孔洞，冲孔后的板料是成品，而冲下的部分是废料。落料是从板料上冲下的部分是成品，板料本身则成为废料或冲剩的余料。合理地确定零件在板料上的排列方式，是节约材料的重要途径。

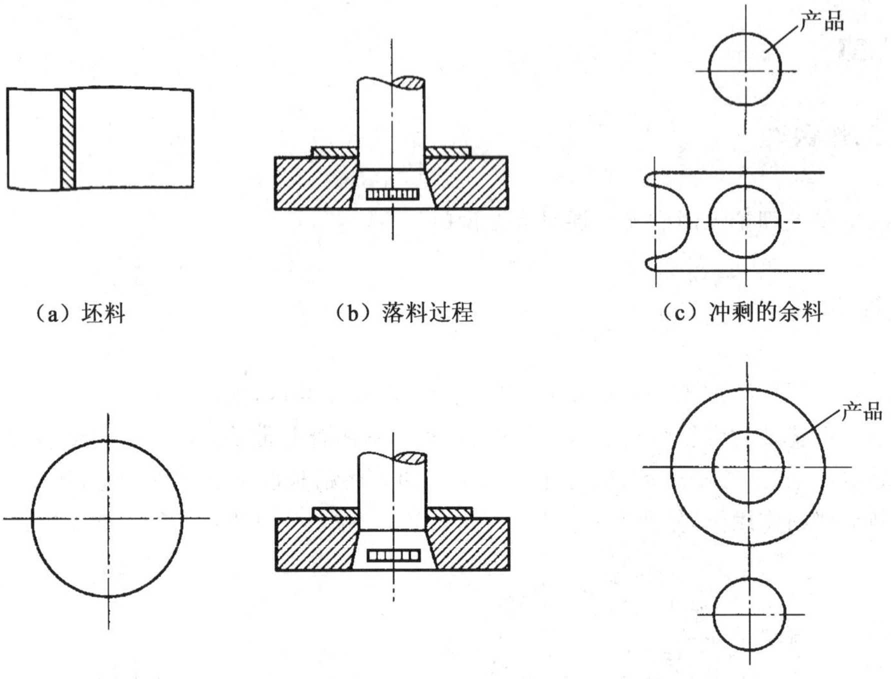

图 8-12　冲裁

冲裁时所用的模具叫作冲裁模，如图 8-13 所示，它的组成及各部分的作用如下：

(1)模架。包括上、下模板和导柱、导套。上模板通过模柄安装在冲床滑块的下端，模板用螺钉固定在冲床的工作台上。导柱和导套的作用是保证上、下模具对准。

(2)凸模和凹模。凸模和凹模是冲模的核心部分，凸模又称冲头。冲裁模的凸模和凹模的边缘都磨成锋利的刃口，用来剪切板料使之分离。

(3)导料板和定位销。它们的作用是控制条料的送进方向和送进量。

(4)卸料板。它的作用是使凸模在冲裁以后从板料中脱出。

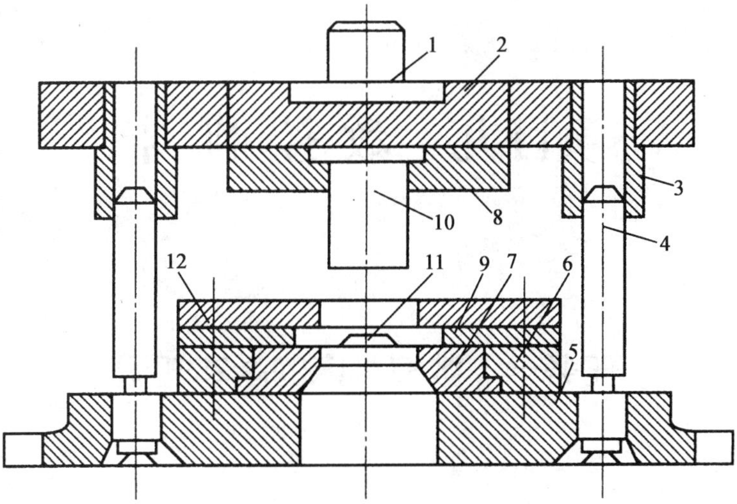

图 8-13　简单冲模

1-模柄；2-上模板；3-导套；4-导柱；5-下模板；6-压边圈；7-凹模；8-压板；
9-导料板；10-凸模；11-定位销；12-卸料板

【习题】

1. 冲孔前，为什么一般都要进行镦粗？冲孔的操作要点有哪些？

2. 试从锻造设备、锻件精度、生产率、应用范围等方面对自由锻、模锻、胎膜锻进行分析比较。

3. 板料冲压有何特点？应用范围如何？

4. 冲孔和落料有何异同？冲模由哪几个部分组成？

项目九　数控机床

任务一　数控机床的基本知识

【相关知识】

数控机床是一种高效的自动化加工设备，它严格按照加工程序，自动对被加工工件进行加工。

我们把从数控系统外部输入的直接用于加工的程序称为数控加工程序，简称为数控程序。

1. 与普通机床相比，数控加工具有如下的特点

(1)自动化程度高。

(2)具有加工复杂形状零件的能力。

(3)生产准备周期短。

(4)加工精度高。

(5)易于建立与计算机间的通信联络。

2. 以下这些类型的零件最适于数控加工

(1)形状复杂、加工精度要求较高或用数学方法定义的复杂曲线、曲面轮廓。

(2)公差带小、互换性高、要求精确复制的零件。

(3)用通用机床加工时，要求设计制造复杂的专用工装或需要很长调整时间的零件。

(4)价值高的零件。

(5)小批量生产的零件。

(6)钻、镗、铰、攻螺纹及铣削加工联合进行的零件。

3. 数控机床的分类

目前数控机床的品种很多，通常按下面3种方法进行分类。

(1)按工艺用途分类。

①切削加工类：数控车床、数控镗铣床、数控磨床、加工中心、数控齿轮加工机床、FMC等。教学中使用广泛的数控车床包括CKA6136、CAK6140等，数控铣床为XKA714，VMC850等。

②成型加工类：数控折弯机、数控弯管机等。

③特种加工类：数控线切割机、电火花加工机、激光加工机等。

④其他类型：数控装配机、数控测量机、机器人等。

(2)按控制的运动轨迹分类。

①点位控制。点位控制数控机床只要求获得准确的加工坐标点的位置。由于数控机床只是在刀具或工件到达指定位置后才开始加工，在运动过程中并不进行加工，所以从一个位置移动到另一个位置的运动轨迹不需要严格控制。数控钻床、数控坐标镗床和数控冲床等均采用点位控制。图 9-1 是点位控制加工示意图。

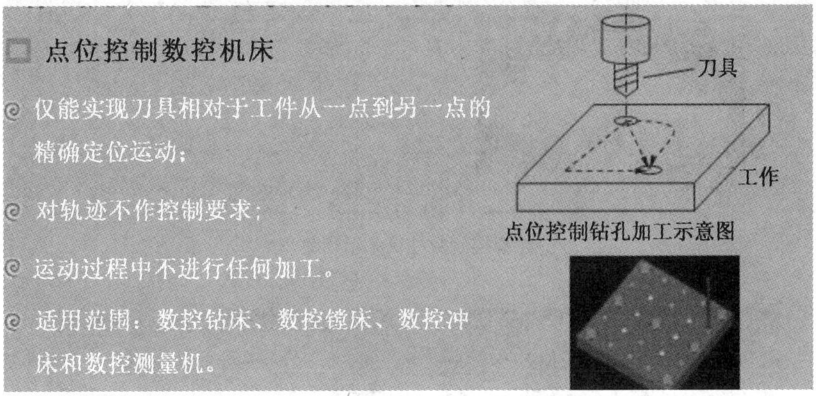

图 9-1　点位控制机床示意图

因为这类机床最重要的性能指标是要保证孔的相对位置，并要求快速点定位，以便减少空行程时间，因此，采用点位控制方式的数控机床是当刀具或工件接近定位点时，分两步完成，首先降低移动速度，然后实现准确停止。

②点位直线控制。点位直线控制数控机床，除了要求控制位移终点位置外，还能实现平行坐标轴的直线切削加工，并且可以设定直线切削加工的进给速度。例如在车床上车削阶梯轴，铣床上铣削台阶面等。如图 9-2 所示。

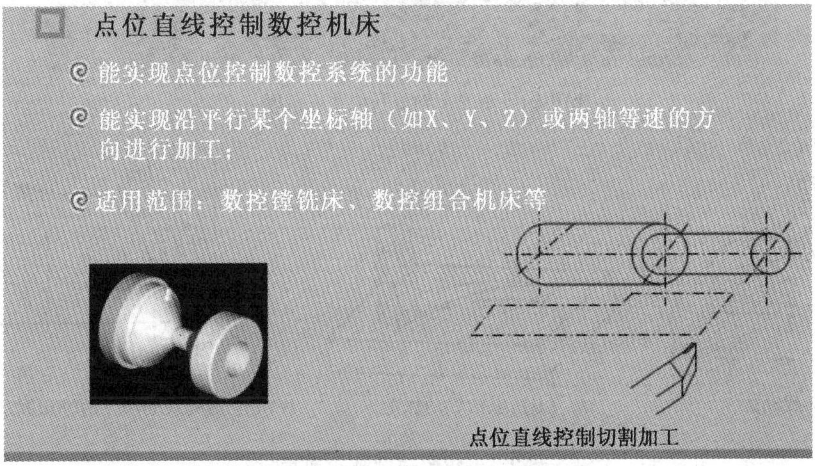

图 9-2　点位直线控制数控机床示意图

③轮廓控制。轮廓控制数控机床能够对两个或两个以上的坐标轴同时进行控制，不仅能够控制机床移动部件的起点与终点坐标值，而且能控制整个加工过程中每一点的速度与位移量。如图 9-3 所示。

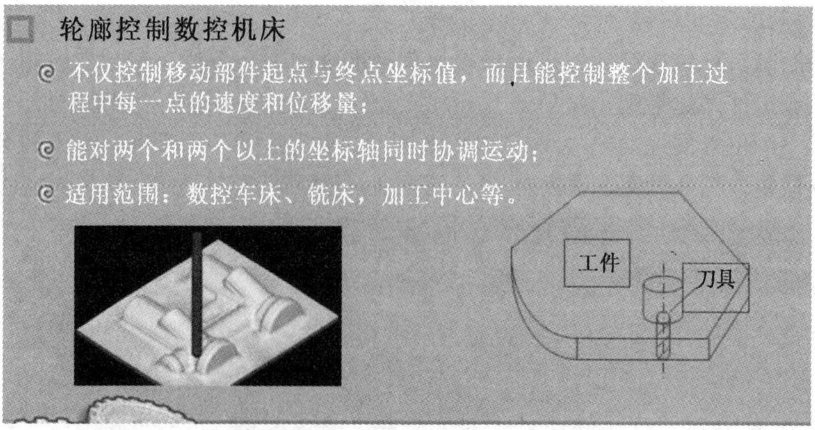

(a) 轮廓控制数控机床示意图

(b)中国研制的七轴五联动数控机床

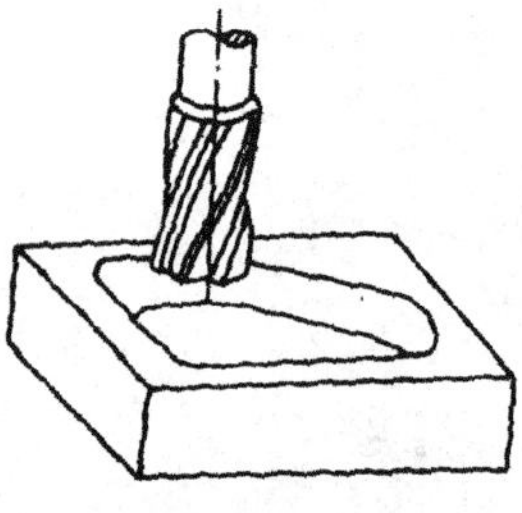

(c)两坐标联动加工

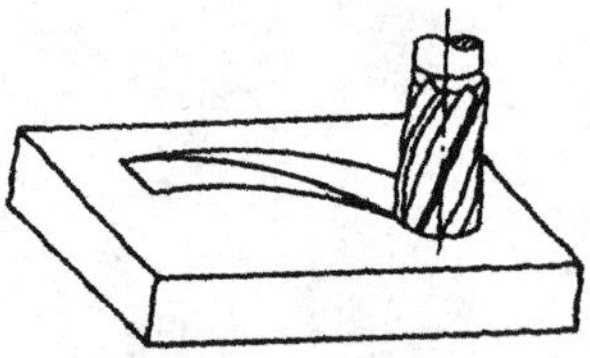

(d)三坐标联动加工

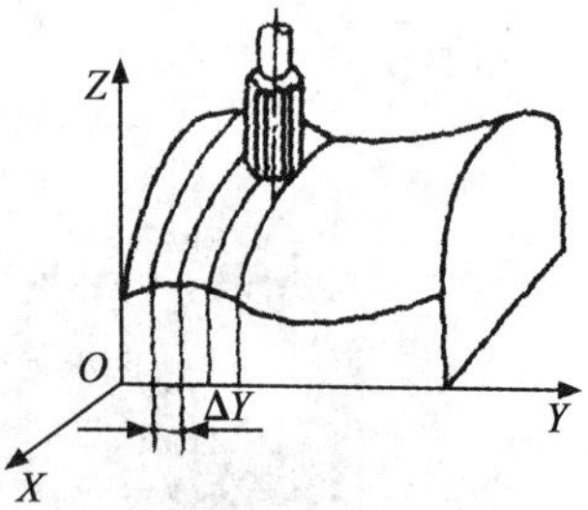

(e)三坐标两联动加工两轴半联动

图 9-3　轮廓控制数控机床

(3)按控制方式分类。数控机床按照对被控量有无检测反馈装置可分为开环控制和闭环控制两种。在闭环系统中，根据测量装置安放的部位又分为全闭环控制和半闭环控制两种。

【工作过程】

一、工作课时

要求本单元理论课时和实训课时为 2 课时。

二、数控机床安全操作规程

(1)实训时要按规定穿戴好工作服和防护帽,严禁戴手套操作机床。

(2)不熟悉机床性能结构和按钮功能前不能进行操作。未经实训指导教师许可不准擅自动用任何设备、电闸、开关和操作手柄,以免发生安全事故。

(3)实训中如有异常现象或发生安全事故应立即拉下电闸或关闭电源开关,停止实训,保留现场并及时报告指导人员,待查明事故原因后方可再行实训。

(4)程序输入前必须严格检查程序的格式、代码及参数选择是否正确。学生编写的程序必须经指导教师检查同意后,方可进行输入操作,开始加工之前必须认真复核程序。程序输入后要进行加工轨迹的模拟显示,确定程序正确后,方可进行加工操作。

(5)主轴启动前应注意检查以下各项:

①所有开关应处于非工作的安全位置。

②机床的润滑系统及冷却系统应处于良好的工作状态。

③检查加工区域有无搁放其他杂物,确保运转畅通。

④必须检查变速手柄的位置是否正确,以保证传动齿轮的正常啮合。

⑤调整好刀具的工作位置,包括检查刀具是否夹紧、刀具位置是否正确、刀尖旋转是否会撞击工件、卡盘及尾架等。

⑥禁止工件未夹紧就启动机床。

⑦调整好刀架的工作限位。横、纵向移动刀架时,必须检查各拖板超过极限位置的报警是否正常,若不报警应马上报告教师。

⑧必须完成对刀操作。

⑨在执行程序之前必须检查夹盘扳手是否留在夹盘上,检查回转刀架回转空间内是否有异物。

⑩床面刀架上不得放置工具、量具、杂物等,清理切屑应用专用工具。

(6)操作数控车床进行加工时应注意以下各项:

①当机床出现报警信息时,无论机床是否仍能运转,都必须向老师汇报,由老师处理。教师不许带报警信息运行机床。

②加工过程不得拨动变速手柄,以免打坏齿轮。

③加工过程须盖好防护罩。

④必须保持精力集中,发现异常立即按下“急停”按钮停车处理,以免损坏设备。

⑤程序运行开始时,必须用手虚按在急停按钮上,随时准备发现问题,停止程序。

(7)装卸工件、刀具时,禁止用重物敲打机床部件。

(8)车刀磨损、崩刃后要及时更换。

(9)务必在机床停稳后，再进行测量工件、检查刀具、安装工件等项工作。

(10)操作者离开机床时，必须停止机床的运转。

(11)操作完毕必须关闭电气，机床断电之前必须做好导轨等部位的清理，要将尾座回退到机床导轨右侧末端并锁紧。清理工具，保养机床和打扫工作场地。

(12)关机时注意：先关系统，后关电源。

【习题】

简述数控机床的安全操作要求。

任务二 数控车床的结构与坐标系

【相关知识】

车床概述

数控车床主要用于加工精度要求高，表面粗糙度好，轮廓形状复杂的轴类、盘类、带特殊螺纹等回转体零件，能够通过程序控制自动完成圆柱面、圆锥面、圆弧面、成型表面及各种螺纹的切削加工，如图 9-4 所示，并进行切槽、钻、扩、铰孔等加工。数控车床具有加工灵活、通用性强，能适应产品的品种和规格频繁变化的特点，能够满足新产品的开发和多品种、小批量、生产自动化的要求，因此被广泛应用于机械制造业。

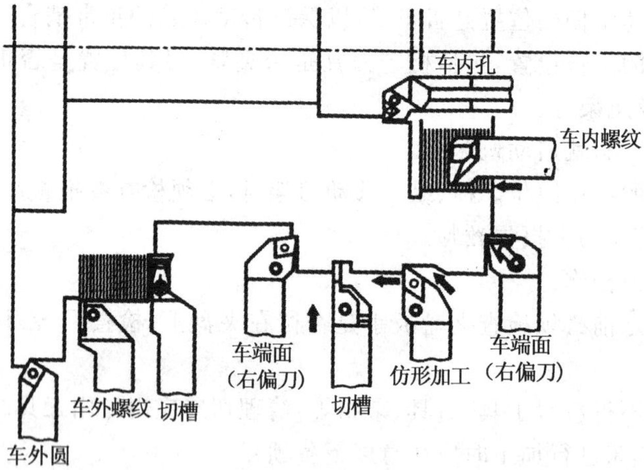

图 9-4 数控车床的各种加工方法

1. 数控车削加工的原理

数控车床是数控金属切削机床中最常用的一种机床，数控车床的主运动和进给运动是由不同的电机进行驱动的，而且这些电机都可以在机床的控制系统控制下，实现无级调速。它的工作过程如图 9-5 所示。

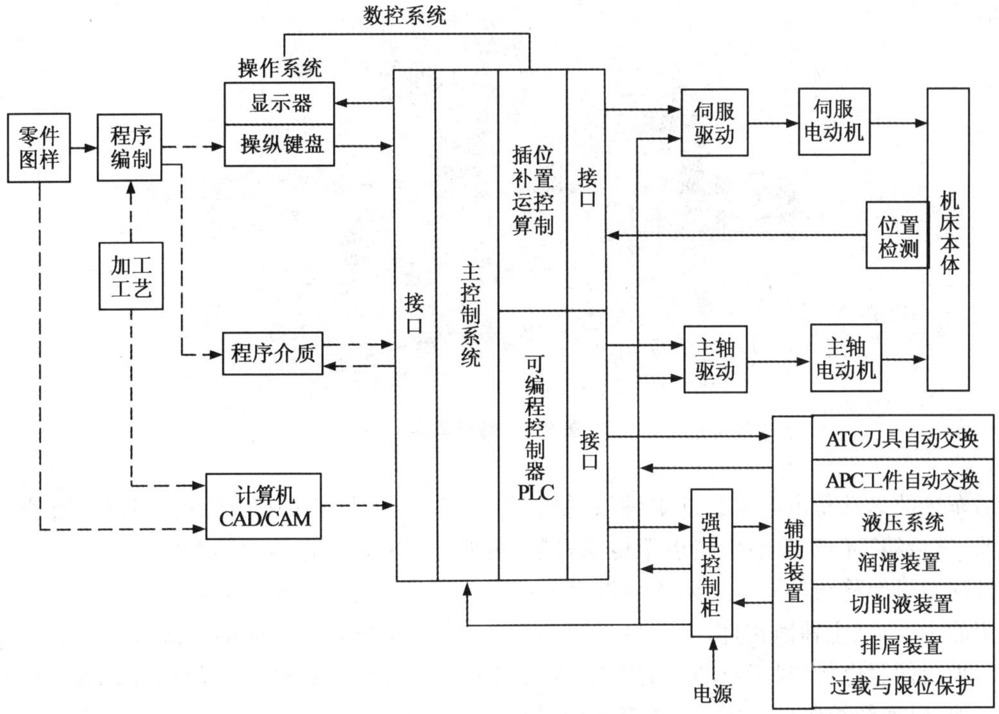

图 9-5 数控车床控制系统

2. 数控车床的组成

数控车床由如图 9-6 所示的几部分组成。

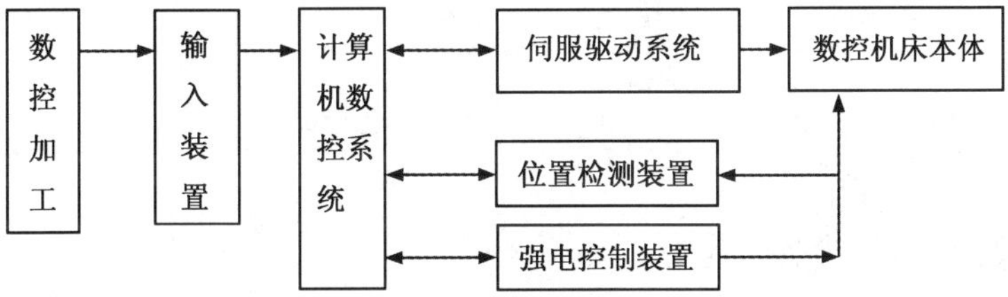

图 9-6 数控机床逻辑组成

数控机床由输入介质、人机交互设备、计算机数控装置、进给伺服驱动系统、主轴伺服驱动系统、辅助装置、可编程控制器(PLC，programmable logic controller)、反馈装置和适应控制装置和机床本体等部分组成。

从物理结构上看，数控车床与普通车床的机械结构相似，即由床身、主轴箱、进给传动系统、刀架以及液压、冷却、润滑系统等辅助部分组成，其主要的机械部分也与普通车床基本一致，但其某些机械结构有一定的改变。简单来讲，普通车床是由操作人员直接控制，车床的每一个动作都依赖于操作人员；而数控车床(图 9-7)则是由操作人员操作数控系统，再由控制系统来驱动机床的运动。

数控车床采用了计算机数控系统，其进给系统与普通车床相比发生了根本性的变化。

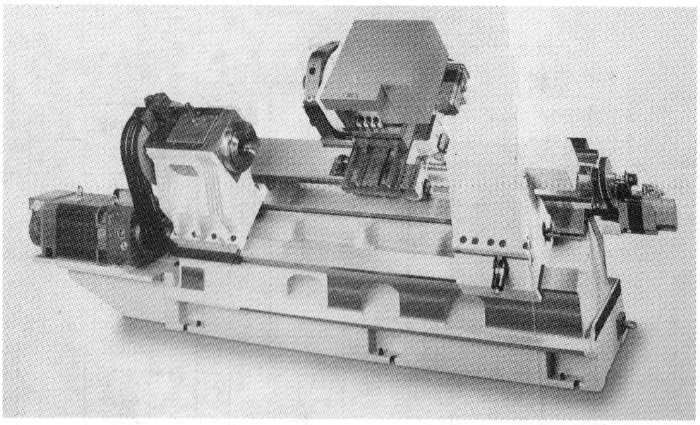

图 9-7　数控车床

普通车床的运动是由电机经过主轴箱变速，传动至主轴，实现主轴的转动，同时经过交换齿轮架、进给箱、光杠或丝杠、拖板箱传到刀架，实现刀架的纵向进给运动和横向进给运动。主轴转动与刀架移动的同步关系依靠齿轮传动链来保证。而数控车床则与之完全不同。数控车床的主运动（主轴回转）由主轴电机驱动，主轴采用变频无级调速的方式进行变速。驱动系统采用伺服电机（对于小功率的车床，采用步进电机）驱动，经过滚珠丝杠传送到机床拖板和刀架，以连续控制的方式，实现刀具的纵向（Z 向）进给运动和横向（X 向）进给运动。这样，数控车床的机械传动结构大为简化，精度和自动化程度大大提高。数控车床主运动和进给运动的同步信号来自于安装在主轴上的脉冲编码器。当主轴旋转时，脉冲编码器便向数控系统发出检测脉冲信号。数控系统对脉冲编码器的检测信号进行处理后传给伺服系统中的伺服控制器，伺服控制器再去驱动伺服电机移动，从而使主运动与刀架的切削进给保持同步。

【工作过程】

一、工作课时

要求本单元理论课时和实训课时为 2 课时。

二、车床的坐标系

（1）笛卡儿坐标系。在 ISO 和 EIA 标准中都规定直线进给运动用右手直角笛卡儿坐标系 X、Y、Z 表示，常称基本坐标系。X、Y、Z 坐标轴的相互关系用右手定则决定。如图 9-8 所示，图中大拇指的指向为 X 轴的正方向，食指指向为 Y 轴的正方向，中指指向为 Z 轴的正方向。

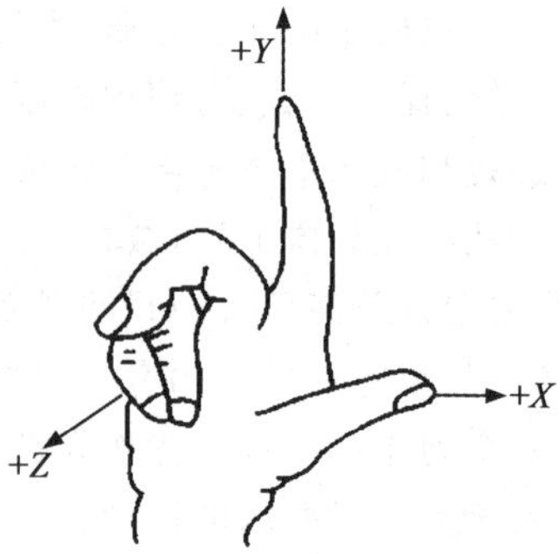

图 9-8　笛卡儿坐标系

（2）机床坐标系。机床坐标系是机床上固有的坐标系，并设有固定的坐标原点。该坐标点为机床原点，是由数控车床的结构决定的，一般为主轴旋转中心与卡盘端面的交点。如图 9-9 所示为数控车床机床坐标系，图中 O 为机床原点。

数控车床的坐标系是以与主轴轴线平行的方向为 Z 轴，并规定从卡盘中心至尾座顶尖中心的方向为正方向。在水平面内与车床主轴轴线垂直的方向为 X 轴，并规定刀具远离主轴旋转中心的方向为正方向。

(3)工件坐标系。设定工件坐标系的 X_p、Y_p、Z_p，目的是为了编程方便。设置工件坐标系原点的原则是：应尽可能选择在工件的设计基准和工艺基准上，工件坐标系的坐标轴方向与机床坐标系的坐标轴方向保持一致。在数控车床中，原点 O_p 一般设定在工件右端面与主轴的交点上，如图 9-10 所示。

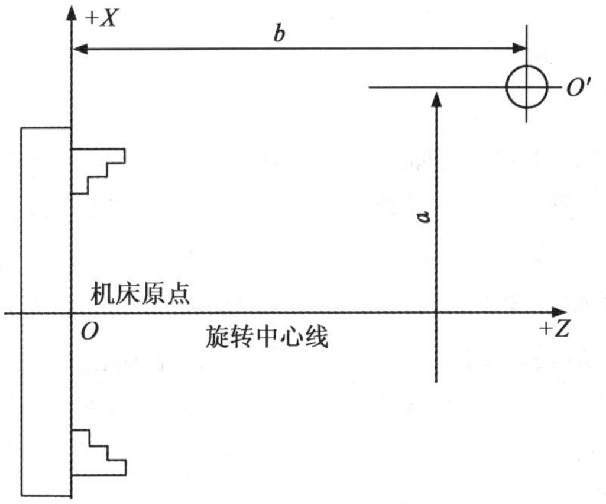

图 9-9　数控车床机床坐标系

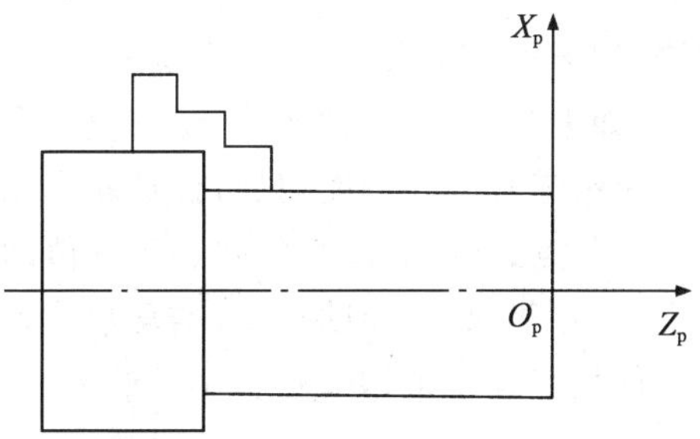

图 9-10　数控车床工件坐标系

(4)绝对坐标与增量坐标。数控加工程序中表示几何点的坐标位置有绝对值和增量值两种方式。绝对值是以“工件原点”为依据来表示坐标位置，如图 9-11(a)所示。增量值是以相对于“前一点”位置坐标尺寸的增量来表示坐标位置，如图 9-11(b)所示。在数控程序中绝对坐标与增量坐标可单独使用，也可以在不同程序段上交叉设置使用，数控车床上还可以在同一程序段中混合使用，使用原则主要看何种方式编程更方便。

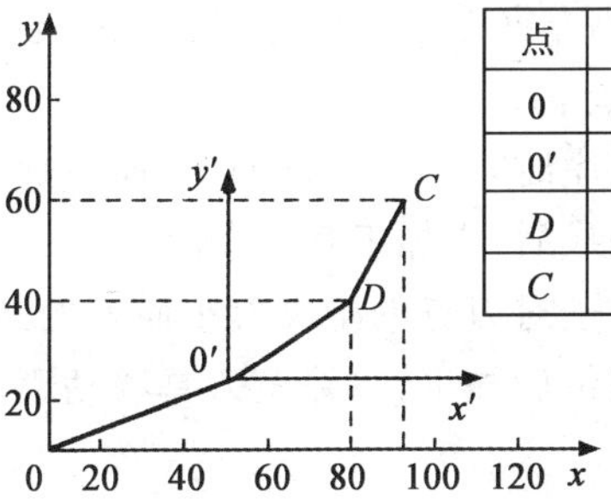

点	x	y
0	0	0
0′	50	20
D	80	40
C	95	60

(a)绝对坐标

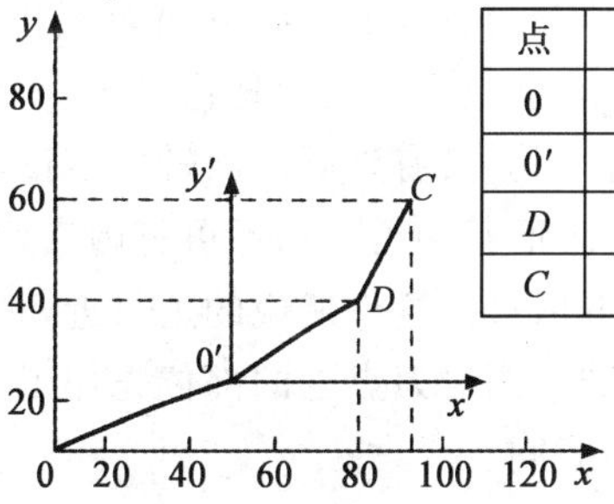

点	x	y
0	0	0
0′	50	20
D	30	20
C	15	20

(b)增量坐标

图 9-11　绝对坐标与增量坐标

一般数控车床上绝对坐标用地址 X、Z 表示；增量坐标用地址 U、W 分别表示 X、Z 轴向的增量。X 轴向的坐标不论是绝对坐标还是增量坐标，一般都用直径值表示（称为直径编程），这样会给编程带来方便，这时刀具实际的移动距离是直径值的一半。

【习题】

1. 简述数控车床的组成及各部分功能。

2. 数控车床的坐标系及方向如何确定？

任务三 数控编程常用指令

【相关知识】

1. 数控车床的编程步骤

拿到一张零件图纸后，首先应对零件图纸分析，确定加工工艺过程，即确定零件的加工方法（如采用的工夹具、装夹定位方法等），加工路线（如进给路线、对刀点、换刀点等）及工艺参数（如进给速度、主轴转速、切削速度和切削深度等）。其次应进行数值计算。绝大部分数控系统都带有刀补功能，只需计算轮廓相邻几何元素的交点（或切点）的坐标值，得出各几何元素的起点、终点和圆弧的圆心坐标值即可。最后，根据计算出的刀具运动轨迹坐标值和已确定的加工参数及辅助动作，结合数控系统规定使用的坐标指令代码和程序段格式，逐段编写零件加工程序单，并输入 CNC 装置的存储器中。

2. 数控车床加工工艺路线制订

数控车床加工过程中，由于加工对象复杂多样，特别是轮廓曲线的形状及位置千变万化，加上材料、批量不同等多方面因素的影响，具体在确定加工方案时，可按先粗后精、先近后远、刀具集中、程序段少、走刀路线最短等原则综合考虑。下面就其中几点作一简要介绍：

(1)先粗后精。粗加工完成后，接着进行半精加工和精加工，其中，安排半精加工的目的是：当粗加工后所留余量的均匀性满足不了精加工要求时，则可安排半精加工作为过渡性工序，以便使精加工余量小而均匀。

精加工时，零件的轮廓应由最后一刀连续加工而成。这时，加工刀具的进、退刀位置要考虑妥当，尽量沿轮廓的切线方向切入和切出，以免因切削力突然变化而造成弹性变形，致使光滑连接轮廓上产生表面划伤、形状突变或滞留刀痕等疵病。

对既有内孔，又有外圆的回转体零件，在安排其加工顺序时，应先进行内外表面粗加工，后进行内外表面精加工。切不可将内表面或外表面加工完成后，再加工其他表面。

(2)先近后远。这里所说的远与近，是按加工部位相对于对刀点的距离大小而言的。通常在粗加工时，离对刀点近的部位先加工，离对刀点远的部位后加工，以缩短刀具移动距离，减少空行程时间。

对于车削加工，先近后远还有利于保持毛坯件或半成品件的刚性，改善其切削条件。

(3)刀具集中。即用一把刀加工完成相应各部分，再换另一把刀，加工相应的其他部分，以减少空行程和换刀时间。

3. 数控程序结构

为运动机床而送到 CNC 的一组指令称为程序。程序是由一系列的程序段组成的。如

图 9-12 所示。

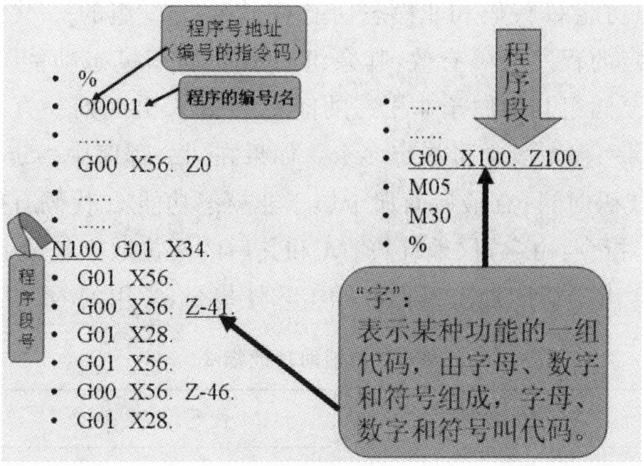

图 9-12　数控程序结构

(1)程序号。在数控装置中，程序的记录是由程序号来辨别的，调用或编辑某个程序可通过程序号来调出。程序号用地址码及 4 位数(0001～9999)表示。不同的数控系统程序号地址码也有差别，通常 FANUC 系统用“O”，如：O0001；SINUMERIC 系统用“%”。编程时一定要按机床说明书的规定进行。

(2)程序段。程序段由程序段顺序号和各种功能指令构成：

N_ G_ X(U)_Z(W)_F_ M _S_ T_ ；

其中：

N_ 为程序段顺序号；用地址 N 及 1～9999 中任意数字表示；

G_ 为准备功能；

X(U)_Z(W)_ 为工件坐标系中 X、Z 轴移动终点位置；

F_ 为进给功能指令；

M _ 为辅助功能指令；

S_ 为主轴功能指令；

T_ 为刀具功能指令。

【工作过程】

一、工作课时

要求本单元理论课时和实训课时为 2 课时。

二、数控系统功能指令代码

(1)准备功能 G 指令：由字母(地址符)G 和两位数字组成，从 G00～G99 共 100 种。主要用于控制刀具对工件进行切削加工，由于国内外数控系统实际使用的功能指令标准化程度较低，因此编程时必须遵照所用数控机床的使用说明书编写加工程序。

G代码分为模态功能G代码和非模态功能G代码。00组的G代码属于非模态功能G代码，只限定在被指定的程序段中有效，其余组G代码属于模态功能G代码，具有连续性，在后续程序段中，只要同组其他属于非模态功能G代码未出现则一直有效。不同的属于非模态功能G代码在同一程序段中可指定多个。如果在同一程序中指定了多个属于同一组的属于非模态功能G代码时，只有最后面那个属于非模态功能G代码有效。

(2)辅助功能M指令：由字母(地址符)M和其后的两位数字组成。从M00～M99共有100种，这种指令主要由于机床加工操作时的工艺性指令，常用的M代码如表9-1所示。

表9-1　辅助功能指令

M代码	功能说明	M代码	功能说明
M00	程序停止	M12	尾顶尖伸出
M01	选择停止	M13	尾顶尖缩回
M02	程序结束	M21	门打开可执行程序
M03	主轴顺时针转动	M22	门打开无法执行程序
M04	主轴逆时针转动	M30	程序结束返回程序头
M05	主轴停止	M98	调用子程序
M08	冷却液开	M99	子程序结束
M09	冷却液关		

(3)进给功能F指令：分为每转进给量和每分钟进给量。

①G99：每转进给量。

格式：G99 F_ ；

G99使进给量F的单位为mm/r。

②G98：每分钟进给量。

格式：G98 F_ ；

G98使进给量F的单位为mm/min。

说明：数控车床当接入电源时，机床进给方式默认为G99。

(4)主轴转动功能S指令：

①G50：设定主轴最高转速。

该指令可防止因主轴转数过高，离心力太大，产生危险及影响机床寿命。

格式：G50 S_ ；其中S指令给出主轴最高转速。

②G96：设定主轴转速恒线速度。

格式：G96 S_ ；

设定主轴线速度，即切削速度恒定(m/min)。该指令在切削端面或工件直径变化较大时使用，转速与线速度的转换关系为：

$$n=1\,000v/\pi d$$

式中，v—线速度，m/min；d—已加工表面的直径，mm；n—主轴转速，r/min。

③G97：设定主轴恒转速。

格式：G97 S_ ；设定主轴转速恒定(r/min)。

(5)刀具功能 T 指令：用于指定刀具号及刀具补偿号。

格式：T**** ；

T 指令后，前两位表示刀具号，后两位表示刀具补偿号。

①刀具序号尽量与刀塔上的刀位号相对应；

②刀具补偿包括几何补偿和磨损补偿；

③为使用方便，尽量使刀具序号和刀具补偿号保持一致；

④取消刀具补偿，T 指令格式为：T**00。

三、指令具体的使用说明

1. G00 快速点定位指令

该指令使刀具以系统预先设定的速度移动定位到指定的位置。

格式：G00X_ (U _)Z_ (W _)；

其中：X_ (U _)、Z_ (W _)分别为终点的绝对坐标(增量坐标)值。

2. G01 直线插补指令

该指令使刀具以指定的进给速度移动定位到指定的位置。用于直线或斜线运动，可沿 X 轴、Z 轴方向执行单轴运动，也可沿 XZ 平面内任意斜率的直线运动。

格式：G01X_ (U _)Z_ (W _)F_ ；

其中：X_ (U _)、Z_ (W _)分别为终点绝对坐标(增量坐标)。

G01 指令除了作直线切削外，还可以作自动倒角、倒圆加工。

(1)自动倒角指令。

格式：G01Z(W)_I(C)_ ；

或 G01X(U)_ K(C)_ ；

其中 Z(W)、X(U)分别为终点绝对坐标(增量坐标)，I(C)、K(C)为倒角起点到终点在 X、Z 方向的增量，若终点坐标大于起点坐标时，该值为正，反之为负。具体用法见表 9-2 所示。

(2)自动倒圆指令。

格式：G01Z(W)_ R_ ；

或 G01X(U)_ R_ ；

其中：Z(W)、X(U)分别为终点绝对坐标(增量坐标)，R 值若终点坐标大于起点坐标时，该值为正，反之为负。具体用法如表 9-2 所示。

表 9-2　倒角与倒圆的用法

类别	命令	刀具的运动
倒角 Z→X	G01Z(W)b I(C)±i;在右图中,到点 b 的运动可以通过绝对值或增量值定义	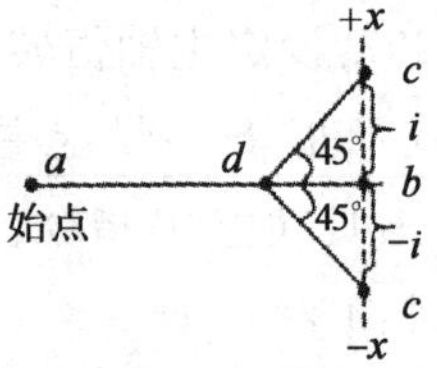
倒角 X→Z	G01Z(W)b K(C)±i;在右图中,到点 b 的运动可以通过绝对值或增量值定义	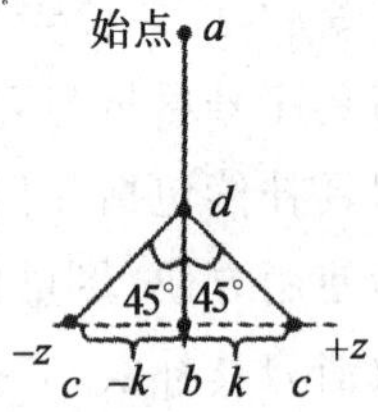
倒圆 Z→X	G01Z(W)b R±i;在右图中,到点 b 的运动可以通过绝对值或增量值定义	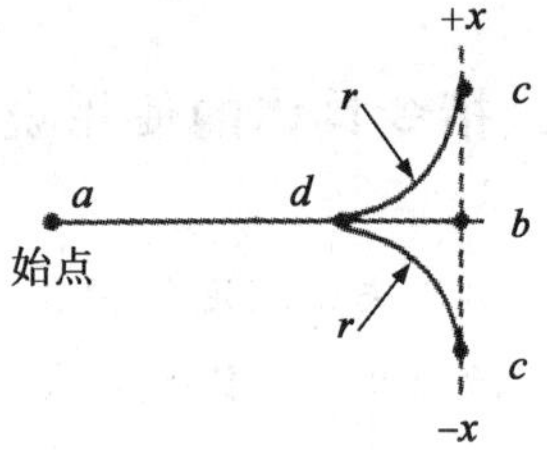
倒圆 X→Z	G01Z(W)b R±i;在右图中,到点 b 的运动可以通过绝对值或增量值定义	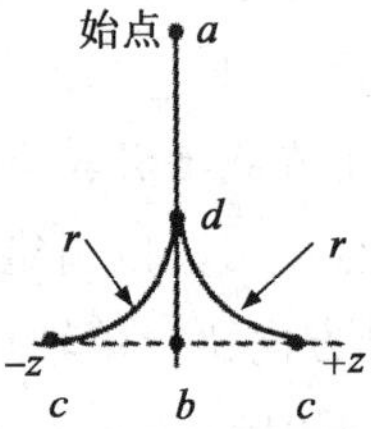

3. G02/G03 圆弧插补指令

(1)G02 为顺时针圆弧插补指令。

格式:G02X(U)_Z(W)_I_ K_F_ ;

或 G02X(U)_Z(W)_ R_F_ ;

(2)G03 为逆时针圆弧插补指令。

格式:G03X(U)_Z(W)_I_ K_F_ ;

或 G03X(U)_Z(W)_ R_F_ ;

(3)参数说明。

X(U),Z(W)为圆弧终点位置坐标。

K 为圆弧起点到圆心在 X,Z 轴方向上的增量(I、K 方向与 X、Z 轴方向相同时取正,否则取负值);

R 为圆弧的半径值,当圆弧≤180°时,R 取正值;当圆弧>180°时,不能用 R 指定;

当 I、K 和 R 同时被指定时,R 指令优先,I、K 值无效。如图 9-13 所示。

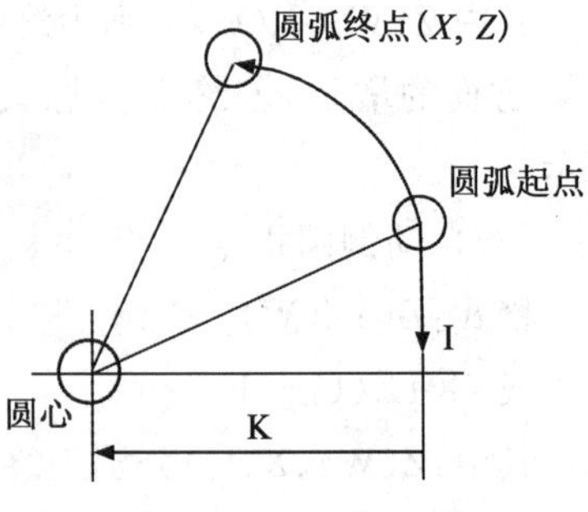

图 9-13　I,K 圆弧起点到圆心在 X,Z 轴方向上的增量

4. G04 暂停指令

该指令控制系统按指定时间暂时停止执行后续程序段。暂停时间结束则继续执行。

格式:G04X_ ;

G04U _ ;

G04P_ ;注:使用 P 不能有小数点。

5. G32 螺纹切削指令

该指令可用于切削圆柱螺纹,圆锥螺纹及端面螺纹。

格式:圆柱螺纹 G32Z(W)_F_ ;

圆锥螺纹 G32X(U)_Z(W)_F_ ;

其中 X(U),Z(W)为圆弧终点绝对坐标(增量坐标),F 为螺纹的导程。

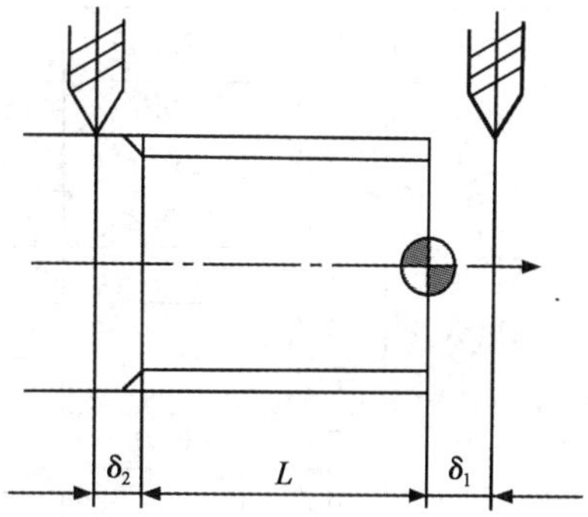

图 9-14 进刀段和退刀段

如图 9-14 所示,图中 δ_1 和 δ_2 分别表示进刀段和退刀段。伺服系统的延迟而产生的不完全螺纹,处于进刀段和退刀段,会降低延迟产生的螺纹误差。一般的依据经验有

$$\delta_1 = n \times F/400$$

$$\delta_2 = n \times F/1\ 800$$

式中,n—主轴转速,r/min;F—螺纹导程,mm。

不同的数控系统车螺纹时推荐不同的主轴转速范围,大多数经济型数控车床的数控系统推荐车螺纹时主轴转速如下:

$$n \leqslant \frac{1\ 200}{P-k}$$

式中,P—螺纹螺距,mm;k—保险系数,一般为 80。

普通螺纹切削的进给次数与吃刀量见表 9-3。

6. G28 自动返回参考点指令

该指令使刀具从当前位置以快速定位(G00)移动方式,经过中间点回到机械原点。指定中间点目的是使刀具沿着一条安全路径回到参考点。

格式:G28X(U)_Z(W)_ ;

其中 X(U),Z(W)为中间点坐标;

该指令以 G00 的速度运动。

7. G50 工件坐标系的设定

该指令是规定刀具起刀点至工件原点的距离,建立工件坐标系。

格式:G50X(A)_Z(B)_;

指令中 A,B 指刀尖距工件坐标系原点的距离,如图 9-15 所示。

表 9-3　普通螺纹切削的进给次数与吃刀量

公制螺纹								
螺距/mm		1.0	1.5	2	2.5	3	3.5	4
牙深(半径值)		0.649	0.974	1.299	1.624	1.949	2.273	2.598
(直径值)切削次数及背吃刀量	1 次	0.7	0.8	0.9	1.0	1.2	1.5	1.5
	2 次	0.4	0.6	0.6	0.7	0.7	0.7	0.8
	3 次	0.2	0.4	0.6	0.6	0.6	0.6	0.6
	4 次		0.16	0.4	0.4	0.4	0.6	0.6
	5 次			0.1	0.4	0.4	0.4	0.4
	6 次				0.15	0.4	0.4	0.4
	7 次					0.2	0.2	0.4
	8 次						0.15	0.3
	9 次							0.2
英制螺纹								
牙/in		24	18	16	14	12	10	8
牙深(半径值)		0.698	0.904	1.016	1.162	1.355	1.626	2.033
(直径值)切削次数及背吃刀量	1 次	0.8	0.8	0.8	0.8	0.9	1.0	1.2
	2 次	0.4	0.6	0.6	0.6	0.6	0.7	0.7
	3 次	0.16	0.3	0.5	0.5	0.6	0.6	0.6
	4 次		0.11	0.14	0.3	0.4	0.4	0.5
	5 次				0.13	0.21	0.4	0.5
	6 次						0.16	0.4
	7 次							0.17

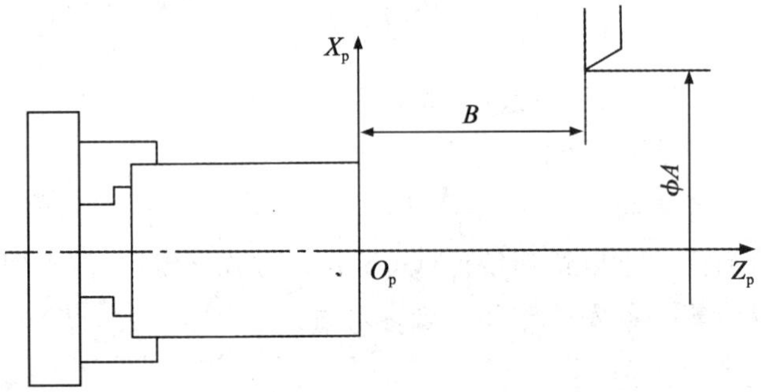

图 9-15　工件坐标系的设定

用 G50 指令建立的坐标系，是一个以工件原点为坐标系原点，确定刀具当前所在位置的一个坐标系。

8. 单一固定循环指令

(1)G90：轴向切削循环指令。该指令可用于圆柱面或圆锥面车削循环。

格式：切削圆柱面——G90X(U)_Z(W)_ (F_)；

切削圆锥面——G90X(U)_Z(W)_ R_ (F_)；

其中 X(U)，Z(W)为切削终点绝对(增量)坐标，R 为循环终点与起点的半径差，若锥面起点坐标大于终点坐标时，该值为正，反之为负。

(2)G94：端面切削循环指令。该指令可用于直端面或锥端面车削循环。

格式：直端面车削循环——G94X(U)_Z(W)_ (F_)；

锥端面车削循环——G94X(U)_Z(W)_ R_ (F_)；

其中各地址码的含义与 G90 同。

(3)G92：螺纹切削循环指令。该指令可用于圆柱螺纹或锥螺纹的循环车削。

格式：圆柱螺纹——G92X(U)_Z(W)_F_ ；

锥螺纹——G92X(U)_Z(W)_ R_F_ ；

其中 X(U)，Z(W)为螺纹切削终点坐标；R 为锥螺纹循环终点与起点的半径差，其正负判断与 G90 相同；F 为螺纹导程；

9. 复合固定循环指令

(1)G71：轴向粗加工循环指令。该指令适用于圆柱棒料粗车阶梯轴的外圆或内孔需切除较多余量时的情况。

格式：G71U ΔdRe；

G71PnsQnfU Δu W Δw(F_S_ T_)；

其中 Δd 为每次切削背吃刀量(半径值，一定为正值)；e 为每次切削结束的退刀量；ns 为精加工程序开始程序段的顺序号；nf 为精加工程序结束程序段的顺序号；Δu 为 X 轴向的精加工余量(直径值，外圆加工为正，内孔为负)；Δw 为 Z 轴向的精加工余量。

注：顺序号 ns 第一步程序不能有 Z 轴移动指令。

G71 循环指令的刀具切削路径，如图 9-16 所示。

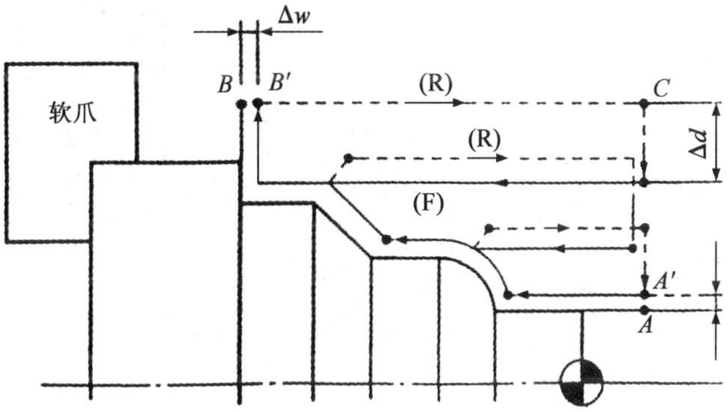

图 9-16　G71 轴向粗加工循环

(2)G72：径向粗加工循环指令。该指令适用于当直径方向的切除量比轴向切除量大时。

格式：G72W Δd Re；

G72PnsQnfU ΔuWΔw(F_S_ T_)；

其中 Δd 为每次 Z 向切削深度(一定为正值)；e 为每次切削结束的退刀量；ns 为精加工程序开始程序段的顺序号；nf 为精加工程序结束程序段的顺序号；Δu 为 X 轴向的精加工余量；Δw 为 Z 轴向的精加工余量。

注：顺序号 ns 第一步程序不能有 X 轴移动指令。

G72 循环指令的刀具切削路径，如图 9-17 所示。

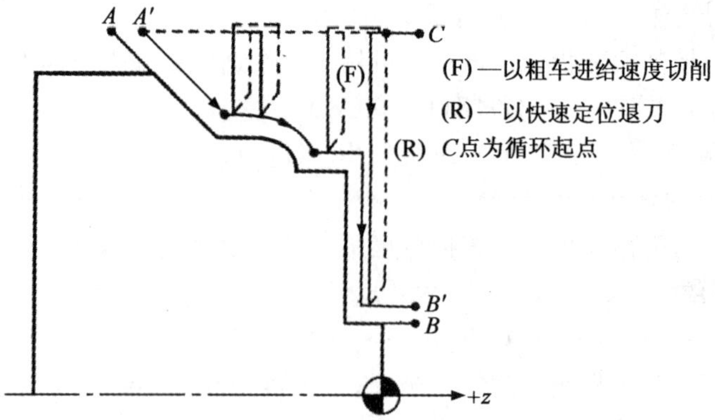

图 9-17　G72 径向粗加工循环

(3)G73:仿形粗车循环指令。该指令用于零件毛坯已基本成型的铸件或锻件的加工。铸件或锻件的形状与零件轮廓相近,这时若仍使用 G71 或 G72 指令,则会产生许多无效切削而浪费加工时间。

格式:G73U ΔiW ΔkRd;

G73PnsQnfU ΔuW Δw(F_S_ T_);

其中 Δi 为 X 轴方向退刀距离(半径值);Δk 为 Z 轴退刀距离;d 为切削次数;其余各项含义与 G71 相同。

G73 循环指令的刀具切削路径,如图 9-18 所示。

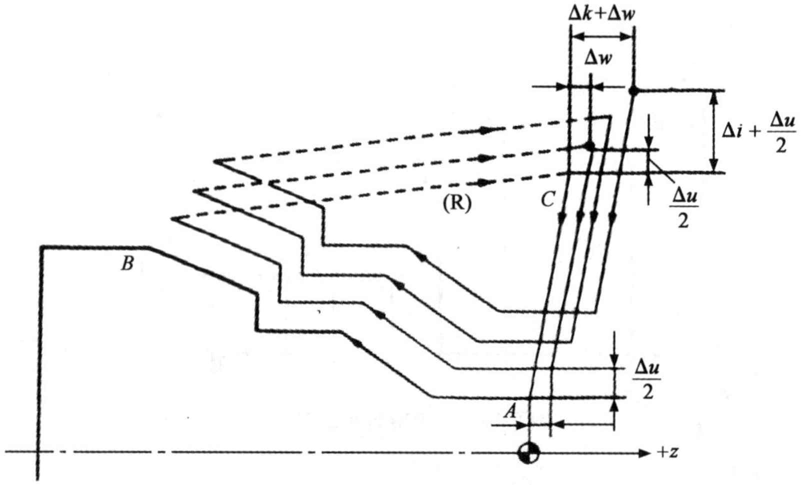

图 9-18　G73 闭环切削循环

Δi 及 Δk 为第一次车削时退离工件轮廓的距离及方向,确定该值时应参考毛坯的粗加工余量大小,以使第一次走刀切削时就有合理的切削深度,计算方法如下:

Δi(X 轴退刀距离)=(X 轴粗加工余量)-(每次切削深度)

Δk(Z 轴退刀距离)=(Z 轴粗加工余量)-(每次切削深度)

例如:若 X 轴方向粗加工余量为 6 mm,分三次走刀,每次切削深度为 2 mm,则:

$\Delta i=6-2=4, d=3$。

(4)G70：精加工循环指令。G71、G72 或 G73 粗加工后，该指令用于精加工。

格式：G70PnsQnf；

其中 ns 为精加工程序开始的程序段的顺序号；nf 为精加工循环结束程序段的顺序号。

说明：

①在 G71、G72 程序段中的 F、S、T 指令都无效，只有在 ns～nf 之间的程序段中的 F、S、T 指令有效；

②G70 切削后刀具会回到 G71～G73 的开始切削点；

③G71、G72 循环切削之后必须使用 G70 指令执行精加工；

④在没有使用 G71、G72 指令时，G70 指令不能使用。

(5)G76：螺纹车削多次循环指令。该指令用于螺纹多次车削循环。

格式：G76PmraQ ΔdminRd；

G76X(U)_Z(W)_ RiPkQΔd Ff；

其中 m 为精车削次数，必须用两位数表示，范围从 01～99；r 为螺纹末端倒角量，必须用两位数表示，范围从 00～99，例如 $r=10$，则倒角量＝10×0.1×导程＝导程；a 为刀具角度，有 00°、29°、30°、55°、60°等几种，m、r、a 都必须用两位数表示，同时由 P 指定，例如 P021060 表示精车两次，末端倒角量为一个螺距长，刀具角度为 60°；Δdmin 为最小切削深度，若自动计算而得的切削深度小于 Δdmin 时，以 Δdmin 为准，此数值不可用小数点方式表示，例如 Δdmin＝0.02 mm，需写成 Q20；d 为精车余量；X(U)、Z(W)为螺纹终点坐标，X 即螺纹的小径，Z 即螺纹的长度；i 为车锥螺纹时，终点 B 到起点 A 的向量值，若 $i=0$ 或省略，则表示车削圆柱螺纹；k 为 X 轴方向螺纹深度，以半径值表示，Δd 为第一刀切削深度，以半径值表示，该值不能用小数点方式表示，例如：$\Delta d=0.6$ mm，需写成 Q600；f 为螺纹的螺距。

G76 循环指令的刀具切削路径，如图 9-19 所示。

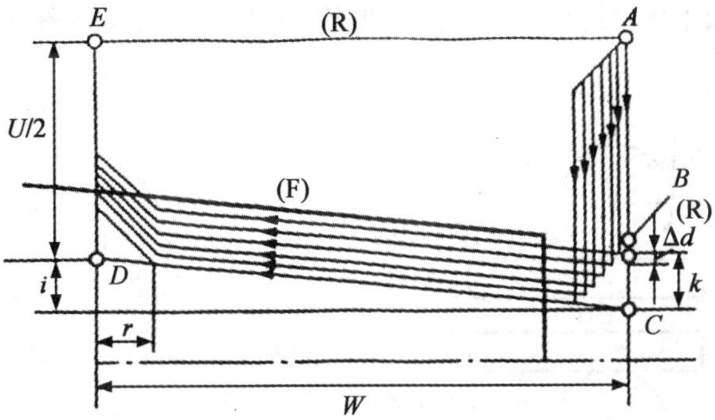

(a) 切削轨迹

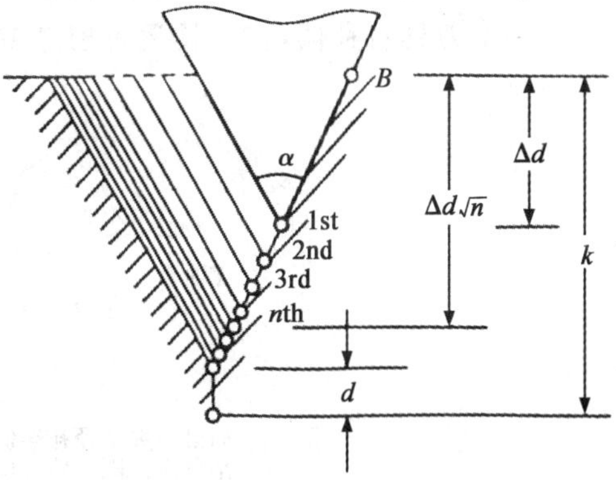

(b) 参数定义

图 9-19　G76 螺纹车削多次循环

四、数控车床刀具补偿功能

在编程时，通常将车刀刀尖作为一点考虑(即假想刀尖位置)，所指定的刀具轨迹就是假想刀尖的轨迹，但实际上刀尖部分是带有圆角的，如图 9-20 所示。

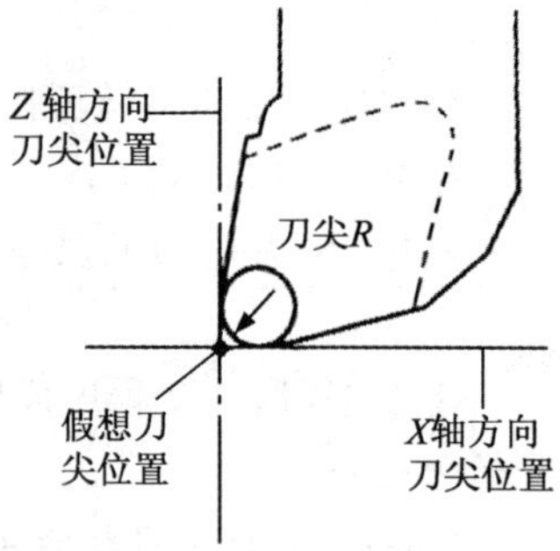

图 9-20　刀尖半径与假想

在实际操作当中，以假想刀尖编程在加工端面或外圆、内孔等与 Z 轴平行的表面时，没有误差，但在进行倒角、斜面、圆弧面切削时就会产生少切或过切，造成零件加工精度误差如图 9-21 所示。

为了在不改变程序的情况下，使刀具切削路径与工件轮廓一致，加工出的工件尺寸符合要求，就必须使用刀尖圆弧半径补偿指令。

G40：取消刀具补偿，通常写在程序开始的第一个程序段及取消刀具半径补偿的程序段；

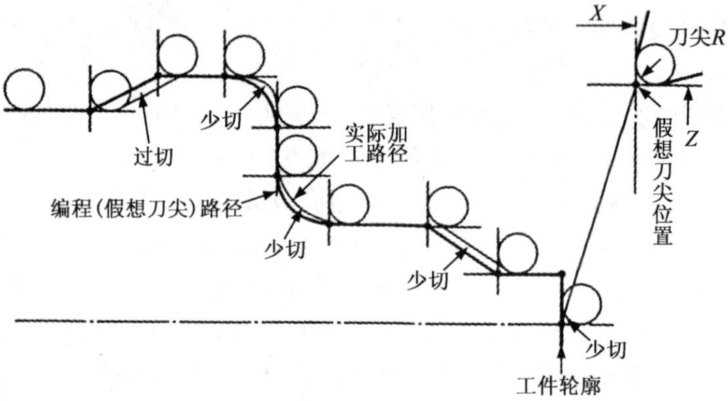

图 9-21　刀尖圆角 R 造成的少切和过切

G41：刀具左补偿，在刀具运行前进方向上，刀具沿工件左侧进给，使用该指令；

G42：刀具右补偿，在刀具运行前进方向上，刀具沿工件右侧进给，使用该指令，如图 9-22 所示。

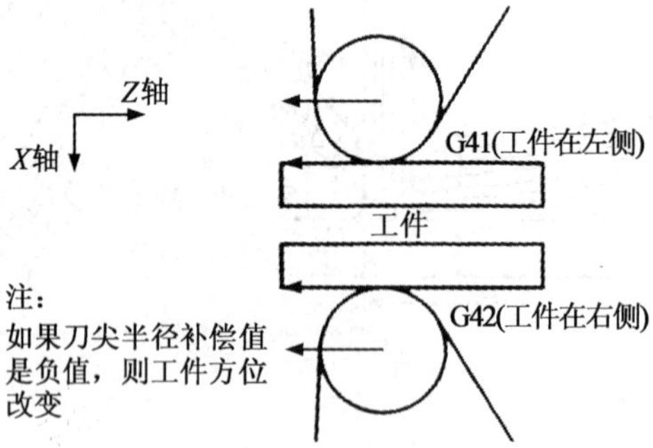

图 9-22　G41、G42 指令

几种数控车床用刀具的假想刀尖位置，如图 9-23 所示。

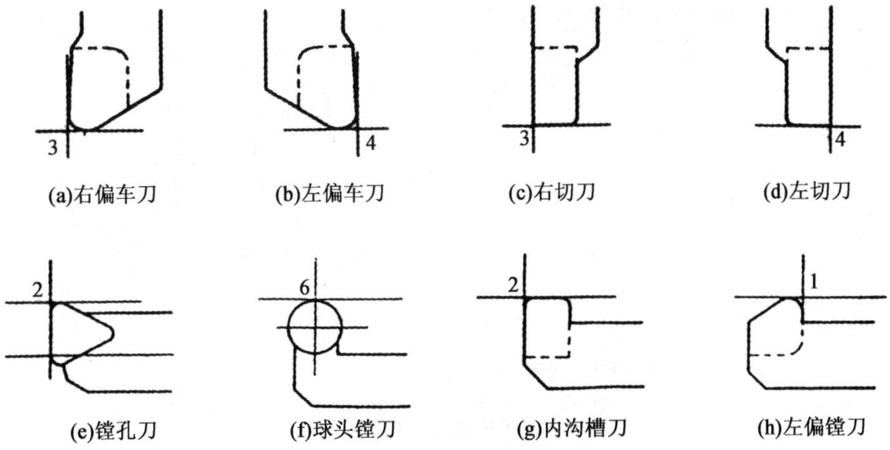

图 9-23　几种数控车床用刀具的假想刀尖位置

【习题】

1. 数控车床加工工艺路线制订原则有哪些？

2. 数控程序和程序段的格式是什么，包括哪几类指令代码？

3. 数控系统的主要功能有几种？

任务四　数控车床操作

【相关知识】

数控车床的操作主要通过操作面板来实现，操作面板由两部分组成，一部分为 NC 控制机的操作面板（CRT/MDI 面板）[图 9-24(a)]；另一部分为机床的操作面板[图 9-24(b)]。对于不同型号的数控机床，由于机床的结构不同及操作面板、电器系统的差别，操作方法各有差异，但基本操作方法相同。本节以 FANUC-Oimate-TC 系统数控车床为例，介绍其基本操作方法。

【工作过程】

一、工作课时

要求本单元理论课时和实训课时为 2 课时。

二、数控车床操作面板说明

(1)CRT/MDI 操作面板（图 9-24）及各键基本功能说明（表 9-4）。

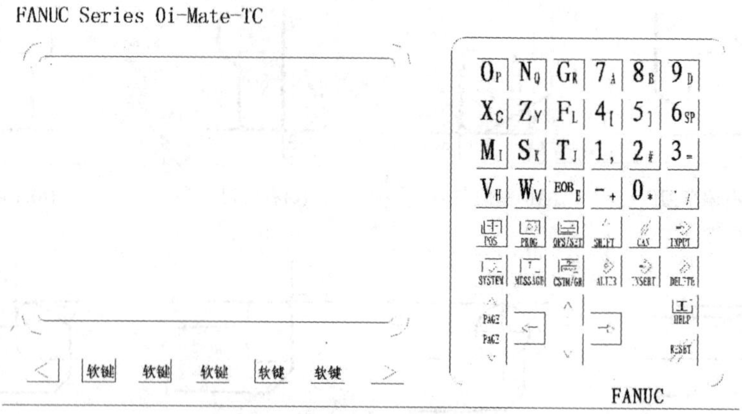

(a)NC控制机的操作面板

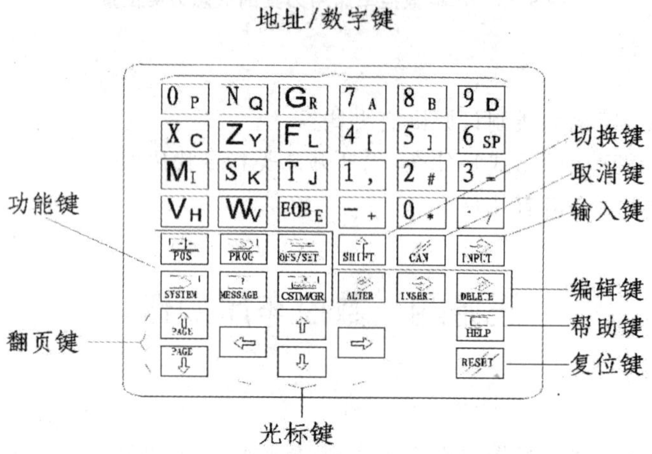

(b)机床的操作面板

图 9-24　CRT/MDI 操作面板

表 9-4　MDI 面板操作键基本功能说明

图标	名称	基本功能
	复位键	按此键可使 CNC 复位，用以消除报警等
	帮助键	按此键用来显示如何操作机床，如 MDI 键的操作。可在 CNC 发生报警时提供报警的详细信息(帮助功能)
	软键(在屏幕下方共 5 个)	根据其使用的场合，对应各功能键，软键有各种功能。软键功能显示在 CRT 屏幕的底部

续表 9-4

图标	名称	基本功能
	地址、符号和数字键，共 24 个	按这些键可输入字母，数字以及其他字符
	换挡键	在键盘上有些键具有两个功能，按下“SHIFT”键，可在两个功能之间进行切换。当一个特殊字符^在屏幕上显示时，表示键面右下角的字符可以输入
	输入键	当按了地址键或数字键之后，数据被输入到缓冲器，并在 CRT 屏幕上显示出来。为了把输入到缓冲器中的数据拷贝到寄存器，按“INPUT”键。这个键相当于软键的[INPUT]键，按此二键的结果是一样的
	取消键	按此键可删除已输入到缓冲器的最后一个字符或符号
	程序编辑键(共 3 个：ALTER、 INSERT、DELETE)	当编辑程序时按这些键。ALTER：替换键；INSERT：插入键；DELETE：删除键
	功能键	按此键可显示位置画面
	功能键	按此键可显示程序画面
	功能键	按此键可显示刀偏/设定(SETTING)画面
	功能键	按此键可显示系统画面
	功能键	按此键可显示信息画面
	功能键	按此键可显示用户宏画面或显示图形画面
	光标移动键(共 4 个)	这 4 个不同的光标移动键，用于将光标向左或向右；向上或向下移动光标
	翻页键(共 2 个)	这 2 个键用于在屏幕上朝前或朝后翻一页

(2)设置和显示单元(屏幕)区(CRT)：CRT/MDI 显示单元，是与操作者进行信息交换的主要界面，屏幕上方显示功能标题，中间为信息显示区，下方有输入数据显示区、状态区和软键功能区，软键功能与软键一一对应，如图 9-25 所示。

软键区：含有 4 个章节选择软键，1 个操作选择软键，1 个菜单返回键和 1 个菜单继续键，可以实现对显示单元下方所示的软键功能进行选用。

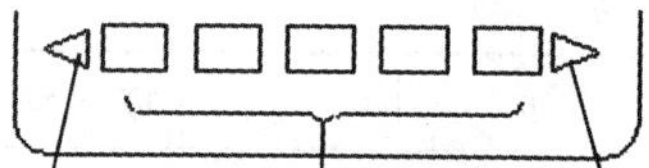

图 9-25　CRT/MDI 显示单元下方软键

(3)章节选择软键的操作使用。

①按下 MDI 面板上的功能键，属于所选功能的一章节软键就显示出来。

②按下其中一个章节选择软键，则所选章节的功能屏幕就显示出来(目标章节的显示，可通过菜单继续键和返回键查找)。

③当目标章节屏幕显示后，按下操作选择键，显示要进行操作的数据。

④为了重新显示章节选择键，按下菜单返回键。

三、机床操作控制面板

CAK6136 数控车床机床操作控制面板，如图 9-26 所示。具体的操作方法见下文介绍。

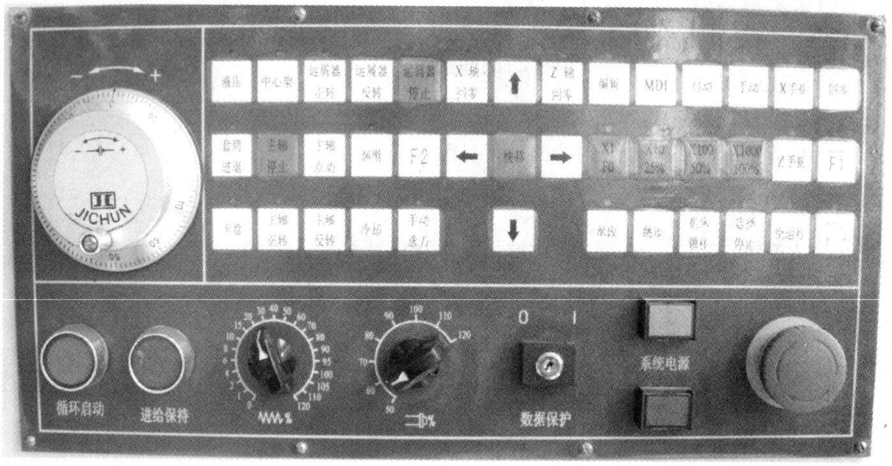

图 9-26　CAK6136 数控车床操作控制面板

四、操作方法与步骤

1. 电源控制功能

(1)NC 系统电源绿色按钮：按此按钮数秒钟后，荧光屏出现显示，表示控制机已通入电源，准备工作。

(2)NC 系统电源红色按钮：按此按钮后，控制机电源切断，荧光屏显示消失，控制机断电。

(3)急停按钮：在紧急情况下按此按钮，则机床各部分将全部停止运动，NC 控制系统处于“清零”状态，并切断主电机系统。如再重复启动必须先进行“回零”操作。

2. 刀架移动控制部分

(1)点动按钮“+X 、-X 、+Z、-Z”：该按钮控制刀架进行移动。在手动状态下，点动进给倍率开关和快移倍率开关配合使用可实现刀架在某一方向的运动，在同一时刻只能有一个坐标轴移动。

(2)快移按钮：当此按钮与点动按钮同时按下时，刀架按快移倍率开关“F0、25％、50％、100％”选择的速度快速移动。

(3)快移倍率开关“F0、25％、50％、100％”，可改变刀架的快移速度。

(4)进给倍率开关：在自动时，进行调整刀架进给倍率。在0～120％区间调节，在刀架进行点动时，可以选择点动进给量，当选择空运转状态时，自动进给操作的F码无效，执行mm/min的进给量。

(5)“回零”操作：在“回零”方式下，分别按X轴或Z轴的正方向按钮不松手，则X轴或Z轴以指定的倍率向正方向移动，当压合回零开关时机床刀架减速，以设定的低进给速度移到回零点。相应的X轴或Z轴回零指示灯亮，表示刀架已回到机床零点位置。

(6)“手摇轮”操作：将状态开关选在“X手摇”或“Z手摇”状态与手摇倍率开关“×1、×10、×100、×1 000”配合使用，通过摇动手摇轮实现刀架移动。每摇一个刻度，刀架将走0.001 mm、0.01 mm、0.1 mm、1 mm。

(7)“X手摇”“Z手摇”键：按下“X手摇”或“Z手摇”键，指示灯亮，机床处于X轴或Z轴手摇进给操作状态，操作者可以通过手摇轮来控制刀架X轴或Z轴的运动方向。其速度快慢可由“×1、×10、×100、×1 000”4个键来控制。

3. 主轴控制部分

(1)“主轴正转”按钮：按此键，主轴将顺时针旋转(面对主轴端面定义)，按钮内指示灯亮，此按钮仅在手动状态下时起作用，若主轴正在反转，则必须先按“主轴停”按钮，待主轴停转后，再按“主轴正转”按钮。主轴的转速由手动数据输入或程序中的S码指令决定。

(2)“主轴反转”按钮：按此键，主轴将逆时针旋转(面对主轴端面定义)，按钮内指示灯亮，此按钮仅在手动状态下时起作用，若主轴正在正转，则必须先按“主轴停”按钮，待主轴停转后，再按“主轴反转”按钮。主轴的转速由手动数据输入或程序中的S码指令决定。

(3)“主轴停止”按钮：此按钮一按下，主轴立即停止旋转，该按钮在所有状态下均起作用。在自动状态下时，此按钮一按下，主轴立即停止，若重新启动主轴必须把状态开关放在手动位置，按相应主轴正反转按钮。

(4)主轴倍率开关：此开关可以调整主轴的转速，即改变S码速度，使之按主轴的转速调整范围50％～120％的倍率发生变化，此开关在任何工作状态下均起作用。

4. 工作状态控制部分

(1)状态键可选择下列各种状态。

“编辑”状态：在此状态，可以把工件程序读入NC控制机，可以对编入的程序进行修改、插入和删除。

①新建程序。

a. 选择EDIT方式；

b. 按“PRGRM”键；

c. 输入地址O和四位数字程序号，按“INSERT”键将其存入存储器，并以此方式将程序依次输入。

②寻找程序。

a. 选择 EDIT 方式；

b. 按“PRGRM”键；

c. 若屏幕上显示某一不需要的程序时，按下软键“DIR”；

d. 输入想调用的程序号(例如：01234)。

③删除程序。

a. 选择 EDIT 方式；

b. 按“PRGRM”键，输入要删除的程序号；

c. 按“DELET”键。可以删除此程序号的程序。

④文字的插入、变更和删除。

a. 选择 EDIT 方式；

b. 按“PRGRM”键，输入要编辑的程序号；

c. 移动光标，检索要变更的字；

d. 进行文字的插入、变更和删除等编辑操作。

(2)“自动”状态：在此状态下，可进行存储程序的顺序号检索。当加工程序在 MDI 状态下编好后，按下此键，指示灯亮，机床进入自动操作方式。再按下循环起动按钮，机床按照程序指令连续自动加工。

(3)“MDI”状态：即手动数据输入状态下，可以通过 NC 控制机的操作面板上的键盘把数据送入 NC 控制机中，所送数据均能在荧光屏上显示出来，按循环启动键启动 NC 控制机，执行所送入的程序。

(4)“手动”状态：即 JOG 状态，按下此键，指示灯亮，机床进入手动操作方式。此时可实现机床各种手动功能的操作。

5. 循环控制部分

(1)“循环启动”键：按此键，使用编辑及手动方式输入 NC 控制机内的程序被自动执行，在执行程序时，该键内的指示灯亮，当执行完毕时指示灯灭。

(2)“进给保持”键：当机床在自动循环操作中，按此按钮，刀架运动立即停止，循环启动指示灯灭，进给保持键指示灯亮。循环启动键可以消除进给保持，使机床继续工作。在“进给保持”状态，可以对机床进行任何的手动操作。

注意：螺纹切削时，“进给保持”按钮无效。

(3)“选择停”键：此按钮有两个工作状态。当机床在自动循环操作中，“选择停”按钮被按下时，“选择停”指示灯亮，程序中有 M01(选择停)指令时，机床将停止工作；若重新继续工作，再按“循环启动”按钮，可以使“选择停”机能取消，使机床继续按规定的程序执行动作。

(4)程序段“跳步”键：此按钮有两个工作状态。当按下此键时，指示灯亮，表示“程序段跳步”机能有效，再按下此键，指示灯灭，表示取消了“程序段跳步”机能。在“程序段跳步”机能有效时，运行程序中有“/”标记的程序段不执行，也不能进入缓冲寄存器，程序执行转到跳步程序段的下一段，即无“/”标记的程序段。在“程序段跳步”机能无效时，运行程序中带有“/”标记的程序段执行。因而，程序中的所有程序段均被依次执行。

(5)“单程序段”键：此按钮有两个工作状态。当按一下此键时，指示灯亮，表示“单段”机能有效，再按一下此键，指示灯灭，表示“单段”机能取消。当“单段”机能有效时，每按一下“循环启动”按钮，机床只执行一个程序段的指令。

(6)“空运转”键：当按一下此键时，指示灯亮，表示“空运转”机能有效。此时程序中的全部F码都无效，机床的进给按“点动倍率”选择开关所选定的进给量(mm/min)来执行。

要特别注意：空运转只是在自动状态下快速检验运动程序的一种方法，不能用于实际的零件切削中。

(7)“机床锁住”键：此按钮有两个工作状态。当按一下此键时，指示灯亮，表示“机床锁住”机能有效，此时机床刀架不能移动，也就是机床进给不能执行，但程序的执行和显示都正常，再按一下此键，指示灯灭，表示本机能取消。

6. 对刀操作

(1)机床回零动作执行，确认原点回零指示灯亮。

(2)在MDI方式下使主轴转动，并选择所需要的刀具。

(3)模式选择按钮选择手轮式点动方式。

(4)试切对刀。

*Z*方向：

①移动刀架靠近工件，使刀尖轻擦工件端面后沿$+X$方向退；

②按“Offsetting”按钮，进入参数设置界面；

③按“补正”软键；

④按“形状”软键；

⑤输入“Z0”至所选刀具量的Z值；

⑥按“测量”软键。

*X*方向：

①在MDI方式旋转主轴；

②移动刀架靠近工件，使刀尖轻擦工件外圆后沿$+Z$方向退出；

③主轴停止转动，测量工件外径；

④按“Offset/setting”按钮，进入参数设置界面；

⑤按“补正”软键；

⑥按“形状”软键；

⑦输入工件外径值“X”至所选刀具量的X值；

⑧按“测量”软键。

当X,Z方向对刀完毕时按下“PRGRM”键返回。

7. 中断恢复

数控车床在按程序自动循环加工零件过程中，可以任意暂停加工程序并将刀具退离工件，停止主轴转动，以便检查和测量被加工的零件，以及进行其他的操作。在恢复原工作状态和刀具位置后可以继续启动运行程序。

假设机床正在运行，加工零件者执行上述过程则其操作方法如下：

(1)按“进给保持”按钮，机床进给停止，中断运行程序；

(2)状态开关由自动状态，改变到手动状态；

(3)用“点动”“步进”或“手摇”将刀具退离工件；

(4)按“主轴停”按钮，主轴停止转动；

(5)进行工件的检测及其他工作；

(6)按“主轴启动”按钮，使其转向与原来一样；

(7)用“点动”“步进”或“手摇”将刀具返回到原位置；

(8)将状态开关再改回到原状态；

(9)按“循环启动”按钮，解除进给保持状态，中断的程序将被重新启动继续进行零件加工。

【习题】

数控车床的操作方法与步骤是什么？

任务五 典型工件的工艺分析

【工作过程】

一、工作课时

要求本单元理论课时和实训课时为 2 课时。

二、轴类零件数控车削工艺分析

典型轴类零件如图 9-27 所示，零件材料为 45 钢，无热处理和硬度要求，试对该零件进行数控车削工艺分析。

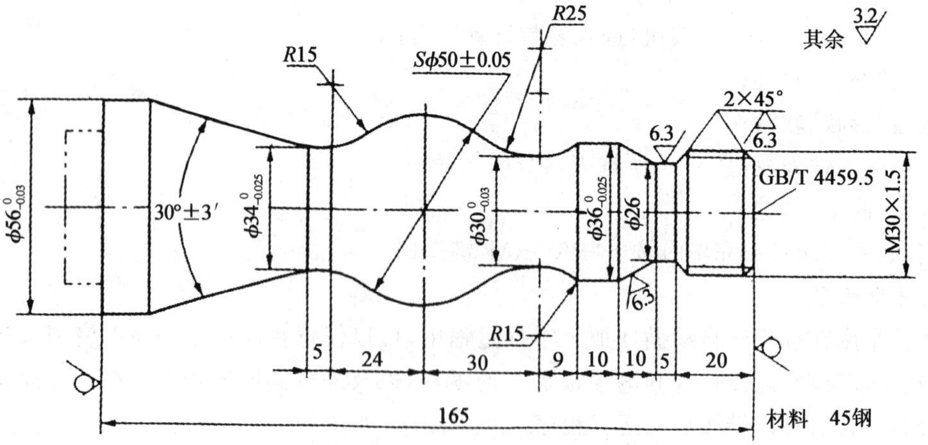

图 9-27 典型轴类零件

1. 零件图工艺分析

该零件表面由圆柱、圆锥、顺圆弧、逆圆弧及螺纹等表面组成。其中多个直径尺寸有较严格的尺寸精度和表面粗糙度等要求；球面 $S\phi50$ mm 的尺寸公差还兼有控制该球面形状(线轮廓)误差的作用。

尺寸标注完整，轮廓描述清楚。零件材料为 45 钢，无热处理和硬度要求。

通过上述分析，可采用以下几点工艺措施。

(1)对图样上给定的几个精度要求较高的尺寸，因其公差数值较小，故编程时不必取平均值，而全部取其基本尺寸即可。

(2)在轮廓曲线上，有三处为圆弧，其中两处为既过象限又改变进给方向的轮廓曲线，因此在加工时应进行机械间隙补偿，以保证轮廓曲线的准确性。

(3)毛坯选 $\phi60$ mm 棒料。为便于装夹，坯件左端应预先车出夹持部分(双点画线部分)，右端面也应先粗车并钻好中心孔。

2. 选择设备

根据被加工零件的外形和材料等条件，选用 CAK6136 数控车床。

3. 确定零件的定位基准和装夹方式

(1)定位基准。确定坯料轴线和左端大端面(设计基准)为定位基准。

(2)装夹方法。左端采用三爪自定心卡盘定心夹紧，右端采用活动顶尖支撑的装夹方式。

4. 确定加工顺序及进给路线

加工顺序按由粗到精、由近到远的原则确定。即先从右到左进行粗车(留 0.25 mm 车余量)，然后从右到左进行精车，最后车削螺纹。

CAK6136 数控车床具有粗车循环和车螺纹循环功能，只要正确使用编程指令，机床数控系统就会自动确定其进给路线，因此，该零件的粗车循环和车螺纹循环不需要人为确定其进给路线(但精车的进给路线需要人为确定，即从右到左沿零件表面轮廓精车进给，如图 9-28 所示)。

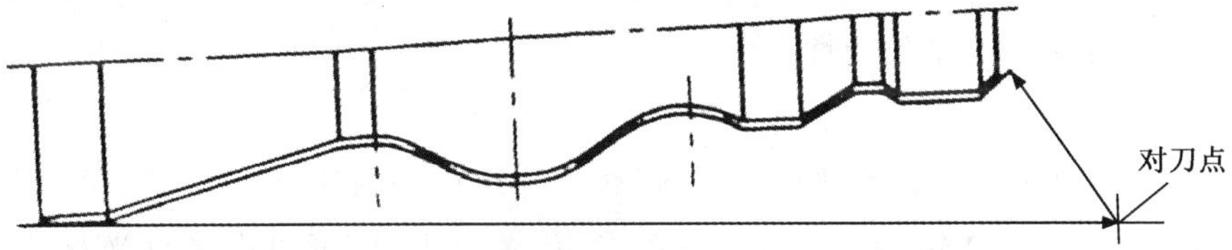

图 9-28 精车轮廓进给路线

5. 刀具选择

(1)选用 $\phi5$ mm 中心钻钻削中心孔。

(2)粗车及平端面选用 90°硬质合金右偏刀，为防止副后刀面与工件轮廓干涉(可用作图法检验)，副偏角不宜太小，选 $\kappa_r'=35°$。

(3)精车选用 90°硬质合金右偏刀，车螺纹选用硬质合金 60°外螺纹车刀，刀尖圆弧半径应小于轮廓最小圆角半径，取 $r_\varepsilon=0.15\sim0.2$ mm。

将所选定的刀具参数填入数控加工刀具卡片中(表 9-5)，以便编程和操作管理。

表 9-5　数控加工刀具卡片

序号	刀具号	刀具规格名称	数量	加工表面	备注
1		ϕ5 中心钻	1	钻 ϕ5 mm 中心孔	
2	T01	硬质合金 90°外圆车刀	1	车端面及粗车轮廓	右偏刀
2	T02	硬质合金 90°外圆车刀	1	精车轮廓	右偏刀
3	T03	切刀	1	切槽和切断	刀宽 4 mm
3	T04	硬质合金 60°外螺纹车刀	1	车螺纹	

6. 切削用量选择

(1)背吃刀量的选择轮廓粗车循环时选 $a_p=2$ mm，精车 $a_p=0.25$ mm；螺纹粗车时选 $a_p=0.4$ mm，逐刀减少，精车 $a_p=0.075$ mm。

(2)主轴转速的选择车直线和圆弧时，粗车切削速度 $v_c=90$ m/min，精车切削速度 $v_c=120$ m/min，然后利用公式($v_c=\pi dn/1\,000$)计算主轴转速 n(粗车直径 $D=60$ mm，精车工件直径取平均值)，得粗车 500 r/min、精车 1 200 r/min。车螺纹时，计算主轴转速由公式$\left(n\leqslant\frac{1\,200}{P-k}\right)$得 $n=720$ r/min。

(3)进给速度的选择根据加工的实际情况确定粗车每转进给量为 0.3 mm/r，精车进给量为 0.1 mm/r，最后根据公式 $v_f=nf$ 计算粗车、精车进给速度分别为 150 mm/min 和 120 mm/min。

将前面分析的各项内容填入数控加工工艺卡片。数控加工工艺卡片主要内容包括：工步顺序、工步内容、各工步所用的刀具及切削用量等。是编制加工程序的主要依据，同时也是操作人员进行数控加工的指导性文件。

7. 连接点的获得

通过 CAD 等画图软件计算机画图，可以获得连接点，从右向左依次为：第一点 $R25$ 与 $S\phi50$ 的连接点坐标为 X40.0，Z－69.0；第二点 $S\phi50$ 与 $R15$ 的连接点坐标为 X40.0，Z－99.0；锥度为 30°的终点坐标为 X50.0，Z－154.0。

三、加工实例程序

加工程序，如表 9-6 所示。

表 9-6　加工程序

程 序	程 序
G99　G97　T0101；	G00　X32.0　Z-25.0；
M03　S500　F0.3；	G01　X26.05　F0.08；
G00　X61.0　Z1.0；	G00　X32.0；
G73　U14.0　R8；	G01　W3.0　F0.2；
G73　P10　Q11　U0.5；	X30.0；
N10　G00　X0；	X26.0　W-2.0；
G01　Z0；	W-3.0
X30.0　C2.0；	G00　X32.0；
Z-20；	X130.0　Z0；
X26　Z-25.0；	T0404；
X36.0　W-10.0；	M03　S720；
W-10.0；	G00　X31.0　Z2.0；
G02　X30.0　Z-54.0　R15.0；	G92　X29.2　Z-23.0　F1.5；
G02　X40.0　Z-69.0　R25.0；	X28.6；
G03　Z-99.0　R25.0；	X28.2；
G02　X34.0　Z-108.0　R15.0；	X28.1；
G01　W-5.0；	X28.05；
X50.0　Z-154.0；	G00　X130.0　Z0；
N11　Z-170.0；	T0303；
G00　X130.0　Z0；	M03　S400；
T0202；	G00　X58.0　Z-169.0；
M03　S1200　F0.1；	G01　X2.0　F0.08；
G00　X61.0　Z1.0；	G00　X58.0；
G70　P10　Q11；	G00　X130.0　Z0；
G00　X130.0　Z0；	G28　U0　W0；
T0303；	M05；
M03　S400；	M30；

【习题】

1. 常用准备功能(G)有几种功用？各适用于什么场合？
2. 辅助功能(M)的作用是什么？常用辅助指令有哪些？

任务六　数控铣床

【相关知识】

一、数控铣床概述

数控铣床作为一种用途广泛的机床，可以加工平面(水平面、垂直面)、沟槽(键槽、T形槽、燕尾槽等)、分齿零件(齿轮、花键轴、螺旋形表面)及各种曲面。此外，数控铣床还可以进行对回转体表面、内孔的加工，并能作切断加工。

1. 数控铣床的分类

数控铣床按照主轴部件的角度，可分为数控立式铣床、数控卧式铣床和数控立卧转换铣床；按照数控系统控制的坐标轴数量，可分为两轴半联动铣床、三轴联动铣床、四轴联动及五轴联动铣床等；按照伺服控制的方式，可分为开环控制、半闭环控制和闭环控制。

2. 数控铣床的组成

(1)机床本体。零件的加工装置，即数控铣床的机械部分，主要包括床身、纵向工作台、横向工作台、升降台、底座、主轴等。

(2)伺服系统。数控铣床的工作动力部分，其接受来自数控装置的指令信息，严格按照指令信息的要求带动机床的移动部件，以加工出符合图纸要求的零件。

(3)数控装置。数控机床的中心环节，通常由输入装置、CPU、输出装置三大部分组成。

XK5040A 型数控铣床如图 9-29 所示。

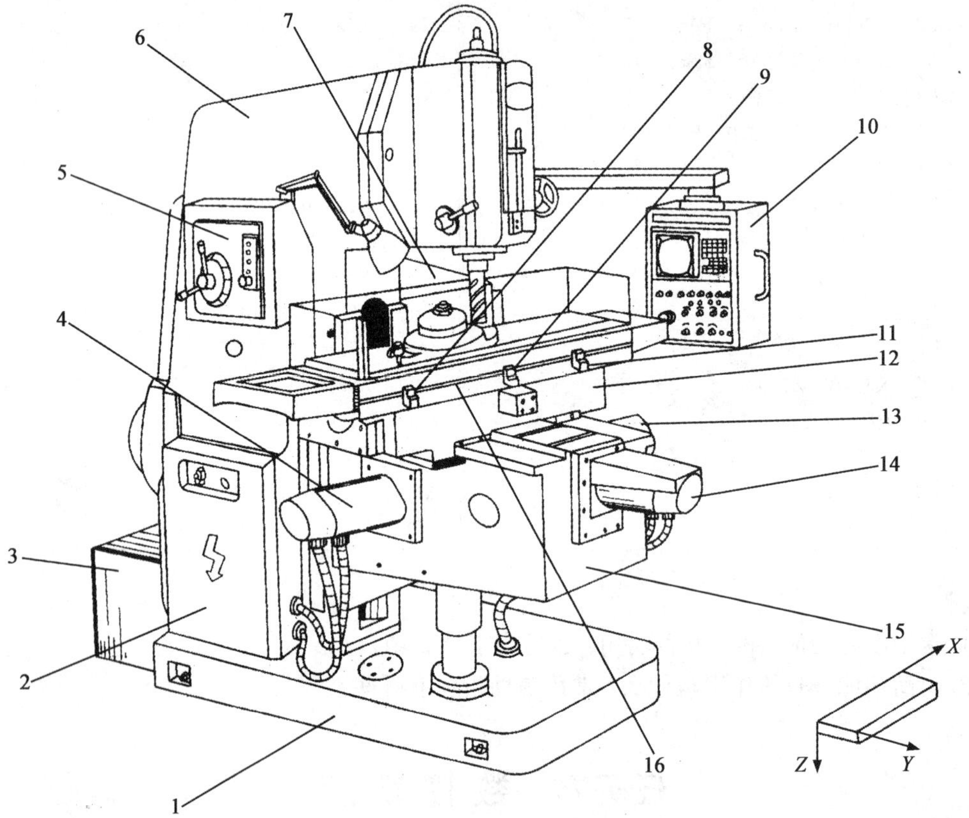

图 9-29　XK5040A 型数控铣床

1-底座；2-强电柜；3-变压器箱；4-垂直升降进给伺服电动机；5-主轴变速手柄和按钮板；6-床身；7-数控柜；8-保护开关；9-挡铁；10-操纵台；11-保护开关；12-横向溜板；13-纵向进给伺服电动机；14-横向进给伺服电动机；15-升降台；16-纵向工作台

XK5040A 型数控铣床配置的 FAMUC-3MA 数控系统，属于半闭环控制。检测器为脉冲编码器，各轴的最小设定单位为 0.001 mm。

3. 数控铣床坐标系

数控加工需要精确控制机床主轴上刀具运动的位置。因此，各运动部件的运动方向必须在一个坐标系内进行规定。为了简化编制程序的方法和保证程序的通用性，对数控机床的坐标和方向的命名制定了统一的标准。

(1)机床坐标轴。数控机床上的坐标系采用右手直角笛卡尔坐标系。大拇指的指向为 X 轴的正方向，食指的指向为 Y 轴的正方向，中指的指向为 Z 轴的正方向。

对于立式铣床：

X 轴：工作台左右方向的运动；

Y 轴：铣头或工作台的前后运动；

Z 轴：铣头或工作台的上下运动。

(2)机床坐标系(machine coordinate system，MCS)。机床坐标系是用来确定工件坐标系的基本坐标系。机床坐标系的原点也称作机床原点或机床零点。

这个原点的位置在机床出厂前已经由机床制造厂家进行了设定，它是一个固定点。

为了能够正确地建立机床坐标系，通常在每个坐标轴的运动范围内设置一个机床参考点。机床参考点与机床原点的相对位置由机床参数设定。因此，机床开机时必须先进行回机床参考点的操作，这样才能确定机床原点的位置，从而建立起机床坐标系。

(3)工件坐标系(workpiece coordinate system，WCS)。工件坐标系实际是机床坐标系中的一个局部坐标系，在编制零件程序时，用于描述刀具运动的位置。工件坐标系的原点称为工件原点，它的位置可以由编程人员任意选取。

二、数控铣床编程

1. 程序的构成

(1)加工程序的组成结构。数控加工中零件加工程序的组成形式随数控系统功能的强弱而略有不同。

对于功能较强的数控系统加工程序可分为主程序和子程序。不论是主程序还是子程序，每个程序都是由程序号、程序内容和程序结束三部分组成。程序的内容则由若干程序段组成，程序段通常由若干个“字”组成，NC 中的字由一个地址字符和一个或多个实型数值组成。一个程序段应包括实现某一操作步骤的全部数据，并以换行符“LF”结束，按下“回车键”“LF”自动生成。

(2)程序段格式。程序段格式指一个程序段中字、字符、数据的书写规则，最常用的为字-地址程序段格式。

字-地址程序段格式的编排顺序如下：

N_ G_ X_ Y_Z_I_J_ K_ R_F_S_ T_ M _LF

其中 I_J_ K_ 为圆弧起点到圆心在 X、Y、Z 轴方向上的增量；R_ 为圆弧的半径值，当圆弧≤180°时 R_ 取正值；当圆弧>180°时 R_ 取负值；LF 为换行符；

N_ G_ X_ Y_Z_F_S_ T_ M _ 的说明，详见“程序的构成”部分。

注意：上述程序段中包括的各种指令并非在加工程序的每个程序段中都必须有，而是根据各程序段的具体功能来编入相应指令。

例:N10G01X10Y20Z5F120

2.数控系统的指令代码

因数控系统不同,其指令代码也有差异。下面以SINUMERIK802D数控系统为例,介绍指令格式。

(1)准备功能代码。SINUMERIK802D系统常用的代码,见表9-7。

表9-7 SINUMERIK802D的常用代码

名称	含义	编程格式	说明
T	刀具号	T_	
D	刀具补偿号	D_	
S	主轴转速,在G4中表示暂停时间	S_	
M	辅助功能	M_	
F	进给率	F_	
G00	快速移动	G00X_Y_Z_(直角坐标系) G00AP= _ RP= _(极坐标系)	模态有效
G01	直线插补	G01X_Y_Z_F_(直角坐标系) G01AP= _ RP= _F_(极坐标系)	模态有效
G02	顺时针圆弧插补	直角坐标下: G02X_Y_Z_I_J_ K_F_(圆心终点编程) G02X_Y_Z_CR= _F_(半径终点编程) G02AR= _I_J_ K_F_(张角圆心编程) G02AR= _ X_Y_Z_F_(张角终点编程) 极坐标系下: G02AP= _ RP= _F_	模态有效 小于或等于半圆CR为正值; 大于半圆CR为负值
G03	逆时针圆弧插补同上	G02	模态有效
G04	暂停时间	G4S_	单位:秒(s)
G17	X/Y平面选择		开机默认
G18	Z/X平面选择模		模态有效
G19	Y/Z平面选择		模态有效
G40	取消刀具半径补偿		
G41	刀具半径左补偿		模态有效
G42	刀具半径右补偿		模态有效
G53	程序段方式取消"可设定零点偏置"		段方式有效
G54~G59	可设定零点偏置(确定工件坐标系)		模态有效

续表 9-7

名称	含义	编程格式	说明
G70	英制尺寸		
G71	公制尺寸		开机默认
G74	回参考点	G74X1=0Y1=0Z1=0	单独程序段
G75	回固定点	G75X1=0Y1=0Z1=0	单独程序段
G90	绝对值尺寸坐标系中的目标点的坐标尺寸；某轴：X=AC(_)	开机默认	
G91	增量尺寸待运行的位移量；某轴：X=IC(_)	模态有效	
G94		进给率 F　mm/min	开机默认
G95		进给率 F　mm/r	
G110	定义极点	相对于上次编程的设定位置 G110X_Y_Z_ 直角坐标系下 G110RP= _ AP= _ 极坐标系下，单独程序段	
G111	定义极点	相对于当前工件坐标系的零点 G111X_Y_Z_ 直角坐标系下 G111RP= _ AP= _ 极坐标系下，单独程序段	
G112	定义极点	相对于最后有效的极点，平面不变 G112X_Y_Z_ 直角坐标系下 G112RP= _ AP= _ 极坐标系下，单独程序段	
G450	圆弧过渡	拐角特性	开机默认
G451	工件转角处不切削	尖角	模态有效
CHF	倒角	N10G1X_Y_Z_CHF= _；在两轮廓之间插入给定长度的倒角	
CHR	倒圆	N10G1X_Y_Z_CHR= _；在两轮廓之间插入给定长度的倒圆	

(2)辅助功能 M 代码。SINUMERIK802D 系统常用的 M 代码，见表 9-8。

表 9-8　SINUMERIK802D 系统常用的 M 代码

名称	含义	编程	备注
M00	程序停止(暂停)	停止程序执行，按“启动”继续加工	
M01	程序有条件停止	与 M00 一样，仅在出现专门信号后生效	
M02	程序结束	在程序的最后一段被写入	
M30	程序结束	程序结束后，返回程序头	

续表 9-8

名称	含义	编程	备注
M03	主轴顺时针旋转		
M04	主轴逆时针旋转		
M05	主轴停止		
M07	冷却器开		
M09	冷却器关		
P	子程序调用次数	N10 子程序名 P_	单独程序段

(3)进给功能 F。

G94:每分钟进给量;单位 mm/min。

G95:每转进给量;单位 mm/r。

格式:G94/G95 F_

数控铣床中,当开机时,机床的进给方式默认为 G94。

(4)主轴功能 S。

格式:S_　单位为 r/min。

主轴转动暂停功能

格式:G4S_ 单位为 s(秒)。

(5)刀具功能指令 T。

格式:T_D_

T 后面的数字代表刀具序号,D 后面的数字代表该刀具的刀具补偿号。在 SINUMERIK802D 系统中,D 的数值范围是 1～9。

(6)基本代码使用。

①G00:快速移动。

格式:G00X_Y_Z_(直角坐标系)

G00AP= _ RP= _(极坐标系)

其中:X_Y_Z_ 、AP= _ RP= _ 为定位点。

②G01:直线插补。

格式:G01X_Y_Z_F_(直角坐标系)

G01AP= _ RP= _F_(极坐标系)

其中:X_Y_Z_ 、AP= _(极角)RP= _(极径)为直线终点位置;F 为进给指令。

③倒圆/倒角指令。

倒角:CHF= _

倒圆:CHR= _

格式:

倒角:G1X_Y_Z_CHF= _

倒圆:G1X_Y_Z_CHR= _

其中 CHF 为倒角长度;CHR 为倒圆半径。

④G02/G03：圆弧插补指令。

格式：

直角坐标下：

G02/G3X_Y_Z_I_J_K_F_（圆心终点编程）

G02/G3X_Y_Z_CR＝ _F_（半径终点编程）

G02/G3AR＝ _I_J_K_F_（张角圆心编程）

G02/G3AR＝ _ X_Y_Z_F_（张角终点编程）

极坐标系下：

G02/G3AP＝ _ RP＝ _F_

其中 X_Y_Z_ 为圆弧终点坐标；I_J_K_ 为圆弧起点到圆心在 X、Y、Z 轴方向上的增量；CR 为圆弧半径，当圆弧≤180°时 CR 取正值；当圆弧＞180°时 CR 取负值；AR 为圆弧张角。

⑤条件跳转。

格式：IF 条件表达式 GOTOB/GOTOF 跳转标记名

其中 GOTOB 为程序向前跳转；GOTOF 为程序向后跳转。在 SINUMERIK802D 数控系统中，条件表达式所用的条件运算符：＝＝（等于）、＜＞（不等于）、＞（大于）、＞＝（大于或等于）、＜（小于）、＜＝（小于或等于）。

例：IF R2＞0 GOTOB JK1

如果条件表达式 R2＞0 为真，则程序向前跳转到跳转标记名为 JK1 的程序段处；如果条件表达式 R2＞0 为假，则程序继续向下执行。

(7)固定循环。数控铣床配备的固定循环功能，主要用于孔加工，包括钻孔、镗孔、攻螺纹等。使用一个程序段就可以完成一个孔加工的全部动作。SINUMERIK802D 数控系统的固定循环功能见表 9-9。

表 9-9　SINUMERIK802D 数控系统的固定循环功能

循环代码	用途	特殊的参数特性
CYCLE81	钻孔、中心钻孔	普通钻孔，钻完后直接提刀。
CYCLE82	中心钻孔	钻完后，在孔底停顿，然后提刀。
CYCLE83	深度钻孔	钻削时可以在每次进给深度完后退到参考平面用于排屑或可以退回 1 mm 用于断屑。
CYCLE84	刚性攻丝	
CYCLE85	绞孔 1	按不同进给率镗孔和返回。
CYCLE86	镗孔 1	定位主轴停止，返回路径定义，按快速进给率返回，主轴方向定义。
CYCLE87	镗孔 2	到达钻孔深度时主轴停止且程序停止；按“程序启动”键继续，快速返回，定义组织的旋转方向。
CYCLE88	镗孔时可停止 1	与 CYCLE87 相同，增加到钻孔深度的停顿时间。
CYCLE89	镗孔时可停止 2	按相同进给率镗孔和返回。

以深度钻孔 CYCLE83 为例，该固定循环用于中心孔的加工，通过分步钻入达到要求钻深，钻深的最大值事先规定。钻削时可以在每次进给深度完成后，后退到参考平面用于排屑，也可以退回 1 mm 用于断屑。

格式：CYCLE83（RTP，RFP，SDIS，DP，DPR，FDER，FDPR，DAM，DTB，DTS，FRF，VARI）

如图 9-30 所示为 CYCLE83 的时序和参数，其参数定义见表 9-10。

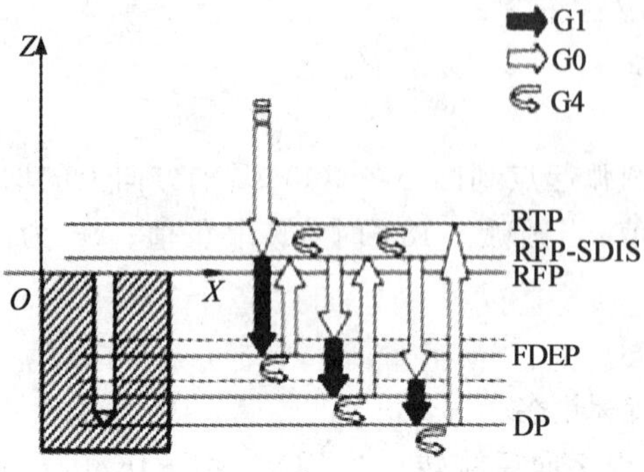

深孔钻削排屑（VARI=1）

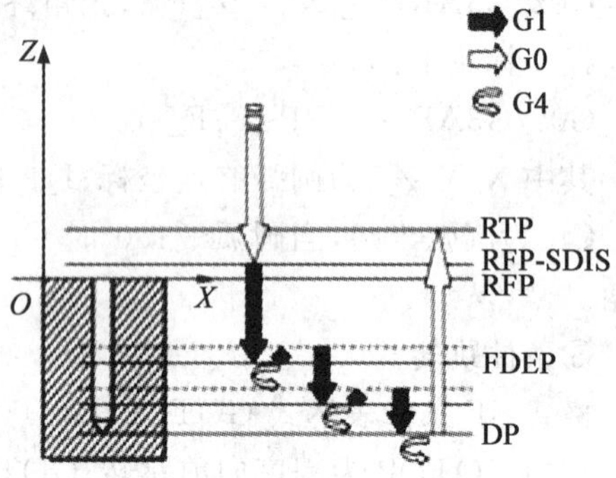

深孔钻削断屑（VARI=0）

图 9-30　CYCLE83 的时序和参数

表 9-10　深度钻孔 CYCLE83 的参数定义

参数	参数含义	参数	参数含义
RTP	返回平面（绝对值）	FDPR	相当于参考平面的起始钻孔深度（无符号）
RFP	参考平面（绝对值）	DAM	递减量（无符号）
SDIS	安全间隙（无符号）	DTB	最后钻孔深度时的停顿时间
DP	最后钻孔深度（绝对值）	DTS	起始点处和用于排屑的停顿时间
DPR	相当于参考平面的最后钻孔深度（无符号）	FRF	起始钻孔深度的进给率系数（无符号）值：0.001～1
FDER	起始钻孔深度（绝对值）	VARI	加工类型 断屑＝0，排屑＝1

【工作过程】

一、工作课时

要求本单元理论课时和实训课时为 2 课时。

二、数控铣床操作

1. 数控铣床的主要技术参数

XKA5032A 型数控立式升降台铣床，如图 9-31 所示。

XKA5032A 型数控立式升降台铣床的主要技术参数见表 9-11。

图 9-31 XKA5032A 型数控立式升降台铣床

表 9-11 XKA5032A 型数控立式升降台铣床的主要技术参数

主要技术规格	参数	主要技术规格	参数
工作台工作面积(宽×长)	320 mm×1 320 mm	主轴转速范围	30～1 500 r/min
工作台最大行程纵向	800 mm	工作台进给级数	无级
工作台最大行程横向	315 mm	工作台进给范围纵向及横向	6～3 000 mm/min
工作台最大行程垂向	400 mm	工作台进给范围垂向	4～1 800 mm/min
立铣头最大回转角度	±45°	工作台快速移动量纵向及横向	4 000 mm/min
主轴端部	No. 50	工作台快速移动量垂向	2 400 mm/min
主轴孔径	29 mm	电动机功率主轴	7.5 kW
定位精度	±0.015 mm	电动机功率进给:纵向及横向	1.1 kW
重复定位精度	±0.005 mm	电动机功率进给:垂向	1.4 kW
主轴转速级数	18 级	被加工工件最大质量	320 kg

2.数控铣床的面板及功能

由于数控铣床的生产厂家不同以及数控系统选配上的差异,操作和控制面板的布局也各不相同。

现以 XKA5032A 型数控立式升降台铣床(数控系统为 SINUMERIK802D)配置为例,介绍铣床的操作面板、控制面板及其功能。

(1)MDA 面板。SINUMERIK802D 的系统面板如图 9-32 所示。其主要功能键的用途见表 9-12。

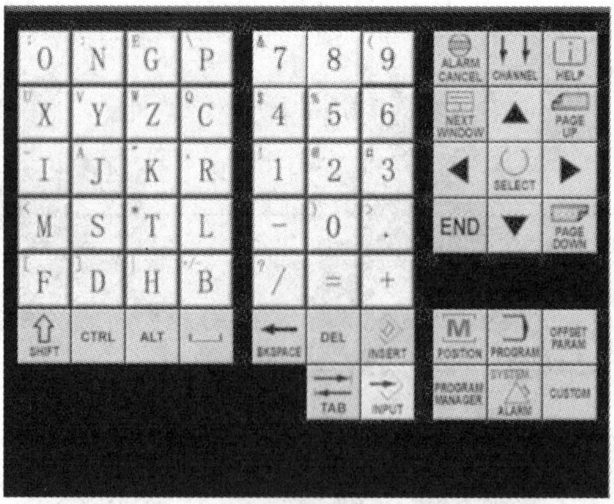

图 9-32　SINUMERIK802D 的系统面板

表 9-12　SINUMERIK802D 的系统面板功能键的用途

按键	功能	按键	功能
ALARM CANCEL	报警应答键	CHANGE	通道转换键
HELP	信息键	NEXT WINDOW	未使用
PAGE UP　PAGE DOWN	翻页键	END	
◀ ▲ ▶ ▼	光标键	SELECT	选择/转换键
POSITION	加工操作区域键	PROGRAM	程序操作区域键
OFFSET PARAM	参数操作区域键	PROGRAM MANAGER	程序管理操作区域键
SYSTEM ALARM	报警/系统操作区域键	CUSTOM	
0	字母键上档键转换对应字符	7	数字键上档键转换对应字符
SHIFT	上档建	CTRL	控制键
ALT	替换键	␣	空格键
BACKSPACE	退格删除键	DEL	删除键
INSERT	插入键	TAB	制表键
INPUT	回车/输入键		

(2)机床操作面板。XKA5032A 数控铣床的操作面板如图 9-33 所示。机床的类型不同,其开关的功能及排列顺序有所差异。操作按(旋)钮的功能见表 9-13。

图 9-33　XKA5032A 数控铣床的操作面板

表 9-13　操作按(旋)钮的功能

按键	功能	按键	功能
	增量选择键		手动
	参考点		自动方式
	单段		MDA
	主轴正转		主轴反转
	主轴停		数控启动
	*Z* 轴点动		*X* 轴点动
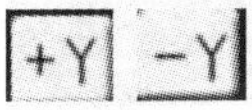	*Y* 轴点动		快进键
	复位键		数控停止
	急停按钮		进给速度修调
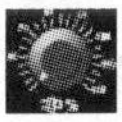	主轴速度修调		

3.数控铣床的操作方法与步骤

以 XKA5032A 型数控立式升降台铣床(数控系统为 SINUMERIK802D)为例,介绍数控铣床的操作方法与步骤。

(1)电源的接通与关断。

①电源接通操作步骤。在确认急停按钮已经按下后,打开机床的总电源开关。此时数控系统和驱动系统均加电并进入系统引导。当机床控制面板上"伺服禁止"按钮上的指示灯亮时,表示系统引导完成。

②电源关断操作步骤。在确认急停按钮已经按下后,关闭机床的总电源开关。

(2)返回参考点。

①按下机床控制面板上的手动键,再按下参考点键,这时显示屏上 X、Y、Z 坐标轴后出现空心圆。

②分别按下+Z、+X、+Y键(为避免工作台上的工件与主轴发生碰撞,应首先选择 Z 轴返回参考点),机床上的坐标轴移动回参考点,同时显示屏上坐标轴后的空心圆变为实心圆。

(3)JOG 运行方式。

①JOG 运行。

a.按下机床控制面板上的手动键。

b.选择进给速度。

c.按下坐标轴方向键,机床在相应的轴上发生运动。只要按住坐标轴键不放,机床就会以设定的速度连续移动。

②快速移动。先按下快进按键,然后再按坐标轴按键,则该轴将产生快速运动。

③增量进给。

a.按下机床控制面板上的增量选择按键,系统处于增量进给运行方式。

b.设定增量倍率。

c.选择坐标轴,坐标轴将向正向或负向移动一个增量值。

(4)MDA 运行方式。

①按下机床控制面板上的 MDA 键,系统进入 MDA 运行方式。

②使用数控系统面板上的字母、数字键输入程序段。例如,点击字母键、数字键,依次输入:G00X0Y0Z0。屏幕上显示输入的数据。

③按数控启动键,系统执行输入的指令。

(5)程序编辑。

①点击程序管理操作区域键。

②点击程序下方的软键。

③显示屏显示零件程序列表。

(6)数据设置。

①进入参数设定窗口。

a.按下系统控制面板上的参数操作区域键,显示屏显示参数设定窗口。

b.点击软键,可以进入对应的菜单进行设置。用户可以在这里设定刀具参数、零点偏置等参数。

②设置刀具参数及刀补参数。

a. 打开刀具补偿设置窗口，该窗口显示所使用的刀具清单。

b. 使用光标键移动光标，将光标定位到需要输入数据的位置。光标所在区域为白色高光显示。如果刀具清单多于一页，可以使用翻页键进行翻页。

c. 点击数控系统面板上的数字键，输入数值。

d. 点击输入键确认。

③设置零点偏置值。

a. 点击“零点偏置”下方的软键。

b. 屏幕上显示可设定零点偏置的情况。

c. 使用光标键移动光标，将光标定位到需要输入数据的位置。光标所在区域为白色高光显示。

d. 点击输入键确认。

(7)自动运行操作。

①进入自动运行方式。

a. 按下系统控制面板上的自动方式键，系统进入自动运行方式。

b. 显示屏上显示自动方式窗口，显示位置、主轴值、刀具值以及当前的程序段。

②选择和启动零件程序。

a. 按下自动方式键。

b. 按下程序管理操作区域键。

c. 使用光标键移动光标，将光标定位到需要执行程序的位置，按右侧“执行”键。

d. 按数控启动键，系统执行程序。

(8)停止、中断加工程序。

①停止：按数控停止键，可以停止正在加工的程序，再按数控启动键，就能恢复被停止的程序。

②中断：按复位键，可以中断程序加工，再按数控启动键，程序将从头开始执行。

三、数控铣床编程实例

例：在数控铣床上加工如图 9-34 所示端盖零件，材料 HT200，毛坯尺寸长×宽×高为 170 mm×110 mm×50 mm。试分析该零件的数控铣削加工工艺、编写加工程序及主要操作步骤。

1. 工艺分析

(1)零件图工艺分析。该零件主要由平面、孔系及外轮廓组成，平面与外轮廓表面粗糙度要求 $R_a=6.3\ \mu m$，可采用粗铣—精铣方案。

(2)确定装夹方案。根据零件的结构特点，加工上表面、$\phi60$ 外圆及其台阶面和孔系时，选用平口虎钳夹紧；铣削外轮廓时，采用一面两孔定位方式，即以底面、$\phi40$ mm H7 和一个 $\phi13$ mm 孔定位。

虎钳夹紧；铣削外轮廓时，采用一面两孔定位方式，即以底面、$\phi40$ mm H7 和一个 $\phi13$ mm 孔定位。

(3)确定加工顺序。按照基面先行、先面后孔、先粗后精的原则确定加工顺序，即粗加工

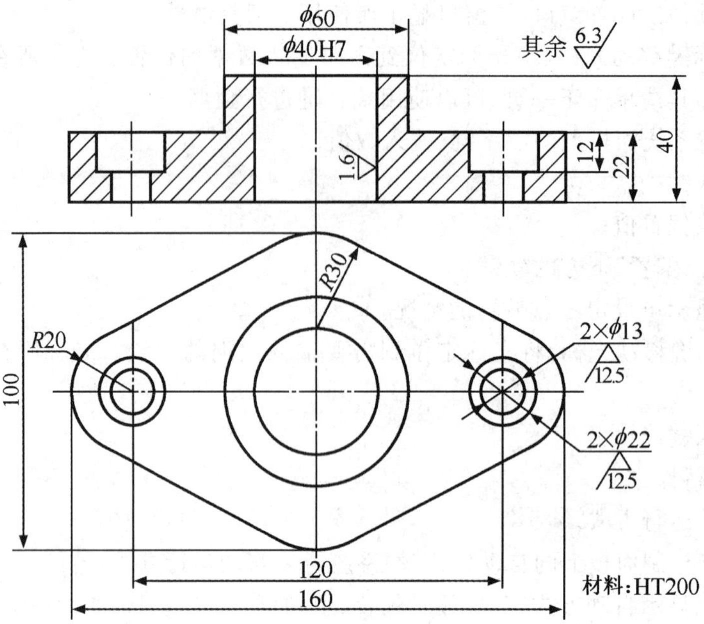

图 9-34　零件图(单位:mm)

定位基准面(底面)→粗、精加工上表面→φ60 mm 外圆及其台阶面→孔系加工→外轮廓铣削→精加工底面并保证尺寸 40 mm。

(4)刀具与铣削用量选择。铣削上下表面、φ60 mm 外圆及其台阶面和外轮廓面时,留 0.5 mm 精铣余量,其余一次走刀完成粗铣。φ60 外圆及其台阶面选用 φ63 硬质合金立铣刀加工;外轮廓加工时,铣刀直径不受轮廓曲率半径限制,但要考虑机床电机功率,选用 φ25 硬质合金立铣刀加工;上下表面铣削应根据侧吃刀量选择端铣刀直径,使铣刀工作时有合理的切入切出角,选用 φ125 硬质合金端面铣刀加工。孔系加工的刀具与切削用量选择参照表 9-14。

表 9-14　刀具与切削用量选择

刀具编号	加工内容	刀具参数	主轴转速 S/(r/min)	进给量 f/(mm/min)	背吃刀量 a_p/mm
01	φ38 钻孔	φ38 钻头	200	40	19
02	φ40H7 粗镗	镗孔刀	600	40	0.8
02	φ40H7 精镗	镗孔刀	500	30	0.2
03	2-φ13 钻孔	φ13 钻头	500	30	6.5
04	2-φ22 锪孔	22×14 锪钻	350	25	4.5

(5)拟定数控铣削加工工序卡片。把零件加工顺序、所采用的刀具和切削用量等参数编入表 9-15 所示的数控加工工序卡片中,以指导编程和加工操作。

表 9-15 数控加工工序卡片

工步号	工步内容	刀具号	刀具规格/mm	主轴转速/(r/min)	进给速度/(mm/min)	背吃刀量/mm	备注
1	粗铣定位基准面(底面)	T01	ϕ125	180	40	4	自动
2	粗铣上表面	T01	ϕ125	180	40	5	自动
3	粗铣下表面	T01	ϕ125	180	25	0.5	自动
4	粗铣 ϕ60 外圆及台阶面	T02	ϕ63	360	40	5	自动
5	精铣 ϕ60 外圆及台阶面	T02	ϕ63	360	25	0.5	自动
6	钻 ϕ40H7 底孔	T03	ϕ38	200	40	19	自动
7	粗镗 ϕ40H7 内孔表面	T04	25×25	600	40	0.8	自动
8	精镗 ϕ40H7 内孔表面	T04	25×25	500	30	0.2	自动
9	钻 2-ϕ13 孔	T05	ϕ13	500	30	6.5	自动
10	2-ϕ22 锪孔	T06	22×14	350	25	4.5	自动
11	粗铣外轮廓	T07	ϕ25	900	40	11	自动
12	精铣外轮廓	T07	ϕ25	900	25	22	自动
13	精铣定位基面至尺寸 40	T01	ϕ125	180	25	0.2	自动

2. 加工程序及主要操作步骤

ϕ40 mm 圆的圆心处为工件编程 X、Y 轴原点坐标，Z 轴原点坐标在工件上表面。主要操作步骤与加工程序如下：

(1)粗铣定位基准面(底面)，采用平口钳装夹，在 MDI 方式下，用 ϕ125 平面端铣刀，主轴转速 180 r/min，起刀点坐标(150，0，−4)，指令为：G1X-150Y0F40M3

(2)粗铣上表面，起刀点坐标(150，0，−5)，其余同(1)。

(3)精铣上表面，起刀点坐标(150，0，−0.5)，进给速度为 25 mm/min，其余同(1)。

(4)粗铣 ϕ60 外圆及其台阶面，在自动方式下，用 ϕ63 mm 平面端铣刀，主轴转速为 360 r/min，零件粗加工程序见表 9-16。

表 9-16 零件粗加工程序

程 序	程 序
N100G71G54G0G17G40G90T2D1；	N110X62Y0CR=62；
N101G0X30Y-85M3S360；	N111G1Y85；
N102X62；	N112G0Z10；
N103R1=4.375R2=4；	N113Y-85；
N104Z2；	N114Z-2.375；
N105JK1：G1Z=R1F40；	N115R1=R1-4.375R2=R2-1；
N106Y0；	N116IFR2>0GOTOBJK1；
N107G3X0Y62CR=62；	N117M5；
N108X-62Y0CR=62；	N118M30；
N109X0Y-62CR=62；	

(5)粗铣 ϕ60 外圆及其台阶面，零件精加工程序见表 9-17。

表 9-17　零件精加工程序

程 序	程 序
N100G71G54G0G17G40G90T2D2；	N107X-61.5Y0CR＝61.5；
N101G0X30Y-85M3S360；	N108X0Y-61.5CR＝61.5；
N102X61.5；	N109X61.5Y0CR＝61.5；
N103Z2；	N110G1Y85；
N104G1Z-18F25；	N111G0Z10；
N105Y0；	N112M5；
N106G3X0Y61.5CR＝61.5；	N113M30；

(6)钻 ϕ40H7 底孔，在 MDI 方式下，用 ϕ38 mm 的钻头，主轴转速为 200 r/min，孔坐标为 X0Y0，指令为：CYCLE83(2,0,1,45,15,5,2,0,1,0)。

(7)粗镗 ϕ40H7 内孔表面，使用刀杆尺寸为 25 mm×25 mm 的镗刀，主轴转速为 600 r/min，指令为：CYCLE86(2,0,1,45,2,3,－1,－1,1,0)。

(8)精镗 ϕ40H7 内孔表面，主轴转速为 500 r/min，指令同(7)。

(9)钻 2-ϕ13 螺孔，在 MDI 方式下，用 ϕ13 mm 的钻头，主轴转速为 500 r/min，孔坐标为 X60Y0 和 X－60Y0，指令为：CYCLE83(2,0,1,45,15,5,2,0,1,0)。

(10)2-ϕ22 锪孔，在 MDI 方式下，用 ϕ22 mm×14 mm 的锪钻，主轴转速为 350 r/min，孔坐标为 X60Y0 和 X－60Y0，指令为：CYCLE83(2,0,1,30,15,5,2,0,1,0)。

(11)粗/精铣外轮廓，在自动方式下，用 ϕ25 mm 的平面立铣刀，主轴转速为 900 r/min，粗铣外轮廓加工程序见表 9-18。精铣外轮廓时，Z 轴方向不分层，一次铣削到位。

表 9-18　粗铣外轮廓加工程序

程 序	程 序
N100G71G54G0G17G40G90T7D1；	N111X19.738Y57.864CR＝42.7；
N101M3S900；	N112G1X75.116Y28.997；
N102G0X-19.738Y-57.864；	N113G2X92.7Y0CR＝32.7；
N103R1＝-29R2＝2；	N114X75.116Y-28.997CR＝32.7；
N104G1Z-16F40；	N115G1X19.738Y-57.864；
N105JK1：G1Z＝R1F40；	N116G2X0Y-62.7CR＝42.7；
N106X-75.116Y-28.997；	N117X-19.738Y-57.864CR＝42.7；
N107G2X-92.7Y0CR＝32.7；	N118R1＝R1-11R2＝R2-1；
N108X-75.116Y28.997CR＝32.7；	N119IFR2＞0GOTOBJK1；
N109G1X-19.738Y57.864；	N120M5；
N110G2X0Y62.7CR＝42.7；	N121M30；

【习题】

简述数控铣床的组成及各部分功能。

任务七 加工中心

【相关知识】

加工中心概述

加工中心(machining center,MC),是由机械设备与数控系统组成的适用于加工复杂工件的高效率自动化机床。

加工中心是从数控铣床发展而来的。与数控铣床相同的是,加工中心同样是由计算机系统(CNC)、伺服系统、机械本体、液压系统等各部分组成。但加工中心又不等同于数控铣床,加工中心与数控铣床的最大区别在于加工中心具有自动交换加工刀具的能力。通过在刀库上安装不同用途的刀具,可在一次装夹中通过换刀装置改变主轴上的加工刀具,实现钻、镗、铰、攻螺纹、切槽等多种加工功能。

加工中心从其外观上可分为以下 5 种类型:

1. 立式加工中心

立式加工中心,如图 9-35 所示,主轴垂直于工作台,主要适用于加工板材类、壳体类工件,也可加工模具。

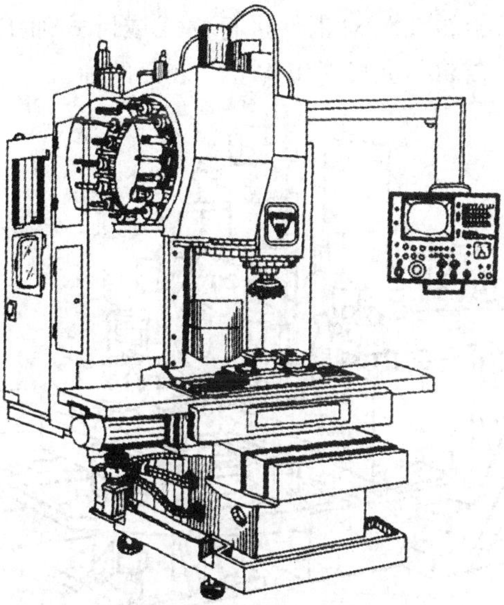

图 9-35 立式加工中心

2. 卧式加工中心

卧式加工中心,如图 9-36 所示,主轴轴线与工作台平面方向平行。它的工作台大多为可分度的回转台或由伺服电动机控制的数控回转台。在工件一次装夹中,通过工作台旋转可实现多个加工面加工。如果转台为数控回转台,还可参与机床各坐标轴联动实现螺旋线

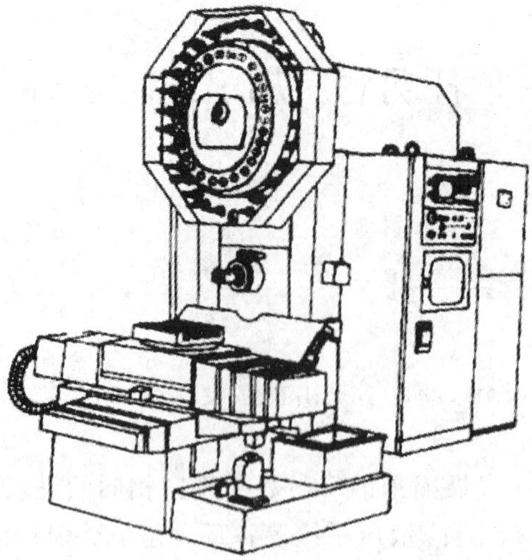

图 9-36　卧式加工中心

加工。卧式加工中心主要适用于箱体类工件的加工。它是加工中心中种类最多、规格最全、应用范围最广的一种。

3. 五轴加工中心

五轴加工中心，如图 9-37 所示，具有立式加工中心和卧式加工中心的功能。工件一次安装后，五轴加工中心能完成除安装面以外的其余五个面的加工。常见的五轴加工中心有两种形式：一种是主轴可以旋转 90°，对工件进行立式或卧式加工；另一种是主轴不改变方向，而由工作台带着工件旋转 90°，完成对工件五个表面的加工。

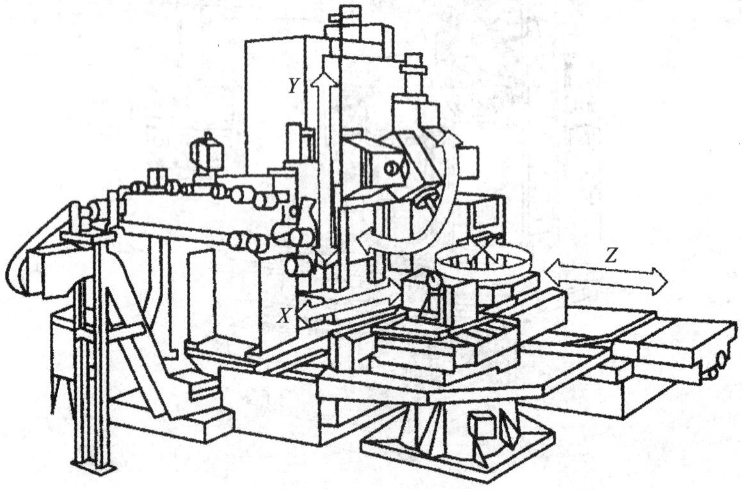

图 9-37　五轴加工中心

4. 虚轴加工中心

虚轴加工中心，如图 9-38 所示，改变了以往传统机床的结构，通过连杆的运动，实现主轴多自由度的运动，完成对工件复杂曲面的加工。

5. 龙门加工中心

龙门加工中心，如图 9-39 所示，是指在数控龙门铣床基础上加装刀库和换刀机械手，以实现自动刀具交换，达到比数控龙门铣床更广泛的应用范围。

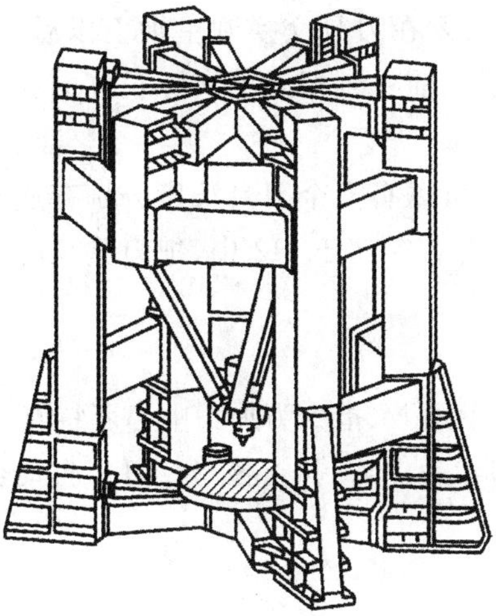

图 9-38　虚轴加工中心

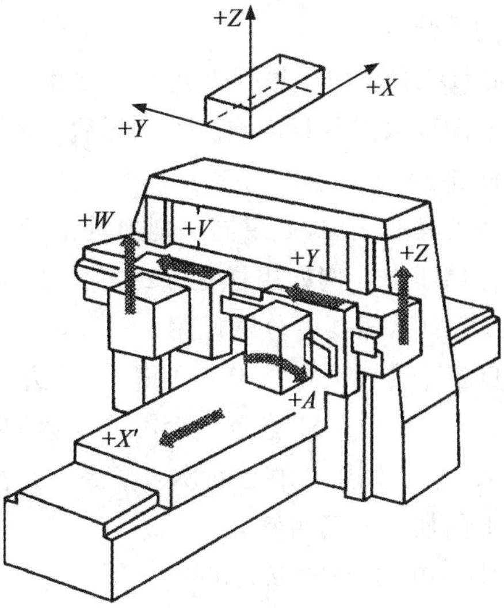

图 9-39　龙门加工中心

【工作过程】

一、工作课时

要求本单元理论课时和实训课时为 2 课时。

二、加工中心的编程

1. 常用 G 代码、M 代码

前面几章对绝大部分 G 代码、M 代码已经加以说明。这里只简要介绍与加工中心有关的代码。

(1)G30 返回第二、三、四参考点。加工中心第一参考点一般为机床各坐标机械零点，而机床通常还设有第二、三、四参考点，用于机床换刀、拖板交换等。

机床第二、三、四参考点的实际位置，是在机床安装调试时实际测量，由机床参数设定的，它实际上是与第一参考点之间的一个固定距离。

G30 指令形式如下：G30　P2(P3、P4)　X_Y_Z_ ；

该指令用法与 G28 指令基本相同，只是它返回的不是机床零点。其中 P2 指第二参考点，P3、P4 指第三、四参考点。如果只有一项坐标返回第二参考点(第三、四参考点)，其余坐标指令可以省略。

在机床接通电源后，必须进行一次返回第一参考点后(建立机床坐标系)才能执行 G30 指令。

(2)T 功能。T 在加工中心程序中代表刀具号。如 T2 表示第二把刀具号。也有的加工中心刀具在刀库中随机放置，由计算机记忆刀具实际存放的位置。

(3)F、S、H/D 功能。F、S 功能与数控铣床大体相同，主要用于机床主轴转速和各坐标切削的进给量。

H/D 功能：由于每把刀具的长度和半径各不相同，需要在刀具交换到主轴上以后，通过指令自动读取刀具长度，在 H 代码后面加两位数字表示当前主轴刀具的实际长度储存于相应存储器中。

在刀具使用中，如果同一把刀具由于使用方法不同，可以有多个刀具长度分别存储于不同的存储器中。例如用样是 T2 这把刀，可以把刀具长度 1 存储于 H2 中，把刀具长度 2 存储于 H20 中，需要时分别调用。

D 指令为读取刀具半径数据，其用法与 H 指令相同。

(4)M 指令。M 指令绝大部分与数控铣床相同，仅个别 M 指令为加工中心所特有。

M6 指令是加工中心的换刀指令。在机床到达换刀参考点后，执行该指令可以自动更换主轴上的加工刀具。例如：

N10G00G91G30Y0Z0T2；

N20G00G28X0M6；

N10 程序段为机床 Y、Z 坐标返回第二参考点(换刀点)，同时刀库运动到指定位，将 T2 从刀库抓到机械手中。N20 程序为机床 X 坐标返回第一参考点，X 返回第一参考点是为换刀时躲开加工工件，以免发生干涉。X 坐标到位后，将机械手上刀具与主轴上刀具进行对调，使主轴装上 T2，继续进行加工，再将从主轴卸下的刀具装到刀库中相应位置。

有些 M 指令是机床制造厂家自行规定含义，作为特殊功能使用的。

2. 固定循环指令

加工中心上应用的固定循环和宏程序，与数控铣床的使用方法基本相同。

在使用固定循环编程时，不同的数控系统所需要给定的参数有所不同，可根据系统操作说明书使用。

3. 子程序

加工中心子程序的使用非常灵活，它可以大量压缩程序篇幅，减少程序占用的内存使程序变得简单明了。同时也可以把一些特殊功能编写成子程序，如换刀子程序、拖板交换子程序、加工程序工件零点自动换算子程序等，需要时只需简单调用。

三、XH714/6 立式铣削加工中心操作

1. 开机操作

(1)打开机床电箱上的总电源控制开关(钥匙开关)；

(2)合上总电源开关(空气开关)，这时电箱上的“Power On”指示灯亮，表示电源接通；

(3)确认“急停”按钮为急停状态，按下操纵台右侧绿色开启按钮，这时 CNC 通电显示器亮，系统启动，屏幕进入图形用户界面；

(4)合上外部设备空气压缩机电源开关，空压机启动送气到规定压力；

(5)释放“急停”按钮，按下操作面板左侧“复位”按键，再按“报警应答”键，机床就处于准备工作状态。

2. 机床回零操作

(1)按手动→回参考点；

(2)以上操作，激活系统，并以LED显示；

(3)按复位→主轴启动→进给启动；

(4)选择轴选择键Z；

(5)选择方向选择键＋(正方向回参考点)；

(6)主轴向上移动回参考点，屏幕显示Z 0.000；

(7)同样方法，改变“轴选择键”，选择X或Y或4 (4为主轴号)；

(8)选择方向选择键＋；

(9)工作台 X 轴、Y 轴及主轴回到参考点。

3. 零点偏置设置操作

在用户图形界面水平方向软键菜单栏中，选择“零点偏置”软键，以G54为例，其设置过程如下：

G17XY平面；

G54零偏；

输入X-×××××按确认；

输入Y-×××××按确认；

输入Z-×××××按确认；

按垂直方向软键菜单栏中“改变有效”软键，这样就确定了工件坐标系零点在机床坐标系中的位置。

4. 刀库装刀操作

(1)按 MDA方式，激活LED显示，通过MDI面板手工输入程序段：

T × M06/选择空刀座，其中“×”为空刀座号/

L221 /换刀子程序(L221为换刀专用程序)/

换刀完成后，主轴上无刀。

(2)刀库复位后，按 jog手动方式，按刀具放松→手工装刀→刀具夹紧。

(3)装第二把刀，重复(1)，即选择第二个空刀座；依次执行，将刀库装满。

(4)所有空刀座装刀完成后，调任一把刀，即主轴上总是存在一把刀具。

(5)装刀注意事项：

①刀具柄拉钉必须上紧，刀具装夹正确、牢靠，刀柄、夹头必须清洁干净，无杂物和灰尘。

②装刀前必须对刀库进行检查、诊断，步骤如下：

a. 在面板中，按区域转换键，LED显示；

b. 在水平方向软键菜单栏中，选择“诊断”软键，屏幕显示如下PLC状态；

MW4(主轴)　×；

MW2(刀库)　×。

c. 检查其值是否对应一致，并相应检查刀库刀号、主轴刀号和 PLC 状态值是否对应一致。

5. 程序及数据管理

(1)程序输入，模拟运行。

①按区域转换键。

②在水平方向选择软键菜单栏中，选择“程序”软键。

③在垂直方向选择软键菜单栏中，选择“新的”软键。

④按光标提示“输入文件名×××”，按确认，. MPF 为主程序扩展名；. SPF 为子程序扩展名。

⑤在垂直方向软键菜单栏中，选择“确认”软键，进入编程器进行手工编程。

⑥程序编辑完毕后的模拟操作：在水平方向软键菜单栏中，选择“模拟”软键，进入模拟操作界面，进行数据调整和模拟运行。

(2)刀具补偿设置操作。

①按区域转换键。

②在水平方向软键菜单栏中，选择“参数”软键，进入刀具偏置界面。

③在垂直方向软键菜单栏中，选择“刀号”软键。

④在水平方向软键菜单栏中，选择“刀具补偿”。

⑤在光标的提示下，对每把刀具的刀具半径补偿及长度补偿数据值进行设置，按“确认”。

⑥最后在水平方向软键菜单栏中，选择“确认”软键，设定完参数。

(3)程序装载及程序调用。

①程序装载。选择所用的程序，在使用前必须进行装载，方能进行自动加工，其操作如下：

a. 按区域转换键。

b. 在水平方向软键菜单栏中，选择“工件程序”软键，在程序概览界面中移动箭头选择程序。

c. 在垂直方向软键菜单栏中，选择“装载”软键，装载完毕后选择“确认”。

d. 按以上过程，也可以进行程序“卸载”。

②程序调用，其操作如下：

a. 按区域转换键。

b. 在水平方向软键菜单栏中，选择“程序”软键，选择“工件”软键，选择程序名×××(. MPF)主程序，或×××(. SPF)子程序。

c. 在垂直方向软键菜单栏中，选择“选择”软键。

d. 按M返回加工区域。

③程序管理，其操作如下：

a. 按区域转换键。

b. 在水平方向软键菜单栏中，选择“程序”软键。

c. 在垂直方向软键菜单栏中，选择“程序管理”软键，进入程序管理操作界面。选择相应软键,可以对程序进行“编辑”“拷贝”“删除”“插入”“更名”等操作。

6. 刀具长度补偿值的确定

加工中心上使用的刀具很多,每把刀具的实际位置与编程的规定位置都不相同,这些差值就是刀具的长度补偿值,在加工时要分别进行设置,并记录在刀具明细表中,以供机床操作人员使用。

7. 关机操作

(1)在确认程序运行完毕后,机床已停止运动;手动使主轴和工作台停在中间位置,避免发生碰撞。

(2)关闭空压机等外部设备电源,空气压缩机等外部设备停止运行。

(3)按下操作面板上的“急停”按钮。

(4)按下操作面板箱右侧的 Power Off 红色按钮,这时 CNC 断电。

(5)关掉机床电箱上的空气开关,机床总电源关闭。

(6)锁上总电源的启动控制开关(钥匙)。

(7)关闭总电源。

四、加工中心加工实例

如图 9-40 所示零件,其参考程序如下:

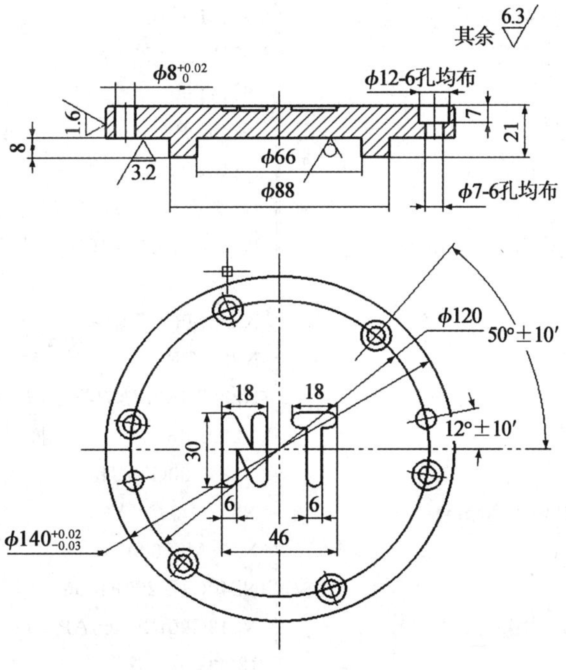

图 9-40 零件图

1. 参考主程序 O0004(表 9-19)

表 9-19 主程序

程序及说明	程序及说明
N102T6M6 换刀指令(ϕ12 立铣刀)	N178G90G54G40
N104LL6 换刀子程序	N180G111X0Y0 钻孔
N106;GOTOF	N182M3S500 主轴运转
N108G90G40G54	N184G1Z-300F1000 下刀
N110G1Z-350F1000	N186G90RP=60AP=12 第 1 个孔,半径 60mm,12°角
N112G1G41T6D1X90Y90F1500 至起刀点,刀具左偏置	N188G1Z-370.7F500 下刀至安全高度
N114M3S600 主轴运转	N190L901 打中心孔子程序
N116Z-382 下刀	N192AP=50 第 2 孔,ϕ12,ϕ7-6 孔第 1 孔
N118G1Z-397F500 Z 向进刀	N194L901
N120X0Y70F100 切入工件	N196AP=50 第 3 孔,110°
N122G3I0J-70 加工 ϕ140 外圆	N198L901
N124G1X-20 沿切线切出	N200AP=170 第 4 孔,170°
N126G1Z-350F1000 提刀	N202L901
N128G40 取消刀具补偿	N204AP=192 第 5 孔,ϕ8 第二孔
N130G1X0Y0F1500 回工件坐标系零点	N206L901
N132M5 主轴停	N208AP=230 第 6 孔
N134T4M6 换刀指令(ϕ12 立铣刀)	N210L901
N136LL6 换刀子程序	N212AP=290 第 7 孔
N138G1Z-350F1500	N214L901
N140M3S600 主轴运转	N216AP=350 第 8 孔
N142G1X-20Y-20F500 刻字开始,对刀	N218L901
N144G1Z-395F200 下刀	N220G40 取消刀具补偿
N146Z-397F50 Z 向进刀切入 2 mm	N222G1Z-300F1000 提刀
N148Y12F60	N224X0Y0
N150X-8Y-12	N226M5 主轴停
N152Y12 N 字刻字完成	N228;PP:
N154Z-385F1600 提刀	N230T9M6 换刀指令(ϕ7 麻花钻)
N156X8Y12 T 字对刀	N232LL6 换刀子程序
N158G1Z-395F200 下刀	N234G90G54G40
N160Z-397F50 进刀切入 2 mm	N236G111X0Y0
N162X20F200	N238M3S600
N164X14	N240G1Z-200F1000 下刀
N166Y-12 T 字刻字完成	N242G90RP=60AP=12 第 1 个孔,半径 60 mm,12°角
N168Z-350F1500 提刀	N244G1Z-300F500 至安全高度
N170X0Y0	N246L902 钻孔子程序
N172M5 主轴停	N248AP=50 第 2 孔
N174T10M6 换刀(A2 中心钻)	N250L902
N176LL6 换刀子程序	

续表 9-19

程序及说明	程序及说明
N252AP=110　　第 3 孔	N308L903
N254L902	N310AP=230
N256AP=170　　第 4 孔	N312L903
N258L902	N314AP=290
N260AP=192　　第 5 孔	N316L903
N262L902	N318AP=350
N264AP=230　　第 6 孔	N320L903
N266L902	N322G40
N648AP=290　　第 7 孔	N324G1Z-300F1000　　提刀
N270L902	N326X0Y0
N272AP=350　　第 8 孔	N328M5
N274L902	N330T5M6　　换刀指令(ϕ8 铰刀)
N276G40	N332LL6　　换刀子程序
N278G1Z-300F1000　　提刀	N334G90G54G40
N280G0X0Y0	N336G111X0Y0
N282M5　　主轴停	N338M03S600
N284T7M6　　换刀指令(ϕ12 键铣刀)	N340G1Z-200F1000　下刀
N286LL6　　换刀子程序	N342G90RP=60AP=12　第 1 孔
N288G90G54G40	N344G1Z-300F150　　安全高度
N290G11X0Y0	N346L904　　铰孔子程序
N292M3S500　　主轴运转	N348AP=192　　第 2 孔
N294G1Z-350F1000	N350L904
N296G90RP=60AP=50　　第 1 孔	N352G40
N298G1Z-370F500　　安全高度	N354G1Z-200F1000　　提刀
N300L903　　锪孔子程序	N356X0Y0
N302AP=110	N358M5　　主轴停
N304L903	N360G500　　零点取消
N306AP=170	N362M30　　程序结束

2. 换刀子程序 LL6(LL6 为换刀专用子程序名)(表 9-20)

表 9-20　换刀子程序 LL6

程序及说明	程序及说明
N100G01Z-129.20F4000 主轴准停位置(不允许修改)	N106G4F.5 暂停 0.5 秒
N101SPOS=284.139 主轴准停位置(不允许修改)	N107G01Z-129.20F4000 下降至准停位置
N102M28 刀库进入	N108M10 刀具夹紧
N103M11 刀具放松	N109M29 刀库退出
N104G01Z0F2000 主轴回零	N110G4F2.5 暂停 2.5 秒
N105M32 刀库转动寻找换刀位(PLC 处理)	RET 子程序返回

3. 钻中心孔子程序 L901(表 9-21)

表 9-21 钻中心孔子程序 L901

程序及说明	
N101G91G1Z-5F100	相对坐标编程
N102Z-8F50	钻孔
N103Z13F1000	提刀
N104G90	绝对坐标
RET	子程序返回

4. ϕ7 钻孔子程序 L902(表 9-22)

表 9-22 ϕ7 钻孔子程序 L902

程序及说明	
N101G91G1Z-18F200	相对坐标编程
N102Z-20F50	钻孔
N103Z38F1000	提刀
N104G90	绝对坐标
RET	子程序返回

5. ϕ12 键锪孔子程序 L903(表 9-23)

表 9-23 ϕ12 键锪孔子程序 L903

程序及说明	
N101G91G1Z-18F200	相对坐标编程
N102Z-7F50	锪孔孔深 7 mm
N103Z25F1000	提刀
N104G90	绝对坐标
RET	子程序返回

6. ϕ8 铰刀铰孔子程序 L904(表 9-24)

表 9-24 ϕ8 铰刀铰孔子程序 L904

程序及说明	
N101G91G1Z-18F200	相对坐标编程
N102Z-20F50	铰孔
N103Z38F1000	提刀
N104G90	绝对坐标
RET	子程序返回

【习题】

1. 试述加工中心的主要特点及用途。
2. 加工中心的常见类型有哪些?
3. 解释右边给出的程序段中地址的含义:N10G02X10.0Y30.0A20Fl5。

任务八 数控电火花线切割机床

【相关知识】

一、数控电火花线切割机床概述

电火花线切割机床(wire cut electrical discharge machining,WCEDM)是在电火花加工基础上于 50 年代末在苏联发展起来的一种新工艺,由于其加工过程是利用线状电极火花放电对工件进行切割,故称电火花线切割。

1. 数控电火花线切割机床的分类

电火花线切割机床的分类有多种方法,可按照走丝速度、控制方式、脉冲电源种类、加工特点等方法分类。

(1)按走丝速度分,有高速走丝和低速走丝两种。高速走丝电火花线切割机床(WEDM-

HS)的电极丝作高速往复运动，一般走丝速度为 6～11 m/s，这是我国生产和使用的主要机种，也是我国独创的电火花线切割加工模式；低速走丝电火花线切割机床(WEDM-LS)的电极丝作低速单向运动，一般走丝速度低于 2.5 m/s，这是国外生产和使用的主要机种。

(2)按控制方式分，有靠模仿形控制、光电跟踪控制、数字程序控制以及微机控制等，前两种方法现已很少采用。

(3)按脉冲电源形式分，有 RC 电源、晶体管电源、分组脉冲电源以及自适应控制电源等，RC 电源现已基本不用。

(4)按加工特点分，有大、中、小型以及普通直壁切割型与锥度切割型，还有切割上下异形的线切割机床等。

2. 数控电火花线切割机床的结构

各种线切割机床的结构大同小异，大致可分为机床本体、脉冲电源和数控装置三大部分，如图 9-41 所示。

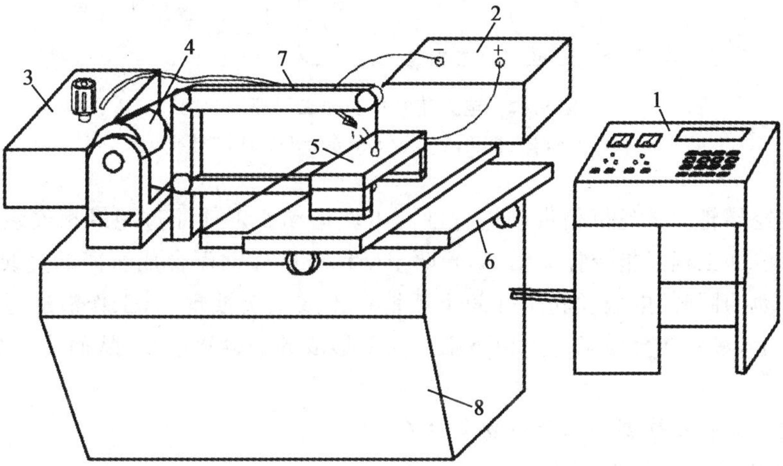

图 9-41　线切割机床的结构

1-数控装置；2-脉冲电源；3-工作液箱；4-走丝机构；5-工件；6-坐标工作台；7-线架；8-床身

(1)机床本体。机床本体由床身、坐标工作台、走丝机构、线架、工作液系统等几部分组成。

①床身。材料一般为铸铁，是坐标工作台、走丝机构及线架的支承和固定基础。

②坐标工作台。用于安装并带动工件在工作台平面内作 X、Y 两个方向的移动。工作台分上下两层，分别与 X、Y 向丝杠相连，由两个步进电机分别驱动。步进电机每接收到计算机发出的一个脉冲信号，其输出轴就旋转一个步距角，通过一对齿轮变速带动丝杠转动，从而使工作台在相应的方向上移动 0.01 mm。

③走丝机构。走丝机构电动机通过联轴带带动贮丝筒交替作正、反向转动，钼丝整齐地排列在贮丝筒上，并经过丝架作往复高速移动(线速度为 9 m/s 左右)。

④工作液系统。由工作液、工作液箱、工作液泵和循环导管组成。工作液起绝缘、排屑、冷却的作用。每次脉冲放电后，工件与钼丝之间必须迅速恢复绝缘状态，否则脉冲放电就会转变为稳定持续的电弧放电，影响加工质量。在加工过程中，工作液可把加工过程中产生的金属颗粒迅速从电极之间冲走，使加工顺利进行。工作液还可冷却受热的电极和工件，防止

工件变形。

(2)脉冲电源。脉冲电源又称高频电源,其作用是把普通的 50 Hz 交流电转换成高频率的单向脉冲电压。加工时,钼丝接脉冲电源负极,工件接正极。

(3)数控装置。数控装置的主要作用是在电火花线切割加工过程中,按加工要求自动控制电极丝相对工件的运动轨迹和进给速度,来实现对工件的形状和尺寸加工。

3.数控电火花线切割的工作原理

电火花线切割的加工过程是利用一根移动着的金属丝(钼丝、钨丝或铜丝等)作工具电极,在金属丝与工件间通以脉冲电流,使之产生脉冲放电而进行切割加工的。其加工原理示意图如图 9-42 所示。

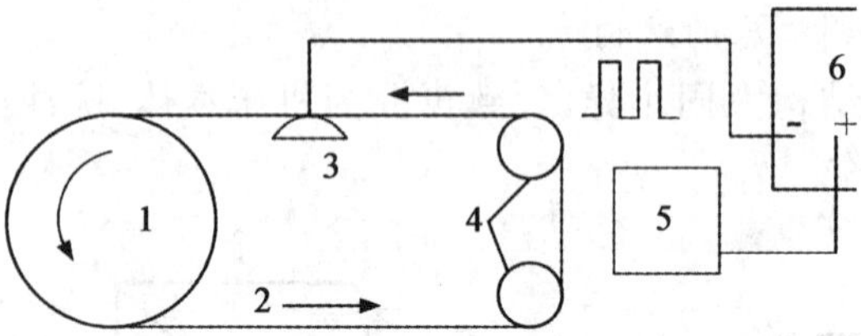

图 9-42　电火花线切割加工原理示意图

1-贮丝桶;2-电极丝;3-导电块;4-导轮;5-工件;6-脉冲电源

电极丝经导轮由走丝机构带动进行轴向走丝运动。工件通过绝缘板安装在工作台上,由数控装置按加工程序指令控制沿 X、Y 两个坐标方向移动而合成所需的直线、圆弧等平面轨迹。在移动的同时,电极丝和工件间不断地产生放电腐蚀现象,工作液通过喷嘴注入,将电蚀产物带走,最后在金属工件上留下细丝切割形成的细缝轨迹线,从而达到金属分离的加工目的。

4.数控电火花线切割加工的特点与用途

(1)电火花线切割加工的特点。

①工件必须是导电材料。

②材料的去除是靠放电时的热能作用来实现的。

③工具电极和工件之间不直接接触,几乎没有切削力,所以加工的材料可以选用高硬度的材料(一般加工工件都可在淬火后进行)。

④加工对象主要是平面形状,当机床上加上能使电极丝作相应倾斜运动的功能后,也可以加工锥面。但是不能加工盲孔。

⑤自动化程度高、操作方便,易于实现自动化。

⑥不需要制造成型电极,用简单的电极丝即可对工件进行加工。

(2)电火花线切割加工的用途。

①加工模具。适用于各种形状的冲模。调整不同的间隙补偿量,只需一次编程就可以切割凸模、凸模固定板、凹模及卸料板等。模具配合间隙、加工精度通常都能达到要求。此外,还可加工挤压模、粉末冶金模等通常带锥度的模具。

②加工电火花成型机加工用的电极。一般穿孔加工用的电极以及带锥度型腔加工用的电极,以及铜钨、银钨合金之类的电极材料,用线切割加工特别经济,同时也适用于加工微细复杂形状的电极。

(3)加工高硬度材料。由于线切割主要是利用热能进行加工，在切割过程中工件与工具没有相互接触，没有相互作用力，所以可以加工一些高硬度材料，只要被加工的金属材料熔点在 5 000℃以下就可以。

(4)加工贵重金属。线切割是通过线状电极的“切割”完成加工过程的，而常用的线状电极的直径很小(通常在 0.13～0.18 mm)，所以切割的缝隙也很小，这便于节约材料，因此可以用来加工一些贵重金属材料。

二、数控电火花线切割机床编程基础

数控线切割编程分为手工编程和自动编程。格式有 3B、4B、5B、ISO 和 EIA 等，使用最多的是 3B 格式，目前也有许多系统直接采用 ISO 代码格式。

1. 3B 格式程序

(1)3B 程序编程规则。3B 代码编程是数控电火花线切割机床用的最常见的程序格式，每一行的格式为：

BJX　BJY　BJ　G　Zn

格式中各代码的含义：

①B 为分隔符，表示一条程序段的开始，并将 X、Y 等计数长度分隔开，相当于表格中的制表线。

②JX 、JY 分别为 X、Y 轴方向上的坐标计数。

③J 为主计数轴的计数长度。它等于加工线段在主计数轴上的投影长度。

④G 为主计数轴的设定，有 GX、GY 两种设定。GX 表示 X 轴为主要计数轴，GY 表示 Y 轴为主要计数轴。

⑤Zn 为加工指令，用于决定控制台是按直线还是按圆弧进行插补加工，并含有加工方向等信息。有 L1、L2、L3、L4、SR1、SR2、SR3、SR4、NR1、NR2、NR3、NR4 共 12 种指令。

(2)编程坐标系的建立。尽管对 3B 格式程序来说，程序中的数据与坐标原点所处的位置无关，但其总的坐标轴方向应该是确定不变的；否则，将无法放置到机床上。而且，建立一个原点固定的编程坐标系，对编程计算是非常方便的。通常这个坐标系原点应定在图纸尺寸标注的相对基准点上。坐标轴的方向应根据安装到机床上的预定方向来决定。

(3)基本坐标计数的确定。对于直线段，应先将坐标原点假想地移到该线段的起点上，求得线段终点在该假想坐标系中的坐标值(X,Y)。

①直线。经假想平移后，与坐标轴重合的直线段，即图形中与原始 X、Y 坐标轴方向平行的直线段。无论该线平行于哪根轴，都按：JX＝JY＝0 来设定。

②斜线。指图形中与 X、Y 坐标轴方向夹角都不为零的直线段。此时，计数长度等于该线在对应坐标轴上的投影长度，即：JX = $|X|$，JY = $|Y|$。

③圆弧段。先将坐标原点假想地移到该圆弧的圆心上，计数长度由起点坐标决定。若圆弧起点与终点在该坐标系中的坐标分别为(X_1,Y_1)和(X_2,Y_2)，则：JX＝$|X_1|$，JY＝$|Y_1|$。

(4)主计数轴与主计数长度 J 的确定。

①直线段。先假设将坐标系原点移到该线段的起点上，再看线段终点所处的位置。如图 9-43(a)所示，以 45°的线分界，在阴影区内时，主计数轴为 GX；在非阴影区内时，主计数轴

为 GY。亦即在假想坐标系里终点坐标 X 和 Y 的绝对值中哪个大，则哪个轴即为主计数轴。当终点刚好在 45°线上时，从理论上讲，应该是在插补运算加工过程中最后一步走的是哪个轴，就取该轴作主计数轴。因此，1、3 象限取 GY，2、4 象限取 GX。

主计数长度即为主计数轴的计数长度，如图 9-44(a)所示。

a. 直线。主计数长度即为该线长度。

b. 斜线。若 JX>JY 时，记为 GX，J=JX；JY>JX 时，记为 GY，J=JY。

②圆弧。同样将坐标原点假想地移到该圆弧的圆心上，看圆弧终点所处的位置。按图 9-43(b)所示以 45°线分界，在阴影区内时，主计数轴为 GX；在非阴影区内时，主计数轴为 GY。主计数长度计算方法如图 9-44(b)所示。

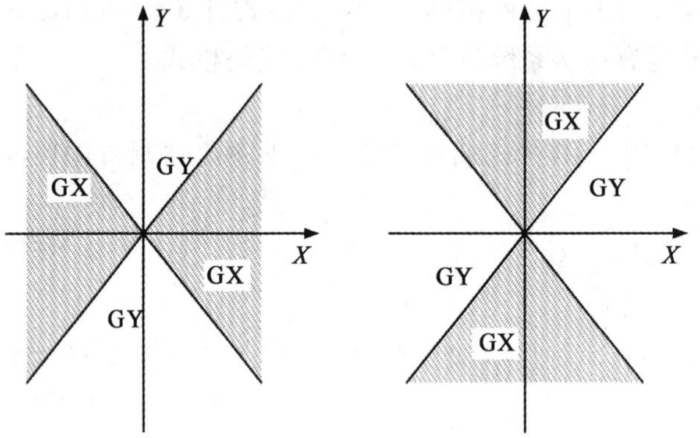

(a)直线时　　(b)圆弧时

图 9-43　主计数轴的确定

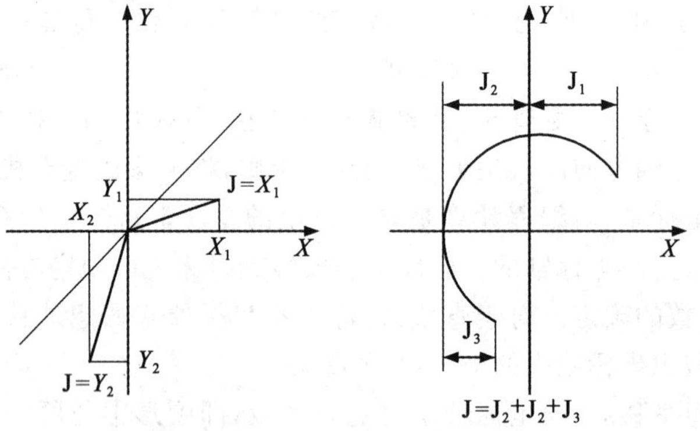

(a)直线时　　(b)圆弧时

图 9-44　计数长度的确定

(5)加工指令 Zn。同样，直线时，将坐标原点移到线段起点上；圆弧时，将坐标原点移到圆心上。加工指令的确定方法如图 9-45 所示。

①直线和斜线段加工指令。根据直线终点所处的象限有 L_1、L_2、L_3、L_4 四种指令。

②圆弧段加工指令。根据从起点到终点的圆弧加工走向有顺圆和逆圆之分。

a. 顺圆。根据圆弧起点所处的象限有 SR1、SR2、SR3、SR4 四种指令。

b.逆圆。根据圆弧起点所处的象限有 NR1、NR2、NR3、NR4 四种指令。

编程时，应将工件加工图形分解成各圆弧与各直线段，然后逐段编写程序。由于大多数机床通常都只具有直线和圆弧插补运算的功能，所以对于非圆曲线段，应采用数学的方法，将非圆曲线用一段一段的直线或小段圆弧去逼近。

程序书写格式如下：

对于直线，其格式通常是：BBBJGZn。

对于斜线与圆弧，其格式通常是：BJXBJYBJGZn。

但对于斜线段，若 JX、JY 具有公约数，则允许把它们同时缩小相同的量级，只要保持其比值不变即可。

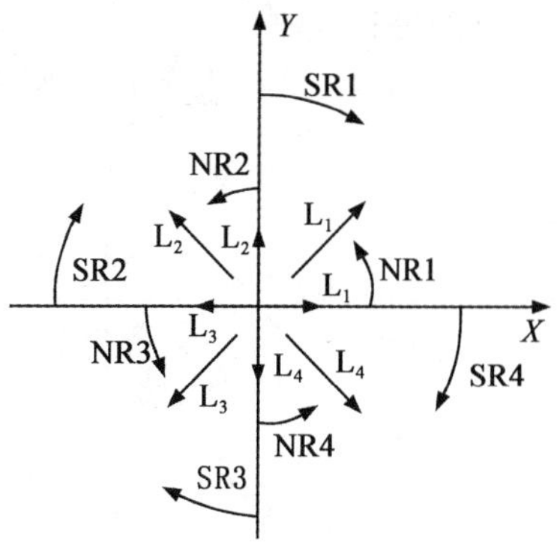

图 9-45 加工指令的确定

此外，还应注意的是：实际编程时，通常不按零件轮廓线编程，而应按加工切割时电极丝中心所走的轨迹进行编程，即还应该考虑电极丝的半径和工件间的放电间隙。但对有间隙补偿功能的线切割机床，可直接按工件图形编程，其间隙补偿量可在加工时置入。

2. ISO 格式程序编制

线切割加工所采用的国际通用 ISO 格式程序和数控铣床基本相同，且较之更为简单。由于线切割加工时没有旋转主轴，因此没有 *Z* 轴移动指令，也没有主轴旋转的 S 指令及 M03、M04、M05 等工艺指令，也可分成主程序和子程序来编写。

3. 数控电火花线切割机床编程常见代码含义与格式

3B 代码在前面已经介绍过了，在此不再赘述。本节主要以 DK7625 型慢走丝线切割机床(采用 FANUC-6M 数控系统)介绍 ISO 代码。

(1)G 代码和 M 代码。DK7625 机床常用 G 功能和 M 功能指令见表 9-25。

表 9-25 DK7625 机床常用 G 代码与 M 代码

G 代码	组	意义	G 代码	组	意义	M 代码	意义
* G00		快速点定位	* G40		刀补取消	M00	进给暂停
G01	01	直线插补	G41	07	左刀补	M01	条件暂停
G02		顺圆插补	G42		右刀补	M02	程序结束
G03		逆圆插补	* G50		丝倾斜取消	M30	程序结束并复位
G04	00	暂停延时	G51	08	丝左倾斜	M40	放电加工 OFF
G20	06	英制尺寸	G52		丝右倾斜	M80	放电加工 ON
* G21		公制尺寸	* G90	03	绝对坐标	M98	子程序调用
G28	00	回参考点	G91		增量坐标	M99	子程序结束并返回
G30	00	回加工原点	G92	00	工件坐标系设定		

注：①表内 00 组为非模态指令，只在本程序段内有效。其他组为模态指令，一次指定后持续有效，直到碰到本组其他代码。

②标有 * 的 G 代码为数控系统通电启动后的默认状态。

(2)编程规则。

①用 G92 指令建立工件坐标系(图 9-46)

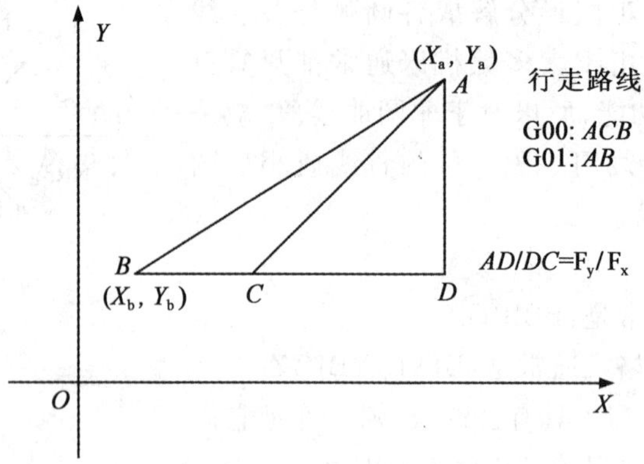

图 9-46　工件坐标系的建立

格式:G92X_Y_

G92 指令的意义就是建立当前电极丝中心点在工件坐标系中的坐标,以此作为参照来确立工件原点的位置。

②快速定位指令 G00 和直线进给指令 G01

格式:G90(G91)G00X_Y_

G90(G91)G01X_Y_F_

例:加工如图 9-47 所示的线段从 A 到 B。其编程计算方法如下:

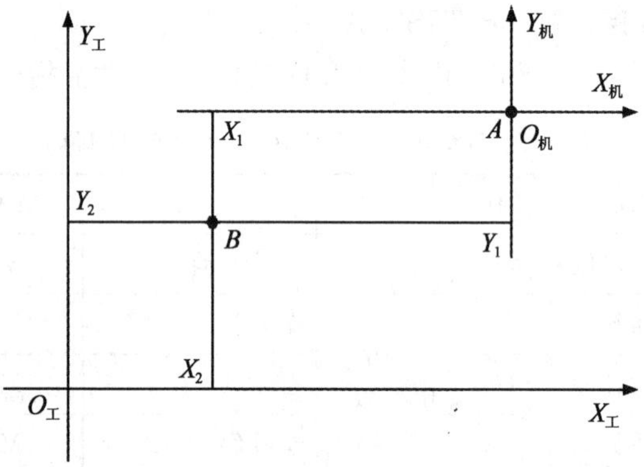

图 9-47　点、线编程

绝对:G90G00XXb YYb

增量:G91G00X(Xb-Xa)Y(Yb-Ya)

绝对:G90G01XXb YYbF_

增量:G91G01X(Xb-Xa)Y(Yb-Ya)F_

③圆弧插补指令 G02、G03

格式:G90(G91)G02(G03)X_Y_I_J_F_

例:加工如图 9-48 所示的圆弧 AB 和 BC。

a. 圆弧 AB 编程计算方法如下：

绝对：G17G90G02XXbYYbI(X1-Xa)J(Y1-Ya)F_

增量：G91G02X(Xb-Xa)Y(Yb-Ya)I(X1-Xa)J(Y1-Ya)F_

b. 圆弧 BC 的编程计算方法如下：

绝对：G90G03XXc YYcI(X2-Xb)J(Y2-Yb)F_

增量：G91G03X(Xc-Xb)Y(Yc-Yb)I(X2-Xb)J(Y2-Yb)F_

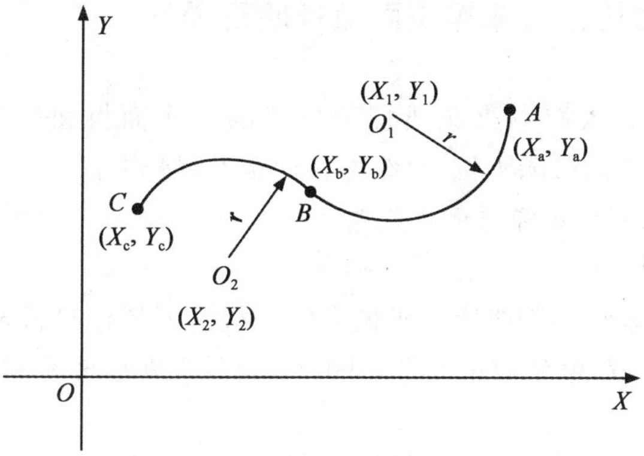

图 9-48　圆弧编程

④G04 暂停延时

格式：G04X_

X 后跟带小数点的数，单位为 0.001 s。

由于在两个不同轴进给程序段转换时，存在各轴的自动加减速调整，因而可能导致在拐角处的切削不完整。如果拐角精度要求很严，则其轨迹必须是直角时，应在拐角处使用暂停指令。

⑤G20、G21 单位制式（英制和公制）的设定。G20 和 G21 是两个互相取代的 G 代码，机床出厂时将根据使用区域设定默认状态，但可按需要重新设定。

(3)编程特点。

①加工平面设定只可能是 XY 平面，内部已设定为 G17 状态，因此 G17 可不写。程序代码中不可能出现 Z 坐标值，刀补代码只有 G40、G41、G42 及 D_ 。

②在圆弧插补指令中，有关圆心坐标的信息只可用 I、J 格式，R 代码被用于表示锥度加工中转角半径的信息，而不再是表达圆弧插补的圆弧半径信息。

③F 代码用于指令每分钟的加工进给量（进给速度）。其指令单位为：公制为 0.01 mm/min，英制为 0.000 1 inch/min。

④T 代码在此不再表示刀具号，而是用于指定锥度加工中的丝倾斜角度。

⑤程序中坐标地址后跟的数值，若不带小数点，则其单位为 μm（即 0.001 mm），若带有小数点，则其单位为 mm。

【工作过程】

一、工作课时

要求本单元理论课时和实训课时为2课时。

二、数控电火花线切割机床操作面板说明及操作

由于生产厂家不同，数控电火花线切割机床的操作面板和操作方法也不同，本节以DK7625型低速走丝线切割机床为例，介绍操作面板及操作方法。

1. 数控电火花线切割机床操作面板说明

——机械操作面板

DK7625型低速走丝线切割机床的机械操作面板主要用于机械部分的一些辅助动作的操作控制，如走丝、切削液、电参数调校等。DK7625型低速走丝线切割机床的机械操作面板如图9-49所示。

DK7625型低速走丝线切割机床机械操作面板各部分的功用说明如下：

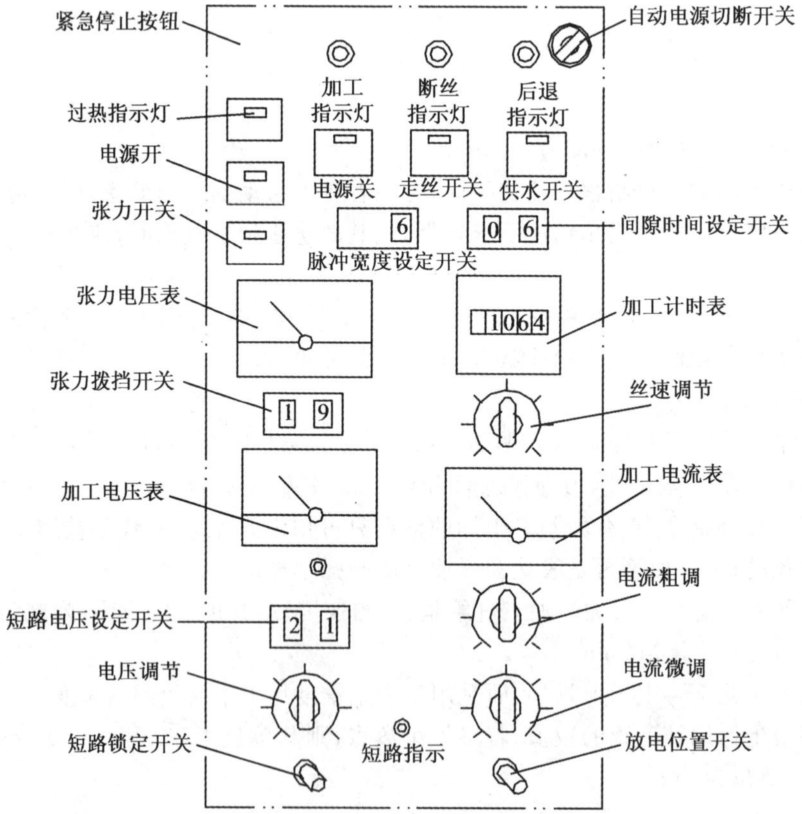

图9-49 DK7625型低速走丝线切割机床的机械操作面板

(1)电源开。按下此开关，机床进入加工准备状态，再将走丝、供水、张力开关置“ON”，

用 MDI 或者纸带方式输入数据，按一下循环启动按钮，便可开始加工。

(2)电源关。按下此开关，机床进入清除状态，无论什么情况加工电压都加不上。

(3)走丝开关。使电极丝开始行走的开关。

(4)供水开关。按下此开关，便往加工处供工作液。

(5)过热指示灯。当装置中的电阻温度异常高时，该灯亮。

(6)张力拨挡开关。调整电极丝的张力，张力以电压值显示在张力表上。

(7)丝速调节。调整电极丝的行走速度。按顺时针方向旋动时，速度加快。

(8)脉冲宽度设定开关。在 1～9 的范围内设定脉冲电源的脉冲宽度。

(9)间隙时间设定开关。在 2～99 的范围内设定脉冲电源的间隙时间。

(10)电流调节。进行加工电流的设定，由粗调开关和微调开关组成，可以在 0～39.5 的范围内进行选择。

(11)电压调节。进行电压设定，可选择 15 种电压。

(12)短路电压设定开关。设定防止短路的电压。当加工电压低于此值时，视为短路。

(13)加工指示灯。在加工状态时灯亮。

(14)断丝指示灯。发生断丝时灯亮。

(15)加工计时表。显示加工时间。

(16)自动电源切断开关。用纸带方式和 MDI 方式加工时，把此开关设于 ON。

(17)后退指示灯。在后退中灯亮。

(18)加工电压表。显示电极丝和工件之间的电压。

(19)加工电流表。此表显示电极丝与工件之间的加工电流。

(20)张力电压表。其显示的电压是与为产生张力而使用的制动器应力相对应的。

(21)张力开关。此开关接通时，给电极丝加上张力。

(22)短路锁定开关。此开关置“ON”时，在电极丝与工件发生短路时，工作台进给停止。

(23)放电位置开关。此开关置“ON”，电源开关也置“ON”时，用 JOG 或步进给方式，可向电极丝供电压，从放电火花的状态判别丝与工件的接触位置是否正确(此开关需在参数的第一位是“1”时有效)。

(24)短路指示灯。电极丝与工件短路时灯亮。

(25)紧急停止按钮。用于紧急停止。

——手动操作面板

DK7625 型低速走丝线切割机床的机床手动操作面板如图 9-50 所示，主要用于数控系统功能的辅助控制。

DK7625 型低速走丝线切割机床的机床手动操作面板各操作钮的功能说明如下：

(1)操作方式选择开关。选择操作方式的开关，有以下方式可供选择。

EDIT，纸带存储，编辑方式。

MEMORY，存储运转方式。

MDI，MDI 方式。

TAPE，纸带运转方式。

INCR.(FEED)，增量进给方式。

JOG，手动连续进给方式。

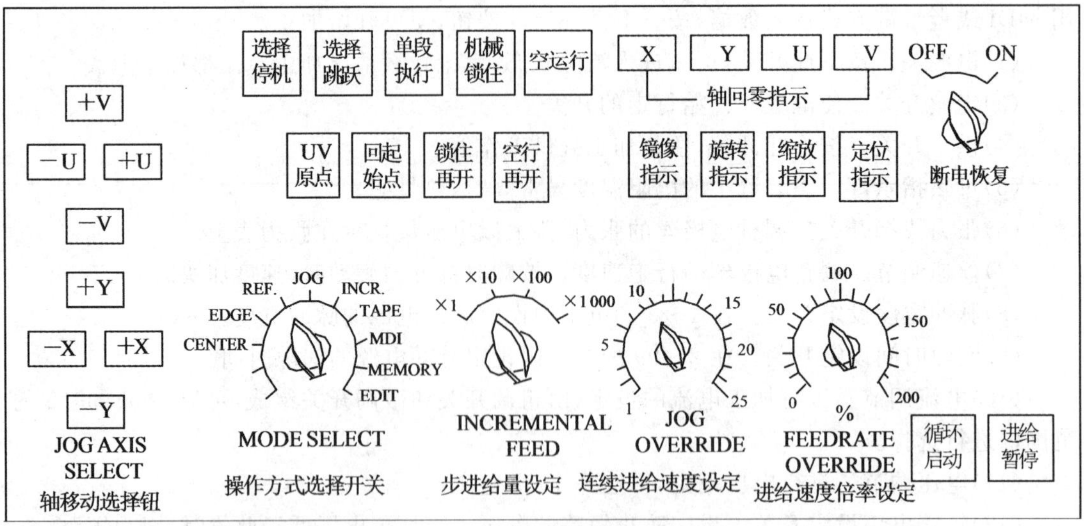

图 9-50　DK7625 型低速走丝线切割机床的机床手动操作面板

REF.(RETURN),手动回原点方式。

EDGE,找端面方式。

CENTER,找中心方式。

(2)增量进给(步进给量)设定。在增量进给方式时,选择每操作一次的移动量。

(3)连续进给速度设定。选择手动连续进给速度的开关,也用于选择在自动运转时的零运转速度。

(4)进给速度倍率设定。根据程序指定的进给速度选择倍率的开关。

(5)循环启动。用于自动运转的按钮,也用于解除临时停止,自动运转时此灯亮。

(6)进给暂停。用于自动运转时临时停止的按钮,一按此按钮,轴移动就减速并停止,灯亮。

(7)轴移动选择钮。选择移动方向的按钮,按某钮相当于手摇移动机床拖板。

(8)选择停机。按此开关,可在实施带有辅助功能 M01 的程序段后,停止程序。

(9)选择跳跃。需跳过带有"/"(斜杠)的程序段时按下此开关。

(10)单段执行。按下此开关,在自动运转中可在每个程序段停止,用于程序的校验。

(11)机械锁住。按下此开关,机械不动,仅让位置显示动作,用于机械不动而要校验程序时。

(12)空运行。按下此开关,自动运转时进行空运转(无视程序指令的进给速度,而按照"连续进给速度设定"开关设定的进给速度运转)。

(13)轴回零指示。回起始点运行中,回到各轴固有的原点(机床原点)时灯亮。

(14)镜像指示。在设定了镜像或轴切换时灯亮。

(15)旋转指示。设定了图形旋转角时灯亮。

(16)缩放指示。设定了放大缩小时灯亮。

(17)定位指示。丝找到了预孔中心或端面时灯亮。

(18)找垂直按钮(UV 原点)。按此按钮,上导向器便自动地定在预先设定好的垂直位置，定位完成后按钮灯亮。

(19)回起始点按钮。让电极丝回到加工原点(开始点)的按钮。

(20)锁住再开。用于中途停止加工并切断电源后，希望再次投入电源，重新开始加工的情况。

(21)空行再开。让电极丝从加工点起，以空运转速度沿着原先的加工路线移到刚才的停止位置。

(22)断电恢复。由于停电等原因而使电源暂时切断的情况下，预先置此开关于"ON"，在电源恢复后，会自动地使电源接入。

——数控操作面板

DK7625 型低速走丝线切割机床的数控操作面板如图 9-51 所示。

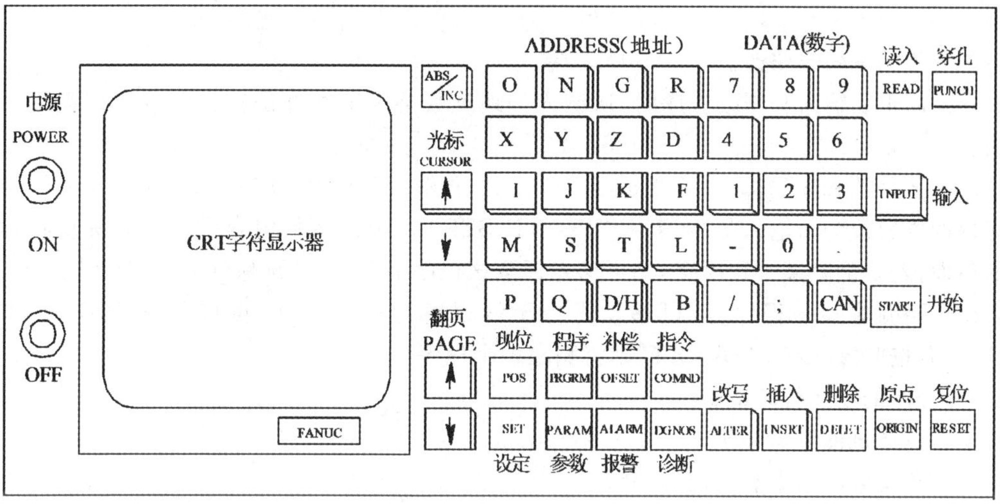

图 9-51 DK7625 型低速走丝线切割机床的数控操作面板

DK7625 型低速走丝线切割机床的数控操作面板的右方为键盘区，各键作用如下：

(1)ABS/INC。用于 MDI 方式下绝对 ABS 和相对 INC 坐标编程方式的切换。

(2)CURSOR。光标移动按钮。

(3)PAGE。用于画面翻页。

(4)地址数字键。ADDRESS 下为地址键，DATA 下为数字键，用于地址字的输入。

(5)编辑键。ALTER——改写，INSRT——插入，DELET——删除，用于编辑已输入的程序。

(6)ORIGIN。原点按钮，用于将当前位置点设为工件原点。

(7)RESET。复位按钮，用于解除报警、清除指令、数控装置复位等的工作。

——程序输入与调试

(1)程序的检索和整理。

①将手动操作面板上的操作方式开关置于编辑(EDIT)挡，按数控面板上的程序键显示程序画面。

②同时按下"CAN"(退格)键和"ORIGIN"(置原点)键，进行程序检索整理操作，记住当前存储器内已存有哪些主程序。

③由于受存储器的容量限制，当存储的程序量达到某一程度时，必须删除一些已经加工过而不再需要的程序，以释放足够的空间来装入新的加工程序。

(2)程序输入与修改。

①用手工键入程序。

a.先根据程序番号检索的结果，选定某一还没有被使用的程序番号作为待输程序番号(如 O0002)，键入该番号 O0002 后按插入(INSERT)键，则该程序番号就自动出现在程序显示区，各具体的程序行就可在其后输入。

b.将上述编程实例的程序顺次输入到机床数控装置中，可通过 CRT 监控显示该程序。

②调入已有的程序。若要调入先前已存储在存储器内的程序进行编辑修改或运行，可先键入该程序的番号(如 O0001)后再按向下的光标键，即可将该番号的程序作为当前加工程序。

③程序的编辑与修改。

a.采用手工输入和修改程序时，所键入的地址数字等字符都是首先存放在键盘缓冲区内的。

b.若要修改程序局部，可移光标至要修改处，再输入程序字，按“改写(ALTER)”键则将光标处的内容改为新输入的内容；按“插入(INSERT)”键则将新内容插入至光标所在程序字的后面；若要删除某一程序字，则可移光标至该程序字上再按“删除(DELET)”键。

c.若要删除某一程序行，可移动光标至该程序行的开始处，再按“;”(EOB)+“DELET”。若按“Nxxxx”+“DELET”则将删除多个程序行。

(3)程序的空运行调试。

空运行调试的意义在于：

①用于检验程序中有无语法错误。

②用于检验程序行走轨迹是否符合要求。

③用于检验工件的装夹及穿丝定位是否合理。

④用于通过调试而合理地安排一些工艺指令，以优化和方便实际加工操作。

(4)MDI 程序运行方式。

①置手动操作面板上的方式开关于 MDI 运行方式。

②按数控面板上的“COMND”指令功能键，并按翻页键置于“NEXTBLOCK/MDI”显示画面。

③输入地址和数据。输入移动指令坐标值时，根据要用绝对值还是增量值，按“ABS/INC”按钮让画面上显示与所需相应的文字。

④按“INPUT”键，则该地址对应的数据便存入并显示在屏幕上。

⑤采用逐个输入的方法全部输入一个程序段的指令数据。

⑥设定放电加工的各种条件至加工准备就绪后，按“循环启动”按钮即可运行 MDI 程序。

⑦若置“单段运行”开关键为“ON”(灯亮)，则可在“自动运行方式”下的某程序段执行完成后，切换到 MDI 方式，实施 MDI 操作运行，然后再返回到“自动运行方式”下继续自动运行。

2.数控电火花线切割机床基本操作方法

——机床电源的启动和关闭

(1)机床启动过程。

①电源投入前的准备。

②合上闸刀，打开机床后门主电源开关后，再按住数控面板电源“ON”钮直至出现屏幕显示画面后松开。

③ 回机床原点(参考点)。

④若需要回到上次加工时设定好的起始点，则可将操作方式置“JOG”挡后，按回起始点键，则机床自动回到以前存储的某点处。

(2)切断机床电源。正常加工操作完成后，如不需要再进行其他操作，应进行切断电源操作。其过程如下：

①确认手动操作面板上的循环启动指示灯熄灭。

②确认纸带读入机的操作开关置于“解除”位。

③确认加工电源侧电源“OFF”钮按下且灯亮。关闭走丝、供水、张力开关。

④确认自动断电恢复开关处于“OFF”位。

⑤确认其他开关的设定处于要求位置。

⑥按数控面板上电源“OFF”钮切断电源，再扳下机床后门主电源开关，最后扳下闸刀。

——电极丝的挂接与调整

(1)挂电极丝。电极丝可用 0.1～0.3 mm 的丝，一般使用 0.18 mm 的丝。电极丝的挂接方法如图 9-52 所示。

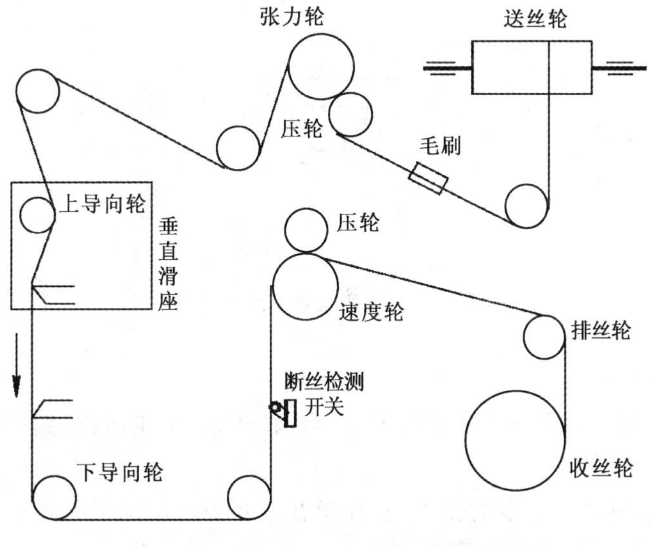

图 9-52 电极丝的挂接方法

电极丝挂接的注意事项：

①为防止电极丝从张力轮上滑落，应在丝所经过的毛刷上选择合适的滑槽。

②丝装上带弹性压紧的张力压轮和速度压轮时，都应先用手按压住相应的弹性元件后挂入，否则电极丝将无法装上。

③断丝接头应拉过速度轮处，并且应将接头在收丝轮上缠绕几圈，确保不会断开后再将速度压轮手柄放下压紧。

④电极丝经过上下导向轮时，应先轻轻拔出上下喷嘴活动块后再装入。

⑤电极丝通过的部分带有高压电，应谨防触电！电极丝通过的部分和床身本体之间，是电气绝缘，所以应确认丝是否碰到了机床本体，以防出现短路现象。

⑥用力挂好的丝会使断丝检测杆受损，使用上要加以注意。

⑦电极丝损耗 5～10 mm 时，因张力过大，会发生断丝。

⑧为保证电极丝中心在加工过程中与工件间的相对位置，有必要给工作区内的电极丝加上张力，以防止走丝加工而引起电极丝的抖动，影响加工精度。

(2)电极丝垂直度的校正。无论要加工的零件是否带有锥度，为保证准确的工件形状和尺寸精度，都应先对电极丝的垂直度进行校准。本机床采用专门的垂直度校正器进行校正，如图 9-53 所示。

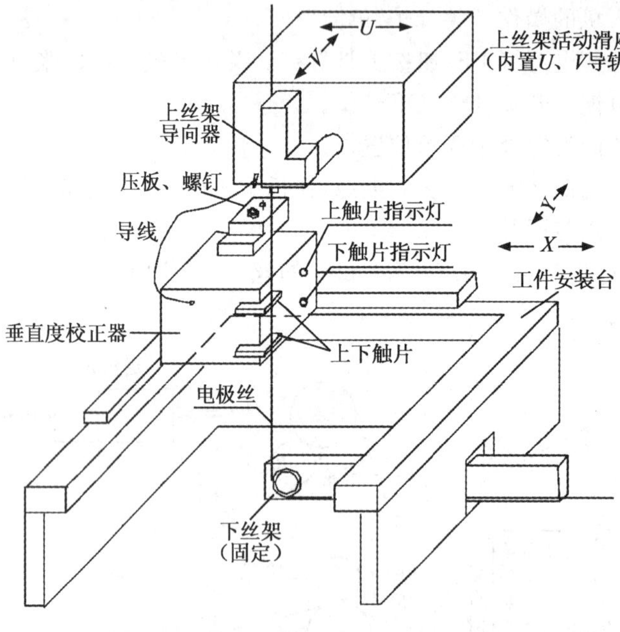

图 9-53　电极丝垂直度的校正

电极丝垂直度的校正方法：

①以和工件相同的装夹定位基准放置垂直度校正器，再用压板、螺钉固定好，并连接好导线。

②挂好电极丝，并加上设定的张力，且让丝在带张力的情况下行走一段距离，以保证工作区内所有的丝都处于张紧状态后停止走丝。

③确认加工电源为“OFF”，短路锁定及放电位置开关都处于“OFF”位置。

④置操作方式旋钮于“JOG”连续进给方式，先移动 X、Y 轴至丝碰到丝垂直度校正器的触片(校正器上指示灯亮则表示已接触到)。

⑤结合使用“JOG”(手动连续进给)“INCR.”(步进给)操作方式，并从大到小逐步改变步进量，反复不断地移动调整 U、V 轴或 X、Y 轴，直至丝与校正器的上下触片同时接触(进

X 或 Y 时上下灯同时亮，退 X 或 Y 时上下灯同时熄，或者上下灯都处于闪烁不定状态)。

⑥记下此时的 U、V 坐标值。此时的 U、V 位置即为丝垂直位置。

⑦置系统板上参数写入开关于“写入”位置，将此 U、V 值写入存储器内，则此位置即被系统自动记忆。

3. 工件的装夹与位置调整

(1)工件的装夹。本机床采用“n”形工件安装台，在左侧和后侧台框上安装有两块定位基准板，整个工作台上有很多用于连接压紧螺钉的装夹固定用螺纹孔，其工件固定采用压板、螺钉紧固方式，如图 9-54 所示。

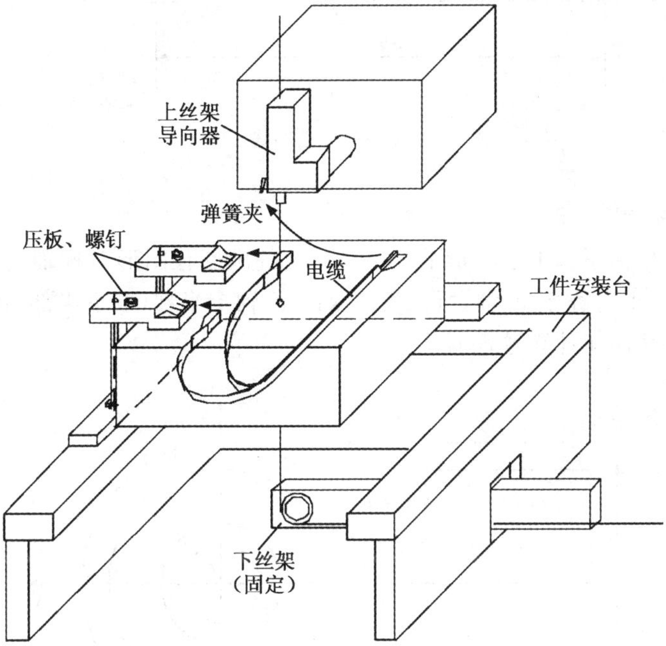

图 9-54　工件的装夹

(2)工作台的手动调整。本机床工作台拖板上没有配置旋转手柄来直接用于手动调整，而是采用方向按键通过产生触发脉冲的形式来实施工作台的手动调整的。和手柄的粗调、微调一样，其手动调整也有两种方式。

①粗调。置操作方式开关为“JOG”(手动连续进给)方式挡。

②微调。置操作方式开关为“INCR.”(步进给)方式挡。

(3)工件与电极丝的定位找正。工件与电极丝的定位找正方法有两种方式。

①自动找端面(EDGE)。

②自动找中心(CENTER)。

三、数控电火花线切割机床加工实例

编制加工如图 9-55 所示凸凹模(图示尺寸是根据刃口尺寸公差及凸凹模配合间隙计算出的平均尺寸)的数控线切割程序。电极丝直径为 ϕ0.1 mm 的钼丝，单面放电间隙为0.01 mm。

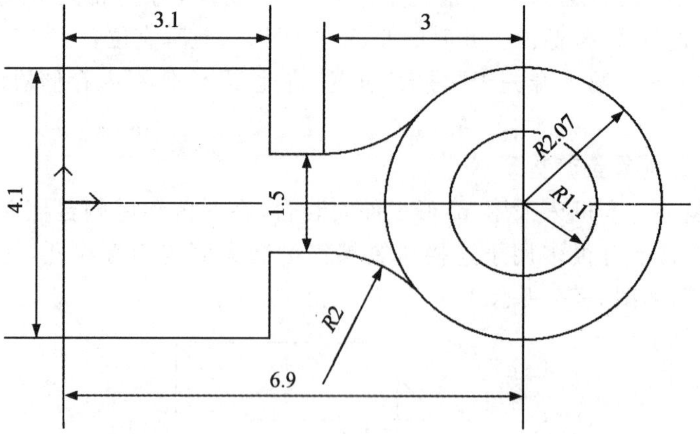

图 9-55　凸凹模

1. 零件工艺分析

(1)确定计算坐标系。由于图形上、下对称,孔的圆心在图形对称轴上,圆心为坐标原点(图 9-56)。因为图形对称于 X 轴,所以只需求出 X 轴上半部(或下半部)钼丝中心轨迹上各段的交点坐标值,从而使计算过程简化。

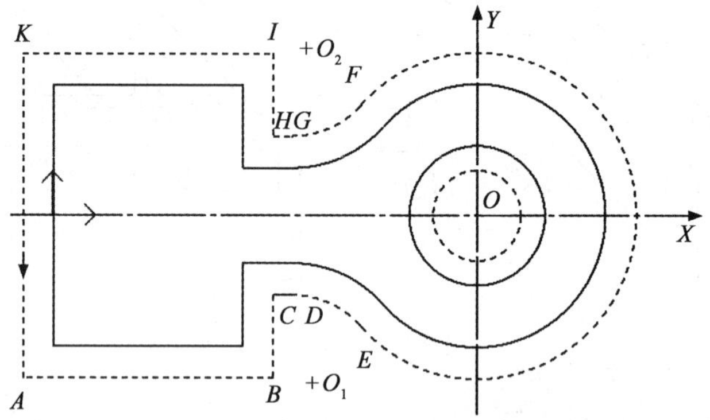

图 9-56　凸凹模编程示意图

(2)确定补偿距离。

补偿距离为:$\Delta R=(0.1/2+0.01)\text{mm}=0.06\text{ mm}$

钼丝中心轨迹,如图 9-56 中双点画线所示。

(3)计算交点坐标。将电极丝中心点轨迹划分成单一的直线或圆弧段。因两圆弧的切点必定在两圆弧的连心线 OO_1 上。直线 OO_1 的方程为 $Y=(2.75/3)X$。故可求得 E 点的坐标值为 $X=-1.570$ mm $Y=-1.493$ mm,其余各点坐标可直接从图形中求得,见表 9-26。

切割型孔时电极丝中心至圆心 O 的距离(半径)为 $R=(1.1-0.06)\text{mm}=1.04\text{ mm}$。

表 9-26　凸凹模轨迹图形各段交点及圆心坐标

交点	X	Y	交点	X	Y	圆心	X	Y
B	−3.74	−2.11	G	−3	0.81	O_1	−3	−2.75
C	−3.74	−0.81	H	−3	0.81	O_2	−3	−2.75
D	−3	−0.81	I	−3.74	2.11	A	−6.96	−2.11
E	−1.57	−1.439 3	K	−6.96	2.11			

2.程序编制

切割凸凹模时，不仅要切割外表面，而且还要切割内表面，因此要在凸凹模型孔的中心 O 处钻穿丝孔。先切割型孔，然后再按 B→C→D→E→F→G→H→I→K→A→B 的顺序切割。

ISO 格式切割程序单如下：

H000=+00000000H001=+00000110；

H005=+00000000；T84T86G54G90G92X+0Y+0U+0V+0；

C007；

G01X+100Y+0；G04X0.0+H005；

G41H000；

C007；

G41H000；

G01X+1100Y+0；G04X0.0+H005；

G41H001；

G03X−1100Y+0I−1100J+0；G04X0.0+H005；

X+1100Y+0I+1100J+0；G04X0.0+H005；

G40H000G01X+100Y+0；

M00；//取废料

C007；

G01X+0Y+0；G04X0.0+H005；

T85T87；

M00；//拆丝

M05G00X−3000；//空走

M05G00Y−2750；

M00；//穿丝

H000=+00000000H001=+00000110；

H005=+00000000；T84T86G54G90G92X−2500Y−2000U+0V+0；

C007；

G01X−2801Y−2012；G04X0.0+H005；

G41H000；

C007；

```
G41H000;
G01X-3800Y-2050;G04X0.0+H005;
G41H001;
X-3800Y-750;G04X0.0+H005;
X-3000Y-750;G04X0.0+H005;
G02X-1526Y-1399I+0J-2000;G04X0.0+H005;
G03X-1526Y+1399I+1526J+1399;G04X0.0+H005;
G02X-3000Y+750I-1474J+1351;G04X0.0+H005;
G01X-3800Y+750;G04X0.0+H005;
X-3800Y+2050;G04X0.0+H005;
X-6900Y+2050;G04X0.0+H005;
X-6900Y-2050;G04X0.0+H005;
X-3800Y-2050;G04X0.0+H005;
G40H000G01X-2801Y-2012;
M00;
C007;
G01X-2500Y-2000;G04X0.0+H005;
T85T87M02;//程序结束
(::TheCutinglength=37.062133MM);//切割总长
```

【习题】

1. 简述数控电火花线切割机床的分类。
2. 简述数控电火花线切割机床的组成及各部分功能。
3. 何谓电火花加工？试述电火花加工原理及电火花加工的适用范围。
4. 电火花加工机床有哪几个组成部分？

任务九　数控电火花成型机

【相关知识】

数控电火花成型机概述

电火花成型机又称数控电火花成型机、电火花、火花机等，是一种电加工设备。

苏联拉扎林科夫妇研究开关触点受火花放电腐蚀损坏的现象和原因时，发现电火花的瞬时高温可以使局部的金属熔化、氧化而被腐蚀掉，从而开创和发明了电火花加工方法。基本物理原理是自由正离子和电子在场中积累，很快形成一个被电离的导电通道。在这个阶段，两板间形成电流，导致粒子间发生无数次碰撞，形成一个等离子区。其温度很快升高到8 000～12 000℃的高温，在两导体表面瞬间熔化一些材料，同时，由于电极和电介液的汽化，形成一个气泡，并且它的压力规则上升直到非常高。然后电流中断，温度突然降低，引起气泡内向爆炸，产生的动力把熔化的物质抛出弹坑，被腐蚀的材料在电介液中重新凝结成小的球体，并被电介液排走。通过NC控制的监测和管控，伺服机构执行，使这种放电现象均匀一致，从而达到加工物被加工，使之成为合乎要求之尺寸大小及形状精度的产品。主要优点及加工局限性如下：

——主要优点

(1)适合于难切削材料的加工。由于加工中材料的去除是靠放电时的电热作用实现的，材料的可加工性主要取决于材料的导电性及其热学持性，如熔点、沸点、比热容、热导率、电阻率等，而几乎与其力学性能(硬度、强度等)无关。这样可以突破传统切削加工对刀具的限制，可以实现用软的工具加工硬韧的工件，甚至可以加工像聚晶金刚石、立方氮化硼一类的超硬材料。目前电极材料多采用纯铜(俗称紫铜)或石墨，因此工具电极较容易加工。

(2)可以加工特殊及复杂形状的零件。由于加工中工具电极和工件不直接接触，没有机械加工宏观的切削力，因此适宜加工低刚度工件及微细加工。由于可以简单地将工具电极的形状复制到工件上，因此特别适用于复杂表面形状工件的加工，如复杂型腔模具加工等。数控技术的采用使得用简单的电极加工复杂形状零件也成为可能。

——加工的局限性

(1)主要用于加工金属等导电材料，但在一定条件下也可以加工半导体和非导体材料。

(2)一般加工速度较慢。因此通常安排工艺时多采用切削来去除大部分余量，然后再进行电火花加工以求提高生产率，但最近已有新的研究成果表明，采用特殊水基不燃性工作液进行电火花加工，其生产率甚至可不亚于切削加工。

(3)存在电极损耗。由于电极损耗多集中在尖角或底面，影响成型精度。但近年来粗加工时已能将电极相对损耗比降至0.1%以下，甚至更小。

由于电火花加工具有许多传统切削加工所无法比拟的优点，因此其应用领域日益扩大，目前已广泛应用于机械(特别是模具制造)、宇航、航空、电子、电机电器、精密机械、仪器仪表、汽车拖拉机、轻工等行业，以解决难加工材料及复杂形状零件的加工问题。加工范围已达到小至几微米的小油孔，大到几米的超大型模具和零件。

1.数控电火花成型机床的分类

电火花成型机床按主机的结构形成可分为以下几种。

(1)台式。该类结构主要用于小型电火花成型机床。台式机床结构简单，如图9-57所示。床身和立柱连成一体，刚性较好，精度易于保证，结构较紧凑。

(2)单立柱式(C形结构)。大多数中、小型电火花成型机床均采用这种结构形式，如图9-58所示。在床身基座上安装立柱与工作台，立柱上装有可上下伺服进给的主轴头。为了扩大机床的Z向行程，在立柱上安装有可上下移动的滑座和主轴箱体(称二次行程)。主轴箱体内安装有上下伺服进给(称一次行程)的主轴头。工作台分上下两层，分别在水平

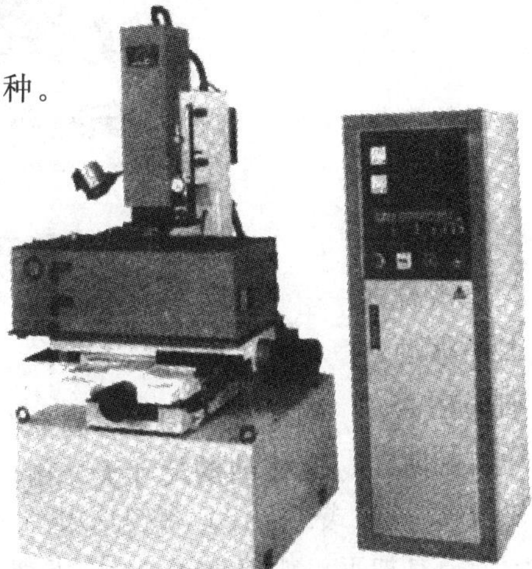

图9-57　台式电火花成型机床

面 X、Y 向移动。上层工作台上装有工件油槽，盛放工作液，以满足电火花放电加工的需要。工作台有手动及电机驱动之分。为了防止工作台移动时发生倾覆，应确保工作台重心在各向行程的任何位置时都必须在支撑面以内。

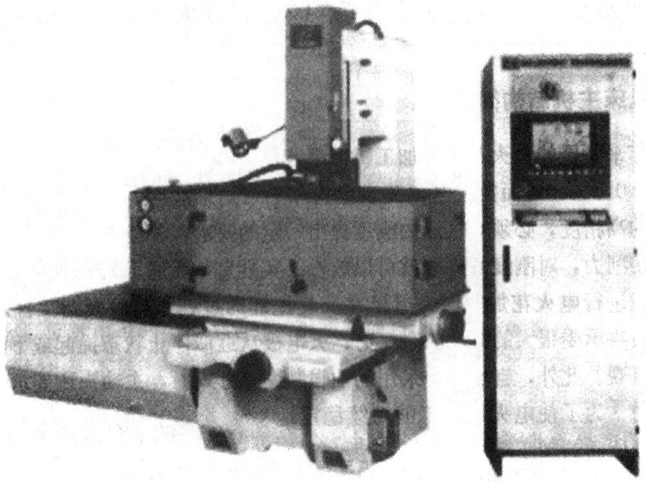

图 9-58　单立柱式电火花成型机床

(3)滑枕式。滑枕式结构适用于大中型电火花成型机床。其主要特点是工件安装在床身工作台上不移动，如图 9-59 所示，主轴箱体安装在 X、Y 向两个滑枕上，制造方便，由于主轴头在 X、Y 向滑枕上均呈悬臂状态，使主轴头在外悬臂长时刚性变差，移动精度下降。同时，因工作油槽尺寸大，电极装夹找正不方便。

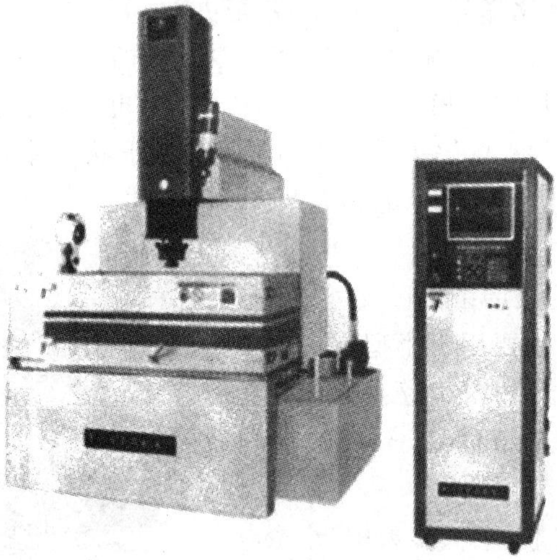

图 9-59　滑枕式电火花成型机床

(4)龙门式。龙门式结构适用于大型电火花成型机床。其制作方便，整体结构更有利于大型模具加工。如图 9-60 所示，主轴头悬挂在横梁上，溜板沿横梁移动，刚性好，横梁带动主轴头移动(为二次行程)可以弥补主轴头 Z 向移动行程(一次行程)的不足。工作台沿床身长度方向移动，当装夹工件时，可将工件移出龙门框架，装卸方便。

图 9-60　龙门式电火花成型机床

总之，无论是哪种结构形式的电火花成型机床主机，其主要功能都是支撑工具电极与工件，保证他们之间的相对位置始终能满足电火花放电所需的最佳间隙，并按预定的运动轨迹移动，以完成工件的加工。

2. 电火花成型机床的组成

电火花成型机床基本上由脉冲电源、机床和工作液循环系统三大部分组成。为了确保电火花放电能持续稳定地进行，工具电极和工件应始终保持一定的放电间隙，因此必须具备自动调整工具电极伺服进给的控制系统。例如，若用液压伺服控制，则应配备液压系统；如采用交、直流电机伺服进给，则需配有数控系统等。

——脉冲电源

电火花加工用的脉冲电源的作用是把工频交流电流转换成一定频率的单向脉冲电流，以供给电极放电间隙所需要的能量来蚀除金属。脉冲电源对电火花加工的生产率、表面质量、加工过程的稳定性及工具电极的损耗等技术经济指标有很大的影响，应予以足够重视。

(1)脉冲电源应满足的要求。

①有足够的输出功率，满足生产线的加工速度要求。

②尽可能小的电极损耗。这是保证成型精度的重要条件之一。

③加工表面粗糙度应能满足使用要求。

④脉冲参数应能简便地进行调整，以适应各种材料和各种加工的要求。

⑤电源性能稳定、可靠，价位合理，维修方便。

(2)脉冲电源的原理。

脉冲电源的原理，如图 9-61 所示。

①RC、RLC 线路脉冲电源，其工作原理如图 9-61(a)所示。利用电容器充电储存电能，而后瞬时放出，形成火花放电。它由两个回路组成：一个充电回路，由电源 E、充电电阻 R（又称限流电阻）和电容器 C（储能元件）组成。另一个回路是放电回路，由电容器 C、工具电极和工件以及二者之间的放电间隙组成。其主要用于小功率的精微加工或简式电火花加工

机床中。

RC 电源的优点如下：

a. 结构简单，工件可靠，成本低。

b. 在小功率时可获得脉宽 0.1 μs 以下的窄脉冲，单个脉冲的能量很小，故适于光整加工和精密微细加工用脉冲电源。

c. 电容器瞬间放电可产生很大的峰值电流和能量密度，放电爆炸力强，蚀除易汽化及抛出，不易产生表面微观裂纹，加工稳定性好。

RC 电源的缺点如下：

a. 由于电容放电速度极快，无法获得宽脉冲（>100 μs），因此不易实现大脉宽损耗加工，限制了它在型腔模具加工方面的广泛应用。

b. 由于采用限流电阻，大部分电能消耗在限流电阻的发热上，电能利用率不足 1/3，因此不适于大功率电火花粗加工。

c. 因电容器充电时间较长，导致脉冲间歇时间长，生产效率偏低。

d. 工艺参数不稳定。

②闸流管和电子管式脉冲电源。该类电源属于“独立”式脉冲电源，根据末级功率起开关作用的电子元件而命名。目前此类脉冲电源已很少使用了。

③晶闸管式、晶体管式脉冲电源。晶闸管式（又称可控硅）脉冲电源利用晶闸管作为开关元件，工作原理如图 9-61(b)所示。晶闸管的控制特性和闸流管相似，闸管一经触发导通，不会自行截止，需外加关断电路。因此只能在频率较低（400～2 000 Hz）范围内使用。

晶体管式脉冲电源原理如图 9-61(c)所示。它是利用大功率晶体管作为开关元件而获得单向脉冲，其输出功率不如晶闸管脉冲电源大，但它的脉冲频率高，脉冲参数容易调节，脉冲波形较好，易于实现多回路加工和自适应控制等，所以在 100 A 以下的中、小脉冲电源中应用相当广泛。由于单个晶体管的功率较小（与晶闸管相比），故多采用多管分组并联输出的办法提高电源的输出功率。

近年来，随着电火花加工技术的发展，为了进一步提高有效脉冲利用率，达到高放、低耗加工的效果，在晶闸管及晶体管式脉冲电源的基础上，又派生出不少新型脉冲电源和线路，如高低压复合脉冲电源，多回路脉冲电源以及多功能电源、镜面加工电源等。国外生产商还推出了模糊控制（FUZZY）、人工神经网络模糊控制（NF）等智能化控制脉冲电源等。

——机床控制系统

(1)手动操作工作台移动的中、小型电火花成型机床。控制系统比较简单，其主要功能是控制主轴头 Z 向伺服进给，维持放电所需的最佳间隙。当加工出现异常时，能迅速回退，待异常排除后能自动恢复进给。

(2)数控电火花成型加工机床。控制系统较为复杂，由不同的“硬件”和“软件”组成。硬件指的是步进电机或交直流伺服电机、传动丝杆和螺母等机械部分，以及控制系统中使用的单片机、单板机、工控微机和电路中的电子器件；软件指的是数控用的代码、程序、控制策略规则等。硬件和软件是相辅相成的。数控系统中的轴数越多，软件技术就越显得重要。

①步进电机驱动的数控系统线路简单，成本低廉，运行可靠，但力矩和调速性能较差，通常只用于低档的中、小型电火花成型加工机床中。

②近些年来，电子技术和计算机技术发展的很快，各种直流、交流、伺服电机的性能不断

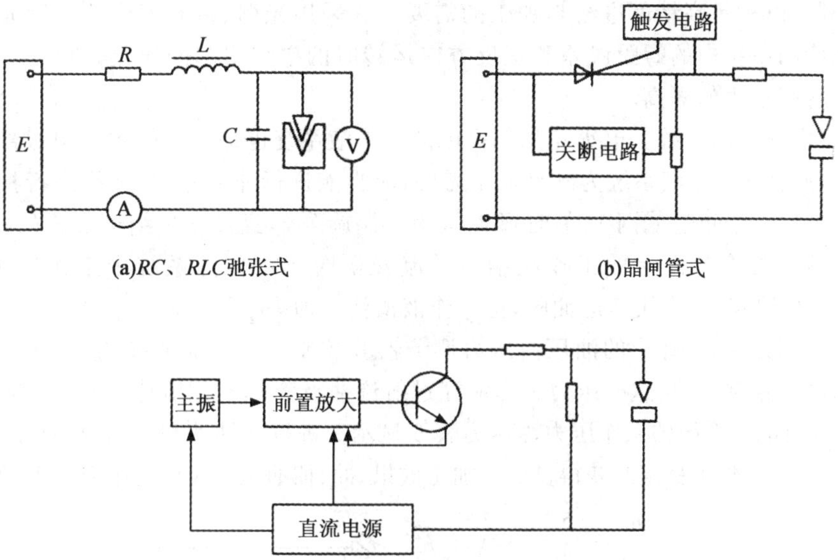

(a)RC、RLC弛张式　　(b)晶闸管式

(c)晶体管式

图 9-61　脉冲电源原理图

提高，而价格大幅下降，广泛应用于中、高档电火花成型机床的数控系统。

③20 世纪末，日本推出了直流电机驱动的高档数控电火花成型机床，省去了传动丝杆，主轴头移动速度大幅提高，加工性能也大为改善。如图 9-62 所示为直线电机驱动的电火花成型机床，从外观上看，它比以往的电火花成型机床简化了很多，很有发展前途。

图 9-62　直线电机驱动的电火花成型机床

(3)数控系统分为开环、半闭坏和全闭环控制系统。开环数控系统简单、可靠、成本低，多用于进给精度要求不高的电火花成型加工机床。半闭环系统由于只采用与伺服电机同轴安装的编码器作位移检测元件，不用磁栅或光栅尺等直线位移传感器作反馈元件，比闭环系统简单，成本也比较低，为中档电火花成型机床广泛采用。而高档电火花成型机床则大多采

用闭环控制，以满足高精度进给与加工的需要。它采用光栅、磁栅等位移检测元件，可直接消除丝杠传动系统中的螺距误差和正反方向运转时的空程引起的误差，使加工的重复精度及稳定性均有较大的提高。

(4)工作液控制系统。电火花加工机床的工作液系统也是整机的重要组成部分，其原理如图 9-63 所示。工作液系统为满足加工需要，应当能进行冲油操作，又能进行抽油操作，储油箱中的工作液经粗过滤网 1、单向阀 2，被吸入涡旋泵 3，经过各种结构形式的精过滤器 7，将工作液输向工作台面上的工作液槽。溢流安全阀 5 可保障系统中工作液压强不超过 0.4 MPa。补油阀 11 为快速进油阀，待工作液槽注满时，可及时调节冲油选择阀 10 来控制工作液的循环方式，油杯中的油压由压力调节器 8 控制。当冲油选择阀 10 在抽油位置时，补油和抽油两路都不通，这时压力工作液穿过射流抽吸管 9，利用流体的高压度产生的负压，实现抽油的目的。系统的工作压力由压力表 6 显示。进行冲抽油加工时，根据工件加工需要调节油压，以保持加工稳定及获得良好的加工效果，冲、抽油压力大小由压力表 12、13 显示。

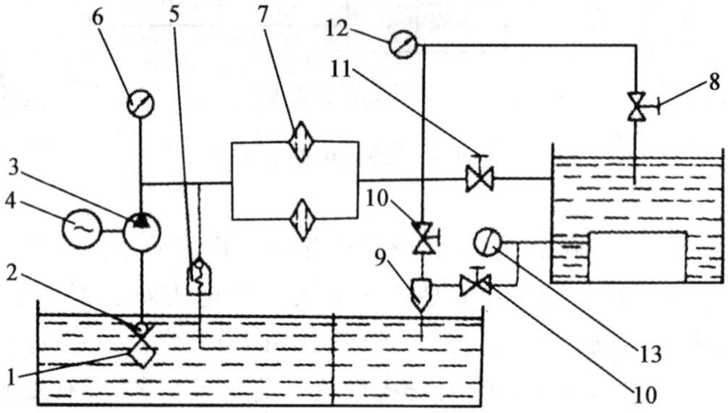

图 9-63　工作液循环系统油路图

1-粗过滤网；2-单向阀；3-涡旋泵；4-电机；5-溢流安全阀；；6-压力表；7-精过滤器；8-压力调节器；9-射流抽吸管；10-冲油选择阀；11-补油阀；12-冲油压力表；13-抽油压力表

【工作过程】

一、工作课时

要求本单元理论课时和实训课时为 2 课时。

二、电火花成型加工工艺基本规律

电火花加工是靠放电瞬间产生的局部高温，使电极材料熔化和汽化而达到去除材料的目的。为了充分发挥电火花成型加工机床的功能，应当了解和掌握电火花加工的基本工艺规律，针对不同的工件材料和技术要求，正确选择合理的工具电极材料以及粗精加工的脉冲参数，确保加工出合理的工件。

下面对电火花加工时的加工速度、工具电极的损耗、加工表面质量及影响加工精度的主要因素进行分析，以提高实际操作水平。

1.影响材料的放电蚀除速度的主要因素

(1)极性效应。仅由于放电时正负极性不同而导致蚀除量不同的现象称为极性效应。在电火花加工过程中，通常把工件与脉冲电源正极相连接时的加工称为“正极性”加工；反之，把工件与脉冲电源负极性连接时的加工称为“负极性”加工，或称为“反极性”加工。在实际工作中，应当注意这个区别。

产生极性效应的原因很复杂，对这一现象的粗略解释是：在电火花放电时，正极放电部分分别受到负离子和正离子的碰击，使两极表面获得的能量不同，因此熔化、汽化抛出的材料也不相同。由于电子的质量和惯性都很小，容易获得很高的加速度和速度，所以在击穿放电的初始阶段就有大量的电子射到正极，把能量传递给正极表面，使正极材料迅速熔化、汽化；而正离子则因其质量和惯性均较大，启动加速慢，故在放电初始阶段只有少量离子到负极表面。当窄脉冲宽度加工(大多用于精加工)时，负电子对正极的碰击作用大于离子对负极的碰击作用，正极材料的蚀除速度高于负极材料的蚀除速度，所以精加工时，工件应接脉冲电源的正极，即应采用正极性加工。而当放电持续时间长(脉冲宽度大)时，正离子有足够时间加速到达负极表面，离子数随脉冲宽度的增大而增多，由于正离子质量大，传递给负极的能量就大，导致负极材料的蚀除就高于正极。因此，当采用窄脉冲(例如纯铜电极加工铜时。脉冲宽度 $t_i<10\ \mu s$)精加工时，应选用正极性加工；当采用长脉冲(例如纯钢加工钢时，脉冲宽度 $t_i>80\ \mu s$)粗加工时，应采用负极性加工，可以得到较高的蚀除速度和较低的电极损耗。在实际加工中，应当充分利用极性效应的积极作用。

(2)电参数对电蚀量的影响。

①脉宽。脉冲宽度对加工速度有很大的影响。在峰值电流不变的情况下，脉宽加大时，加工速度愈高，但当脉宽太大时，因为扩散的能量加大，反而会使生产率下降。

②脉冲间隔。脉冲间隔对单个时间内的脉冲数(脉冲频率)有直接的影响。脉冲间隔减小，放电频率提高，生产率相应提高，但当脉冲频率高到一定数值后，反而会使生产率下降。

③放电脉冲平均功率。在正常情况下，加工速度与平均速度成正比，即增大单个脉冲能量(增大峰值电流电压)及减少脉冲间隔，一般均有利于提高加工速度。但随着单个脉冲能量的增加，工件表面粗糙度也随之增大。而脉冲间隔过短，来不及消电离，则易产生电弧放电而损伤工件。所以，在实际应用中要综合考虑利弊，选择合适的电参数。

(3)金属材料热学常数对电蚀量的影响。所谓热学常数是指熔点、沸点(汽化点)、热导率、比热容、熔化热、汽化热等。

每次脉冲放电时，通道内及正、负电极放电点都瞬时获得大量热能。而正、负电极放电点所获得的热能，除一部分由于热传导散失到电极其他部分和工作液中外，其余部分将依次消耗在：

①使局部金属材料温度升高直至达到熔点，而每 1 g 金属材料升高 1℃(或 1 K)所需之热量即为该金属材料的比热容。

②每熔化 1 g 材料所需之热量即为该金属的熔化热。

③使熔化的金属液体继续升温至沸点，每克材料升高 1℃所需之热量即为该熔融金属的比热容。

④使熔融金属汽化，每汽化 1 g 材料所需的热量称为该金属的汽化热。

⑤使金属蒸气继续加热成过热蒸气，每克金属蒸气升高 1℃所需的热量为该蒸气的比热

容。显然当脉冲放电能量相同时，金属的熔点、沸点、比热容、熔化热、汽化热愈高，电蚀量将愈少，愈难加工；另一方面，热导率愈大的金属，由于较多地把瞬时产生的热量传导散失到其他部位，因而降低了本身的蚀除量。而且当单个脉冲能量一定时，脉冲电流幅值 i_c 愈小，即脉冲宽度 t_i 愈长，散失的热量也愈多，从而影响电蚀量的减少；相反，若脉冲宽度 t_i 愈短，脉冲电流幅值 i_c 愈大，由于热量过于集中而来不及传导扩散，虽使散失的热量减少，但抛出的金属中汽化部分比例增大，多耗用不少汽化热，电蚀量也会降低。因此，电极的蚀除量与电极材料的热导率以及其他热学常数、放电持续时间、单个脉冲能量有密切关系。由此可见，当脉冲能量一定时，都会各有一个使工件电蚀量最大的最佳脉宽。由于各种金属材料的热学常数不同，故获得最大电蚀量的最佳脉宽也是不同的；另外，获得最大电蚀量的最佳脉宽还与脉冲电流幅值有相互匹配的关系，它将随脉冲电流幅值 i_c 的不同而变化。

如图 9-64 所示，描绘了在相同放电电流情况下，铜和钢两种材料的电蚀量与脉宽的关系，从图中可以看出，当采用不同的工具、工件材料时，选择脉冲宽度在 t_i' 附近时，再加以正确选择极性，既可以获得较高的生产率，又可以获得较低的工具损耗，有利于实现“高效低损耗”加工。

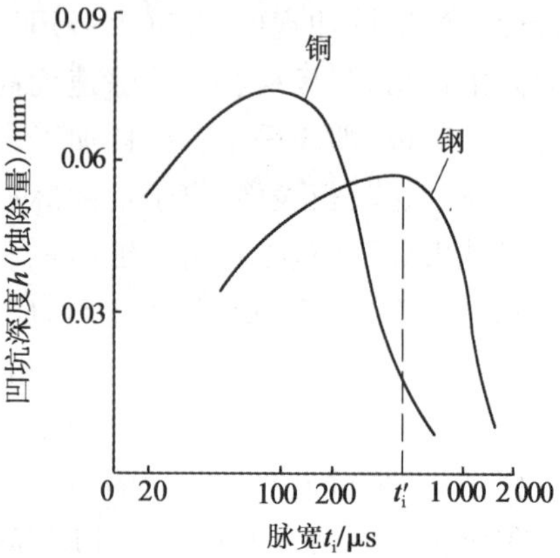

图 9-64　不同材料加工时电蚀量与脉宽的关系

(4)工作液对电蚀量的影响。在电火花加工过程中，工作液的作用是：形成火花击穿放电通道，并在放电结束后迅速恢复间隙的绝缘状态；对放电通道产生压缩作用；帮助电蚀产物的抛出和排除；对工具、工件的冷却作用；因而对电蚀量也有较大的影响。介电性能好、密度和黏度大的工作液有利于压缩放电通道，提高放电的能量密度，强化电蚀产物的抛出效应，但黏度大不利于电蚀产物的排出，影响正常放电。目前电火花成型加工主要采用油类作为工作液，粗加工时采用的脉冲能量大、加工间隙也较大、爆炸排屑抛出能力强，往往选用介电性能、黏度较大的机油，且机油的燃点较高，大能量加工时着火燃烧的可能性小；而在中、精加工时放电间隙比较小，排屑比较困难，故一般均选用黏度小、流动性好、渗透性好的煤油作为工作液。

(5)影响电蚀量的一些其他因素。首先是加工过程的稳定性，加工过程不稳定将干扰以致破坏正常的火花放电，使有效脉冲利用率降低。加工深度、加工面积的增加，或加工型面复杂程度的增加，都不利于电蚀产物的排出，影响加工稳定性；降低加工速度，严重时将造成结炭拉弧，使加工难以进行。为了改善排屑条件，提高加工速度和防止拉弧，常采用强迫冲油和工具电极定时抬刀等措施。如果加工面积较小，而采用的加工电流较大，也会使局部电蚀产物浓度过高，放电点不能分散转移，放电后的余热来不及传播扩散，积累起来，造成过热，形成电弧，破坏加工的稳定性。电极材料对加工稳定性也有影响，钢电极加工钢时不易稳定，纯钢、黄铜加工钢时则比较稳定。脉冲电源的波形及其前后沿陡度影响着输入能量的集中或分散程度，对电蚀量也有很大影响。电火花加工过程中电极材料瞬时熔化或汽化而抛出，如果抛出速度很高，就会冲击另一电极表面而使其蚀除量增大；如果抛出速度较低，则当喷射到另一电极表面时，会反黏和涂覆在电极表面，减少其蚀除量。此外，炭黑膜的形成也将影响到电极的蚀除量。如果工作液是以水溶液为基础的，如去离子水、乳化液等，还会产生电化学阳极溶解和阴极电镀沉积现象，影响电极的蚀除量。

2.加工速度与工具电极的损耗速度

电火花加工时，工具电极和工件同时遭到不同程度的电蚀，单位时间内工件的电蚀量称之为加工速度，亦即生产率；单位时间内工具电极的电蚀量称之为损耗速度。

(1)加工速度。一般常用单位时间蚀除的材料体积来表示加工速度(mm^3/min)，有时也用单位时间蚀除的材料质量(g/min)来表示。由前面内容可知，提高加工速度的途径主要有提高放电脉冲频率及增大单个脉冲能量等方式。通过压缩脉冲间隔可提高放电脉冲频率，但脉冲间隔过短容易产生电弧放电，反而降低加工速度。而增大单个脉冲能量主要依靠加大脉冲峰值电流及加大脉冲宽度，但也要适度，高加工速度只适合于电火花成型加工的粗加工。

电火花成型加工的加工速度，粗加工(加工表面粗糙度 R_a 10～20 μm)时可达 200～1 000 mm^3/min，半精加工(R_a 2.5～10 μm)时降低到 20～100 mm^3/min。精加工(R_a 0.32～2.5 μm)时一般都在 10 mm^3/min 以下。随着表面粗糙度值的减小，加工速度显著下降。加工速度与加工电流 i_e 有关。对电火花成型加工，约每安培加工电流的速度为 10 mm^3/min。

(2)工具电极的损耗速度。在生产实际中，人们关心的是工具电极是否耐损耗，通常用“相对损耗”来评价。电极相对损耗＝电极损耗体积/去除工件体积×100%，为了降低电极的相对损耗，必须充分利用放电过程中的极性效应、吸附效应和传热效应，同时要选用适宜的材料制作电极。

①正确地选择极性。一般来说，在短脉冲精加工时采用正极性加工(即工件接电源正极)，而在长脉冲粗加工时则采用负极性加工。人们曾对不同脉冲宽度相加工极性的关系做过许多试验，得出了如图 9-65 所示的试验曲线。试验用的工具电极为 ϕ6 mm 的纯铜，加工工件为钢，工作液为煤油，矩形波脉冲电源。加上电流峰值为 10 A。由图 9-65 可见，负极性加工时，纯铜电极的相对损耗随脉冲宽度的增加而减少，当脉冲宽度大于 120 μs 后，电极相对损耗将小于 1%，可以实现低损耗加工(相对损耗小于 1%的加工)。如果采用正极性加工，不论采用哪一挡脉冲宽度，电极的相对损耗都难低于 10%。然而在脉宽小于 15 μs 的窄脉宽范围内，正极性加工的工具电极相对损耗比负极性加工小。

②利用吸附效应。在用煤油之类的碳氢化合物作工作液时，在放电过程中将发生热分解，而产生大量的碳，还能和金属结合形成金属碳化物的微粒，即胶团。中性的胶团在电场作用下可能与其可动层(胶团的外层)脱离，而成为带电荷的碳胶粒。电火花加工中的碳胶粒一般带负电荷，因此，在电场作用下碳胶粒向正极移动，并吸附在正极表面。如果电极表面瞬时温度在 400℃左右，且能保持一定时间，即能形成一定强度和厚度的化学吸附碳层，通常称之为炭黑膜，由于碳的熔点和汽化点很高，可对电极起到保护和补偿作用，从而实现“低损耗”加工。由于炭黑膜只能在正极表面形成，因此，要利用炭黑膜的补偿作用来实现电极的低损耗，必须采用负极性加工。为了保持合适的温度场和吸附炭黑的时间，增加脉冲宽度是有利的。实验表明：当峰值电流、脉冲间隔一定时，炭黑膜厚度随脉宽的增加而增厚；而当脉冲宽度和峰值电流一定时，炭黑膜厚度随脉冲间隔的增大而减薄。这是由于脉冲间隔加大，引起放电间隙中介质消电离作用增强，胶粒扩散，放电通道分散，电极表面温度降低，使“吸附效应”减少，反之，随着脉冲间隔的减少，电极损耗随之降低。但过小的脉冲间隔将使

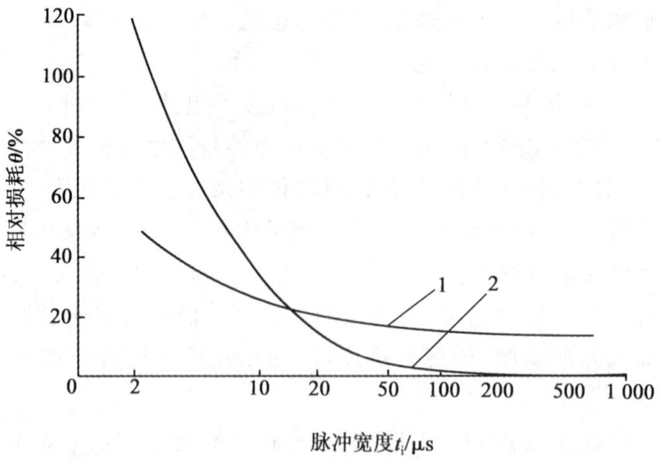

图 9-65 电极相对损耗与极性、脉宽的关系

1-正极性加工；2-负极性加工

放电间隙来不及消电离和使电蚀产物扩散，因而造成拉弧烧伤。影响“吸附效应”的除上述电参数外，还有冲、抽油的影响。采用强迫冲、抽油有利于间隙内电蚀产物的排出，使加工稳定；但强迫冲、抽油使吸附、镀覆效应减弱，从而增加了电极的损耗。因此，在加工过程中采用冲、抽油时要注意控制其冲、抽油压力不要过大。

③利用传热效应。对电极表面温度场分布的研究表明，电极表面放电点的瞬时温度不仅与瞬时放电的总热量(与放电能量成正比)有关，而且与放电通道的截面积有关，还与电极材料的导热性能有关。因此，在放电初期限制脉冲电流的增长率(d_i/d_t)对降低电极损耗是有利的，使电流密度不致太高，也就使电极表面温度不致过高而遭受较大的损耗。脉冲电流增长率太高时，对在热冲击波作用下易脆裂的工具电极(如石墨)的损耗，影响尤为显著。另外，由于一般采用的工具电极的导热性能比工件好，如果采用较大的脉冲宽度和较小的脉冲电流进行加工，导热作用使电极表面温度较低而减少损耗，工件表面温度仍比较高而遭到蚀除。

④选用合适的材料。钨、钼的熔点和沸点较高，损耗小，但其机械加工性能不好，价格又贵，所以除线切割外很少采用。铜的熔点虽较低，但其导热性好，因此损耗也较少，又能制成各种精密、复杂电极，常用作中、小型腔加上用的工具电极。石墨电极不仅热学性能好，而且在长脉冲粗加工时能吸附游离的碳来补偿电极的损耗，所以相对损耗很低，目前已广泛用作型腔加工的电极。铜碳、铜钨、银钨合金等复合材料，不仅导热性好，而且熔点高，因而电极损耗小，但由于其价格较贵，制造成型比较困难，因而一般只在精密电火花加工时采用。

上述诸因素对电极损耗的影响是综合作用的，根据实际生产经验，在煤油中采用负极性粗加工时，脉冲电流幅值与放电脉冲宽度的比值(i_e/t_e)满足如下条件时，可以获得低损耗加工：

石墨加工钢：$i_e/t_e \leqslant 0.1 \sim 0.2$ A/μs

铜加工钢：$i_e/t_e \leqslant 0.06 \sim 0.12$ A/μs

钢加工钢：$i_e/t_e \leqslant 0.04 \sim 0.08$ A/μs

以上低损耗条件的经验公式并不完善，其中没有包含脉冲间隔对电极损耗的影响，但在生产中仍有很大的参考价值。在实际应用中，由于有的脉冲电源没有等脉冲功能，因此常以电压脉宽 t_i 代替 t_e，以便于参数的设定。

3.影响加工表面质量的主要因素

表面质量主要包括表面粗糙度、表面组织变化层以及表面微观裂纹。

(1)表面粗糙度。电火花加工表面粗糙度主要取决于单个脉冲能量，单个脉冲能量越高，表面粗糙度越粗糙。通常用微观轮廓平面的平均算术偏差 R_a 来表示，有时也用微观轮廓不平度平均高度值 R_z 或微观轮廓平面度的最大值 R_{max} 来表示。

电火花加工的表面粗糙度和加工速度之间存在着很大的矛盾。例如，当表面粗糙度 R_a 由 2.5 μm 提高到 1.25 μm 时，加工速度将下降至原来速度的 1/10。目前国内电火花加工表面粗糙度的最高加工水平已达 0.02 μm。近几年，国内外又出现了“混粉镜面加工”新工艺，可加工出 R_a 0.01～0.02 μm 的镜面，后面将加以介绍。

工件的材质对加工表面粗糙度也有一定的影响。例如，粉末冶金的高熔点材料(硬质合金)，在相同脉冲能量下加工表面粗糙度要比熔点低的钢件好，但加工速度比加工钢件速度慢。精加工时，工具电极的表面粗糙度对加工表面质量也有一定的影响，但并不是直接的对应关系。

也就是说只要其他条件适宜(最关键的是单个脉冲能量)，工具电极的 R_a 为 0.2 μm 时，也可以加工出 R_a 为 0.05 μm 的表面来。只有工具电极表面粗糙度明显不良时，才会对加工表面的质量有明显的影响。

(2)表面组织变化层。放电加工后，工件的表面物理、化学和机械性能均有变化。放电产生瞬间高温使工件表层熔化、汽化，大部分熔化的材料在爆炸力的作用下被抛出，小部分滞留原处，被工作液冷却而迅速凝固，其晶粒非常小，抗腐蚀能力很强。熔化层的厚度随脉冲能量的增大而增大，但一般不超过 0.1 mm，大多在 0.01～0.03 mm，粗加工时的变化层厚度可达 0.1～0.5 mm，精加工及微细加工时为 0.003～0.01 mm。

未经淬火的钢在电火花加工后，表面有淬火现象，硬度提高且耐磨。淬火钢经电火花加工后，表面出现重新淬火层和热影响层，电参数、冷却条件和工件原热处理状态不同，其表面硬度可能降低，也可能提高。因此它的厚度主要靠测定其显微硬度值来确定。

(3)表面微观裂纹。电火花加工表面由于熔化后再凝固，所以存在较大的抗应力，有时存在显微裂纹。如果材料的抗拉强度高，则裂纹敏感性差，加工硬质合金和陶瓷等脆性材料时，更易产生微观裂纹，同样，随着材料的脆性、脉冲宽度及单个脉冲能量的加大，裂纹产生的可能性也加大，反之，则不易产生裂纹。因此电火花粗加工后，应进行精加工，将变化层的深度尽量减少，以满足工件的使用要求。

4.影响电火花成型加工精度的主要因素

影响电火花成型加工精度的因素很多，除电火花成型加工机床的机械强度、传动精度、控制系统精度及电极装夹精度等非电火花加工工艺因素对加工精度有直接影响外，影响电火花成型加工精度的工艺因素还有以下几个。

(1)放电间隙的大小及其一致性。当放电间隙一定时，不会影响加工精度。但实际加工中，有关参数不可避免地要发生变化，特别是排屑条件及放电间隙中电蚀产物浓度的变化，导致加工区域二次放电机会不同，从而使得放电间隙不均匀，产生斜度及不均匀圆角等。

产生加工斜度的情况如图 9-66 所示，由于工具电极下端部加工时间长、绝对损耗大，而电极入口处的放电间隙则由于电蚀产物的存在、“二次放电”的概率大而扩大，因而产生了加工斜度。

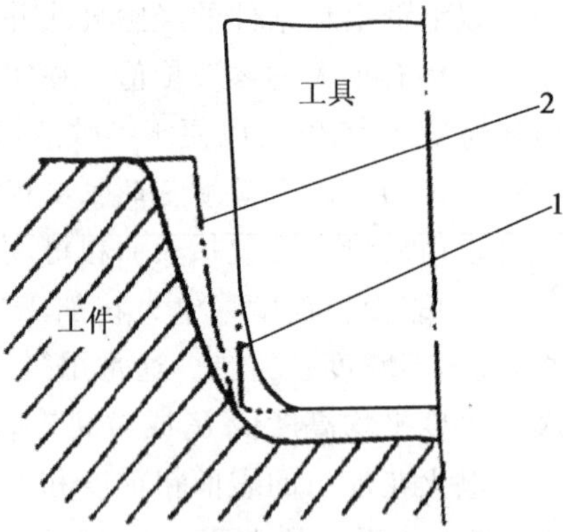

图 9-66　电火花加工时的加工斜度

1-电极无损耗时工具轮廓线；2-电极有损耗而不会考虑二次放电时的工件轮廓

(2)工具电极的影响。

①由于电火花成型加工是“仿形”加工，所以工具电极的制造精度对加工精度有直接影响。

②工具电极的损耗也直接影响成型加工的精度。电极损耗越小，仿形越精确，加工精度就越高，在放电加工时，由于间断部位电场强度大而出现尖端放电现象，使电极的尖角及棱边的损耗较大，直接影响了仿形精度。脉冲电压越高，单个脉冲能量越大，尖角和棱边外的损耗也就越大。因此采用交频窄脉宽精加工，放电间隙小，圆角半径可以明显减少，因而提高了仿形精度。

③要正确选择加工的极性，充分利用极性效应。粗加工时采用负极性加工，而精加工时采用正极性加工，都有助于减少电极损耗，提高加工精度。但应注意：只有用钢制作工具电极加工钢工件时，不论粗精加工，一律采用负极性加工，才能获得低损耗。

三、电极

电极为电火花加工用的工具，故称为工具电极或电极。

1. 电极材料及其加工性能

电火花成型加工常用电极材料性能及其特点，如表 9-27 所示。

表 9-27　电极材料及其加工性能

电极材料	钢	铸铁	紫铜	石墨	黄铜	铜钨、银钨合金
加工稳定性	较差	一般	好	较好	好	好
电极损耗	一般	一般	一般	较小	较大	小
机加工性能	好	好	差	较好	好	一般
特点	常用于冲压模具加工，多以凸模为电极，加工凹模	常用于加工冷冲模的电极	磨制困难，不宜作为微细加工用电极	机械强度较低，适用于大模型加工用电极	电极损耗太大，用于加工时可进行补偿的加工场合	价格偏贵，但对精度微细加工特别适宜
材质	以锻件为好	最好用优质铸铁	以无杂质锻打的电解铜最好	细粒致密、各向同性高纯石墨	冷拔或轧制棒或钢板	粉末冶金，以粒度细的为好

在实际生产中较多使用的是纯铜(紫铜)和石墨,它们的共同特点是在大脉冲粗加工时,均能实现低损耗。

(1)紫铜的特点。

①加工时电极的损耗比石墨小。

②采用微细加工时,加工表面能达到 $R_a \leqslant 0.1\ \mu m$。

③用过的电极经改制后还可以再次使用,材料的利用率高。

(2)石墨电极的特点。

①密度小,适于制作大型零件或模具加工用工具电极,整体质量小。

②机械加工性能好,易于成型及修正。

③点加工性能好,特别是在大脉宽粗加工时,电极损耗比铜小。

当然,石墨电极最大的弱点是加工时易发生电弧烧伤;其次,精加工时电极损耗比紫铜大。故在大脉冲、大电流、粗加工时使用石墨电极,而精密加工时大多采用铜电极。

2.电极设计要点

电火花加工时,电极的设计很重要,应针对模具形状的复杂程度、工件与电极的材质、加工时拟选用的电参数等确定电极的结构和各部分尺寸。

(1)加工型腔模具时,与主轴头进给方向垂直的电极截面尺寸应取为相应型腔的中间公差尺寸加(或减)双边或单边放电间隙。为防止加、减混淆,不妨采用作图法计算,如图 9-67 所示。

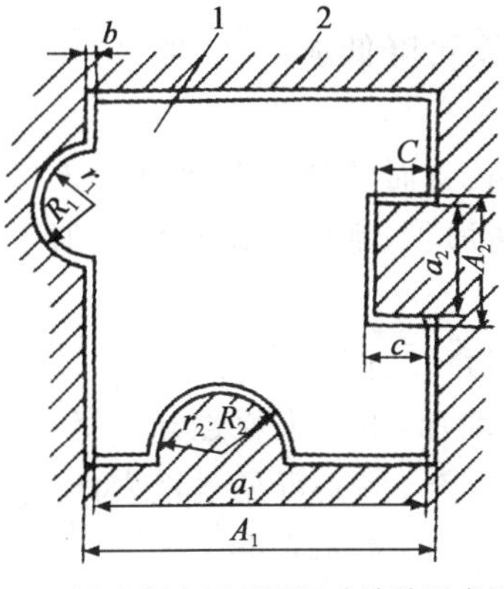

(a) 电极水平截面尺寸缩放示意图

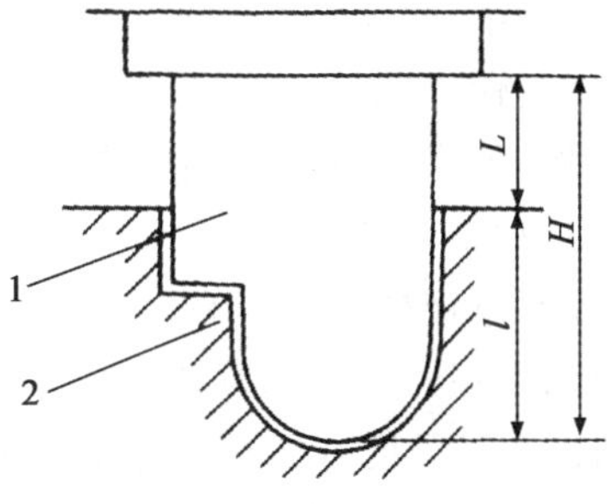

(b) 电极总高度确定说明图

图 9-67　电极截面尺寸缩放示意图

1-电极;2-工件

(2)对于某些注塑模具,可以直接用塑料样件制作电极。将塑料样件清除毛刺,进行表面处理,彻底清除去油污后,在塑料样件表面化学沉积一层银或铜。然后放入镀槽中进行快速电镀(又称电铸),镀层厚约 1 mm,将其与塑料样件剥离,就可获得塑料样件的阴模,对此薄的铜阴模进行电铸,使电镀层厚度为 3～4 mm 后,将其与阴模剥离,即可获得加工此塑料样件注塑模用的电极。

(3)对于冷冲模而言,为保证型孔精度,电极的有效长度(总长度减去夹持部分后剩余的长度)通常取型孔工件高度的 2～3 倍。当需要一个电极加工多个型孔时,则应考虑电极的损耗，尤其长度方向的损耗，应适当加大电极的有效长度。若脉冲电源只有低损耗功能（指电极相对损耗不大于 5%），则电极的有效长度可大大缩短。

(4)型腔电极的设计。由于型腔是三维的，型腔电极不但需要考虑横断面的形状与尺寸，还需要考虑垂直断面的形状与尺寸，有时还要根据电极损耗的试验数据适当调整某些尺寸，或从间隙中工作液流考虑，在某些部位需加开排气孔或冲液孔。型腔模具一般均为盲腔，加工时排气及排屑状况如何将直接影响加工速度、加工稳定性、仿形精度及加工表面的粗糙度。为避免在某些局部（拐角，窄缝及电极突出部分等处）因排屑不畅、二次放电频率加大，使电极与工件蚀除量加大，导致仿形精度变差，应在这些部位开设冲油孔，以加快蚀除物的排除。而在比较大的平面或者工件的凸台处（即电极端面凹入部分），则应开设排气孔，使这些部分的气体能顺利排出而不致"放炮"，为了防止工件表面加工后残留凸起，冲油孔及排气孔的直径应小于 2 mm。具体开孔的数目及其孔的位置计算很复杂。通常孔距在 30～50 mm 之间，孔径不要排成一线，而应尽可能相互交替。随着三轴、四轴甚至五轴联动的电火花机床和高速数控铣床的相继问世，利用电极（或刀具）与工件的联合运动，采用简单形状的电极和刀具就能加工出需要的三维型腔或用五坐标数控铣床加工出所需的电极，用于工件的电火花成型加工，使电极的设计工作大为简化。

3.影响电极损耗的主要问题

(1)工具电极材料对电极损耗影响很大。熔点、沸点越高，导热性越好，电极损耗越小。银钨合金、铜钨合金属于低损耗电极材料。电极材料的选用要综合考虑工件要求、工艺性及生产成本，不能盲目追求低损耗。

(2)电参数对电极损耗的影响也较大，加大脉冲宽度可降低损耗，但也存在一个最佳范围，超过这个范围，损耗又将加大。

(3)对于极性，一般来说，粗加工时应使用负极性加工，而精加工时要改为正极性加工。但要记住特例，即当采用"钢打钢"的时候，无论是粗、精加工，都应采用负极性加工，才能实现电极低损耗加工。

(4)黑膜对电极损耗的影响。当采用煤油作为工作介质、使用紫铜电极加工时，电极表面会出现一层黑膜。随着脉宽的增加，黑膜厚度会逐渐增加，电极损耗逐渐下降。当脉宽大于 200 μs 时，黑膜厚度可达 0.01 μm，此时电极损耗均小于 1%。可见电极表面黑膜的形成有利于降低电极损耗。当黑膜厚度超过 0.01 μm 后，电极相对损耗可小于 1%。

在一定范围内，电火花精加工实现低损耗是可能的。但越有利于形成黑膜时也越容易形成电弧放电，这就要求脉冲电源的控制系统应当尽量完善，才不致破坏黑膜的形成，又不会产生电弧。

总之在煤油介质中，用紫铜做工具电极并采用负极性加工时，电极表面均有黑膜形成，随黑膜厚度的增加，电极损耗随之降低。当黑膜厚度达到 0.01 μm 后，电极可实现低损耗，可见黑膜不是电极低损耗的结果；相反，由于黑膜的保护和补偿作用使电极损耗得到进一步降低或无损耗，所以黑膜是降低电极损耗的重要原因之一。

(5)当型腔较深或加工面积较大、形状较复杂时，电蚀产物排出较困难，加工产生的大量气体应及时排出，防止气体聚集在某部位导致压力增加而产生"放炮"现象，因此工具电极上大多开有冲油孔和排气孔，采用强迫冲液使加工蚀除物及气体及时排出。但是，当冲油压力增大时，电极损耗随之增大，这是由于冲油压力增大后，对电极及加工表面的冲刷作用增强，电蚀产物中游离碳浓度下降且不易黏附到电极表面，使铜电极表面黑膜的沉积速度变缓。同时由于电极端面各部分流场不均匀，导致表面黑膜厚度不均匀，从而直接影响加工精度，且加工表面易出现流场不均匀条纹。故冲油压力及介质流速皆不宜高，以偏低些为好。通常为 20～40 kPa。

4. 电极夹头

(1)目前国内生产的各类型号、规格的普通电火花成型机床，大多只备有一个带垂直度调节装置的电极夹头。其结构如图 9-68 所示。

工具电极固定在电极固定板 4 上，当工具电极轴线与工作台端面不垂直时，可通过夹具上的前后左右四个调节螺钉进行调节，直到合格为止。

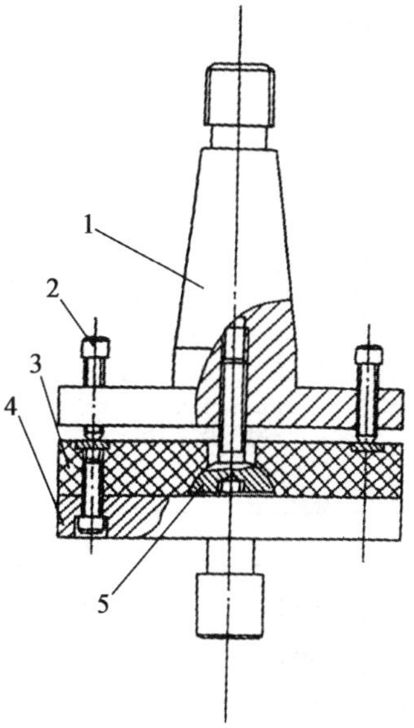

图 9-68　带垂直度调节装置的夹头

1-锥柄；2-调节螺钉；3-绝缘垫；4-电极固定板；5-球头螺钉

(2)质量较大的电极，以及需要多次更换电极才能完成加工任务时，则可以使用三爪卡盘装夹，如图 9-69 所示。只要将电极夹柄制成标准外径，且与工具电极相对位置一致，即使多次更换，也能保证电极位置的准确性。

(3)对于批量加工的工件来说，其工具电极或工件的重复装夹要求既方便，且位置重复精度高，采用图 9-70 所示的定位夹钳，在夹钳中间有两个定位块，只要工件或工具电极上配置两个定位槽，装夹就十分方便。

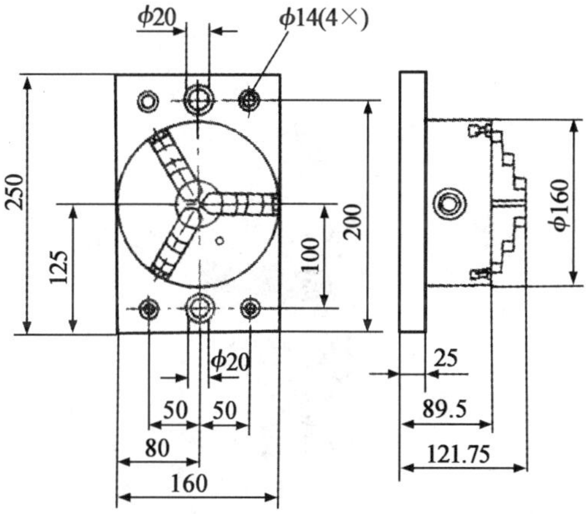

图 9-69　三爪卡盘(单位：mm)

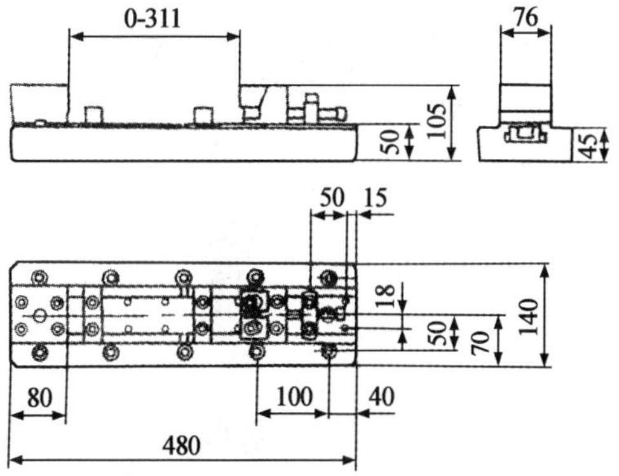

图 9-70　定位夹钳(单位：mm)

(4)对于精度不高，只要求某一方向定位准确且装夹要快捷时，采用精密台钳装夹十分方便。图 9-71 所示为精密台钳的结构示意图。应根据电极装夹部位的尺寸，选择不同规格的台钳。

(5)对于需多次更换电极，而且位置要求很高时，则可以选用有精确定位的夹具，如图 9-72 所示为 3R 精密定位夹具。夹具的四个互相垂直的凸台是经过精密磨削的，定位准确，由于夹具外形也是互相垂直的立面，因此多个电极在装入夹具前，先将位置校准，当更换新电极时，找正将十分便捷。

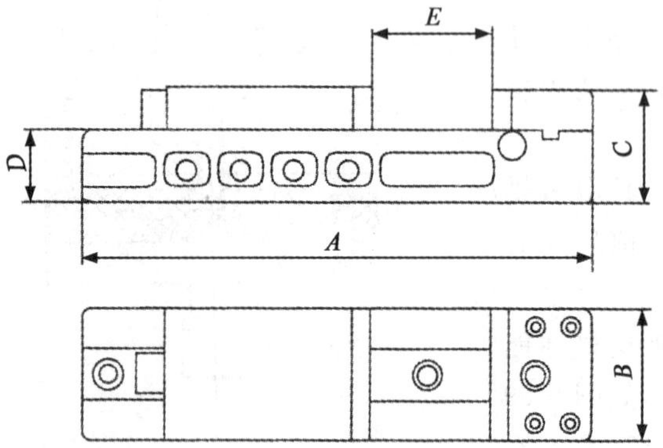

图 9-71　精密台钳

图 9-72　3R 精密定位夹具

当电极柄尺寸一致且均为圆柱形时，可使用 3R 系列中的手动多电极加工用轻便夹具，如图 9-73 所示。电极可以先装上电极柄，然后再在数控铣床上加工。这样各个电极的 Z 向坐标就可以在装入电火花机床夹头时作为基准。

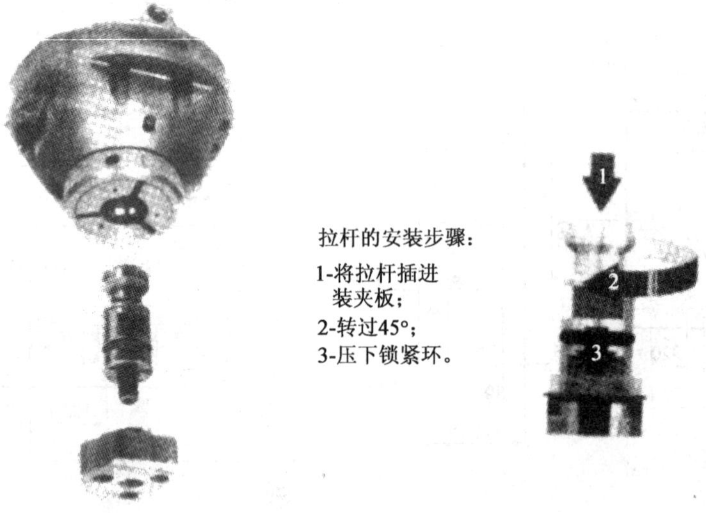

图 9-73　手动多电极加工用轻便夹具

高档电火花机床大多配有工具电极自动更换系统（ATC）。如图 9-74 所示，它是一种直线或工具电极自动更换系统外形图。所有电极由机械手按预定的程序自动更换。为了实现自动加工，加工用电极可预先制备。将电极坯料固定在夹持板上，在数控铣床上将电极按设计要求加工完成后，电极与夹持板一并储存待用。这样大大缩短预加工工时，使整个加工周期缩短。

图 9-74　工具电极自动更换系统外形图

四、数控电火花成型机床面板的说明及操作

在简要介绍了有关电火花成型的相关知识后，下面具体介绍一下数控电火花成型机床的编程知识，以泰安伟豪机械有限公司生产的单立柱式电火花成型机床为例，如图 9-75 所示。

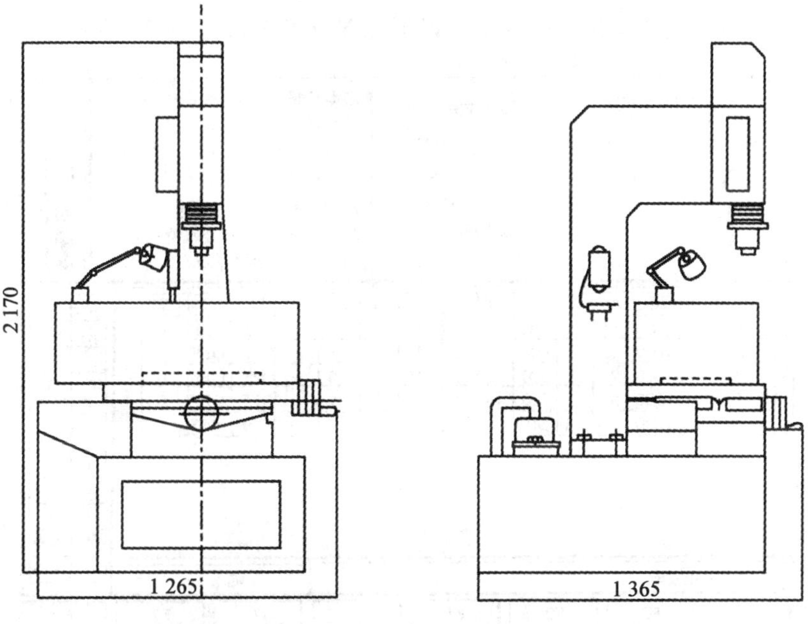

图 9-75　电火花成型机床(EDM-300)(单位:mm)

1. 数控电火花成型机床的操作按键功能

该数控电火花成型机床的操作按键主要位于控制器上，各按键位置如图 9-76 所示，其按键操作功能说明如表 9-28 所示。

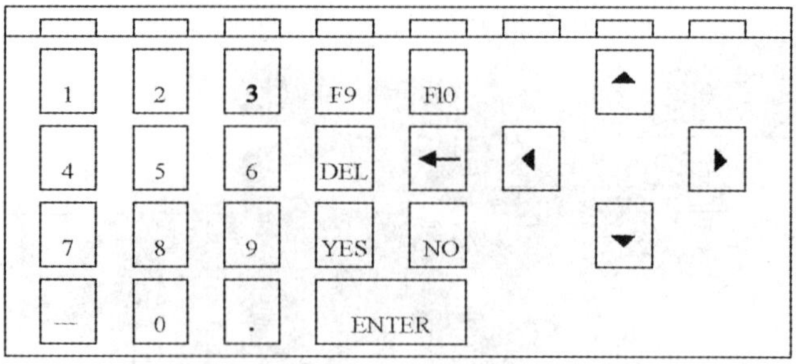

图 9-76　各按键位置

表 9-28　按键操作功能说明

F1:单节放电设定	F6:找中心点
F2:自动放电设定	F7:放电条件设定
F3:程式编辑	F8:机械参数设定
F4:位置归零	F9:放电计数归零
F5:位置设定	F10:放电参数自动匹配
F 数字键:0～9	→←↑↓:移动游标指定轴向

2.数控电火花成型机床的操作界面

数控电火花成型机床操作界面主要由以下几部分组成,如图 9-77 所示。

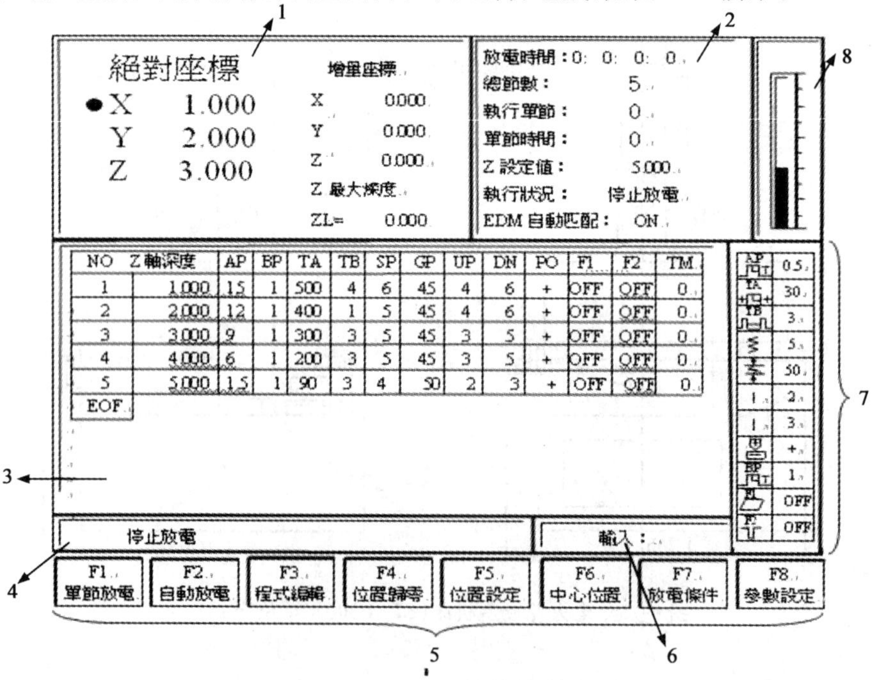

图 9-77　电火花成型机操作界面

1-位置显示窗口用来显示各轴位置,包含绝对坐标及增量坐标 X、Y、Z 三个坐标轴;2-状态显示窗口来显示视窗,显示执行状态,包括计时器、总节数、执行单数及 Z 轴设定值;3-程序编辑窗口用来对电火花成型机床的加工程序进行设置和编辑;4-信息视窗显示电火花成型机床加工状态及信息;5-功能键显示窗口显示 F1～F8 操作功能键,以供操作者进行选择;6-输入视窗显示输入值;7-EDM 参数显示视窗 EDM 参数操作更改;8-加工深度视窗以图示显示加工深度。

3. 数控电火花机床的手动放电操作

在电火花成型加工中，操作者如果需要直接控制机床加工时，可以选择手动放电操作，如图 9-78 所示。

图 9-78　手动放电加工操作界面

其操作步骤如下。

(1)按 F1 功能键进入手动放电操作功能。

(2)键入加工深度的尺寸，按 ENTER 输入。

(3)按下 F7 按钮对放电参数进行调整。

(4)选择液面安全开关是否开放，灯亮时液面安全开关取消，灯灭时，如油槽内油面在指示高度上，按放电即可开始加工，并且打开液面安全开关。若不浸油，须灯亮才可加工。

(5)按放电 ON 开始加工。

(6)当尺寸到达时，Z 轴会自动上升至安全预设之高度，蜂鸣器报警(按“Z—”按钮可消除报警)。

(7)欲再修改 Z 轴深度值时，在停止放电状态下，按 F1 即可修改。

4. 数控电火花成型机床的自动放电加工

在放电加工中，如果需要使用自动加工，可以按下控制面板的 F2 功能键进入自动放电加工模式，自动放电加工与手动放电的不同之处在于自动放电加工是机床按照事先设定好的程序进行执行加工，其操作界面如图 9-79 所示。

使用放电加工时，可以选择 F3 程序编辑窗口中的程序节数进行加工。在加工过程中，程序的执行过程是按照程序的单节号码由小向大逐步执行。而所有的执行状态都会显示在状态栏中，在放电的过程中可以随时更改 F7 放电条件进行加工。

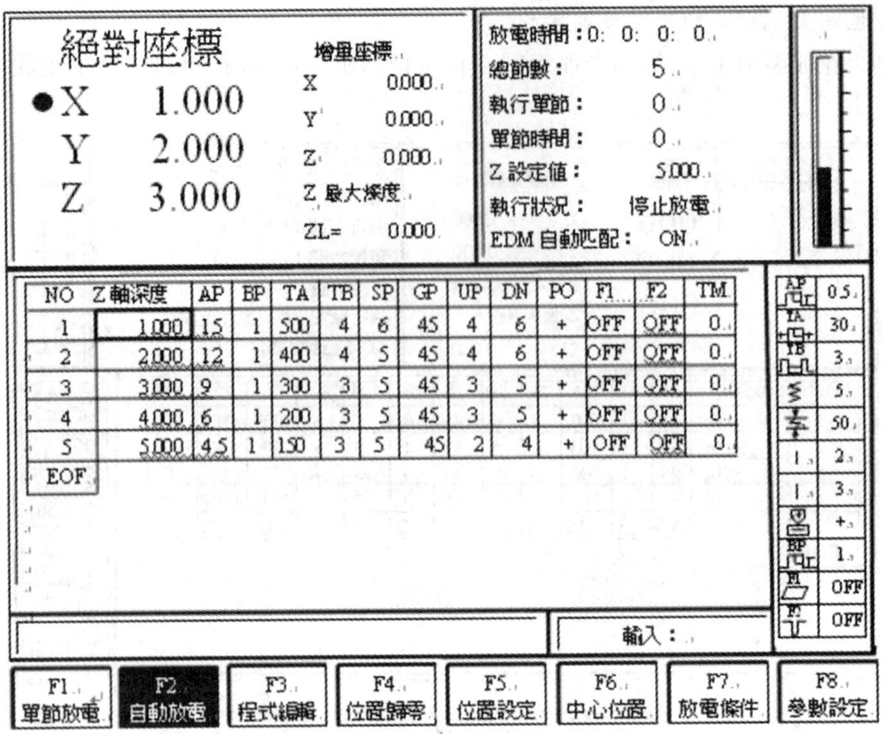

图 9-79　自动放电加工操作界面

当程序编辑完成后，按下放电按钮就可以执行自动放电功能。如果在程序编辑中没有设置计时加工，则当加工位置到达设定位置时，就执行下一节的加工操作，否则如果加工时间到达设定时间，则不管位置是否到达都会往下执行。当加工的程序执行完毕后，数控电火花成型机床的 Z 轴会自动上升到安全高度。

5. 数控电火花成型机床的程序编辑

在数控电火花成型加工中，电火花成型加工的程序设计对零件加工的精度和质量有着较大的影响，因此在进行程序输入之前，必须对零件加工的放电参数进行规划和选择。具体的放电参数选择可以参照相关机床的放电参数设置说明。

操作者可以按下 F3 按钮进入程序编辑器进行程序编辑，如图 9-80 所示。

在程序编辑模式下有以下功能键可供选择。

F1 功能键　插入单节。

F2 功能键　删除单节。

F3 功能键　EDM 参数减少。

F4 功能键　EDM 参数增加。

操作者可以选择上述功能键进行程序编辑，在电火花成型加工中并无程序的节数限制，因此用户可以根据需要进行程序编辑。当输入参数后，程序会自动进行保存。数控电火花成型机床的具体程序编辑步骤如下。

(1)使用上下左右游标键移动至将要进行编辑的位置。

(2)如果是 Z 轴输入框，则使用数字键输入 Z 轴的设定尺寸。

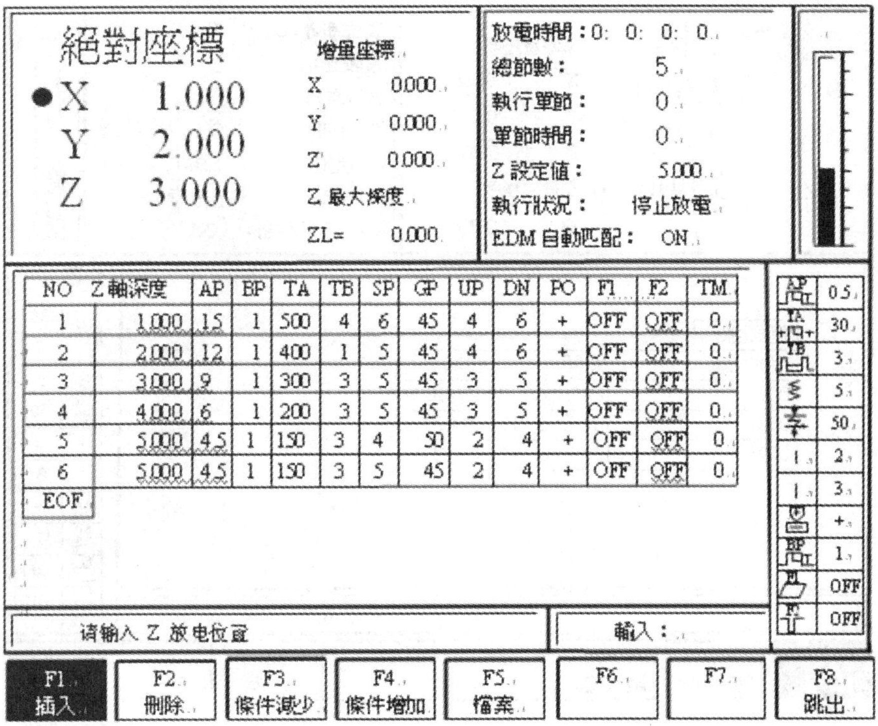

图 9-80 程序编辑界面

(3)如果是 EDM 参数,则使用 F3 或 F4 对放电加工参数进行修改。

(4)使用 F1 功能键插入所需要的程序节数,系统会默认将游标所在的单节参数复制到新建的单节上面。

(5)使用 F2 功能键删除不需要的单节。

(6)完成程序的编辑后,使用 F8 跳出程序编辑窗口。

(7)欲存入目前所编辑之加工数,可按 F5 存档,按 F5 档案出现如图 9-81 所示界面。

①F1 存档→存入档案→键入档案名称(用阿拉伯数字)再按 F8 即存入计算机内。

②F2 删除档案→用↑↓(上、下键)移至欲删除的档案,再按“YES”把档案清除掉。

③F3 记入档案→用↑↓(上、下键)移至欲加工档案名称,按 F3 记入档案,显示记入 OK 时再按 F8 跳出。

6. 数控电火花成型机床的位置归零

在完成了数控电火花成型的程序编辑后,可以对机床的工作坐标进行设定,建立工作点,具体的操作步骤如下。

(1)使用游标移至归零的轴向。

(2)按 F4,将当前轴向坐标轴归零。电流自动改为 0A,Z 轴不抬刀,跳出后自动回复原设定值。

(3)按 Y 键,对当前轴向归零进行确认。

(4)按 N 键,取消当前轴向归零操作。

(5)加工工作面的设置可以采用低能量放电的方式对坐标面零点进行寻找。

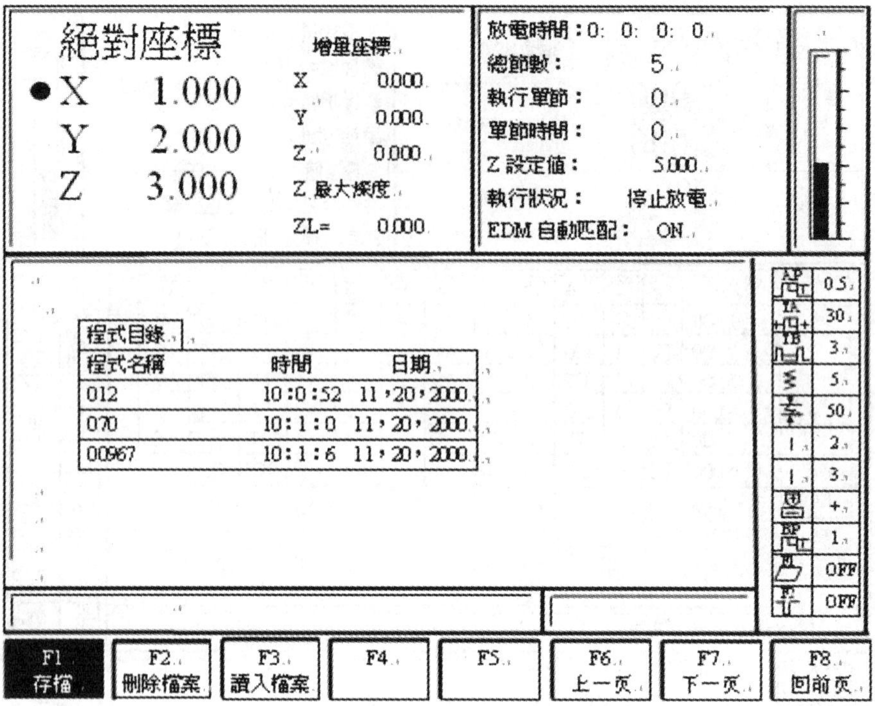

图 9-81　F5 存档画面

7. 对数控电火花成型机床的位置进行设定

当操作者要设定数控电火花机床的工作点时，可以使用 F5 对位置进行设定。

位置设定的操作步骤如下：

(1)使用游标移到位置归零的工作坐标轴。

(2)按 F5 功能键进行位置设定。

(3)按数字键输入要设置的值。

(4)按“ENTER”键进行设置确认。

(5)按退后键取消位置设置。

8. 设定电火花成型机床的位置中心

当使用者要建立工作点中心时，可以使用 F6 对位置中心进行设定。

位置中心设定步骤如下：

(1)使用游标移至归零轴向。

(2)按 F6 进行位置设定。

(3)按“ENTER”进行位置中心确认。

(4)此时所选择的坐标会被除以 2 进行中心设定。

9. EDM 放电条件参数修改

当放电中要修改 EDM 放电条件时，按 F7 放电条件时，可以对放电参数进行修改。

具体的操作步骤如下：

(1)使用上下游标移动到修改的条件。

(2)使用左右游标增加或减少放电参数，所修改的条件会随即被传输到放电系统中，如果将自动匹配打开,则调整时系统会自动匹配其他的参数。

(3)按 F10 关闭自动匹配功能。

(4)系统参数修改。

10. 系统参数修改

在必要的情况下,系统提供了对机床的一些系统参数进行修改的功能,可以对系统的一些机械参数及颜色等进行修改。具体操作步骤如下:

(1)按 F3 存档按钮,输入进入系统的密码。

(2)进入系统修改窗口后,移动游标至要修改的项目,修改参数。

(3)再次按下 F3 存档,输入系统要求的进行保存操作的密码,保存修改的项目,完成系统参数修改。

(4)按下 F8 返回主视窗口。

11. 手控盒操作说明

手控盒功能需打开紧急开关才有作用。

五、数控电火花成型机床加工实例

1. 模型腔数控电火花加工工艺分析

单轴数控电火花机床加工的龙头纪念币花纹模型腔示意图,如图 9-82 所示。用单工具电极直接成型法,这类工艺美术型腔模具的特点:几何形状复杂、轮廓清晰、造型精致、表面粗糙度高,但尺寸精度无严格要求。加工这类模具时,不能加工排屑排气孔,不能冲液(否则造成损耗不均匀),也不能作侧面平动修光,因此,排屑排气困难,必须正确选择加工规准及转换。一般是用低损耗规准一次加工基本成型,只留 0.2～0.3 mm 的余量进行中、精加工。

图 9-82　龙头纪念币

工件采用 45 # 调质钢(T235),无预加工,加工面积约 2 000 mm^2,加工深度 2.8 mm,电火花加工表面粗糙度 R_a 1～1.6 μm;电火花加工前磨上、下两面,表面粗糙度达 R_a 0.8 μm。电极材质为紫铜,用雕刻机加工,加工后检查条纹应清晰无毛刺。

如表 9-29 所示,给出了采用电脑控制的脉冲电源加工龙头纪念币加工规准的选择与转换及每挡规准的加工深度。加工时不冲油,采用定时抬刀。

表 9-29　龙头纪念币加工规准的选择与转换及对应的加工深度

脉冲宽度 /μs	脉冲间隔 /μs	功放管数		平均加工电流 /A	进给深度 /mm	表面粗糙度 /μm	工件极性
		高压	低压				
250	100	2	6	8	2.40	8	负
150	80	2	4	3	2.60	6	负
60	40	2	4	1.2	2.70	3.5～4	负
12	20	2	1	0.8	2.74	2～2.5	负
2	12	2	0.5	0.2	2.77	1.6	正

这类模具电极的制作可采用按图纸雕刻、电铸法成型或腐蚀成型等方法。固定可采用预加工螺纹孔或背面焊接柄的方法,如图 9-83 所示。但注意变形,电极较薄时,可采用附加基准平板,用导电胶将电极与平板黏接在一起的方法,注意粘牢、粘平和电极的变形及导电性。在电极与工件相对位置找正时,可借助块规在 X、Y 两方向最大直径处校正四点的等高,减少深度误差。

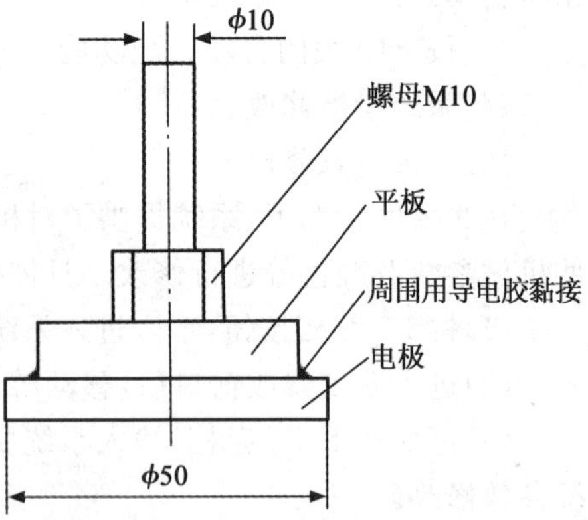

图 9-83　电极结构示意图

2. 加工步骤

(1)首先打开机床电源总开关。

(2)机床回零。

(3)装上电极与夹头,校正垂直,平行基准,将工件放于磁器工作台上,校正平行基准后吸磁固定。

(4)输入程序。

(5)以电极寻工件的放电位置 X、Y 坐标,寻边时将 AT 调至 0A,TA 调至 20～45 μs。

(6)将液位控制开关打开(打开时指示灯为闪烁状),睡眠开关开启(打开时其指示灯亮)。

(7)手动伺服进刀,到达 Z 轴基准面位置,设定放电深度,在进行深度设定时,待电极与工件完全接触之瞬间输入数据,然后视其差值进行 Z 轴补正(不得将 F1 开关压下来设定深度)。

(8)加工液压马达 ON,淹没工件。

(9)放电开关 ON。

(10)观察 V 表,A 表指数,伺服稳定指示灯是否稳定。

(11)确认放电位置是否正确。

(12)加工完毕后,工件电极及相关之图挡放置于相应的指示位置。

【习题】

1. 简述数控电火花成型机床的分类及特点。

2. 试述电火花成型机床的组成及各部分功能。

任务十　其他特种加工技术

【相关知识】

一、特种加工概述

1. 特种加工的概念

什么是特种加工?所谓特种加工,即将电、磁、声、光、化学等能量或其他组合施加在工件的被加工部位上，从而实现材料被去除、变形、改性或表面处理等非传统加工方法。

由于各种新材料、新结构、形状复杂的精密机械零件大量涌现，对机械制造业提出了一系列迫切需要解决的新问题。例如，各种难切削材料的加工；各种结构形状复杂、尺寸或微小或特大、精密零件的加工；薄壁、弹性元件等特殊零件的加工等。对此，采用传统加工方法十分困难，甚至无法加工，于是产生了特种加工技术。近年来，国家加大了制造新技术研发的投入，特种加工技术获得了很大的发展，许多特种加工设备已经投入生产应用。特种加工技术正在向工程化和产业化方向发展。其大功率、高可靠性、多功能、智能化的加工设备成为研发重点。可以展望特种加工技术将会逐渐替代传统加工技术，其发展前景无法估量。

2.特种加工的特点

特种加工具有以下特点：

(1)不用机械能。如激光加工、电火花加工、等离子弧加工、电化学加工等是利用热能、化学能、电化学能。这些加工方法与工件的硬度、强度等机械能无关，故可加工各种高强度、高硬度材料。

(2)非接触加工。有些特种加工不需要工具，有的虽然使用工具，但与工件不接触。因此，工件不承受大的作用力，工具硬度可低于工件硬度，故使刚度极低元件及弹性元件得以加工。

(3)微细加工。有些特种加工，如超声、电化学、水喷射、磨料流等，加工余量的去除大都是微细进行的，故不但可以加工尺寸微小的孔或狭缝，还能获得高精度、极低粗糙度的加工表面。

(4)采用简单进给运动，可以加工出复杂型面的工件。

3.特种加工方法的分类

至今，特种加工方法的分类尚无明确规定，众说纷纭。比较清晰的分类方法是按照加工成型的原理和特点来分类的，可以分为去除加工、增料加工、变形加工、表面加工四大类。

去除加工(分离加工)是去除工件上多余的材料。如电火花线切割加工、电火花成型加工、电解加工、电子束加工、激光加工、超声加工等。

增料加工是将不同的材料结合在一起。此种结合又可分为附着(沉积)加工、注入(渗入)加工、连接加工三种。附着(沉积)加工是在工件表面覆盖一层物质，以达到加工的目的。例如电镀、气相沉积等。注入(渗入)加工是在工件的表面注入某些元素，使之与工件基体材料产生物化反应，以改变工件表层的力学性质，从而达到加工的目的。例如氧化、氮化、活性化学反应；阳极氧化；晶体生长、分子束外延、掺杂、渗碳、烧结；离子束外延、离子注入等。连接加工是将两种相同或不同的材料通过物化的方法连接在一起。例如激光焊接、快速成型加工、卷绕成型、化学黏接等。

变形加工是改变工件形状、尺寸、性能的加工。例如塑性流动加工(气体火焰、高频电流、电子束、激光)，液体流动加工(注塑、压铸)，晶体定向加工。

表面加工是采用一定的能量和手段在工件的外形及体积都不发生变化的情况下，改变工件表面的加工。

4.特种加工方法的选择

目前较为常见的特种加工方法主要是超声加工技术、激光加工技术、电火花加工技术、电化学加工技术、快速成型技术、微细加工技术。具体到产品的加工应选择哪种加工方法，我们应根据工件的不同特点，并结合其生产率及生产成本来做出正确的选择。

(1)电化学加工技术。

①电解加工。适用于加工精度 100～3 μm，表面粗糙度 R_a＝1.25～0.06 μm 的导电金属。型孔、型面、型腔均可。

②电铸加工。适用于加工精度 1 μm，表面粗糙度 R_a＝0.02～0.012 μm 的金属成型小零件。

(2)超声加工技术。适用于加工精度 30～5 μm，表面粗糙度 R_a＝2.5～0.04 μm 的任何硬脆金属和非金属。型孔、型腔均可。

(3)激光加工技术。适用于加工精度 10～1 μm，表面粗糙度 R_a＝6.3～0.12 μm 的任何材料。打孔、切割、焊接、热处理均可。还有一些加工技术，如化学加工、微波加工、红外光加工、电子束加工、离子束加工等等，在此就不涉及了。

二、超声加工技术

超声加工是利用超声振动的工具在有磨料的液体介质中或干磨料中产生磨料的冲击、抛磨、液压冲击及由此产生的气蚀作用来去除材料的多余部分，或给工具或工件沿一定方向施加超声频振动进行振动加工，或利用超声振动使工件相互结合的加工方法。超声波是频率在 2×10^4～10^8 Hz 的波。

1. 超声加工的特点

(1)适合加工各种硬脆材料。既可以加工玻璃、陶瓷、人造宝石、半导体等材料，又可加工淬火钢、硬质合金、不锈钢等硬质或耐热导电的金属材料。

(2)加工精度高。尺寸精度可达 0.03 μm，表面粗糙度 R_a＝0.63～0.08 μm，被加工面也无组织改变，无残余应力。

(3)工具可用较软的材料做成较复杂的形状，且不需要工具和工件作比较复杂的相对运动，便可以加工各种复杂的型腔和型面。基于此，决定了超声加工机床结构简单，易于维护。

(4)与电解加工、电火花加工比较，超声加工效率低。

(5)可以与其他多种加工方法结合应用。

2. 超声加工的应用

(1)型孔、型腔加工。目前生产中的一些模具，如拉涂模、拉丝模多为合金工具钢(如 CrWMn、5CrNiTi、Cr12、Cr12MoV)。若改用硬质合金，以超声加工(电火花加工常有裂纹)则模具寿命可提高 80～100 倍。

(2)清洗。超声清洗是一种高效和高生产率的清洗方法。清洗金属件可采用水基清洗剂，氯化烃类熔剂，不油熔剂等。清洗后可得到高清洁度工件。由于工件必须安置于清洗槽中，故仅适用于中小工件，且适于精清洗，即在超声清洗前，工件用其他方法已清洗过。

超声清洗特别适用于下述工件：几何形状复杂的工件，尤其是工件上有深孔、小孔、弯孔、盲孔、凹槽等。

(3)超声电解加工。超声电解加工是指辅以超声振动的复合电解加工。主要有超声电解复合加工和超声电解复合抛光。

采用超声电解复合加工，不但可降低工具损耗，还可以提高加工速度。

(4)超声切削。随着科学技术的发展，在许多领域中，都采用了耐热钢、钛合金、高温合金、不锈钢、冷热铸铁和工程陶瓷等材料，这些材料具有良好的耐热性、耐蚀性、高的比强、优异的常温和高温力学性能。

因此，采用传统的切削方法是很困难的，甚至无法进行切削。采用超声与机械加工相结合的方法，则事半功倍。并可延长刀具寿命，提高加工速度、加工精度，改善表面质量。目前，超声加工不仅应用于难以加工的材料，并且用于难以完成的薄壁件或细长杆件。

(5)超声电镀。在电镀电解质溶液中引入超声振动，除了产生空化、声流、声毛细管等效应，还会使电镀槽两极上扩散层的厚度减小，加快新电解质到达电极表面的速度，强化了阳极过程和阴极过程。由于这些因素，电流密度明显提高，气孔减少镀层，增加微硬度并使晶粒变细而光泽好，改善镀层均匀性，增加了电镀速率。

实践证明，超声波镀镍可以提高沉积速度 15 倍，镀铬为 4 倍，镀银为 14 倍，镀镉为 26 倍以上，而且还可以在难镀的表面上(如槽沟、小孔等)，镀上一层保护层。

(6)超声波焊接。超声波焊接是通过超声振动实现固体焊件黏接的一种工艺方法。其特点：

①适用材料广泛，可焊接金属，也可焊接非金属，还可以在陶瓷等非金属表面上挂钨、挂银，尤其特别适用于其他焊接技术很难焊接或不能焊接的材料。

②焊接热影响区极小，没有电流穿过焊接区，无电弧或火花污染，焊接时压力也小，可对直径很小的细丝及厚度很小的薄箔进行焊接。

③因为焊接时，无须其他气体、焊条、焊剂和钎焊料等，故无须通风排尘设备。

④无须焊前清理及焊后处理。

⑤焊接过程易于实现自动化。

⑥易于实现异类金属之间的焊接。

超声加工技术还可以应用在许多领域，如：表面光整加工(抛光、珩磨、压光)；超声处理(乳化、搪锡、粉碎、雾化、凝聚、除气、淬火等)；金属塑性加工(拉丝、拉管、挤压等)等。随着科学技术的不断发展，其应用范围也将会越来越广泛。

【工作过程】

一、工作课时

要求本单元理论课时和实训课时为 2 课时。

二、激光加工技术

激光加工就是利用材料在激光照射下瞬时急剧熔化和汽化，并产生强烈的冲击波，使熔化物质爆炸式地喷溅和去除来实现加工。

自 1960 年激光出现以来，激光已被广泛应用于工业、农业、医学、信息及科学研究中，而激光加工技术则是激光应用中的一个十分重要而又最具活力的方面。

1. 激光加工的特点

由于激光具有单色性好、方向性好、相干性好和高亮度的特征，因此就给激光加工带来其他方法所不具备的特点。

(1)激光加工过程中，激光束能量密度高，加工速度快，并且是局部加工，对非激光照射部位没有影响或影响极小，因此，其热影响区小，工件变形小，后续加工量小。

(2)由于激光束易于导向、聚集和发散，可以任意改变光束的方向，所以极易与数控机床、机器人进行连接，构成各种加工系统，对复杂工件进行加工。

(3)可以通过透明的介质对密闭容器内的工件进行各种加工。

(4)可以对多种金属、非金属进行加工，特别是可以加工高硬度、高脆性及高熔点的材料。

(5)属于无接触加工，因此可以实现多种加工的目的。并且加工速度快、无噪声、对工件不污染。

(6)激光加工不但生产效率高，加工质量稳定可靠，而且无公害、绿色环保。

2. 激光加工的应用

(1)激光切割。激光切割以其切割范围广、切割速度快、切缝窄、切割质量好、热影响区小、加工柔性大等特点在现代工业中得到了极为广泛的应用。

①金属材料的激光切割。激光可切割碳钢、不锈钢、合金钢、铝及其合金、钛及其合金等。

②非金属材料的激光切割。激光可切割木材、塑料、橡胶、纸、纤维与布料、陶瓷、石英、玻璃。

③其他特种材料的激光切割。对于具有高硬度、高熔点的碳化钨及碳化钛等硬质合金，采用激光切割，不但能提高生产率(相对电火花切割)，而且还可以提高切边的硬度。

(2)激光焊接。激光焊接是用激光束将被焊金属加热至熔化温度以上熔合而成焊接接头，从而达到连接的目的。

按激光束的输出方式不同，可以把激光焊分为脉冲激光焊和连续激光焊。若根据激光焊时焊缝的形成点，又可以把激光焊分为热导焊和深熔焊。前者使用激光功率低，熔池形成时间长且熔深浅，多用于小型零件的焊接；后者使用的激光功率密度高，激光辐射区金属熔化速度快，在金属熔化的同时伴随着强烈的冷化，能获得熔深较大的焊缝，焊缝的深宽比较大。

激光焊接有以下特点：

①热导焊的特点：

a. 焊接速度快、深度大、变形小。

b. 能在室温或特殊的条件下进行焊接，焊接设备装置简单。

c. 可焊接难熔材料，如钛、石英等。并能对异种材料施焊，效果良好。

d. 可进行微型焊接，并能应用于自动化生产，大幅度提高生产率。同时热影响区小，焊点无污染，焊接质量高。

e. 可焊接难以接近的焊点，施行非接触远距离焊接，具有很大的灵活性。

②深熔焊的特点：

a. 可以实施高的加工速度，并利用光的无惯性，在高速加工过程中可急停和重新开始。

由于能量高度集中，加工速度高，因此可获得高深宽比的狭焊缝和窄的近热影响区，整个焊接接头变形很小。

b. 焊接过程不需要电极和填充材料，焊接区几乎不受污染；再加上激光深熔焊机制产生的纯化作用，可形成较纯、低杂质焊缝。

c. 容易实现自动化焊接，并可在高速下焊接复杂形状的工件。

d. 可以焊接一般方法难以焊接的材料。甚至可以进行金属与非金属，不同种类的金属之间的焊接。

e. 通过分光装置可实现一台激光器供多个工作台进行不同的工作，一机多用。

f. 适用于在透明物体制成的密封容器里焊接剧毒材料。激光不受电磁场影响，不存在X 射线防护，不需要真空保护。

激光焊接目前也存在着价格昂贵；对焊接件加工组装、定位要求很高；激光器的电光转换及整体效率很低等缺点。

(3)激光淬火。激光淬火是以高能量密度($10^4 \sim 10^5$ W/cm^2)的激光束快速扫描工件表面，使其表面极薄一层的小区域内快速吸收能量而使温度急剧上升(升温速度可达到 $10^5 \sim 10^6$ ℃/s)，而此时工件其他部位仍处于冷态。由于热传导的作用，表面热量迅速传导工件其他部位，在瞬时(冷却速度可达 10^5 ℃/s)可进行自冷淬火，从而完成工件表面的相变硬化。

①激光淬火的特点。

a. 激光束能量密度高，淬火过程工件表面急冷急热，淬硬层马氏体晶粒极细。硬度比常规淬火高 15%～20%。

b. 工件变形极小，适合于精度零件的处理。淬火后可以不用矫直及精磨等工序。

c. 可以对内孔、深孔、盲孔、凹孔等形状复杂的零件进行硬化处理。还可以根据需要调整硬化层的深浅，一般可达 0.1～1 mm。

d. 激光淬火无污染、工艺简单、生产效率高。可实现自动化生产，经济效益显著。

e. 激光淬火的不足：硬化深度有限，一般在 1 mm 内；设备费用高。

②激光淬火的应用。激光淬火技术已经广泛应用于各行各业，尤其在交通运输工具、纺织机械、重型机械、精密零件等行业广泛应用。在诸多的应用中，尤以在汽车制造领域最为普遍，制造的经济价值也最大。

我国各地几乎都有不同规模的激光加工中心，为各行业及其零件进行激光热处理。如：西安内燃机配件厂，北京内燃机集团，大连机车车辆厂，长安一汽集团，青岛中发激光技术有限公司等。

激光淬火技术正在我国迅猛地发展，前景非常广阔。

(4)激光的其他加工技术。激光焊接及激光淬火是比较传统的加工方法。随着科学技术的发展，激光加工技术正在或已经在其他新的应用方面得到了发展。

①激光微细加工技术。随着工业和技术的不断发展，有些制品孔的直径和沟槽尺寸越来越小，而这些尺寸的公差要求却越来越严格，只有用激光方法才能满足对零件提出的从 1 μm 至1 mm 的所有要求。

激光微细加工技术主要分为光刻法，刻蚀法，LIGA 技术。

②激光熔覆与激光合金化。激光熔覆是材料表面改性技术的一种重要方法，它是利用高能激光束($10^4 \sim 10^6$ W/cm^2)在金属表面辐照，通过迅速熔化、扩展和迅速凝固，冷却速度

通常达到 $10^2 \sim 10^6$ ℃/s，在基材表面熔覆一层具有特殊物理、化学或力学性能的材料，从而形成一种新的复合材料。

激光合金化，是金属材料表面局部改性处理的一种新的方法。它是指在高能量激光束的照射下，使基体材料表面的一薄层与根据需要加入的合金元素同时快速熔化、混合，形成厚度为 10～1 000 μm 的表面熔化层，这种合金层具有高于基材的某些性能，所以能够达到表面改性处理的目的。随着人们对激光合金化的认识越来越深入，激光合金化技术的应用也愈来愈广泛。目前，大量应用在提高钢铁的抗热腐蚀性能、止裂性能和抗硫化氢腐蚀性能上，它可以改善铸钢和铸铁的强韧性、耐腐性。伴随着科学技术的进步，人们的不断研究和探索，激光合金技术将向机械结构用钢、不锈钢、耐热钢、建筑用钢、特殊钢方面延伸，从而，必将产生巨大的经济效益。

目前激光材料成型和激光冲压成型技术也广泛地得到了应用。

三、快速成型技术

随着科学技术的飞速发展和社会需求的多样化，全球统一市场和经济全球化的逐步形成，产品的竞争更加激烈，产品更新的周期越来越短。因此，要求设计者不但能根据市场的要求在尽可能短的时间内制造出产品的样品，进行必要的性能测试，征求用户的意见，并进行必要的修改，最后形成能投放市场的定型产品。于是产品快速开发的技术和手段便成为制造企业的核心竞争力。

快速成型技术就是在这一背景下应运而生的一种现代制造技术。

快速成型技术（rapid prototyping，RP）是由 CAD 模型直接驱动的快速制造任意复杂形状三维物理实体的技术总称。其主要是采用了分层制造的思想，这一思想的形成与计算机技术、数控技术、激光技术、材料和机械科学的发展和集成是分不开的，具有鲜明的时代特征。

1. 快速成型技术的特点

快速成型技术与传统材料加工技术有本质的区别，并显示出诸多的优越性。

（1）高度的柔性和适应性，可以制成任意复杂的几何形状的零件，而不受传统机械加工方法中刀具无法达到某些型面的限制。

（2）直接采用 CAD 模型驱动。设计出 CAD 模型后，后续工作全部由计算机自动化处理，无须多人数天进行大量工作。

（3）快速成型技术是建立在高度技术集成的基础之上，它不需要传统的刀具或工装等生产准备工作，从而大大缩短了新产品的开发成本和周期。

（4）RP（快速成型）所用的材料类型丰富多样，应用领域广阔。

（5）加工过程中无振动、噪声和废料。并且没有刀具、夹具的磨损和切削力所产生的影响。

2. 快速成型技术的应用

在快速成型技术领域中，发展速度最快、效益最明显的当属快速模具制造技术（RT）。快速模具制造技术能够解决传统加工方法难以解决甚至不能解决的问题。

目前快速模具制造技术已经广泛应用于机械工业、电子工业、汽车制造、航天航空制造业、轻工业、通信等领域。利用RP(快速成型)技术制造快速模具,可以分为直接模具制造(DRT)和间接模具制造(IRT)两大类。

(1)直接快速模具制造。直接快速模具制造指的是利用不同的RP工艺直接制造出模具,然后进行必要的后处理,以获得模具所要求的力学性能、尺寸精度和表面粗糙度。

①通过光固化工艺(SL)或激光烧结工艺(SLS),直接用树脂、粉末塑料等制成凸凹模,可以做成薄板的简易冲模、汽车覆盖件成型模等。用硅橡胶、金属粉、环氧树脂粉、低熔点合金等方法将RP原型准备复制成模具。

②采用熔融堆积成型(FDM)工艺,可以直接制成金属模,将不锈钢粉末用FDM工艺制成金属原型后,经过烧结、渗铜等工艺制成具有复杂冷却液道的冷塑模。

③采用分层实体制造工艺(LOM)直接制成的模具,硬度较高,可承受200℃的高温。

一般将其作为低熔点合金模,试制用注塑模以及精密铸造用的蜡膜,也可以替代砂型铸造用的木模。

(2)间接模具制造(IRT)。间接模具制造是指通过快速成型技术与传统模具翻制技术相结合制造模具的方法。常用的间接模具制造技术有以下几种:

①喷涂模具制造技术。受喷涂设备和母模耐温及强度限制,喷涂材料一般选用低金属熔点的材料,常用的喷涂方法是电弧喷涂。

电弧喷涂与传统加工工艺相比具有工艺简单,模具制作周期短、费用低、仿形效果好、复印性强等显著特点。适用于汽车、轻工、电子、仪表、工艺美术等行业的多品种、换代快、中小批量产品模具的制造,特点是模具的表面硬度一般不高。

采用等离子喷涂制模技术可以制造不锈钢快速模具。此种方法与传统制作相比,可缩短开发周期一半以上,成本只是传统制作成本的1/4,适合新产品的开发和单件小批量产品的生产。

②消失模铸造技术。采用光固化(SL)工艺原型,应用不同的消失模铸造工艺都可获得金属模具。此种方法可以降低成本,缩短生产周期,抢占市场。

③还有一些模具制造技术,如:电铸模具技术,铝颗粒增强环氧树脂模具技术,硅橡胶模具技术等,也在各个领域得到了广泛的应用。

总之,快速模具制造技术,已经给制造业带来了巨大的经济效益和社会效益,必将得到更迅猛的发展,得到更广泛的应用。

3.快速成型技术案例简介

(1)快速成型在工业领域的应用。

①叶轮。采用五轴数控铣加工铝合金叶轮,如果叶轮直径为410 mm,高度为150 mm,则需要20～30 d,造价4万元。而采用快速成型技术生产同样的叶轮则只需要数十小时,造价数千元。

②减速机箱体。发动机及运输设备上的减速机箱体,不但结构复杂,尺寸精度要求高,对原型的表面质量也有非常严格的规定。采用快速成型可以大幅度减少加工时间,降低制造成本,保证其精度和表面质量。

③电吹风机。由于市场竞争激烈,为了占领市场,电吹风机的外形就需要不断地推陈出新,迎合消费者的口味,小厂每年要推出十几款新的外形的电吹风机。目前,快速成型已大量应用于电吹风机外形设计制造。这样,不但躲避了风险,提高了质量,还加快了定型的时

间，为抢占市场赢得了时间。

(2)快速成型技术在医疗领域中的应用。快速成型技术在医疗领域中的应用，主要体现在医疗诊断，外科手术策划，器官的原型制作等，如：在牙齿矫正方面、骨损伤手术中等。

(3)快速成型技术在艺术创作中的应用。现代的艺术家可以利用CAD软件创作出心目中的艺术品，再采用快速成型技术把艺术品制作出来。

有些仿古工艺品不但要求材质与古作品接近，还要求色泽与古作品相同，采用其他手段都很难满足这些要求，只有采用快速成型设备制作的工艺品原型，质感、加工时间等方面都能很好地满足厂商的需求。

(4)快速成型在教学科研中的应用。

①向学生传授快速成型技术，能够打破传统的思维模式，提高创新意识，扩大思维空间。

②快速成型技术的特点，使其在师生的科研工作中起到了很大的作用，既节省了师生外协加工的时间和精力，又可以制造出传统工艺无法制造的复杂模型。

有人预测，如果快速成型件能够达到以下指标：即强度大于500 MPa，精度高于0.01 mm，表面粗糙度小于1 μm，则此项技术将会渗透到更加广泛的领域，取得更大的经济效益和社会效益。

四、复合加工技术

随着制造业的飞速发展，大量新材料的被发现，传统的加工理论和方法已经无法满足制造业的需要，同时也制约了制造业的发展。在制造业的强烈需求下，人们通过各种渠道，借助于多种能量形式，不断研究和摸索新的制造技术和方法，逐渐出现了特种加工技术。人们为了更好地发挥特种加工技术的作用，更好地解决加工中遇到的一些难解之题，又将传统的加工技术和特种加工技术有效地结合在一起，或将几种加工技术融合到一起，发挥各自所长，相辅相成，从而达到制造业加工技术的要求。

这门新的技术就是复合加工技术。

复合加工技术有以下几种：

1.化学-机械复合加工

化学-机械加工方法，可以有效地加工硬度合金、工程陶瓷、单晶蓝宝石和半导体晶片等，可以防止机械加工引起的表面脆性裂纹和凹痕，避免磨粒引起的隆起以及划痕，可获得光滑无缺陷的表面。

化学-机械抛光，可使工件精度达到0.01 μm，表面粗糙度等可达到0.01 μm，并可应用于各种材料上的外圆、孔、平面、型面的加工。

机械-化学研磨。可使工件的精度达到0.025～0.008 μm。适用于黑色金属和非金属材料的外圆、孔、平面、型面的加工。

2.切削复合加工

切削复合加工，可分为加热切削和超声振动辅助切削两种：

(1)加热切削。采用一些手段(激光照射、等离子电弧等)将工件的局部瞬间加热，从而降低工件切削区的强度，提高其塑性，改善其切削加工性能。如加工不锈钢等难切削的工件。

(2)超声振动辅助切削。以超声振动的能量来减小刀具与工件之间的摩擦，从而提高被加工工件的塑性，提高加工质量。

3.磨削复合加工

磨削复合加工主要是为了使被加工工件获得较高的表面质量精度和形状精度。

磨削复合加工主要有松散磨料或游离磨料的复合加工；电解在线连续修整砂轮磨削法(ELID)；机械脉冲放电磨削复合加工。

4.放电复合加工

电火花放电复合加工是以火花放电所产生的热能为主，辅助其他的一种或几种能量来进行的复合加工。近年来，随着精密加工和超精密加工的技术的发展，特别是微细加工、纳米加工、微型机械的发展促使复合加工技术也向着多样化、高效化和精密化方向扩展。那么，今后复合加工技术一定会朝着精密化、微型化、自动化、集成化、多样化迅猛发展。

【习题】

1.什么是特种加工？常见的特种加工方法有哪些？

2.试述激光加工的基本原理，并简述激光加工的用途。

3.什么是快速成型技术？它的特点是什么？

任务十一　数控落料机床

【相关知识】

一、数控冲孔和落料方式

数控冲孔和落料，就是利用在数控冲床上的单片机预先输入对钣金零件的加工程序(尺寸、加工路径、加工工具等信息)，使数控冲床采用各种刀具，通过丰富的 NC 指令可以实现各种各样的冲孔、切边、成型等形式的加工。数控冲一般不能实现形状太复杂的冲孔和落料。特点：速度快，省模具，加工灵活，方便；基本上能够满足样品下料生产中的需要。注意的问题及要求：薄材($t<0.6$)不好加工，材料易变形；加工范围受刀具，夹爪等限制；适中的硬度和韧性有较好的冲裁加工性能；硬度太高会使冲裁力变大，对冲头和精度都有不好的影响；硬度太低，使冲裁时变形严重，精度受到很大的限制；高的塑性对成型加工有利，但不适合于蚕食、连续冲裁，对冲孔和切边也不太合适；适当的韧性对冲裁是有益的，它可以抑制冲孔时的变形程度；韧性太高则使冲裁后反弹严重，反而影响了精度。数控冲一般适合冲裁 $T=3.5\sim4$ mm 以下的低碳钢、电解板、覆铝锌板、铝板、铜板，$T=3$ mm 以下的不锈钢板。推荐的数控冲床加工的板料厚度为：铝合金板和铜板为 0.8～4.0 mm，低碳钢板为 0.8～3.5 mm，不锈钢板 0.8～2.5 mm。对铜板加工变形较大，数控冲加工聚碳酸酯(PC)和聚氯乙烯(PVC)板，加工边毛刺大，精度低。冲压时用的刀具直径和宽度必须大于料厚，比如 $\phi1.5$ mm 的刀具不能冲 1.6 mm 的材料，0.6 mm 以下的材料一般不用 NCT 加工。不锈钢材料一般不用 NCT 加工。当然，0.6～1.5 mm 的材料可以用 NCT 加工，但对刀具磨损大，

现场加工出现的废品率的概率比其他 GI 等材料要高得多。其他形状的冲孔落料希望尽可能简单、统一。数控冲床(图 9-84)的尺寸要规格化,如圆孔,六边形孔、工艺槽最小宽度为 1.2 mm。具体参考《钣金模具手册》。

图 9-84　大型数控冲床

数控冲床性能特点:

(1)工业电脑(工控机)和 PLC 数控加工软件,可实现现场编程、后台编程、可实现 Auto CAD 图形自动转换为加工代码,也可以用 G 代码直接加工;CAD 文件中预览图样,简单易学,功能齐全,兼容多个画图软件的转换,比如文泰,coreldraw 等图形转换。

(2)国产步进电机,进口或国产品牌伺服电机,进口精密双直线导轨,保证精度高,使用寿命长;进口联轴器,保证持久耐用,校正系数高;进口精密大导程高精度全钢滚珠丝杠,保证了加工精度高、速度快。

(3)宽导轨间距设计,提高了机床的运行稳定性,保证加工大板厚板的精度。焊接床身,整体回火处理,消除内应力,保证了机床的长期稳定性;平台特殊加强设计,高强度支撑,结构紧凑,运行平稳。

(4)配有集中润滑泵,将润滑油直接送入各润滑点,减轻工人劳动强度,减少各运动副的摩擦,提高使用寿命。

(5)电缆采用拖链专用电缆,韧性好,防油,抗干扰。

二、数控开卷、剪切、落料生产线

主要组成:开卷机、校平机、送料机、摆动单元、专用闭式单点机械压力机、码垛装置、液压系统、电气控制系统等。

电机硅钢片定转子落料线:冷轧硅钢片是工业电机生产企业的主要原材料,传统的冲剪方式硅钢片净重利用率仅有 50%左右。数控的硅钢圆片落料设备代替传统的“T 形”套裁法,菱形、曲线法“纵切分条”等生产工艺,可以大幅提高硅钢片综合利用率,提高生产率,是目前中小型工业电机行业急需的生产设备(图 9-85)。

开卷剪切线:该生产线是将冷热轧碳钢、不锈钢、铝等金属卷材经过开卷、校平、送料、定尺剪切成所需长度，再码垛整齐的自动化设备。

太阳能热水器行业专用剪切线：本生产线是专为太阳能热水器生产企业量身定制的专用设备，具备开卷、校平、分段覆膜、冲槽、定尺剪切、码垛等工艺过程，能够生产出符合太阳能热水器水箱生产要求的彩钢、不锈钢等金属板料。该生产线主要组成设备有：开卷机、校平机、送料机、摆动单元、专用闭式单点机械压力机、码垛装置、废料剪切装置、液压系统、电气控制系统等。

图 9-85　数控硅钢圆片落料设备

生产线技术特点：

(1)数控全自动，该生产线自卷材开卷起，直至整卷材料全部落料完成，中间不需要人工接触任何工料，不需要任何调整，从根本上杜绝了普通冲床冲制的生产安全隐患和产品质量隐患。

(2)该线能利用卷料直接进行圆片生产，不需要进行卷料的纵剪和横切处理，减少了生产工序，降低了生产的成本，减少了损伤卷料表面的可能。

(3)本线充分利用卷料的宽度，采用高精度伺服电机驱动系统控制，使圆片间距和圆片到料边的距离减少到最小，从根本上减少废料量，使原材料利用率达到 80%以上。

(4)生产速度可达到每分钟 40～55 片，提高了生产效率。

(5)由于采用模块化的模具设计，当转换圆片生产规格时，转换时间可以减少到 15 min 以内。可生产圆片的直径范围 85～750 mm。

(6)先进的开卷系统、六重式校平机、高刚性的机械压力机、自动码垛系统等，保证了圆片产品的高质量。

板材落料线：该产品为通用型高档卷材处理设备，适用于汽车、五金等行业各种毛坯板材的落料，可以大幅度提高板材的生产效率和材料利用率，可以适应现代企业的大规模生产需求。

三、定尺剪切线

主要由上料小车、单或双支撑开卷机、校平机、伺服送料机、横剪机、堆垛装置、电气控制系统等系统组成，同时在各机之间配有摆动式活套、引料装置、纠偏装置等辅助部件。纵剪线主要由上料小车、单或双支撑开卷机、纵剪机、废料卷取机、张力机构、收卷机、下料装置、电气控制系统等组成，同时在各机之间也配有摆动式活套、引料装置、纠偏装置等辅助部件。如图 9-86 所示。

图 9-86　大型数控切板机床

【工作过程】

一、工作课时

要求本单元理论课时和实训课时为 2 课时。

二、数控定长切料机系统控制说明

数控定长切料机的结构及组成如图 9-87 所示，包括底座、工作滑台、工料、切断气缸、进料滚轮、滑台电动机、编码器、切断压板、压紧气缸、锯片、次品分拣气缸、次品推板、正品传送带和工料检测传感器等。

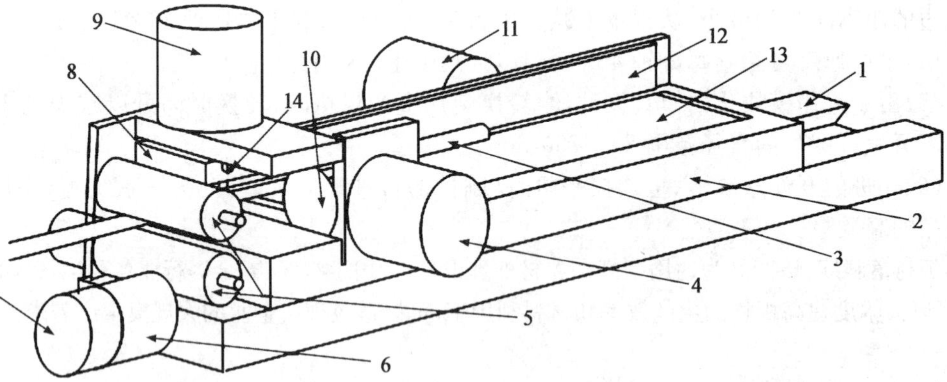

图 9-87　数控定长切料机

1-底座；2-工作滑台；3-工料；4-切断气缸；5-进料滚轮；6-滑台电动机；7-编码器；8-切断压板；9-压紧气缸；10-锯片；11-次品分拣气缸；12-次品推板；13-正品传送带；14-工料检测传感器

定长切料系统主要由以下电气控制回路组成，进料电动机 M1[M1 为三相异步电动机(带速度继电器)，由变频器进行速度控制，变频器速度采用模拟量给定方式，已知进料速度 v 与变频器的运行频率 f 之间的关系为：$v=0.2\times f$，进料速度需要从触摸屏设定，加速时间 1 s，减速时间 0.5 s]。滑台由电机 M2 驱动[M2 为伺服电机，伺服电机参数设置如下：伺服电机旋转一周需要 1 600 个脉冲]。锯片电动机由 M3 控制[M3 为双速电机，要求能进行高、低速运行，需要考虑过载、联锁保护]。正品传送带由电机 M4 控制[M4 为三相异步电机(不带速度继电器)，只进行单向正转运行]。切断气缸 4、压紧气缸 9、次品分拣气缸 11 分别由数字量输出点控制，置位则推出，复位则返回(气缸的置位复位状态由触摸屏显示)。

系统输入应包含以下各点：滑台电动机 M2 初始位置检测传感器 SQ2、左右限位(软限位)保护传感器 SQ3 和 SQ1、左右极限位(硬限位，直接接到伺服驱动器上)保护传感器 SQ5 和 SQ4，编码器(双相计数)，启动按钮 SB1、停止按钮 SB2 和急停按钮 SB3。工料检测传感器(由 SA1 模拟)，切断压板的初始位置和终点位置检测传感器(SQ11、SQ12)，次品推板 12 起始位置、终点位置检测传感器(SQ13、SQ14)，锯片气缸原位检测传感器(SQ15)。注：SQ11～SQ15 的状态由触摸屏显示。

电动机旋转以“顺时针旋转为正向，逆时针旋转为反向”为准。

参 考 文 献

[1] 成大先.机械设计手册.5版.北京:化学工业出版社,2008.
[2] 唐世林,肖刚.钳工工艺与技能训练.北京:北京理工大学出版社,2009.
[3] 劳动人事部培训就业局.钳工工艺学.北京:中国劳动出版社,1985.
[4] 彭德荫.车工工艺与技能训练.北京:中国劳动社会保障出版社,2006.
[5] 严峻.数控机床入门技术基础.北京:机械工业出版社,2011.
[6] 杜国臣.数控机床编程.北京:机械工业出版社,2010.
[7] 贺文雄,张洪涛.焊接工艺及应用.北京:国防工业出版社,2010.
[8] 马保吉.机械制造基础工程训练.西安:西北工业大学出版社,2009.
[9] 魏兵,朱世根.铸造工程基础.北京:北京大学出版社,2009.
[10] 陈宏钧.金属切削技术基础手册.北京:机械工业出版社,2006.